Jan Peter Gehrke
Übungen zum Brückenkurs Mathematik
De Gruyter Studium

Jan Peter Gehrke

Übungen zum Brückenkurs Mathematik

—

2., überarbeitete und erweiterte Auflage

DE GRUYTER
OLDENBOURG

ISBN 978-3-11-046333-0
e-ISBN (PDF) 978-3-11-046338-5
e-ISBN (EPUB) 978-3-11-046350-7

Library of Congress Cataloging-in-Publication Data
A CIP catalog record for this book has been applied for at the Library of Congress.

Bibliografische Information der Deutschen Nationalbibliothek
Die Deutsche Nationalbibliothek verzeichnet diese Publikation in der Deutschen National-
bibliografie; detaillierte bibliografische Daten sind im Internet über http://dnb.dnb.de abrufbar.

© 2016 Walter de Gruyter GmbH, Berlin/Boston
Einbandabbildung: Petr Malyshev/iStock/thinkstock
Druck und Bindung: CPI books GmbH, Leck
♾ Gedruckt auf säurefreiem Papier
Printed in Germany

www.degruyter.com

Für meine Frau
Désirée

Inhaltsverzeichnis

Vorwort

Über Musterlösungen

Das Wort „Musterlösungen" ist meiner Meinung nach ein störendes. Es suggeriert, dass die vorliegende Lösung ein Optimum darstellt, einen bestmöglichen Weg. Das mag bei der einen oder anderen Lösung durchaus so sein, weil sie besonders elegant oder trickreich ist, aber meistens ist eine Musterlösung eine mögliche Lösung unter vielen. Das Wort „Lösungsvorschlag" ist darum die bessere Wahl. Ich schlage Ihnen in diesem Buch Aufgaben zu dem Buch „Brückenkurs Mathematik – Fit für Mathematik im Studium" samt Ergebnissen und Lösungen zur Vertiefung der dort behandelten Themen vor und zeige Ihnen bei der Bearbeitung gangbare Wege auf, falls Sie mal in eine Sackgasse geraten sind. Sollten Sie allerdings einen anderen Weg gefunden haben, dann freuen Sie sich, dann haben Sie nämlich den Kern der Mathematik erfasst: Das eigenständige Lösen von Problemen.

Was dieses Buch kann und nicht kann

Das Buch kann Ihnen bei der Vertiefung der Themen und der Lösung der vorgestellten Aufgaben behilflich sein. Es kann Ihnen zur Überprüfung Ihrer Rechenschritte und Ergebnisse dienen, es kann Ihnen Hilfestellung sein, wenn Sie doch mal im finsteren Tal der Mathematik wandern und den Ausweg nicht finden, und es kann Ihnen als Ideengeber dienen, wenn Sie so gar nicht wissen, was der Aufgabensteller (also ich) von Ihnen wissen will.

Was das Buch **nicht** kann, das ist, das eigene Lernen zu ersetzen. Mathematik lernt man nur dann (und ja, man kann Mathematik lernen), wenn man bereit ist, sich mit ihr auseinanderzusetzen, eigene Wege auszuprobieren. Diese eigenen Wege sind oft mit Sackgassen, Scheitern und Mühen verbunden, weswegen die Mathematik wohl so ein unbeliebtes Fach in Schule und Studium ist. In der heutigen Zeit muss alles schnell gehen, man muss die Antwort mit Tablet und Smartphone innerhalb von Minuten finden können.
Das Dumme dabei ist, dass Mathematik einfach länger braucht (beim einen mehr, beim anderen weniger) und man sich mit ihr intensiv beschäftigen muss, wenn man verstehen will, was man tut und tun kann. Und wenn man dann doch mal bei einer Aufgabe nicht weiter weiß, dann darf man gerne in das Buch hier schauen. Ich rate aber davon ab, die Lösungen nur zu lesen, denn das ist der einfache und leider auch falsche Weg. Lösungen in einem Buch nutzen einem wenig, im Kopf müssen sie sein und man muss sie verstanden haben.

Verweis auf Mathematik im Studium und Symbolerklärung

Manchmal wird auf das Buch „Brückenkurs Mathematik – Fit für Mathematik im Studium" bzw. auf bestimmte Kapitel daraus verwiesen.[1] Der Buchname wird dabei durch *MiS* abgekürzt und das relevante Kapitel zusätzlich angegeben.

Von den Randnotizen aus *MiS* (ab der 3. Auflage) findet das Ausrufezeichen auch in diesem Übungsbuch Verwendung. Es ist neben den entsprechenden farbigen Boxen zu finden.

> **!** Eine Definition oder ein grundlegender Satz, eine wichtige Formel oder Anmerkung

Errata

Natürlich waren wir bemüht, bei der Entstehung dieses Buches Fehler zu vermeiden. Falls es doch welche gibt (und das ist trotz aller Bemühungen und Mühen sicher), bitten wir dies zu entschuldigen und hoffen, dass der Fehlerfinder diese dem Autor per Mail mitteilt (**jan-peter.gehrke@dhbw-stuttgart.de**) und so zur Verbesserung des Werkes beiträgt.

Dank

Bei der Entstehung eines solchen Buches gibt es vielen Leute zu danken. Ich möchte hier die wichtigsten Menschen erwähnen und vergesse dabei hoffentlich niemanden:

- Zuallererst danke ich meiner Familie, als da wären meine Frau Désirée, der dieses Buch gewidmet ist, meine Eltern und meine beiden Schwestern Kerstin und Svenja, für ihr Vertrauen in mich, ihre Liebe und ihre immerwährende Unterstützung. Ohne sie wäre mein Leben um ein Vielfaches ärmer.

- Weiterer Dank gilt Herrn Studiendirektor i.R. Klaus Hewig, der mir die interessanten Seiten der Mathematik gezeigt und mich gefördert hat. Gäbe es mehr Lehrer von seiner Sorte, so könnten wir uns Brückenkurse und Musterlösungen sparen.

- Des Weiteren danke ich dem De Gruyter/Oldenbourg Verlag und hier ganz besonders Herrn Dr. Stefan Giesen für die stets kooperative, geduldige und angenehme Zusammenarbeit.

- Nicht zuletzt gilt mein Dank allen Dozenten und Tutoren des Vorkurses Mathematik, die die Aufgaben mit mir erprobt haben und mich auf den einen oder anderen Fehler hingewiesen haben.

---

[1]Buchname ab der 3. Auflage, davor „Mathematik im Studium".

Ich hoffe, dass dieses Buch seinen Zweck erfüllt und Ihnen als Leser bei der Bearbeitung der Aufgaben eine Hilfe ist.

Merklingen, im Frühjahr/Sommer 2013

Jan Peter Gehrke

Vorwort zur zweiten Auflage

Ich freue mich darüber, meine Arbeit an der 2. Auflage mit diesem Vorwort beenden zu können. Dieses Buch ist als Ergänzung zu dem Buch „Brückenkurs Mathematik – Fit für Mathematik im Studium" (4. Auflage) vorgesehen. Es kann aber auch für alle Vorgänger gut verwendet werden.

Neuerungen

Nahezu alle Grafiken wurden überarbeitet und sind nun Vektorgrafiken und wurden direkt mit LaTeX oder mit einem Vektorzeichenprogramm erstellt.[2] Neben diesen optischen Neuerungen hat ein neues Kapitel den Weg in das Buch *MiS* gefunden, sodass auch das vorliegende Übungsbuch um Aufgaben zu dem dort behandelten Thema „Komplexe Zahlen" erweitert wurde.

Verbleibt mir nur noch, Ihnen viel Spaß und Erfolg bei der Vertiefung der Themen aus *MiS* zu wünschen.

Merklingen, im Frühjahr 2016

Jan Peter Gehrke

---

[2]Alle Grafiken in diesem Buch sind selbst erstellt und aus keinen anderen Quellen entnommen.

A Zu Kapitel II: Lineare Funktionen

A.1 Aufgaben zu Kapitel II.2

Aufgabe 1:
Berechnen Sie die Länge und den Mittelpunkt der Strecke, welche von den Punkten A und B begrenzt wird.

(a) $A(1/3)$, $B(4/7)$ (b) $A(-1/-1)$, $B(1/1)$ (c) $A(-2/7)$, $B(-2/-7)$
(d) $A(\sqrt{3}/2)$, $B(-\sqrt{3}/2)$ (e) $A(\pi/\pi^2)$, $B(3\pi/2\pi^2)$ (f) $A(1/1)$, $B(e/e^2)$

Aufgabe 2:
Berechnen Sie die Längen der Seiten und der Diagonalen im Viereck $ABCD$. Zeichnen Sie die Vierecke in ein passendes kartesisches Koordinatensystem.

(a) $A(1/1), B(4/2), C(5/5), D(2/4)$ (b) $A(-1/-1), B(2/3), C(2/5), D(-1/1)$

Aufgabe 3:
Wie lang sind die Seitenhalbierenden im Dreieck ABC?

(a) $A(0/2), B(3/0), C(2/4)$ (b) $A(-3/-2), B(3/-2), C(0/3\sqrt{3}-2)$

Aufgabe 4:
Wie lautet die jeweilige y-Koordinate der Punkte, die den gleichen Abstand zum Ursprung haben wie der Punkt $P(3/4)$ und deren jeweilige x-Koordinate den Betrag $\sqrt{5}$ hat?

Aufgabe 5:
Zeigen Sie rechnerisch, dass die Punkte $A(-4/7)$ und $B(8/-1)$ den gleichen Abstand zum Ursprung haben.

Aufgabe 6:
Welche Bedingung erfüllen die Koordinaten aller Punkte $P(x/y)$, die den Abstand 19 vom Ursprung haben. Was für ein geometrisches Gebilde ergeben alle diese Punkte zusammen?

Aufgabe 7:

Beantworten Sie die folgenden Fragen.

(a) Liegt der Punkt $P(6,5/3,2)$ auf dem Kreis mit Mittelpunkt $M(2/6)$ und Radius 5,3?

(b) Gibt es einen Kreis um den Punkt $M(2/2,2)$ auf dem die beiden Punkte $A(7,5/7)$ und $B(-3,5/-2,6)$ liegen?

Aufgabe 8:

Zeigen Sie, dass die beiden Punkte $A(0/1)$ und $B(1/2)$ immer auf einem gemeinsamen Kreis liegen, unabhängig davon, welchen Punkt der Punkteschar $M_t(t/-t+2)$ man als Mittelpunkt verwendet? Wie ist der Radius in Abhängigkeit von t jeweils zu wählen?

Aufgabe 9:

Der Streckenmittelpunkt M in Abbildung A.1.1[1] halbiert die Strecke, welche durch die Punkte K und S begrenzt wird. Seine Koordinaten lassen sich mittels der Koordinaten dieser Endpunkte nach der Formel für den Streckenmittelpunkt[2] berechnen. Wie berechnen sich die Koordinaten eines beliebigen Punktes auf der Verbindungsstrecke zwischen K und S mit Hilfe der Koordinaten eben dieser beiden Punkte?

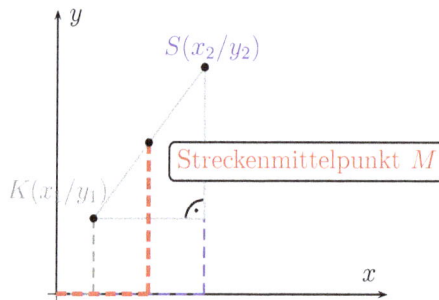

Abbildung A.1.1: Streckenmittelpunkt M zu den beiden Punkten K und S.

---

[1] Abbildung II.2.1 in *MiS*.
[2] Formel (II-3) in *MiS*.

A.2 Aufgaben zu Kapitel II.3

In den Aufgaben 1 und 3 dieses Abschnitts wird auf ein bestimmtes Schema auf Seite 20 von *MiS* verwiesen. Dieses wird im Folgenden angegeben.

> ### Aufstellen der Geradengleichung bei zwei gegebenen Punkten
>
> Gegeben sind die beiden Punkte $K(x_1/y_1)$ und $S(x_2/y_2)$. Die Vorgehensweise zur Berechnung der Funktionsgleichung kann dann die folgende sein:
>
> 1. Berechnung der Steigung[a]: $m = \dfrac{y_2 - y_1}{x_2 - x_1}$
> 2. Aufstellen der Gleichung (soweit bekannt): $f(x) = mx + c = \dfrac{y_2 - y_1}{x_2 - x_1} x + c$
> 3. Die Koordinaten eines auf dem Schaubild der Geraden liegenden Punktes einsetzen, um c zu berechnen:
>
> $$f(x_1) = \frac{y_2 - y_1}{x_2 - x_1} x_1 + c = y_1$$
>
> 4. Das durch Termumformungen errechnete c wird eingesetzt und wir erhalten:
>
> $$f(x) = mx + c$$
>
> Hierbei sind nun m und c bekannte Zahlenwerte, welche wir in Schritt 1 und Schritt 3 ausgerechnet haben.
>
> ───────────
> [a]Dieser Schritt entfällt, wenn anstatt zweier Punkte lediglich ein Punkt und die Steigung m vorgegeben sind.

Aufgabe 1:
Stellen Sie die Geradengleichung zu den jeweils gegebenen Punkten mit Hilfe der ZPF oder des Schemas von Seite 20 in *MiS* auf.

(a) $A(0/3)$, $B(2/7)$ (b) $A(-1/5)$, $B(1/-1)$ (c) $A(\pi/2\pi)$, $B(3\pi/6\pi)$
(d) $A(-2/2)$, $B(3/2)$ (e) $A(2/4)$, $B(2/8)$ (f) $A(\sqrt{2}/3)$, $B(2\sqrt{2}/5)$

Aufgabe 2:
Stellen Sie die Geradengleichung mit Hilfe der PSF auf.

(a) $A(1/3)$, $m = 2$ (b) $A(-1/-1)$, $m = 9$ (c) $A(\sqrt{2}/2\sqrt{2})$, $m = \sqrt{2}$
(d) $A(-4/2)$, $m = -2$ (e) $A(\pi/\pi^2)$, $m = 2\pi$ (f) $A(1/e)$, $m = e^2$

Aufgabe 3:
Führen Sie das auf Seite 20 in *MiS* angegebene Schema zum *Aufstellen der Geradengleichung bei zwei gegebenen Punkten* für die Punkte $K(x_1/y_1)$ und $S(x_2/y_2)$ durch und zeigen Sie damit, dass man dadurch die ZPF erhält.

A.3 Aufgaben zu Kapitel II.4

Aufgabe 1:
Bestimmen Sie jeweils den Schnittpunkt der gegebenen Geraden.

(a) $g(x) = 2x + 4$, $h(x) = 3x - 2$ (b) $g(x) = -3x + 7$, $h(x) = -2x + 7$

(c) $g(x) = 2 \cdot (x - 3) + 4$, $h(x) = 4x$ (d) $g(x) = \frac{1}{3}x + 2$, $h(x) = \frac{3x+9}{\sqrt{81}}$

(e) $g(x) = \frac{2}{3}x - 3$, $h(x) = (2x - 9) \cdot \frac{1}{3}$ (f) $g(x) = 9x + 3$, $h(x) = 9$

Aufgabe 2:
Liegen die Punkte A, B, C auf einer Geraden?

(a) $A(1/4), B(3/-2), C(-1/10)$ (b) $A(\sqrt{2}/\sqrt{8}), B(\sqrt{32}/\sqrt{2}), C(8\sqrt{2}/\frac{\sqrt{2}}{3})$

(c) $A(1/4), B(2/8), C(3/16)$ (d) $A(2/4), B(3/4), C(4/4)$

A.4 Aufgaben zu Kapitel II.5.2

Aufgabe 1:
Bestimmen Sie den Abstand des Punktes X von der jeweils gegebenen Geraden.

(a) $X(0/8), g(x) = 2x + 4$ (b) $X(1/4), g(x) = -3x + 7$

(c) $X(2/6), g(x) = \frac{1}{4} \cdot (4x - 4) + 4$ (d) $X(-2/5), g(x) = 3$

Aufgabe 2:
Geben Sie die Gleichung der Geraden h an, welche senkrecht auf $g(x) = 4x - 3$ steht und durch den Punkt $P(8/-9)$ geht.

Aufgabe 3:
Geben Sie den Flächeninhalt des Dreiecks an, welches die Gerade g mit $g(x) = -2x + 3$, deren orthogonale Gerade h durch den Punkt $P(0/3)$ und die x-Achse begrenzen.

A.5 Aufgaben zu Kapitel II.5.3

Aufgabe 1:
Zeichnen Sie die Punkte $A(1/1), B(-4/1), C(-6/-5), D(-1/-5)$ in ein Koordinatensystem ein. Welche Figur ergibt das Verbinden der Punkte augenscheinlich? Weisen Sie diese Figur rechnerisch nach (**Tipp:** Streckenlängen und Steigungen von Geraden).

Aufgabe 2:
Bestimmen Sie die Koordinaten des Schnittpunktes der Diagonalen der Figur aus Aufgabe 1. Weisen Sie nach, dass sich die Diagonalen gerade halbieren.

Aufgabe 3:
Ein Kreis hat den Radius $m = 5$ und den Mittelpunkt $K(2/3)$.

(a) Liegt der Punkt $L(5/7)$ auf der Kreislinie?

(b) Stellen Sie die Gleichung der Geraden durch K und L auf. Geben Sie die Schnittpunkte der Geraden mit den Koordinatenachsen an.

(c) Geben Sie die Orthogonale zu der Geraden aus Aufgabenteil (b) durch den Punkt K an und berechnen Sie ihre Schnittpunkte mit den Koordinatenachsen.

Aufgabe 4:
Gegeben ist eine Strecke, die durch die Punkte $S(0/4)$ und $K(0/-2)$ begrenzt ist. Sie stellt die Höhe eines gleichseitigen Dreiecks dar. Dabei liegt eine Ecke des Dreiecks im Punkt S. Geben Sie die Seitenlänge des Dreiecks und die Koordinaten der restlichen Eckpunkte an (**Tipp:** Seitenhalbierendenverhältnis).

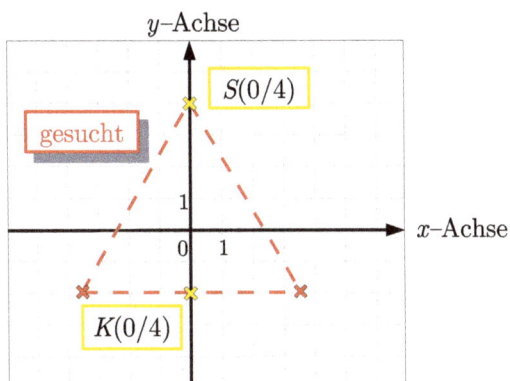

Abbildung A.5.1: Skizze des gleichseitigen Dreiecks aus Aufgabe 4.

A.6 Ergebnisse zu Kapitel II

A.6.1 Ergebnisse zu Kapitel II.2

Aufgabe 1:
(a) $\overline{AB} = 5$ (b) $\overline{AB} = 2\sqrt{2}$ (c) $\overline{AB} = 14$
(d) $\overline{AB} = 2\sqrt{3}$ (e) $\overline{AB} = \pi \cdot \sqrt{\pi^2 + 4}$ (f) $\overline{AB} = \sqrt{e^4 - e^2 - 2e + 2}$

Aufgabe 2:

(a) $\overline{AB} = \sqrt{10},\ \overline{BC} = \sqrt{10},\ \overline{CD} = \sqrt{10},\ \overline{DA} = \sqrt{10},\ \overline{AC} = 4\sqrt{2},\ \overline{BD} = 2\sqrt{2}$

(b) $\overline{AB} = 5,\ \overline{BC} = 2,\ \overline{CD} = 5,\ \overline{DA} = 2,\ \overline{AC} = 3\sqrt{5},\ \overline{BD} = \sqrt{13}$

Aufgabe 3:

(a) $\overline{M_a A} = 2{,}5,\ \overline{M_b B} = \sqrt{13},\ \overline{M_c C} = \frac{\sqrt{37}}{2}$

(b) $\overline{M_a A} = 3\sqrt{3},\ \overline{M_b B} = 3\sqrt{3},\ \overline{M_c C} = 3\sqrt{3}$

Aufgabe 4:
Es gibt vier Punkte. Diese sind $P_1(\sqrt{5}/2\sqrt{5})$, $P_2(-\sqrt{5}/2\sqrt{5})$, $P_3(-\sqrt{5}/-2\sqrt{5})$ und abschließend $P_4(\sqrt{5}/-2\sqrt{5})$.

Aufgabe 5:
In beiden Fällen beträgt der Abstand zum Ursprung $\sqrt{65}$.

Aufgabe 6:
Es muss gelten, dass $x^2 + y^2 = 19^2$. Es ergibt sich ein Kreis um den Ursprung mit Radius $r = 19$.

Aufgabe 7:

(a) Der Punkt liegt auf dem Kreis (Kreisrand), da $\overline{MP} = r = 5{,}3$.

(b) Da $\overline{MA} = \overline{MB} = 7{,}3$ ist, liegen A und B auf dem Kreis um M, der den Radius $7{,}3$ besitzt.

Aufgabe 8:
Es ist $\overline{M_t A} = \sqrt{(t - 0)^2 + (-t + 2 - 1)^2} = \sqrt{2t^2 - 2t + 1}$. Ebenso berechnen wir, dass $\overline{M_t B} = \sqrt{(t - 1)^2 + (-t + 2 - 2)^2} = \sqrt{2t^2 - 2t + 1}$. Damit ist stets $\overline{M_t A} = \overline{M_t B}$, womit die beiden Punkte immer auf einem Kreis um den Mittelpunkt M_t liegen. Der Radius ist $r_t = \sqrt{2t^2 - 2t + 1}$.

Aufgabe 9:
Der beliebige Punkt zwischen K und S auf deren Verbindungsstrecke heiße N. Verwenden wir wieder die zentrische Streckung, so erhalten wir für die x-Koordinate von N $x_N = x_1 + k \cdot (x_2 - x_1)$, mit Streckfaktor $k \in [0; 1]$. Analog ist $y_N = y_1 + k \cdot (y_2 - y_1)$. Mit $k \in [0; 1]$ wird dabei garantiert, dass N zwischen K und S liegt. Für $k = 0$ sind N und K identisch, für $k = 1$ sind es N und S.

A.6.2 Ergebnisse zu Kapitel II.3

Aufgabe 1:
(a) $y = 2 \cdot x + 3$ (b) $y = -3 \cdot x + 2$ (c) $y = 2 \cdot x$
(d) $y = 2$ (e) $x = 2$ (f) $y = \sqrt{2} \cdot x + 1$

Aufgabe 2:
(a) $y = 2 \cdot x + 1$ (b) $y = 9 \cdot x + 8$ (c) $y = \sqrt{2}x + 2 \cdot (\sqrt{2} - 1)$
(d) $y = -2 \cdot x - 6$ (e) $y = 2\pi \cdot x - \pi^2$ (f) $y = e^2 \cdot x + e \cdot (1 - e)$

Aufgabe 3:
Nach dem Kasten auf Seite 3 ist $c = y_1 - \frac{y_2 - y_1}{x_2 - x_1} x_1$. Setzen wir dies in $y = f(x) = \frac{y_2 - y_1}{x_2 - x_1} x + c$ ein, so erhalten wir $y = \frac{y_2 - y_1}{x_2 - x_1} x + y_1 - \frac{y_2 - y_1}{x_2 - x_1} x_1$. Das können wir umformen in $y - y_1 = \frac{y_2 - y_1}{x_2 - x_1} \cdot (x - x_1)$. Dividieren wir den Faktor $(x - x_1)$ ab, so ergibt sich $\frac{y_2 - y_1}{x_2 - x_1} = \frac{y - y_1}{x - x_1}$, also die ZPF.

A.6.3 Ergebnisse zu Kapitel II.4

Aufgabe 1:
(a) $S(6/16)$ (b) $S(0/7)$
(c) $S(-1/-4)$ (d) Kein Schnittpunkt, Geraden parallel
(e) Geraden sind identisch   (f) $S(\frac{2}{3}/9)$

Aufgabe 2:
(a) Ja   (b) Nein   (c) Nein   (d) Ja

A.6.4 Ergebnisse zu Kapitel II.5.2

Aufgabe 1:

(a) Hilfsgerade: $y = -\frac{1}{2}x + 8$, Lotfußpunkt $L(\frac{8}{5}/\frac{36}{5})$, Abstand $d = \frac{4\sqrt{5}}{5}$

(b) Hilfsgerade: $y = \frac{1}{3}x + \frac{11}{3}$, Lotfußpunkt $L(1/4)$, Abstand $d = 0$

(c) Hilfsgerade: $y = -x + 8$, Lotfußpunkt $L(\frac{5}{2}/\frac{11}{2})$, Abstand $d = \frac{\sqrt{2}}{2}$

(d) Hier ist der Abstand $d = 5 - 3 = 2$, da eine zur x-Achse parallele Gerade vorliegt.

Aufgabe 2:
Es ist $h(x) = -\frac{1}{4}x - 7$.

Aufgabe 3:
Die Gerade h hat die Funktionsgleichung $h(x) = \frac{1}{2}x + 3$. Der Schnittpunkt von g mit der x-Achse lautet $S_g(1{,}5/0)$, der von h mit der x-Achse $S_h(-6/0)$. Da die Geraden sich in $P(0/3)$ schneiden, hat das durch die Geraden und die x-Achse begrenzte Dreieck die Höhe 3 und die Grundseite $1{,}5 - (-6) = 7{,}5$. Damit ergibt sich der Flächeninhalt A des Dreiecks zu $A = \frac{1}{2} \cdot 3 \cdot 7{,}5 = 11{,}25$ Flächeneinheiten (FE).

A.6.5 Ergebnisse zu Kapitel II.5.3

Aufgabe 1:
Es ergibt sich ein Parallelogramm. Gegenüberliegende Seiten müssen also gleich lang und parallel sein. Es gilt $\overline{AB} = \overline{CD} = 5$ und $\overline{BC} = \overline{DA} = 2\sqrt{10}$. Für die Parallelität verwenden wir die Steigungen der Geraden durch die jeweiligen Punkte: $m_{\overline{AB}} = m_{\overline{CD}} = 0$ und $m_{\overline{BC}} = m_{\overline{DA}} = 3$.

Aufgabe 2:
Die Gerade durch A und C hat die Funktionsgleichung $g(x) = \frac{6}{7}x + \frac{1}{7}$, die durch B und D $h(x) = -2x - 7$. Damit ergibt sich der Schnittpunkt der beiden zu $S(-\frac{5}{2}/-2)$. Verwenden wir die Formel für den Streckenmittelpunkt, so erhalten wir $M_{\overline{AC}}(-\frac{5}{2}/-2)$ und $M_{\overline{BD}}(-\frac{5}{2}/-2)$. Diese sind mit S identisch, also halbieren sich die Diagonalen.

Aufgabe 3:

(a) Da $\overline{KL} = m = 5$ liegt L auf dem Kreis (Kreisrand).

(b) Es sei g die gesuchte Gerade. Die Funktionsgleichung lautet $g(x) = \frac{4}{3}x + \frac{1}{3}$. Damit ergeben sich die Schnittpunkte $S_x(-\frac{1}{4}/0)$ und $S_y(0/\frac{1}{3})$.

(c) Sei h die gesuchte Gerade. Es ist $h(x) = -\frac{3}{4}x + \frac{9}{2}$. Hier sind die Schnittpunkte $S_x(6/0)$ und $S_y(0/\frac{9}{2})$.

Aufgabe 4:
Das Dreieck soll gleichseitig sein, d.h. es besteht zwischen der Seitenlänge a des Dreiecks und der Höhe h der Zusammenhang $h = \frac{\sqrt{3}}{2}a$, was sich aus dem Satz des Pythagoras ergibt. Damit ist $a = \frac{2\sqrt{3}}{3}h$ und da $h = 4 - (-2) = 6$ erhalten wir $a = 4\sqrt{3}$. Da K die Strecke zwischen den unteren Eckpunkten des Dreiecks halbiert und diese Strecke parallel zur x-Achse ist, ergeben sich die Eckpunkte zu $P_{\text{links}}(-2\sqrt{3}/-2)$ und $P_{\text{rechts}}(2\sqrt{3}/-2)$.

A.7 Lösungswege zu Kapitel II

A.7.1 Lösungswege zu Kapitel II.2

Aufgabe 1 – Lösungsweg:
Wir verwenden hier die Formeln für Streckenlänge und Mittelpunkt. Zur Erinnerung:

> **Formeln für Streckenlänge und Streckenmittelpunkt**
>
> Zwei Punkte $K(x_1/y_1)$ und $S(x_2/y_2)$ seien gegeben. Dann können wir
>
> - die Länge ihrer Verbindungsstrecke mit $\sqrt{(x_2 - x_1)^2 + (y_2 - y_1)^2}$ und
>
> - die Koordinaten des Streckenmittelpunktes $M\left(\dfrac{x_2 + x_1}{2} \middle/ \dfrac{y_2 + y_1}{2}\right)$
>
> berechnen.

(a) **Länge:** $\sqrt{(4 - 1)^2 + (7 - 3)^2} = \sqrt{9 + 16} = \sqrt{25} = 5$

   Mittelpunkt: Es ist $M\left(\frac{4+1}{2} / \frac{7+3}{2}\right) = M\,(2{,}5/5)$

(b) **Länge:** $\sqrt{(1 - (-1))^2 + (1 - (-1))^2} = \sqrt{4 + 4} = \sqrt{8} = 2\sqrt{2}$

   Mittelpunkt: Es ist $M\left(\frac{1+(-1)}{2} / \frac{1+(-1)}{2}\right) = M\,(0/0)$

(c) **Länge:** $\sqrt{(-2 - (-2))^2 + (-7 - 7)^2} = \sqrt{0 + 14^2} = 14$

   Mittelpunkt: Es ist $M\left(\frac{-2+(-2)}{2} / \frac{-7+7}{2}\right) = M\,(-2/0)$

(d) **Länge:** $\sqrt{(-\sqrt{3} - \sqrt{3})^2 + (2 - 2)^2} = \sqrt{(2\sqrt{3})^2 + 0} = 2\sqrt{3}$

   Mittelpunkt: Es ist $M\left(\frac{-\sqrt{3}+\sqrt{3}}{2} / \frac{2+2}{2}\right) = M\,(0/2)$

(e) **Länge:** $\sqrt{(3\pi - \pi)^2 + (2\pi^2 - \pi^2)^2} = \sqrt{\pi^4 + 4\pi^2} = \pi \cdot \sqrt{\pi^2 + 4}$

   Mittelpunkt: Es ist $M\left(\frac{\pi+3\pi}{2} / \frac{\pi^2+2\pi^2}{2}\right) = M\,(2\pi/1{,}5\pi^2)$

(f) **Länge:** $\sqrt{(e - 1)^2 + (e^2 - 1)^2} =$ mit 2.BF $= \sqrt{e^4 - e^2 - 2e + 2}$

   Mittelpunkt: Es ist $M\left(\frac{e+1}{2} / \frac{e^2+1}{2}\right)$, was wir so stehen lassen.

Aufgabe 2 – Lösungsweg:
Die einzelnen Seiten und die Diagonalen berechnen wir wieder nach der Streckenlängen-formel. Es ergeben sich die folgenden Werte:

(a) **Seiten:**
$$\overline{AB} = \sqrt{(4 - 1)^2 + (2 - 1)^2} = \sqrt{9 + 1} = \sqrt{10}$$
$$\overline{BC} = \sqrt{(5 - 4)^2 + (5 - 2)^2} = \sqrt{1 + 9} = \sqrt{10}$$

$$\overline{CD} = \sqrt{(2-5)^2 + (4-5)^2} = \sqrt{9+1} = \sqrt{10}$$

$$\overline{DA} = \sqrt{(1-2)^2 + (1-4)^2} = \sqrt{1+9} = \sqrt{10}$$

Diagonale:

$$\overline{AC} = \sqrt{(5-1)^2 + (5-1)^2} = \sqrt{16+16} = \sqrt{16 \cdot 2} = \sqrt{16} \cdot \sqrt{2} = 4\sqrt{2}$$

$$\overline{BD} = \sqrt{(2-4)^2 + (4-2)^2} = \sqrt{4+4} = \sqrt{4 \cdot 2} = \sqrt{4} \cdot \sqrt{2} = 2\sqrt{2}$$

(b) **Seiten:**

$$\overline{AB} = \sqrt{(2-(-1))^2 + (3-(-1))^2} = \sqrt{9+16} = \sqrt{25} = 5$$

$$\overline{BC} = \sqrt{(2-2)^2 + (5-3)^2} = \sqrt{0+4} = 2$$

$$\overline{CD} = \sqrt{(-1-2)^2 + (1-5)^2} = \sqrt{9+16} = \sqrt{25} = 5$$

$$\overline{DA} = \sqrt{(-1-(-1))^2 + (1-(-1))^2} = \sqrt{0+4} = 2$$

Diagonale:

$$\overline{AC} = \sqrt{(2-(-1))^2 + (5-(-1))^2} = \sqrt{9+36} = \sqrt{45} = \sqrt{9 \cdot 5} = \sqrt{9} \cdot \sqrt{5} = 3\sqrt{5}$$

$$\overline{BD} = \sqrt{(-1-2)^2 + (1-3)^2} = \sqrt{9+4} = \sqrt{13}$$

Aufgabe 3 – Lösungsweg:

Um die Längen der Seitenhalbierenden berechnen zu können, benötigen wir zuerst die Mittelpunkte der Seiten im Dreieck ABC. Diese bekommen wir über die Formel für den Streckenmittelpunkt.

(a) Die Streckenmittelpunkte der Seiten a, b und c im Dreieck sind:

- M_a zwischen $B(3/0)$ und $C(2/4)$: $M_a\left(\frac{3+2}{2} / \frac{0+4}{2}\right) = M_a\,(2{,}5/2)$

- M_b zwischen $C(2/4)$ und $A(0/2)$: $M_b\left(\frac{2+0}{2} / \frac{4+2}{2}\right) = M_b\,(1/3)$

- M_c zwischen $A(0/2)$ und $B(3/0)$: $M_c\left(\frac{0+3}{2} / \frac{2+0}{2}\right) = M_c\,(1{,}5/1)$

Damit können wir die gesuchten Streckenlängen berechnen:

- $\overline{M_aA} = \sqrt{(0-2{,}5)^2 + (2-2)^2} = \sqrt{2{,}5^2} = 2{,}5$

- $\overline{M_bB} = \sqrt{(3-1)^2 + (0-3)^2} = \sqrt{4+9} = \sqrt{13}$

- $\overline{M_cC} = \sqrt{(2-1{,}5)^2 + (4-1)^2} = \sqrt{\frac{1}{4}+9} = \sqrt{\frac{1}{4}+\frac{36}{4}} = \sqrt{\frac{37}{4}} = \frac{\sqrt{37}}{\sqrt{4}} = \frac{\sqrt{37}}{2}$

(b) Die Streckenmittelpunkte der Seiten a, b und c im Dreieck sind:

- M_a zwischen $B(3/-2)$ und $C(0/3\sqrt{3}-2)$:

$$M_a\left(\frac{3+0}{2} / \frac{-2+3\sqrt{3}-2}{2}\right) = M_a\left(1{,}5 / \frac{3\sqrt{3}-4}{2}\right)$$

- M_b zwischen $C(0/3\sqrt{3}-2)$ und $A(-3/-2)$

$$M_b\left(\frac{0+(-3)}{2}\Big/\frac{3\sqrt{3}-2+(-2)}{2}\right)=M_b\left(-1{,}5\Big/\frac{3\sqrt{3}-4}{2}\right)$$

- M_c zwischen $A(-3/-2)$ und $B(3/-2)$:

$$M_c\left(\frac{-3+3}{2}\Big/\frac{-2+(-2)}{2}\right)=M_c\left(0/-2\right)$$

Damit können wir die gesuchten Streckenlängen berechnen:

- $\overline{M_aA}=$
$$\sqrt{(-3-1{,}5)^2+\left(-2-\frac{3\sqrt{3}-4}{2}\right)^2}=\sqrt{(-\tfrac{9}{2})^2-(-2-\tfrac{3\sqrt{3}}{2}+\tfrac{4}{2})^2}$$
$$=\sqrt{\tfrac{81}{4}+(-\tfrac{3\sqrt{3}}{2})^2}=\sqrt{\tfrac{81}{4}+\tfrac{9\cdot3}{4}}=\sqrt{\tfrac{108}{4}}=\sqrt{27}=\sqrt{9\cdot3}=\sqrt{9}\cdot\sqrt{3}=3\sqrt{3}$$

- $\overline{M_bB}=$
$$\sqrt{(3-(1-{,}5)^2+\left(-2-\frac{3\sqrt{3}-4}{2}\right)}=\sqrt{(\tfrac{9}{2})^2+(-2-\tfrac{3\sqrt{3}}{2}+\tfrac{4}{2})}=\sqrt{\tfrac{81}{4}+(-\tfrac{3\sqrt{3}}{2})^2}=$$
$$\sqrt{\tfrac{81}{4}+\tfrac{9\cdot3}{4}}=\sqrt{\tfrac{108}{4}}=\sqrt{27}=\sqrt{9\cdot3}=\sqrt{9}\cdot\sqrt{3}=3\sqrt{3}$$

- $\overline{M_cC}=\sqrt{(0-0)^2+(3\sqrt{3}-2-(-2))^2}=\sqrt{(3\sqrt{3})^2}=3\sqrt{3}$

Aufgabe 4 – Lösungsweg:
Wir suchen hier Punkte der Form $P_n(\pm\sqrt{5}/y)$. Da der Betrag der x-Koordinate gegeben ist, müssen wir mit $\pm$ bei dieser ansetzen. Der Punkt $P(3/4)$ hat den Abstand

$$\overline{OP}=\sqrt{(3-0)^2+(4-0)^2}=\sqrt{9+16}=\sqrt{25}=5$$

zum Ursprung O. Daher lautet unsere zu lösende Gleichung:

$$\overline{OP_n}=\sqrt{(\pm\sqrt{5}-0)^2+(y-0)^2}=5.$$

Wir formen diese um und berechnen so y. Im ersten Schritt quadrieren wir beide Seiten:

$$(\pm\sqrt{5})^2+y^2=25\Leftrightarrow 5+y^2=25\Leftrightarrow y^2=20.$$

Damit ist $y=\pm\sqrt{20}=\pm2\sqrt{5}$. Wir haben also zwei x-Werte $(\pm\sqrt{5})$ und zwei y-Werte $(\pm4\sqrt{5})$, die wir kombinieren können (also $2\cdot2=4$ Punkte). Die gesuchten Punkte sind daher

$$P_1(\sqrt{5}/2\sqrt{5}),\ P_2(-\sqrt{5}/2\sqrt{5}),\ P_3(-\sqrt{5}/-2\sqrt{5})\ \text{und}\ P_4(\sqrt{5}/-2\sqrt{5}).$$

Aufgabe 5 – Lösungsweg:

Hier müssen wir nur zweimal die Streckenlängenformel bemühen, um zum Ziel zu gelangen. Es ist:

- $\overline{OA} = \sqrt{(-4-0)^2 + (7-0)^2} = \sqrt{16+49} = \sqrt{65}$

- $\overline{OB} = \sqrt{(8-0)^2 + (-1-0)^2} = \sqrt{64+1} = \sqrt{65}$

Offensichtlich gilt $\overline{OA} = \overline{OB}$.

Aufgabe 6 – Lösungsweg:

Mit der Streckenlängenformel erhalten wir sofort die Gleichung $\overline{OP} = \sqrt{(x-0)^2 + (y-0)^2}$ $= \sqrt{x^2 + y^2} = 19$. Eine solche Gleichung beschreibt einen Kreis um den Ursprung, wobei hier der Radius $r = 19$ ist.

Aufgabe 7 – Lösungsweg:

(a) Wir bestimmen den Abstand der beiden Punkte, denn wenn dieser 5,3 ist, dann liegt der Punkt $P(6{,}5/3{,}2)$ auf dem Kreis um $M(2/6)$, da jeder Punkt auf dem Kreisrand als Abstand zum Kreismittelpunkt den Radius besitzt. Es ist

$$\overline{MP} = \sqrt{(6{,}5-2)^2 + (3{,}2-6)^2} = \sqrt{20{,}25 + 7{,}84} = \sqrt{28{,}09} = 5{,}3.$$

Damit liegt P auf dem Kreis um M mit Radius 5,3.

(b) Wir bestimmen die Abstände von $A(7{,}5/7)$ und $B(-3{,}5/-2{,}6)$ zu $M(2/2{,}2)$. Finden wir hier die gleichen Werte, so gibt es einen Kreis um M mit eben jenem Wert als Radius, sodass A und B auf ihm liegen. Wir rechnen:

- $\overline{MA} = \sqrt{(7{,}5-2)^2 + (7-2{,}2)^2} = \sqrt{53{,}29} = 7{,}3$

- $\overline{MB} = \sqrt{(-3{,}5-2)^2 + (-2{,}6-2{,}2)^2} = \sqrt{53{,}29} = 7{,}3$

Damit liegen beide auf einem Kreis um M und dieser hat den Radius $r = 7{,}3$.

Aufgabe 8 – Lösungsweg:

Wieder bemühen wir die Formel für die Streckenlänge, diese Mal kommt nur ein Parameter hinzu. Ansonsten ist die Idee die gleiche wie in der vorangegangenen Aufgabe 7. Wir rechnen:

- $\overline{M_t A} = \sqrt{(t-0)^2 + (-t+2-1)^2} = \sqrt{2t^2 - 2t + 1}$

- $\overline{M_t B} = \sqrt{(t-1)^2 + (-t+2-2)^2} = \sqrt{2t^2 - 2t + 1}$

Damit ist stets $\overline{M_t A} = \overline{M_t B}$, womit die beiden Punkte immer auf einem Kreis um den Mittelpunkt M_t liegen. Analog zur Argumentation in der bereits erwähnten Aufgabe 7 gilt, dass der Radius $r_t = \sqrt{2t^2 - 2t + 1}$ ist.

Aufgabe 9 – Lösungsweg:
Die Lösung ist bereits ausführlich bei den Ergebnissen auf Seite 7 dargestellt.

A.7.2 Lösungswege zu Kapitel II.3

Aufgabe 1 – Lösungsweg:
Wir berechnen erst die Steigung m, setzen dann in die Gleichung $y = mx + c$ ein und ermitteln mit Hilfe **eines der gegebenen Punkte** (der andere würde aber immer auch gehen) den y-Achsenabschnitt c.

(a) **Steigung:** $m = \frac{7-3}{2-0} = 2$

Aus dem Punkt $A(0/3)$ ersehen wir sofort den y-Achsenabschnitt $c = 3$. Hiermit ergibt sich dann die Geradengleichung $y = 2x + 3$.

(b) **Steigung:** $m = \frac{-1-5}{1-(-1)} = -3$

Wir nehmen die Steigung $m = -3$ und den Punkt $B(x = 1/y = -1)$ und setzen in $y = mx + c$ ein. Es ist dann:

$$-1 = -3 \cdot 1 + c \Leftrightarrow c = -1 + 3 = 2$$

Damit erhalten wir die Geradengleichung $y = -3x + 2$.

(c) **Steigung:** $m = \frac{6\pi - 2\pi}{3\pi - \pi} = \frac{4\pi}{2\pi} = 2$

Wir nehmen die Steigung $m = 2$ und den Punkt $A(x = \pi/y = 2\pi)$ und setzen in $y = mx + c$ ein. Es ist dann:

$$2\pi = 2 \cdot \pi + c \Leftrightarrow c = 2\pi - 2\pi = 0$$

Damit erhalten wir die Geradengleichung $y = 2x$.

(d) **Steigung:** $m = \frac{2-2}{3-(-2)} = \frac{0}{5} = 0$

Die Steigung ist also $m = 0$ und die beiden Punkte haben denselben y-Wert. Dieser ist daher auch der y-Achsenabschnitt. Die Geradengleichung lautet daher $y = 2$.

(e) **Steigung:** $m = \frac{8-4}{2-2} = \frac{4}{0} =$ undefiniert

Damit liegt eine Parallele zur y-Achse vor. Den x-Wert ersehen wir aus den beiden Punkten. Es ist daher $x = 2$ die Geradengleichung.

(f) **Steigung:** $m = \frac{5-3}{2\sqrt{2}-\sqrt{2}} = \frac{2}{\sqrt{2}} = \sqrt{2}$

Wir nehmen die Steigung $m = \sqrt{2}$ und den Punkt $A(x = \sqrt{2}/y = 3)$ und setzen in $y = mx + c$ ein. Es ist dann:

$$3 = \sqrt{2} \cdot \sqrt{2} + c \Leftrightarrow c = 3 - 2 = 1$$

Damit erhalten wir die Geradengleichung $y = \sqrt{2}x + 1$.

Aufgabe 2 – Lösungsweg:
Hier sparen wir uns den Schritt der Steigungsberechnung aus Aufgabe 1 und können gleich einsetzen. Die PSF lautet hier $y = m \cdot (x - x_A) + y_A$.

(a) $y = 2 \cdot (x - 1) + 3 = 2x - 2 + 3 = 2x + 1$, also $y = 2x + 1$.

(b) $y = 9 \cdot (x - (-1)) + (-1) = 9x + 9 - 1 = 9x + 8$, also $y = 9x + 8$.

(c) $y = \sqrt{2} \cdot (x - \sqrt{2}) + 2\sqrt{2} = \sqrt{2}x - 2 + 2\sqrt{2} = \sqrt{2}x + 2 \cdot (\sqrt{2} - 1)$, also $y = \sqrt{2}x + 2 \cdot (\sqrt{2} - 1)$.

(d) $y = -2 \cdot (x - (-4)) + 2 = -2x - 8 + 2 = -2x - 6$, also $y = -2x - 6$.

(e) $y = 2\pi \cdot (x - \pi) + \pi^2 = 2\pi x - 2\pi^2 + \pi^2 = 2\pi x - \pi^2$, also $y = 2\pi x - \pi^2$.

(f) $y = e^2 \cdot (x - 1) + e = e^2 x - e^2 + e = e^2 x + e \cdot (1 - e)$, also $y = e^2 x + e \cdot (1 - e)$.

Aufgabe 3 – Lösungsweg:
Die Lösung ist bereits ausführlich bei den Ergebnissen auf Seite 7 dargestellt.

A.7.3 Lösungswege zu Kapitel II.4

Aufgabe 1 – Lösungsweg:
Wir müssen die Geraden lediglich gleichsetzen, erhalten damit den gesuchten x-Wert und damit dann auch den dazugehörigen y-Wert, indem wir in eine der beiden Geradenglei-chungen (Wahlfreiheit!) einsetzen.

(a) Wir setzen gleich und formen um:

$$2x + 4 = 3x - 2 \Leftrightarrow -x = -6 \Leftrightarrow x = 6.$$

Wir setzen in die Gerade g mit $g(x) = 2x + 4$ ein. Dann ist $g(6) = 2 \cdot 6 + 4 = 16$. Der gesuchte Schnittpunkt lautet daher $S(6/16)$.

(b) Analoge Vorgehensweise:

$$-3x + 7 = -2x + 7 \Leftrightarrow -x = 0 \Leftrightarrow x = 0.$$

Wir setzen in die Gerade g mit $g(x) = -3x + 7$ ein. Dann ist $g(0) = -3 \cdot 0 + 7 = 7$. Der gesuchte Schnittpunkt lautet daher hier $S(0/7)$.

(c) Hier müssen wir erst g kurz umformen. Es ist $g(x) = 2 \cdot (x-3) + 4 = 2x - 6 + 4 = 2x - 2$. Nun setzen wir gleich:

$$2x - 2 = 4x \Leftrightarrow -2x = 2 \Leftrightarrow x = -1.$$

Eingesetzt in h erhalten wir $h(-1) = 4 \cdot (-1) = -4$. Somit ist $S(-1/-4)$ der gesuchte Schnittpunkt.

(d) Formen wir die Gerade h etwas um:

$$h(x) = \frac{3x + 9}{\sqrt{81}} = \frac{3x + 9}{9} = \frac{3}{9}x + \frac{9}{9} = \frac{1}{3}x + 1.$$

Damit sehen wir, dass g und h beide die Steigung $m = \frac{1}{3}$ besitzen. Da zusätzlich verschiedene y-Achsenabschnitte vorliegen, sind die beiden Geraden parallel. Setzen wir sie gleich, ergibt sich die nicht lösbare Gleichung $2 = 1$.

(e) Eine kleine Umformung von h liefert $h(x) = (2x - 9) \cdot \frac{1}{3} = \frac{2}{3}x - 3$. Also ist $g = h$ und die Geraden sind identisch. Gleichsetzen liefert die Gleichung $0 = 0$.

(f) Wir rechnen:

$$9x + 3 = 9 \Leftrightarrow 9x = 6 \Leftrightarrow x = \frac{2}{3}.$$

Da $h(x) = 9$ eine Parallele zur x-Achse ist und der Schnittpunkt auch auf ihr liegen muss, ergibt sich $S(\frac{2}{3}/9)$.

Aufgabe 2 – Lösungsweg:
Wir haben hier mehrere Möglichkeiten. Zwei davon sind:

- Wir stellen eine Gerade durch zwei der Punkte auf und überprüfen, ob der dritte gegebene Punkt auch auf dieser liegt (**Punktprobe**).

- Wir können auch die Steigungen mit A und B und A und C berechnen. Sind diese identisch, liegen alle drei Punkte auf einer Geraden.

Wir probieren einfach mal beide Möglichkeiten aus.

(a) Wir stellen die Gerade durch $A(1/4)$ und $B(3/-2)$ mit der ZPF auf:

$$y = \frac{-2 - 4}{3 - 1} \cdot (x - 1) + 4 = -3 \cdot (x - 1) + 4 = -3x + 3 + 4 = -3x + 7.$$

Nun setzen wir in diese Gerade den Punkt $C(-1/10)$ ein. Es ist:

$$y = -3 \cdot (-1) + 7 = 3 + 7 = 10.$$

Da $10 = 10$ ist, liegen alle drei Punkte auf einer Geraden, nämlich auf derjenigen mit der Gleichung $y = -3x + 7$.

(b) Wir probieren die Steigungsvariante und berechnen m_{AB} und m_{AC}:

- $m_{AB} = \frac{\sqrt{2} - \sqrt{8}}{\sqrt{32} - \sqrt{2}} = \frac{\sqrt{2} - 2\sqrt{2}}{4\sqrt{2} - \sqrt{2}} = \frac{\sqrt{2} \cdot (1 - 2)}{\sqrt{2} \cdot (4 - 1)} = -\frac{1}{3}$

- $m_{AC} = \frac{\frac{\sqrt{2}}{3} - \sqrt{2}}{8\sqrt{2} - \sqrt{32}} = \frac{-\frac{2\sqrt{2}}{3}}{8\sqrt{2} - 4\sqrt{2}} = -\frac{2\sqrt{2}}{3 \cdot 4\sqrt{2}} = -\frac{1}{6}$

Da $m_{AB} \neq m_{AC}$ liegen die drei Punkte auf keiner gemeinsamen Geraden.

(c) Hier nehmen wir wieder die erste der beiden aufgezeigten Möglichkeiten. Die Gerade durch $A(1/4)$ und $B(2/8)$ ergibt sich zu:

$$y = \frac{8-4}{2-1} \cdot (x-1) + 4 = 4 \cdot (x-1) + 4 = 4x - 4 + 4 = 4x.$$

Setzen wir hier den x-Wert von C, also $x = 3$ ein ,s o folgt $y = 4 \cdot 3 = 12$. Da das nicht mit dem y-Wert von C ($x = 16$) übereinstimmt, liegen die drei Punkte nicht auf einer Geraden.

(d) Anstatt zu rechnen, können wir auch einfach beachten, dass alle drei Punkte den y-Wert 4 besitzen. Damit liegen Sie alle auf der Geraden $y = 4$, welche parallel zur x-Achse ist.

A.7.4 Lösungswege zu Kapitel II.5.2

Aufgabe 1 – Lösungsweg:
Um den Abstand eines Punktes von einer Geraden zu ermitteln, können wir das folgende Schema aus *MiS* anwenden.

!

Abstand eines Punktes von einer Geraden

Gegeben sei der Punkt $X(x_0/y_0)$, dessen Abstand d zu der Geraden f mit $f(x) = mx + c$ (welche wir eventuell noch aufstellen müssen!) berechnet werden soll. Dabei führen wir folgende Schritte durch:

1. Bilden der negativen, inversen Steigung $m_{\text{neu}} = -\frac{1}{m}$
2. Aufstellen der Gleichung der Geraden g, welche die Steigung m_{neu} hat und durch den Punkt $X(x_0/y_0)$ geht.
3. Berechnen des Schnittpunktes $L(x_L/y_L)$ der Schaubilder von f und g, d.h. wir lösen $f(x) = g(x)$ nach x auf und setzen das erhaltene $x = x_L$ in eine der beiden Funktionsgleichungen ein. Es sollte natürlich in beiden Fällen der gleiche y-Wert y_L als Ergebnis erlangt werden.
4. Berechnen des Abstandes der Punkte X und L voneinander, d.h. wir ermitteln die Streckenlänge $\overline{XL}$ mit Hilfe des Satzes von Pythagoras (Abstandsberechnung zweier Punkte, Ermittlung der Streckenlänge zwischen zwei Punkten).
5. Es ist $d = \overline{XL}$ der gesuchte Abstand und wir sind fertig.

Bemühen wir nun diese Vorgehensweise, um die gegebenen Aufgaben zu lösen:

(a) Wir arbeiten die einzelnen Schritte des Schemas ab:

1. Die Steigung ist $m_{\text{neu}} = -\frac{1}{2}$.

2. Die gesuchte Geradengleichung ergibt sich aus der PSF zu

$$h(x) = -\frac{1}{2} \cdot (x - 0) + 8 = -\frac{1}{2}x + 8.$$

Hinweis: Die Gerade heißt hier anders als im Schema, da g schon vergeben ist.

3. Der Schnittpunkt berechnet sich mit

$$2x + 4 = -\frac{1}{2}x + 8 \Leftrightarrow \frac{5}{2}x = 4 \Leftrightarrow x = \frac{8}{5}.$$

Der dazugehörige y-Wert ist (Gerade g verwendet) $y = 2 \cdot \frac{8}{5} + 4 = \frac{36}{5}$. Damit haben wir den Lotfußpunkt $L(\frac{8}{5}/\frac{36}{5})$ gefunden.

4. Wir berechnen die Streckenlänge:

$$\overline{XL} = \sqrt{\left(\frac{8}{5} - 0\right)^2 + \left(\frac{36}{5} - 8\right)^2} = \sqrt{\left(\frac{8}{5}\right)^2 + \left(\frac{4}{5}\right)^2} = \sqrt{\frac{80}{25}} = \frac{\sqrt{16 \cdot 5}}{\sqrt{25}} = \frac{4\sqrt{5}}{5}.$$

5. Es ist also $d = \frac{4\sqrt{5}}{5}$ der gesuchte Abstand.

(b) Wir arbeiten erneut die einzelnen Schritte des Schemas ab:

1. Die Steigung ist $m_{\text{neu}} = -\frac{1}{-3} = \frac{1}{3}$.

2. Die gesuchte Geradengleichung ergibt sich aus der PSF zu

$$h(x) = \frac{1}{3} \cdot (x - 1) + 4 = \frac{1}{3}x + \frac{11}{3}.$$

3. Der Schnittpunkt berechnet sich mit

$$-3x + 7 = \frac{1}{3}x + \frac{11}{3} \Leftrightarrow -\frac{10}{3}x = -\frac{10}{3} \Leftrightarrow x = 1.$$

Der dazugehörige y-Wert ist (Gerade g verwendet) $y = -3 \cdot 1 + 7 = 4$. Damit haben wir den Lotfußpunkt $L(1/4)$ gefunden.

4. Anscheinend ist $L = X$. Damit ist $\overline{XL} = 0$

5. Es ist also $d = 0$ der gesuchte Abstand.

(c) Bevor wir rechnen formen wir g um:

$$g(x) = \frac{1}{4} \cdot (4x - 4) + 4 = x - 1 + 4 = x + 3.$$

Nun wenden wir das Schema an:

1. Die Steigung ist $m_{\text{neu}} = -\frac{1}{1} = -1$.

2. Die gesuchte Geradengleichung ergibt sich aus der PSF zu

$$h(x) = -1 \cdot (x - 2) + 6 = -x + 8.$$

3. Der Schnittpunkt berechnet sich mit

$$x + 3 = -x + 8 \Leftrightarrow 2x = 5 \Leftrightarrow x = \frac{5}{2}.$$

Der dazugehörige y-Wert ist (Gerade g verwendet) $y = \frac{5}{2} + 3 = \frac{11}{2}$. Damit haben wir den Lotfußpunkt $L(\frac{5}{2}/\frac{11}{2})$ gefunden.

4. Wir berechnen die Streckenlänge:

$$\overline{XL} = \sqrt{\left(\frac{5}{2} - 2\right)^2 + \left(\frac{11}{2} - 6\right)^2} = \sqrt{\frac{1}{4} + \frac{1}{4}} = \sqrt{\frac{1}{2}} = \frac{\sqrt{2}}{2}.$$

5. Es ist also $d = \frac{\sqrt{2}}{2}$ der gesuchte Abstand.

(d) Da g eine Parallele zur x-Achse ist können wir den Abstand ganz leicht mit Hilfe des y-Wertes von $X(-2/5)$ berechnen. Es ist $d = 5 - 3 = 2$.

Aufgabe 2 – Lösungsweg:
Aus der Geraden $g(x) = 4x - 3$ ersehen wir sofort die neue Steigung $m_{\text{neu}} = -\frac{1}{4}$. Diese verwenden wir nun mit dem Punkt $P(8/-9)$ in der PSF:

$$h(x) = -\frac{1}{4} \cdot (x - 8) - 9 = -\frac{1}{4}x + 2 - 7 = -\frac{1}{4}x - 7.$$

Damit haben wir die Gerade bereits gefunden. Es ist h mit $h(x) = -\frac{1}{4}x - 7$.

Aufgabe 3 – Lösungsweg:
Wir stellen zuerst einmal die Gerade h auf:

Deren Steigung ist $m_h = -\frac{1}{-2} = \frac{1}{2}$. Sie soll durch den Punkt $P(0/3)$ gehen, womit wir sofort ihren y-Achsenabschnitt haben ($c = 3$). Insgesamt ergibt sich daher

$$h(x) = \frac{1}{2}x + 3.$$

Die beiden Geraden sehen wir in Abbildung A.7.1.

Die Schnittpunkte der Geraden mit der x-Achse sind:

- $g(x) = -2x + 3 = 0 \Leftrightarrow x = 1{,}5$, also $N_g(1{,}5/0)$.
- $h(x) = \frac{1}{2}x + 3 = 0 \Leftarrow x = -6$, also $N_h(-6/0)$.

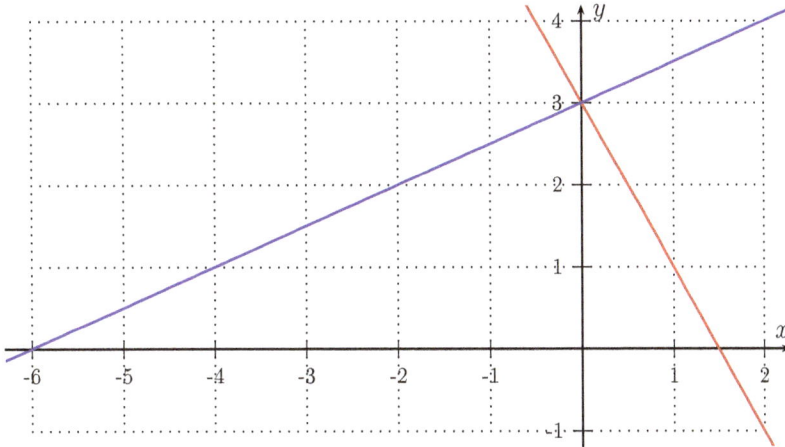

Abbildung A.7.1: Die Geraden g (rot) und h (blau) im Bilde.

Der Abbildung entnehmen wir auch gleich den Schnittpunkt beider Geraden $(P(0/3))$, der hier offensichtlich ist. Mit der Formel für Dreiecke berechnen wir dann den gesuchten Flächeninhalt:

$$A = \frac{1}{2} \cdot \text{Grundseite } g \cdot \text{Höhe } h = \frac{1}{2} \cdot (1{,}5 - (-6)) \cdot 3 = \frac{1}{2} \cdot 7{,}5 \cdot 3 = 11{,}25 \text{ FE}.$$

FE steht dabei für Flächeneinheiten.

A.7.5 Lösungswege zu Kapitel II.5.3

Aufgabe 1 – Lösungsweg:
Die Figur sehen wir in Abbildung A.7.2.

Es scheint ein Parallelogramm vorzuliegen. Ob dem wirklich so ist, können wir über die Längen der Seiten und über die Steigungen der Geraden durch die Punkte entscheiden.

Seitenlängen:

- $\overline{AB} = \sqrt{(-4 - 1)^2 + (1 - 1)^2} = \sqrt{25} = 5$
- $\overline{BC} = \sqrt{(-6 - (-4))^2 + (-5 - 1)^2} = \sqrt{40} = \sqrt{4} \cdot \sqrt{10} = 2\sqrt{10}$
- $\overline{CD} = \sqrt{(-1 - (-6))^2 + (-5 - (-5))^2} = \sqrt{25} = 5$
- $\overline{DA} = \sqrt{(1 - (-1))^2 + (-5 - 1)^2} = \sqrt{40} = 2\sqrt{10}$

Somit gilt offensichtlich $\overline{AB} = \overline{CD}$ und $\overline{BC} = \overline{DA}$.

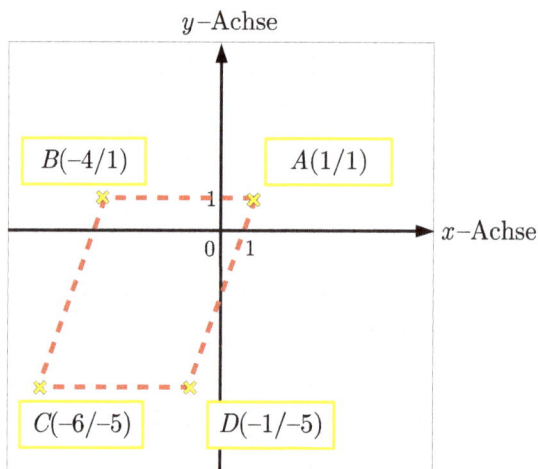

Abbildung A.7.2: Die vier Punkte im Koordinatensystem miteinander verbunden.

Steigungen:
Zur Übung berechnen wir kurz alle vier.

- $m_{AB} = \frac{1-1}{-4-1} = \frac{0}{-5} = 0$

- $m_{BC} = \frac{-5-1}{-6-(-4)} = \frac{-6}{-2} = 3$

- $m_{CD} = \frac{-5-(-5)}{-1-1} = \frac{0}{-2} = 0$

- $m_{DA} = \frac{1-(-5)}{1-(-1)} = \frac{6}{2} = 3$

Es ist $m_{AB} = m_{CD}$ und $m_{BC} = m_{DA}$.

Folgerichtig liegt ein Parallelogramm vor.

Aufgabe 2 – Lösungsweg:
Wir stellen die Geraden durch die Punkte $A(1/1)$ und $C(-6/-5)$ sowie durch $B(-4/1)$ und $D(-1/-5)$ auf.

- Gerade durch A und C:

$$g(x) = \frac{-5-1}{-6-1} \cdot (x-1) + 1 = \frac{6}{7}x + \frac{1}{7}$$

- Gerade durch B und D:

$$h(x) = \frac{-5-1}{-1-(-4)} \cdot (x-(-4)) + 1 = -2x - 7$$

Wir setzen $g = h$ und erhalten:

$$\frac{6}{7}x + \frac{1}{7} = -2x - 7 \Leftrightarrow \frac{20}{7}x = -\frac{50}{7} \Leftrightarrow x = -\frac{5}{2}$$

Der y-Wert ist $y = g(-2{,}5) = h(-2{,}5) = -2$, womit wir den Schnittpunkt $S(-2{,}5/-2)$ gefunden haben.

Um nun nachzuweisen, dass dieser die Diagonalen halbiert, können wir $\overline{AS}$, $\overline{CS}$, $\overline{BS}$ und $\overline{DS}$ berechnen und diese Strecken vergleichen **oder** wir verwenden die Formel für die Streckenmittelpunkte.

- Es ist $M_{\overline{AC}}\left(\frac{1+(-6)}{2}/\frac{1+(-5)}{2}\right) = M_{\overline{AC}}(-2{,}5/-2)$.

- Und es ist $M_{\overline{BD}}\left(\frac{-4+(-1)}{2}/\frac{1+(-5)}{2}\right) = M_{\overline{BD}}(-2{,}5/-2)$.

Da diese Streckenmittelpunkte offensichtlich miteinander und mit S identisch sind, halbieren sich die Diagonalen tatsächlich (was ja zu erwarten war).

Aufgabe 3 – Lösungsweg:

(a) Wir berechnen den Abstand der beiden Punkte voneinander:

$$d(K, L) = \sqrt{(2 - 5)^2 + (3 - 7)^2} = \sqrt{9 + 16} = \sqrt{25} = m.$$

Da dieser Abstand identisch mit dem Radius ist, liegt L auf dem besagten Kreis um K mit Radius $m = 5$.

(b) Mit der ZPF (Zwei-Punkt-Form) erhalten wir sofort die Geradengleichung:

$$g(x) = \frac{7 - 3}{5 - 2} \cdot (x - 5) + 7 = \frac{4}{3}x - \frac{20}{3} + 7 = \frac{4}{3}x + \frac{1}{3}.$$

Die Achsenschnittpunkte berechnen wir wie folgt:

- $g(x) = 0$, also $\frac{4}{3}x + \frac{1}{3} = 0$ und somit $x = -\frac{1}{4}$. Daher lautet der Schnittpunkt mit der x-Achse $S_x(-\frac{1}{4}/0)$.

- $g(0) = \frac{1}{3}$, womit der Schnittpunkt mit der y-Achse $S_y(0/\frac{1}{3})$ ist.

(c) Die Orthogonale hat nach dem Satz $m_g \cdot m_h = -1$ die Steigung $m_h = -\frac{3}{4}$. Über die Punktsteigungsform (PSF) mit K folgt dann:

$$h(x) = -\frac{3}{4} \cdot (x - 2) + 3 = -\frac{3}{4}x + \frac{3}{2} + 3 = -\frac{3}{4}x + \frac{9}{2}.$$

Die gesuchten Achsenschnittpunkte sind dann:

- Mit der x-Achse: $h(x) = 0$, womit $x = 6$ folgt und damit $S_x(6/0)$.

- Mit der y-Achse: $h(0) = \frac{9}{2}$ und daher $S_y(0/\frac{9}{2})$.

Aufgabe 4 – Lösungsweg:

Aus der Skizze und den gegebenen Punkten entnehmen wir, dass das gleichseitige Dreieck die Höhe $h = 4 - (-2) = 6$ besitzt. In einem gleichseitigen Dreieck sind alle drei Seiten gleich lang, haben also die Länge a. Es gilt über Pythagoras der Zusammenhang (was sich auch der Skizze entnehmen lässt), dass

$$h^2 = a^2 - \left(\frac{a}{2}\right)^2 = a^2 - \frac{a^2}{4} = \frac{3a^2}{4}.$$

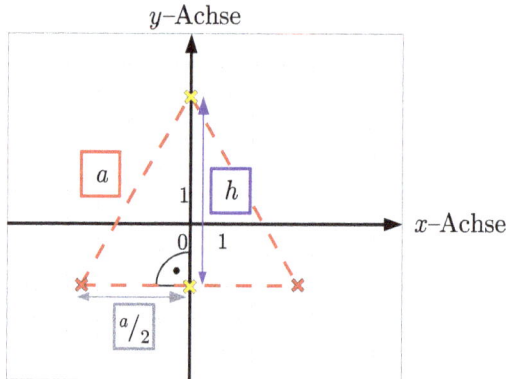

Abbildung A.7.3: Skizze aus Aufgabe 4 leicht abgeändert, um Pythagoras zu sehen.

Damit ist $h = \frac{\sqrt{3}}{2}a$ und daher $a = \frac{2\sqrt{3}}{3}h$. Da wir die Höhe gegeben haben, können wir a berechnen. Es ist $a = \frac{2\sqrt{3}}{3} \cdot 6 = 4\sqrt{3}$.

Der Skizze entnehmen wir, dass die untere Seite parallel zur x-Achse ist, womit die gesuchten Eckpunkte einen identischen y-Wert mit K haben. Des Weiteren ist ersichtlich, dass die x-Werte $\pm\frac{a}{2}$ sind, womit wir die Eckpunkte $P_{\text{links}}(-2\sqrt{3}/-2)$ und $P_{\text{rechts}}(2\sqrt{3}/-2)$ erhalten.

B Zu Kapitel III: Quadratische Funktionen

B.1 Aufgaben zu Kapitel III.3

Aufgabe 1:
Berechnen Sie die Nullstellen der Funktionen mit den folgenden Gleichungen.

(a) $f(x) = x^2 + 2x + 1$ (b) $g(x) = 2x^2 - 2$ (c) $h(x) = 3x^2 - 3x - 18$

(d) $i(x) = x^2 + 3x + 2$ (e) $j(x) = 2x^2 + 5x + 3$ (f) $k(x) = 5x^2 - 4x + 1$

Aufgabe 2:
Lösen Sie die Gleichungen nach x auf, in Abhängigkeit von den jeweiligen Parametern. Diese sind alle so gewählt, dass die Gleichungen definiert sind.

(a) $x^2 + \left(t^2 - \frac{t}{2}\right) \cdot x - \frac{t^3}{2} = 0$ (b) $4x^2 - 4ax - 24a^2 = 0$

(c) $4(ax)^2 - 3ax = 1$ (d) $4t^4x^2 = 49t^2$

(e) $4x^2 - 4ax = -a^2$ (f) $(a^4 + b^4)x^2 - 2(a^2 + b^2)x + 1 = 0$

Aufgabe 3:
Gegeben sei eine Zahl x. Die Zahl y ist um 4 größer als diese und das Produkt der beiden um 10. Bestimmen Sie mit diesen Informationen x und y.

Aufgabe 4:
Die Summe zweier Zahlen sei 25, ihr Produkt aber nur 12,25. Bestimmen Sie diese Zahlen.

Aufgabe 5:
Bestimmen Sie den Scheitel der Parabel mit der Gleichung $p(x) = 2x^2 - 12x + 20$, indem

- Sie die Scheitelform durch quadratisches Ergänzen bilden,

- Sie die Funktion „absenken".

Aufgabe 6:
Zwei aufeinanderfolgende Quadratzahlen haben zusammen eine Summe von 221. Wie lauten die beiden Quadratzahlen?

Aufgabe 7:
Leiten Sie die Mitternachtsformel ausgehend von der Gleichung $ax^2 + bx + c = 0$ mittels quadratischem Ergänzen her.

Aufgabe 8:
Eine Parabel hat den Scheitel $S(1/-3)$ und geht durch den Punkt $P(5/5)$. Bestimmen Sie die Gleichung der Parabel in Normalform.

Aufgabe 9:
Gegeben sind die beiden Parabeln $p(x) = x^2 + 2x - 3$ und $q(x) = -x^2 + 2x + 5$. Stellen Sie die Gerade durch die beiden Schnittpunkte der Schaubilder der Parabeln auf.

Aufgabe 10:
Zeigen Sie: Nimmt man eine natürliche Zahl, multipliziert Sie mit ihrem Nachfolger, zieht vom Ergebnis das Dreifache der Zahl ab und addiert abschließend 1, so erhält man das Quadrat des Vorgängers der Zahl.

Aufgabe 11:
Ich denke mir eine ganze Zahl größer 0, verdopple diese, addiere dann das Vierfache des Nachnachfolgers der Zahl und ziehe anschließend 4 ab, dann erhalte ich das Quadrat des Vorvorgängers der Zahl. Um welche Zahl geht es?

Aufgabe 12:
Die Summe des Quadrates einer natürlichen Zahl und des Quadrates ihres Nachfolgers, vermehrt um 220, ergibt die Summe der Zahl und ihres Nachfolgers im Quadrat. Welche Zahl wird gesucht?

Aufgabe 13:
Welche Seitenlängen hat ein rechteckiges Blatt Papier, das eine Fläche von einem Quadratmeter besitzt und dessen längere Seite sich zur kürzeren verhält wie die Summe der beiden Seitenlängen zur längeren Seite? (**Tipp:** Goldener Schnitt)

Aufgabe 14:
Gegeben sind die folgenden Funktionsgleichungen:

- $f(x) = 2 \cdot (x - 1)^2 + a$
- $g(x) = b \cdot (x - 2) \cdot (x + 3)$

- $h(x) = -(x + c)^2 + 2$
- $i(x) = d \cdot x \cdot (x - e)$

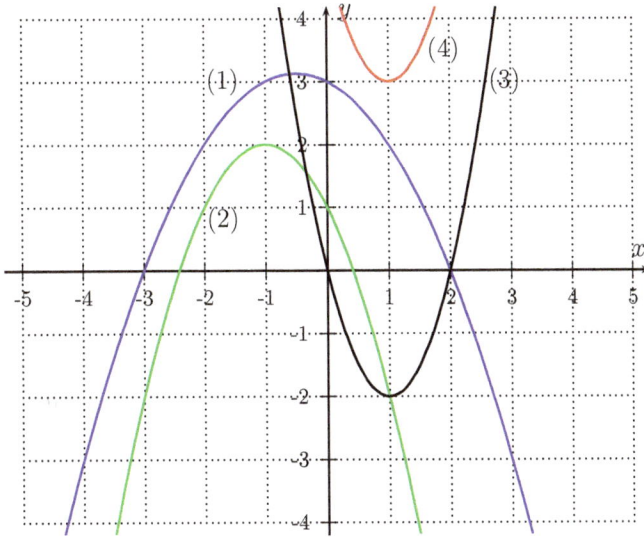

Abbildung B.1.1: Die vier im Aufgabentext genannten Parabeln.

(a) Ordnen Sie diese den Schaubildern zu. Begründen Sie Ihre Wahl.

(b) Bestimmen Sie dann mittels der Schaubilder die unbekannten Konstanten.

B.2 Aufgaben zu Kapitel III.5

Aufgabe:
Eine Parabelschar zweiter Ordnung besitzt den Scheitelpunkt $S\left(-t / -2t^2 - t\right)$ mit $t \in \mathbb{R}$.

(a) Bestimmen Sie die Ortskurve aller Scheitel.

(b) Für welche Werte von t liegt der Scheitel im I. Quadranten (x- und y-Werte beide positiv)?

(c) Bestimmen Sie die Gleichung der Parabelschar, wobei $a = 2$ ist.

B.3 Ergebnisse zu Kapitel III

B.3.1 Ergebnisse zu Kapitel III.3

Aufgabe 1:
(a) $x_{1/2} = -1$ (b) $x_1 = -1;\ x_2 = 1$ (c) $x_1 = -2;\ x_2 = 3$
(d) $x_1 = -2;\ x_2 = -1$ (e) $x_1 = -1{,}5;\ x_2 = -1$ (f) keine reellen Lösungen

Aufgabe 2:
(a) $x_1 = -t^2;\ x_2 = \frac{t}{2}$ (b) $x_1 = -2a;\ x_2 = 3a$
(c) $x_1 = -\frac{1}{4a};\ x_2 = \frac{1}{a}$ (d) $x_1 = -\frac{7}{2t};\ x_2 = \frac{7}{2t}$
(e) $x_{1/2} = \frac{a}{2}$ (f) $x_1 = \frac{1}{a^2+\sqrt{2}ab+b^2};\ x_2 = \frac{1}{a^2-\sqrt{2}ab+b^2}$

Aufgabe 3:
Es gibt zwei Lösungen: $x_1 = -5$ und $y_1 = -1$ sowie $x_2 = 2$ und $y_2 = 6$.

Aufgabe 4:
Die Lösung ist $x = 0{,}5$ und $y = 24{,}5$.

Aufgabe 5:
Die Scheitelform lautet (natürlich in beiden Fällen) $p(x) = 2 \cdot (x-3)^2 + 2$.

Aufgabe 6:
Die Quadratzahlen sind $100 = 10^2$ und $121 = 11^2$.

Aufgabe 7:
Siehe Kapitel III.3 in *MiS*.

Aufgabe 8:
Die Funktionsgleichung für die Parabel p lautet $p(x) = \frac{1}{2}x^2 - x - \frac{5}{2}$.

Aufgabe 9:
Die Gleichung der Gerade g lautet $g(x) = 2x + 1$.

Aufgabe 10:
Es ist $n \cdot (n+1) - 3n + 1 = n^2 + n - 3n + 1 = n^2 - 2n + 1 = (n-1)^2$. Das war zu zeigen.

Aufgabe 11:
Die Zahl sei x. Da $x > 0$ gelten soll, muss $x = 10$ sein.

Aufgabe 12:
Da die Zahl n eine natürliche Zahl sein soll, ergibt sich $n = 10$.

Aufgabe 13:
Die Seitenlängen l und b sind beide positiv zu wählen. Aus der Gleichung $\frac{l}{b} = \frac{l+b}{l}$, wobei l die längere der beiden Seiten ist, ergibt sich $b = \frac{\sqrt{5}-1}{2}l$, das negative Ergebnis wird nicht beachtet. Mit $l \cdot b = 1\,\mathrm{m}^2$ folgt $l = \frac{\sqrt{2\cdot(\sqrt{5}+1)}}{2} \approx 1{,}272\,\mathrm{m}$ und $b \approx 0{,}786\,\mathrm{m}$.

Aufgabe 14:
(a) Wir ordnen die Funktionsgleichungen den Schaubildern zu:
- Schaubild (4) gehört zu Funktion f wegen des Scheitels bei $x = 1$.
- Schaubild (1) gehört zu Funktion g wegen der beiden Nullstellen, die sich aus der Linearfaktordarstellung ablesen lassen.
- Schaubild (2) gehört zu Funktion h, da es nach unten geöffnet ist und Schaubild (1) schon zugeordnet ist.
- Schaubild (3) gehört zu Funktion i, da es durch den Ursprung geht (Faktor x).

(b) Die Konstanten sind $a = 3$, $b = -\frac{1}{2}$, $c = 1$, $d = 2$ und $e = 2$.

B.3.2 Ergebnisse zu Kapitel III.5

Aufgabe:
(a) Die Ortskurve ist $y = -2x^2 + x$.
(b) Für Werte von t zwischen $-\frac{1}{2}$ und 0 liegt der Scheitel im I. Quadranten.
(c) Die Funktionsgleichung für die Parabeln p_t lautet $p_t(x) = 2 \cdot (x + t)^2 - 2t^2 - t$.

B.4 Lösungswege zu Kapitel III

B.4.1 Lösungswege zu Kapitel III.3

Aufgabe 1 – Lösungsweg:
Hier gilt es, quadratische Gleichungen zu lösen. Dabei kann die Mitternachtsformel (MNF) zum Einsatz kommen, was aber nicht immer unbedingt notwendig ist (notwendig ist sie eigentlich nie, aber doch recht praktisch).

(a) Wir haben $f(x) = x^2 + 2x + 1 = 0$ zu lösen. Schreiben wir den Funktionsterm mit Hilfe der 1. Binomischen Formel um, so benötigen wir nicht einmal die MNF. Mit $x^2 + 2x + 1 = (x+1)^2$ folgt:

$$f(x) = 0 \Leftrightarrow (x+1)^2 = 0, \text{ also } x + 1 = \pm 0 \text{ und somit } x_{1/2} = -1.$$

(b) Hier müssen wir $g(x) = 2x^2 - 2 = 0$ lösen. Es ist:

$$2x^2 - 2 = 0 \Leftrightarrow 2x^2 = 2 \Leftrightarrow x^2 = 1, \text{ also } x_{1/2} = \pm 1.$$

(c) Wir suchen die Lösung zu $h(x) = 3x^2 - 3x - 18 = 0$. Zuerst dividieren wir 3 ab und erhalten $x^2 - x - 6 = 0$. Hier lösen wir nun mit der MNF:

$$x_{1/2} = \frac{1 \pm \sqrt{1 - 4 \cdot 6}}{2} = \frac{1 \pm \sqrt{25}}{2} = \frac{1 \pm 5}{2}.$$

Damit sind $x_1 = \frac{1-5}{2} = -2$ und $x_2 = \frac{1+5}{2} = 3$ die beiden gesuchten Lösungen/Nullstellen.

(d) Wieder ist eine klassische MNF zur Lösung von $i(x) = x^2 + 3x + 2 = 0$ zu gebrauchen.

$$x_{1/2} = \frac{-3 \pm \sqrt{9 - 4 \cdot 2}}{2} = \frac{-3 \pm \sqrt{1}}{2} = \frac{-3 \pm 1}{2}.$$

Wir erhalten also $x_1 = \frac{-3-1}{2} = -2$ und $x_2 = \frac{-3+1}{2} = -1$ als Nullstellen.

(e) Wieder hilft uns die MNF bei der Lösung von $j(x) = 2x^2 + 5x + 3 = 0$.

$$x_{1/2} = \frac{-5 \pm \sqrt{25 - 4 \cdot 2 \cdot 3}}{2 \cdot 2} = \frac{-5 \pm \sqrt{25 - 24}}{4} = \frac{-5 \pm 1}{4}.$$

Fertig gerechnet erhalten wir $x_1 = \frac{-5-1}{4} = -\frac{3}{2}$ und $x_2 = \frac{-5+1}{4} = -1$.

(f) Ein letztes Mal in Aufgabe 1 bemühen wir die MNF und lösen $k(x) = 5x^2 - 4x + 1 = 0$.

$$x_{1/2} = \frac{4 \pm \sqrt{16 - 4 \cdot 5 \cdot 1}}{2 \cdot 5} = \frac{4 \pm \sqrt{-4}}{10}$$

Leider können wir im Reellen nicht die Wurzel aus -4 ziehen, womit unsere Gleichung keine (reellen) Lösungen hat.

Aufgabe 2 – Lösungsweg:

Hier soll das Einsetzen in die MNF geübt werden, unabhängig davon, wie bescheiden die Koeffizienten auch aussehen mögen.

(a) Wir setzen ein und formen um:

$$x_{1/2} = \frac{-\left(t^2 - \frac{t}{2}\right) \pm \sqrt{\left(t^2 - \frac{t}{2}\right)^2 + 4 \cdot \frac{t^3}{2}}}{2} = \frac{-\left(t^2 - \frac{t}{2}\right) \pm \sqrt{t^4 - t^3 + \frac{t^2}{4} + 2t^3}}{2}$$

$$= \frac{-\left(t^2 - \frac{t}{2}\right) \pm \sqrt{\overbrace{t^4 + t^3 + \frac{t^2}{4}}^{\text{1. Binomische Formel}}}}{2} = \frac{-\left(t^2 - \frac{t}{2}\right) \pm \sqrt{\left(t^2 + \frac{t}{2}\right)^2}}{2}$$

$$= \frac{-\left(t^2 - \frac{t}{2}\right) \pm \left(t^2 + \frac{t}{2}\right)}{2} = \begin{cases} x_1 = \frac{-\left(t^2 - \frac{t}{2}\right) - \left(t^2 + \frac{t}{2}\right)}{2} = -t^2 \\ x_2 = \frac{-\left(t^2 - \frac{t}{2}\right) + \left(t^2 + \frac{t}{2}\right)}{2} = \frac{t}{2} \end{cases}$$

Das war's auch schon.

(b) Wieder setzen wir in die MNF ein, es ist dieses Mal nur etwas übersichtlicher, darum führen wir bereits im ersten Schritt einige Rechnungen durch.

$$x_{1/2} = \frac{4a \pm \sqrt{16a^2 + 384a^2}}{8} = \frac{4a \pm \sqrt{400a^2}}{8} = \frac{4a \pm 20a}{8}$$

$$= \begin{cases} x_1 = \frac{4a - 20a}{8} = -2a \\ x_2 = \frac{4a + 20a}{8} = 3a \end{cases}$$

(c) Umgeformt haben wir hier $4a^2x^2 - 3ax - 1 = 0$ stehen und damit folgt:

$$x_{1/2} = \frac{3a \pm \sqrt{9a^2 + 16a^2}}{8a^2} = \frac{3a \pm \sqrt{25a^2}}{8a^2} = \frac{3a \pm 5a}{8a^2}$$

$$= \begin{cases} x_1 = \frac{3a - 5a}{8a^2} = -\frac{1}{4a} \\ x_2 = \frac{3a + 5a}{8a^2} = \frac{1}{a} \end{cases}$$

(d) Hier geht's auch ohne die MNF. Wir haben Folgendes zu rechnen:

$$4t^4x^2 = 49t^2, \text{ also } x^2 = \frac{49}{4t^2}$$

Ziehen wir die Wurzel erhalten wir $x_{1/2} = \pm\frac{7}{2t}$.

(e) Hier dürfen wir aber wieder die MNF knechten, um die umgeformte Gleichung $4x^2 - 4ax + a^2 = 0$ zu lösen.

$$x_{1/2} = \frac{4a \pm \sqrt{16a^2 - 4 \cdot 4 \cdot a^2}}{2 \cdot 4} = \frac{4a \pm \sqrt{16a^2 - 16a^2}}{8} = \frac{4a}{8} = \frac{a}{2}$$

(f) Ein letztes Mal (für diese Aufgabe) rechnen wir:

$$x_{1/2} = \frac{2(a^2+b^2) \pm \sqrt{(2(a^2+b^2))^2 - 4 \cdot 1 \cdot (a^4+b^4)}}{2 \cdot (a^4+b^4)}$$

$$= \frac{2a^2+2b^2 \pm \sqrt{4a^4 + 8a^2b^2 + 4b^4 - 4a^4 - 4b^4}}{2a^4+2b^4}$$

$$= \frac{2a^2+2b^2 \pm \sqrt{8a^2b^2}}{2a^4+2b^4} = \frac{2a^2+2b^2 \pm 2\sqrt{2}ab}{2a^4+2b^4} = \frac{a^2+b^2 \pm \sqrt{2}ab}{a^4+b^4}$$

Mit ein wenig Probieren findet man heraus, dass

$$(a^2+b^2+\sqrt{2}ab) \cdot (a^2+b^2-\sqrt{2}ab)$$
$$= a^4 + a^2b^2 - \sqrt{2}a^3b + b^2a^2 + b^4 - \sqrt{2}ab^3 + \sqrt{2}a^3 + b + \sqrt{2}ab^3 - 2a^2b^2$$
$$= a^4 + b^4$$

gilt (ist etwas trickreicher, gebe ich ja zu, aber man kann trotzdem drauf kommen!) und wir deswegen die Lösung wie folgt schreiben können, wobei wir etwas umsortiert haben (sieht nur etwas „besser" aus):

$$x_{1/2} = \frac{a^2 \pm \sqrt{2}ab + b^2}{(a^2+\sqrt{2}ab+b^2) \cdot (a^2-\sqrt{2}ab+b^2)} = \begin{cases} x_1 = \frac{1}{a^2+\sqrt{2}ab)+b^2} \\ x_2 = \frac{1}{a^2-\sqrt{2}ab+b^2} \end{cases}$$

Anmerkung: Nein, das sind keine Binomischen Formeln im Nenner, auch wenn's so aussieht!

Aufgabe 3 – Lösungsweg:
Aus dem Text erfahren wir, dass $y = x+4$ ist und $x \cdot y = x + 10$ sein soll. Setzen wir nun in die zweite Gleichung für y den Term $x+4$ ein (Klammern nicht vergessen, sonst wird's falsch!), dann erhalten wir eine quadratische Gleichung für x:

$$x \cdot y = x \cdot (x+4) = x + 10 \Leftrightarrow x^2 + 4x = x + 10 \Leftrightarrow x^2 + 3x - 10 = 0$$

Diese lösen wir mit der MNF:

$$x_{1/2} = \frac{-3 \pm \sqrt{9 - 4 \cdot 1 \cdot (-10)}}{2} = \frac{-3 \pm \sqrt{49}}{2} = \frac{-3 \pm 7}{2}$$

Wir haben also $x_1 = \frac{-3-7}{2} = -5$ mit $y_1 = x_1 + 4 = -5 + 4 = -1$ und $x_2 = \frac{-3+7}{2} = 2$ mit $y_2 = x_2 + 4 = 2 + 4 = 6$ gefunden.

Aufgabe 4 – Lösungsweg:
Die Zahlen belegen wir mit den Variablen x und y. Damit formulieren wir die im Text angegebenen Bedingungen:

- $x + y = 25$ und

- $x \cdot y = 12{,}25$.

Lösen wir die erste Bedingung nach y auf, erhalten wir $y = 25 - x$, und das können wir in die zweite einsetzen (Klammern beachten!):

$$x \cdot y = x \cdot (25 - x) = 12{,}25 \Leftrightarrow x^2 - 25x + 12{,}25 = 0$$

Wir haben das Ganze gleich ein wenig umgeformt und alles auf eine Seite gebracht. Es ergibt sich eine quadratische Gleichung für x. Diese lösen wir mit der MNF:

$$x_{1/2} = \frac{25 \pm \sqrt{625 - 4 \cdot 12{,}25}}{2} = \frac{25 \pm \sqrt{576}}{2} = \frac{25 \pm 24}{2}$$

Es gibt also für x zwei Lösungen, nämlich $x_1 = \frac{25-24}{2} = 0{,}5$ und $x_2 = \frac{25+24}{2} = 24{,}5$. Im ersten Fall ist dann $y_1 = 24{,}5$ und im zweiten $y_2 = 0{,}5$ (Beide y-Werte durch Einsetzen in $y = 25 - x$ erhalten). Es gibt also nur ein Zahlenpaar, welches die beiden Bedingungen erfüllt, nämlich $x = 0{,}5$ und $y = 24{,}5$, wobei die Variablen auch die Werte tauschen können, was aber ja keine Rolle spielt.

Aufgabe 5 – Lösungsweg:
Wir ermitteln die Scheitelform zuerst durch quadratisches Ergänzen und dann durch „absenken" der Funktion, so wie es in Kapitel III von *MiS* gezeigt ist.

- *Quadratisches Ergänzen:*

$$p(x) = 2x^2 - 12x + 20 = 2 \cdot (x^2 - 6x + 10) = 2 \cdot \left(x^2 - 6x + \overbrace{\left(\frac{6}{2}\right)^2 - \left(\frac{6}{2}\right)^2}^{=0} + 10 \right)$$

$$= 2 \cdot (\overbrace{x^2 - 6x + 9}^{\text{2. Binomische Formel}} - 9 + 10) = 2 \cdot \left((x-3)^2 + 1 \right) = 2 \cdot (x-3)^2 + 2$$

- *Durch Absenken:*
  Aus $p(x) = 2x^2 - 12x + 20$ machen wir $\tilde{p}(x) = 2x^2 - 12x$ und bestimmen die Nullstellen:

$$2x^2 - 12x = 0 \Leftrightarrow x \cdot (x - 6) = 0, \text{ also } x_1 = 0 \text{ und } x_2 = 6.$$

Den x-Wert des Scheitels können wir durch das arithmetische Mittel der Nullstellen zu $x_S = \frac{x_1 + x_2}{2} = \frac{0+6}{2} = 3$ ermitteln. Der dazugehörige y-Wert ist

$$p(3) = 2 \cdot 3^2 - 12 \cdot 3 + 20 = 2 = y_S.$$

Damit haben wir den Scheitel $S(3/2)$ gefunden und damit auch die Scheitelform:

$$p(x) = 2x^2 - 12x + 20 = 2 \cdot (x - 3)^2 + 2$$

Aufgabe 6 – Lösungsweg:
Es sei n die erste Zahl und $n+1$ ihr Nachfolger, wobei $n \in \mathbb{N}$ gilt. Die aufeinanderfolgenden Quadratzahlen sind daher

$$n^2 \text{ und } (n+1)^2.$$

Es gilt nun laut Aufgabentext, dass

$$n^2 + (n+1)^2 = 221$$

ist. Hier können wir umformen:

$$n^2 + n^2 + 2n + 1 = 221 \Leftrightarrow 2n^2 + 2n - 220 = 0 \Leftrightarrow n^2 + n - 110 = 0.$$

Wir lösen mit der MNF:

$$n_{1/2} = \frac{-1 \pm \sqrt{1 - 4 \cdot (-110)}}{2} = \frac{-1 \pm \sqrt{441}}{2} = \frac{-1 \pm 21}{2}.$$

Damit haben wir die Lösungen $n_1 = -11$ und $n_2 = 10$ gefunden. Da wir nur am Quadrat interessiert sind, spielt das Vorzeichen keine Rolle, denn in beiden Fällen erhalten wir die Quadratzahlen 100 und 121[1].

Aufgabe 7 – Lösungsweg:
Diese Herleitung ist Gegenstand von Kapitel III.3 in *MiS*.

Aufgabe 8 – Lösungsweg:
Von der Parabel sind der Scheitel und ein Punkt bekannt. Durch die Angabe des Scheitels ist es günstig, die Scheitelform zu verwenden. Diese lautet bei gegebenem Scheitel

$$f(x) = a \cdot (x - d)^2 + e.$$

In unserem Fall, mit $S(1/-3)$, folgt

$$f(x) = a \cdot (x - 1)^2 - 3.$$

---

[1]Da wir allerdings $n \in \mathbb{N}$ gewählt haben, ist eigentlich nur n_2 eine Lösung.

Durch Einsetzen des Punktes $P(5/5)$ erhalten wir den noch offenen Parameter a:

$$f(5) = a \cdot (5-1)^2 - 3 = 16a - 3 = 5 \Leftrightarrow 16a = 8 \Leftrightarrow a = \frac{1}{2}.$$

Damit erhalten wir die folgende Gleichung für die gesuchte Parabel:

$$f(x) = \frac{1}{2} \cdot (x-1)^2 - 3 = \frac{1}{2} \cdot (x^2 - 2x + 1) - 3 = \frac{1}{2}x^2 - x - \frac{5}{2}.$$

Der letzte Term ist die gesuchte Darstellungsform.

Aufgabe 9 – Lösungsweg:
Wir berechnen die Schnittpunkte der beiden gegebenen Parabeln $p(x) = x^2 + 2x - 3$ und $q(x) = -x^2 + 2x + 5$. Es ist

$$x^2 + 2x - 3 = -x^2 + 2x + 5, \text{ also } 2x^2 - 8 = 0 \Leftrightarrow x^2 = 4 \text{ und daher } x_{1/2} = \pm 2.$$

Durch Einsetzen erhalten wir die beiden gesuchten y-Werte $y_1 = p(-2) = q(-2) = -3$ und $y_2 = p(2) = q(2) = 5$ und somit die Punkte

$$P_1(-2/-3) \text{ und } P_2(2/5).$$

Mit diesen können wir nun die geforderte Gerade aufstellen:

- *Geradensteigung:* $m = \frac{y_2 - y_1}{x_2 - x_1} = \frac{5 - (-3)}{2 - (-2)} = \frac{8}{4} = 2$

- *y-Achsenabschnitt c:*
  Mit $m = 2$ haben wir die Geradengleichung $g(x) = 2x + c$. Das c bestimmen wir durch Einsetzen einer der beiden Punkte in $g(x)$. Es ist also

$$g(2) = 2 \cdot 2 + c = 5 \Rightarrow c = 1.$$

Wir haben somit die Geradengleichung $g(x) = 2x + 1$ erhalten, deren Schaubild durch die beiden Schnittpunkte der Parabeln verläuft (siehe Abbildung B.4.1).

Aufgabe 10 – Lösungsweg:
Es sei $n \in \mathbb{N}$ die gesuchte natürliche Zahl. Wir führen die im Text angegebenen Schritte durch:

1. Zahl mit Nachfolger multiplizieren: $n \cdot (n+1)$

2. Vom Ergebnis das Dreifache der Zahl abziehen: $n \cdot (n+1) - 3n$

3. 1 addieren: $n \cdot (n+1) - 3n + 1$

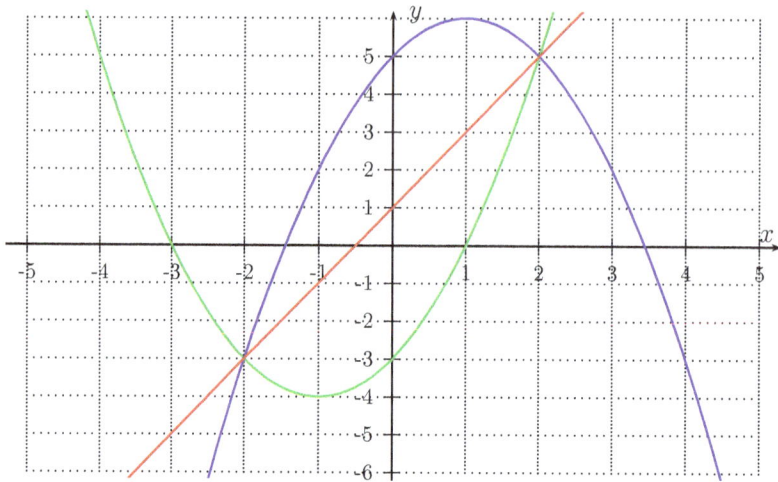

Abbildung B.4.1: Die beiden Parabeln und die Gerade durch die Schnittpunkte.

Formen wir den letzten Term um (ausrechnen), so erhalten wir

$$n^2 - 2n + 1 = \text{2. Binomische Formel} = (n-1)^2.$$

Das ist aber gerade das Quadrat des Vorgängers von n, was ja zu zeigen war.
Sieht man die Binomische Formel nicht, so kann man auch $(n-1)^2$ als Quadrat des Vorgängers von n ausrechnen und mit dem Term hier vergleichen. Das Ergebnis ist identisch.

Aufgabe 11 – Lösungsweg:
Wir listen wie in Aufgabe 10 die Arbeitsanweisungen der Reihe nach auf. Die gedachte Zahl bezeichnen wir dazu mit n.

1. $n > 0$ wird verdoppelt: $2n$

2. Das Vierfache des Nachnachfolgers dazu: $2n + 4 \cdot (n + 2)$

3. 4 abziehen: $2n + 4 \cdot (n + 2) - 4$

Der letzte Term soll für n den gleichen Wert liefern wie das Quadrat des Vorvorgängers, also $(n-2)^2$. Wir setzen gleich und formen um:

$$
\begin{aligned}
2n + 4 \cdot (n+2) - 4 &= (n-2)^2 &&| \text{ausrechnen} \\
2n + 4n + 8 - 4 &= n^2 - 4n + 4 &&| \text{zusammenfassen} \\
6n + 4 &= n^2 - 4n + 4 &&| -6n - 4 \text{ und Seiten tauschen} \\
n^2 - 10n &= 0 &&| \text{Satz vom Nullprodukt} \\
n \cdot (n - 10) &= 0 &&
\end{aligned}
$$

Aus der letzten Zeile sind die beiden Lösungen $n_1 = 0$ und $n_2 = 10$ ersichtlich. Da $n > 0$ gelten soll, ist $n_2 = 10$ unser Mann (oder unsere Frau).

Aufgabe 12 – Lösungsweg:
Die zu lösende Gleichung lautet:

$$n^2 + (n+1)^2 + 220 = (n + (n+1))^2$$

Das formen wir ein wenig um (Binomische Formeln können dabei helfen!):

$$
\begin{aligned}
n^2 + n^2 + 2n + 1 + 220 &= (2n+1)^2 \\
2n^2 + 2n + 221 &= 4n^2 + 4n + 1 \qquad | -2n^2 - 2n - 221 \text{ und Seitentausch} \\
2n^2 + 2n - 220 &= 0 \qquad | : 2 \\
n^2 + n - 110 &= 0
\end{aligned}
$$

Die MNF kommt zum Einsatz:

$$n_{1/2} = \frac{-1 \pm \sqrt{1 + 440}}{2} = \frac{-1 + 21}{2} = \begin{cases} n_1 = -11 \\ n_2 = 10 \end{cases}$$

Da die Zahl natürlich sein soll, lautet die gesuchte Lösung $n = 10$.

Aufgabe 13 – Lösungsweg:
Es sei l die lange Seite und k die kurze Seite. Es ist dann laut Aufgabentext

$$
\begin{aligned}
\frac{l}{k} &= \frac{l+k}{l} \qquad\qquad\qquad | \cdot l \qquad \cdot k \\
l^2 &= lk + k^2 \qquad\qquad | -lk - k^2 \\
l^2 - lk - k^2 &= 0
\end{aligned}
$$

Wir lösen die Gleichung mit Hilfe der Mitternachtsformel nach l auf:

$$l_{1/2} = \frac{k \pm \sqrt{k^2 - 4 \cdot 1 \cdot (-k^2)}}{2} = \frac{k \pm \sqrt{k^2 + 4k^2}}{2} = \frac{k \pm \sqrt{5} \cdot k}{2}$$

Uns interessiert die Lösung mit dem Pluszeichen, da nur hier die Streckenlänge positiv ist, was wir natürlich voraussetzen sollten. Also haben wir

$$l = \frac{1 + \sqrt{5}}{2} k.$$

Da wir nun wissen, dass $l \cdot k = 1\text{m}^2$, können wir mit dem gefundenen Ergebnis eine der beiden Seiten berechnen:

$$\frac{1 + \sqrt{5}}{2} k^2 = 1 \Rightarrow k = \sqrt{\frac{2}{1 + \sqrt{5}}} \approx 0{,}7862\,\text{m}$$

Damit ist dann (exakte Werte verwendet, keine Rundung bis auf das Endergebnis)

$$l = \frac{1 + \sqrt{5}}{2} \cdot \sqrt{\frac{2}{1 + \sqrt{5}}} = \sqrt{\frac{1 + \sqrt{5}}{2}} \approx 1{,}2720 \, \text{m}.$$

Aufgabe 14 – Lösungsweg:

Im Aufgabenteil (a) übernehmen wir die Argumentation aus den Ergebnissen, sie ist ausführlich genug, Teil (b) rechnen wir vor.

(a) Wir ordnen die Funktionsgleichungen den Schaubildern zu:

- Schaubild (4) gehört zu Funktion f wegen des Scheitels bei $x = 1$.

- Schaubild (1) gehört zu Funktion g wegen der beiden Nullstellen, die sich aus der Linearfaktordarstellung ablesen lassen.

- Schaubild (2) gehört zu Funktion h, da es nach unten geöffnet ist und Schaubild (1) schon zugeordnet ist.

- Schaubild (3) gehört zu Funktion i, da es durch den Ursprung geht (Faktor x).

(b) Wir lesen Punkte aus den Schaubildern heraus und setzen diese in die zugeordneten Funktionen ein.

- In Schaubild (1) sehen wir den Punkt $P_1(0/3)$. Eingesetzt in $g(x) = b \cdot (x - 2) \cdot (x + 3)$ erhalten wir

$$\begin{aligned}
g(0) = b \cdot (0 - 2) \cdot (0 + 3) &= 3 \\
-6b &= 3 \qquad\qquad\qquad | : (-6) \\
b &= -\frac{1}{2}
\end{aligned}$$

- Aus Schaubild (2) erhalten wir den Punkt $P_2(0/1)$. Eingesetzt in $h(x) = -(x + c)^2 + 2$ ergibt sich

$$\begin{aligned}
h(0) = -(0 + c)^2 + 2 &= 1 \\
-c^2 + 2 &= 1 \qquad\qquad | - 2 \\
-c^2 &= -1 \qquad\qquad | \cdot (-1) \\
c^2 &= 1 \qquad\qquad\quad\; | \sqrt{} \\
c &= 1
\end{aligned}$$

Den Fall $c = -1$ haben wir außen vor gelassen, da $c > 0$ sein muss, damit das Schaubild bei dem gegebenen Funktionsterm nach links verschoben ist.

- Bei Schaubild (3) liegt der Scheitel in $S_3(1/-2)$. Diesen setzen wir in $i(x) = d \cdot x \cdot (x - e)$ ein. Vorher erkennen wir aber die Nullstelle $N_{\text{rechts}}(2/0)$, womit $e = 2$ gelten muss. Es ist also $i(x) = d \cdot x \cdot (x - 2)$. Wir bestimmen d:

$$i(1) = d \cdot 1 \cdot (1 - 2) = -2$$
$$-d = -2 \qquad\qquad\qquad |\cdot(-1)$$
$$d = 2$$

- Schaubild (4) entnehmen wir den Scheitel $S_4(1/3)$. Da f mit $f(x) = 2 \cdot (x - 1)^2 + a$ in der Scheitelform gegeben ist, können wir sofort $a = 3$ zuordnen.

B.4.2 Lösungswege zu Kapitel III.5

Aufgabe – Lösungsweg:

(a) *Die Ortskurve:*
   Es ist $x = -t \Leftrightarrow t = -x$. Eingesetzt in $y = -2t^2 - t$ ergibt dies

$$y = -2x^2 + x.$$

(b) Wir bestimmen die Nullstellen der Ortskurve. Durch das Nullprodukt erkennen wir diese sofort als $x_1 = 0$ und $x_2 = \frac{1}{2}$. Da die Parabel nach unten geöffnet ist, liegen alle Funktionswerte der x-Werte zwischen den Nullstellen oberhalb der x-Achse und, bedingt durch die Lage der Nullstellen, somit im I. Quadranten. Da $t = -x$ ist, liegen die Scheitel also für alle Werte von t zwischen $-\frac{1}{2}$ und 0 im I. Quadranten.

(c) Die Scheitelform lautet $f(x) = a \cdot (x - d)^2 + e$ mit dem Scheitel $S(d/e)$. Da $a = 2$ gegeben ist, erhalten wir daraus sofort

$$f_t(x) = 2 \cdot (x + t)^2 - 2t^2 - t.$$

C Zu Kapitel IV: Grundlagen Potenzfunktionen

C.1 Aufgaben zu Kapitel IV.1.1

Aufgabe 1:
Zeigen Sie, dass folgender Zusammenhang gilt:

> **Anmerkung zu den Potenzfunktionen**
>
> Zum k-fachen eines x-Wertes gehört der k-hoch-n-fache Funktionswert $f(x)$. Es ist also $f(k \cdot x) = k^n \cdot f(x)$.

Welche Werte darf n dabei annehmen, damit die Aussage gilt?

Aufgabe 2:
Zur Übung der Wertetabelle:

- Zeichnen Sie $f(x) = x^2$ und $g(x) = x^4$ in ein Schaubild von $x = -3$ bis $x = 3$.
- Zeichnen Sie $f(x) = x$ und $g(x) = x^3$ in ein Schaubild von $x = -3$ bis $x = 3$.

Betrachten Sie den Verlauf der Schaubilder der Funktionen außerhalb der in den Aufzählungen auf den vorangegangenen Seiten genannten Punkte. Was fällt Ihnen dabei auf? Wie lassen sich die Verläufe anhand der Funktionsterme erklären?

C.2 Aufgaben zu Kapitel IV.1.2

Aufgabe 1:
Eine Funktion f habe die Funktionsgleichung $f(x) = c \cdot x^n$. Bestimmen Sie c und n, wenn das Schaubild der Funktion durch die folgenden Punkte geht. Liegt jeweils eine Parabel oder eine Hyperbel vor? Bestimmen Sie die Ordnung.

(a) $P(1/2), Q(-2/-0{,}25)$

(b) $P(2/4), Q(4/1)$

(c) $P(3/9), Q(6/72)$

(d) $P(\sqrt{2}/-4), Q(\sqrt{8}/-16)$

(e) $P(1/125), Q(5/0{,}04)$

(f) $P(1/125), Q(5/125)$

Aufgabe 2:
Zur Übung der Wertetabelle:

- Zeichnen Sie $f(x) = \frac{1}{x}$ und $g(x) = \frac{1}{x^3}$ in ein Schaubild von $x = -3$ bis $x = 3$.
- Zeichnen Sie $f(x) = \frac{1}{x^2}$ und $g(x) = \frac{1}{x^4}$ in ein Schaubild von $x = -3$ bis $x = 3$.

Betrachten Sie den Verlauf der Schaubilder der Funktionen außerhalb der in den Aufzählungen auf den vorangegangenen Seiten genannten Punkte. Was fällt Ihnen dabei auf? Wie lassen sich die Verläufe anhand der Funktionsterme erklären?

C.3 Aufgaben zu Kapitel IV.2.7

Aufgabe 1:
Vereinfachen Sie den angegebenen Term so weit wie möglich.

$$\frac{(a^7)^6 \cdot b^{-2} \cdot c^{29}}{(a^3)^{-7} \cdot b^{-23} \cdot c^{-11}} : \left(\frac{c^{-41} \cdot b^{-21}}{(a^9)^7}\right)^{-1}$$

Aufgabe 2:
Vereinfachen Sie den angegebenen Term so weit wie möglich.

$$\left(\frac{9^{m+1}}{3^{2m}} \cdot \frac{3^{n+m}}{9^{m-n}}\right) : \left(\frac{3^{3n} : 3^{-3m}}{9^{m+1} \cdot 27^{2n}}\right)^{-1}$$

Aufgabe 3:
Vereinfachen Sie den angegebenen Term so weit wie möglich.

$$\frac{a^{2m} - b^{2m}}{a^{2m} + 2 \cdot (ab)^m + b^{2m}} : \frac{(a^m - b^m)^2}{b^m + a^m}$$

Aufgabe 4:
Vereinfachen Sie den angegebenen Term so weit wie möglich.

$$\frac{a^7 \cdot b^{-5} \cdot a^{-3} \cdot b^{12}}{a^{-5} \cdot c^8 \cdot b^2} : \frac{b^{-8} \cdot c^{-3}}{a^{-2} \cdot c^5}$$

Aufgabe 5:
Eine Bakterienkultur besteht aus $7{,}02 \cdot 10^{10}$ Tierchen. Jedes dieser Tierchen wiegt $(9{,}3 \pm 0{,}4) \cdot 10^{-4}$ Gramm.

(a) Wie viel wiegt die gesamte Bakterienkultur mindestens, wie viel höchstens?

Jedes Tierchen frisst pro halbem Tag 141% seines Körpergewichtes.

(b) Wie viele Tonnen frisst die gesamte Bakterienkultur im Laufe einer Stunde (eines Tages, einer Woche)?

Aufgabe 6:
Angenommen Sie zählen pro Sekunde eine Zahl, also 1 – Pause – 2 – Pause – 3 – Pause und so weiter.

(a) Wie viele Minuten brauchen Sie, um bis 1000 zu zählen?

(b) Wie viele Tage benötigen Sie dann, um 1000000 zu erreichen?

(c) Wie viele Jahre vergehen, bis Sie so 1000000000 erreicht haben?

Aufgabe 7:
Fassen Sie

$$\frac{a^2 \cdot x^{n+1} - b^2 \cdot x^{n+1}}{x^{n+2} \cdot (a+b)} \cdot x^2$$

so weit wie möglich zusammen.

Aufgabe 8:
Einer der ersten PCs war der Intel 8088 im Jahr 1981. Er hatte einen Systemtakt von 4,77 MHz (Megahertz). Im Handel sind mittlerweile 4,50 GHz (Gigahertz) und mehr erhältlich.

(a) Um welchen Faktor ist ein Computer heute schneller als sein genannter Urahn?

(b) Wenn man davon ausgeht, dass sich die Prozessorleistung alle zwei Jahre verdoppelt, wie schnell hätte dann ein PC im Jahr 2007 sein müssen? Geben Sie den Wert in GHz an.

Aufgabe 9:
Berechnen Sie die folgenden Zahlenwerte *ohne* Verwendung eines Taschenrechners.

(a) $\dfrac{6^{10} \cdot 7^8}{6^8 \cdot 7^7} : \dfrac{6^2}{7}$

(b) $\dfrac{\left(5^2 \cdot 8^5\right)^3}{7^{13}} : \dfrac{5^5 \cdot 8^{14}}{7^{13}}$

(c) $8^3 \cdot 3^3 \cdot \dfrac{1}{24^2}$

(d) $\dfrac{35^7}{7^7} \cdot 5^9 : 5^{16}$

(e) $\left(\dfrac{13^3}{11^4}\right)^7 \cdot \left(\dfrac{22^{29}}{39^{20}}\right) : \left(\dfrac{4^{14}}{9^{10}} \cdot 11\right)$

C.4 Aufgaben zu Kapitel IV.2.8

Aufgabe 1:
Vereinfachen Sie den angegebenen Term so weit wie möglich.

$$\left(\frac{a^7 b^3 c^{-2}}{a^{-5} b^5 c^{-3}} : \frac{a^9 \sqrt{c^4 b}}{c b^2 a^{-3}} \right) \cdot \sqrt{b^2}$$

Aufgabe 2:
Vereinfachen Sie die folgenden Terme so weit wie möglich und ziehen Sie dabei auch teilweise die Wurzel.

(a) $2\sqrt{128} + 3\sqrt{8} + 2\sqrt{32} - 2\sqrt{450}$

(b) $\frac{\sqrt{18}}{2} \cdot \left(\frac{2}{3} + \frac{1}{3\sqrt{2}} \right) - \frac{3\sqrt{8}-2}{6}$

(c) $\sqrt{ab^3} - \sqrt{a^3 b^5} + \frac{\sqrt{a^5 b^7}}{\sqrt{a^4 \cdot b^3}}$

(d) $(1 - \sqrt{a}) \cdot (1 + \sqrt{b}) + (1 + \sqrt{a}) \cdot (1 - \sqrt{b})$

(e) $\sqrt{4x^2 z^2 + 8xy^2 z^2 + 4y^4 z^2}$

(f) $\sqrt{3{,}92 x^2 y^4 - 5{,}6 xy^2 z + 2z^2}$

Aufgabe 3:
Machen Sie die Nenner rational indem Sie die 3. Binomischen Formel verwenden und vereinfachen Sie so weit wie möglich.

(a) $\frac{\sqrt{7} - 2\sqrt{6}}{\sqrt{6} - \frac{\sqrt{7}}{2}}$

(b) $\frac{\sqrt{a^2 - b^2} + \sqrt{a^2 + 2ab + b^2}}{\sqrt{a+b}}$

(c) $\frac{\sqrt{2} - 1}{\sqrt{8} + 1} - \frac{\sqrt{3}}{\sqrt{6} + \sqrt{24}}$

(d) $\frac{\sqrt{512} - \sqrt{128}}{\sqrt{32} - \sqrt{8}}$

(e) $\frac{2 - \sqrt{3}}{2 + \sqrt{3}} + \frac{1 + \sqrt{3}}{1 - \sqrt{3}} + \frac{15}{\sqrt{3}}$

(f) $\frac{7 - \sqrt{7}}{21 + 3 \cdot \sqrt{7}} + \frac{\sqrt{49} + \sqrt{7}}{9 \cdot \sqrt{7}}$

C.5 Aufgaben zu Kapitel IV.3

Aufgabe:
Bestimmen Sie die Definitionsbereiche und die Lösungen der angegebenen Gleichungen. Vergessen Sie die Probe nicht!

(a) $\sqrt{x - 5} = \sqrt{x + 4} - 3$

(b) $\sqrt{x^2 - 16} - \sqrt{x + 4} = 0$

(c) $\sqrt{x^2 - 16} + \sqrt{x^2 - 9} = \sqrt{7 \cdot (x + 2)}$

C.6 Aufgaben zu Kapitel IV.4

Aufgabe 1:
Fassen Sie die angegebenen Terme so weit wie möglich zusammen. Die Variablen sind so gewählt, dass alle Terme definiert sind.

(a) $_x\log \dfrac{x^2 - y^2}{x^3} - {_x\log} \dfrac{x + y}{x - y} + {_x\log} \dfrac{x^{-2}}{(x - y)^2} - {_x\log} \dfrac{1}{x^6}$

(b) $\log\left(u^2 - v^2\right) - \left[\log\left(u - v\right)^2 + \log\left(u + v\right)\right] + \log\left(u - v\right)$

(c) $\lg\left(a^2 - 1\right) + \lg\left(a^4 - 1\right) - \lg\left(a^2 + 1\right) + \lg\left(a^2 - 1\right)^{-2}$

(d) $\dfrac{\lg b^3 - \lg \dfrac{1}{b^2} - \lg b^6}{\lg b}$

(e) $2 \cdot \ln\sqrt{e} - \ln \dfrac{e^2 - e^4}{e \cdot (1 - e)} + \ln\left(1 + e\right)$

Aufgabe 2:
Lösen Sie die folgenden Gleichungen nach x auf.

(a) $3^{-(-x-1)} \cdot 5^{x+1} = 225$　　　(b) $7 \cdot 5^{x+3} - 8 \cdot 5^{x+2} = 5^3 \cdot 3^3$　　　(c) $4 \cdot 16^x + 4^{2x} = 10$

Aufgabe 3:
Vereinfachen Sie den angegebenen Term so weit wie möglich. Die Variablen sind dabei so gewählt, dass der Term definiert ist.

$$_u\log \dfrac{u^4 - 2u^2 + 1}{u + 1} + 2 \cdot {_u\log}\left(u^2 + u\right) - \dfrac{1}{2} \cdot {_u\log} \dfrac{u^4}{(u^2 - 1)^{-4}}$$

Aufgabe 4:
Σ ist das so genannte Summenzeichen. Es ermöglicht einem, eine Summe mit verschiedenen Summanden, die sich allerdings durch eine Formel erzeugen lassen, kompakt darzustellen. Die Summanden sind somit die Folgenglieder einer Folge (siehe Kapitel VI in *MiS*). Zum Beispiel können wir vereinfacht statt $1 + 4 + 9 + 16 + 25 = 1^2 + 2^2 + 3^2 + 4^2 + 5^2$ mit Hilfe des Summenzeichens

$$\sum_{k=1}^{5} k^2 = 1^2 + 2^2 + 3^2 + 4^2 + 5^2$$

schreiben. Die Variable k ist dabei der sog. Laufindex. Vereinfachen Sie mit diesem Wissen den angegebenen Term so weit wie möglich:

$$\sum_{k=2}^{5} \left(\ln\left(\sqrt[k]{e}\right)\right) + \ln\left(\frac{1}{2} \cdot \ln\left(\sqrt{e^4}\right)\right) + 5 \cdot \ln\left(\sqrt[8]{\frac{e + e^{-1}}{e} \cdot \frac{1}{1 + e^2}}\right)$$

Aufgabe 5:
Bestimmen Sie den Definitionsbereich und die Lösungen der angegebenen Logarithmusgleichungen. Die Gleichungen sind nach x aufzulösen.

(a) $\ln(x-1) - \ln(\sqrt{x}+1) = 1$

(b) $(\ln(x))^2 - 4 \cdot \ln(x) = -1$

(c) $\sqrt{\ln(x-4)} = t$

(d) $\ln(t^2 - x^2) - \ln(t+x) = 1$

C.7 Ergebnisse zu Kapitel IV

C.7.1 Ergebnisse zu Kapitel IV.1.1

Aufgabe 1:
Es ist $f(k \cdot x) = c \cdot (k \cdot x)^n = c \cdot k^n \cdot x^n = k^n \cdot c \cdot x^n = k^n \cdot f(x)$. n kann jeden beliebigen Zahlenwert annehmen.

Aufgabe 2:
Die Schaubilder können Sie den Abbildungen C.8.1 und C.8.2 auf den Seiten 47 und 48 entnehmen.

C.7.2 Ergebnisse zu Kapitel IV.1.2

Aufgabe 1:
(a) $f(x) = 2 \cdot x^{-3} = \frac{2}{x^3}$

(b) $f(x) = 16 \cdot x^{-2} = \frac{16}{x^2}$

(c) $f(x) = \frac{1}{3} \cdot x^3$

(d) $f(x) = -2 \cdot x^2$

(e) $f(x) = 125 \cdot x^{-5} = \frac{125}{x^5}$

(f) $f(x) = 125 \cdot x^0 = 125$

Aufgabe 2:
Die Schaubilder können Sie den Abbildungen C.8.3 und C.8.4 auf der Seite 51 entnehmen.

C.7.3 Ergebnisse zu Kapitel IV.2.7

Aufgabe 1:
Der Ausdruck lässt sich zu $c^{-1} = \frac{1}{c}$ vereinfachen.

Aufgabe 2:
Hier vereinfacht sich der Term zu 1.

Aufgabe 3:
Das Ergebnis ist $\frac{1}{a^m - b^m}$.

Aufgabe 4:
Es ergibt sich $a^7 b^{13}$.

Aufgabe 5:

(a) Mindestgewicht $6,2478 \cdot 10^7$ Gramm, Maximalgewicht $6,8094 \cdot 10^7$ Gramm.

(b) Zuerst wird der Mindestwert, dann der Maximalwert genannt: Pro Stunde: 7,341165 Tonnen/8,001045 Tonnen; pro Tag: $1,7618796 \cdot 10^2$ Tonnen/$1,9202508 \cdot 10^2$ Tonnen; pro Woche: $1,23331572 \cdot 10^3$ Tonnen/$1,344175560 \cdot 10^3$ Tonnen.

Aufgabe 6:

(a) 16 Minuten und 40 Sekunden

(b) 11 Tage, 13 Stunden, 46 Minuten und 40 Sekunden

(c) 31 Jahre, 259 Tage, 1 Stunde, 46 Minuten und 40 Sekunden

Aufgabe 7:
Es ergibt sich $(a - b) \cdot x$.

Aufgabe 8:

(a) Der heutige Computer ist etwa um den Faktor 943 schneller.

(b) Die Geschwindigkeit hätte ungefähr 39,1 GHz betragen müssen.

Aufgabe 9:
   (a) 49   (b) 40   (c) 24   (d) 1   (e) 26

C.7.4 Ergebnisse zu Kapitel IV.2.8

Aufgabe 1:
Der Term lässt sich zu 1 vereinfachen.

Aufgabe 2:
(a) 0
(b) $\frac{5}{6}$
(c) $\sqrt{ab} \cdot (b - ab^2 + 1)$
(d) $2 - 2\sqrt{ab}$
(e) $2 \cdot |z| \cdot |x + y^2|$
(f) $\sqrt{2} \cdot |1{,}4xy^2 - z|$

Aufgabe 3:
(a) -2 (b) $\sqrt{a - b} + \sqrt{a + b}$ (c) $\frac{30 - 25\sqrt{2}}{42}$ (d) 4 (e) 5 (f) $\frac{5}{9}$

C.7.5 Ergebnisse zu Kapitel IV.3

Aufgabe:
(a) $D = [5; \infty), \ x_L = 5$
(b) $D = [4; \infty) \cup \{-4\}, \ x_{L1} = -4, \ x_{L2} = 5$
(c) $D = [4; \infty), \ x_L = 5$

C.7.6 Ergebnisse zu Kapitel IV.4

Aufgabe 1:
(a) 1 (b) 0 (c) 0 (d) -1 (e) 0

Aufgabe 2:
(a) $x = 1$ (b) $x = 1$ (c) $x = \frac{1}{4}$

Aufgabe 3:
Wir erhalten $_u \log (u + 1)$.

Aufgabe 4:
Das Ergebnis der Vereinfachungen ist $\frac{1}{30}$.

Aufgabe 5:
(a) $D = (1; \infty), \ x_L = (1 + e)^2$
(b) $x > 0, \ x_{L1/2} = e^{2 \pm \sqrt{3}}$
(c) $D = [5; \infty), \ x_L = e(t^2) + 4$
(d) $x > -t, \ t \geq \frac{e}{2}, \ x_L = t - e$

C.8 Lösungswege zu Kapitel IV

C.8.1 Lösungswege zu Kapitel IV.1.1

Aufgabe 1 – Lösungsweg:
Wir setzen hier einfach $k \cdot x$ anstelle von x ein und formen um:

$$f(k \cdot x) = c \cdot (kx)^n = c \cdot k^n x^n = k^n \cdot c \cdot x^n = k^n \cdot f(x)$$

Dabei haben wir im letzten Umformungsschritt verwendet, dass $f(x) = c \cdot x^n$ ist. Für die Hochzahl haben wir keine Einschränkung gemacht und es ist offensichtlich auch keine notwendig, sodass n jeden beliebigen Zahlenwert annehmen kann.

Aufgabe 2 – Lösungsweg:
Die Schaubilder sind den Abbildungen C.8.1 und C.8.2 zu entnehmen.

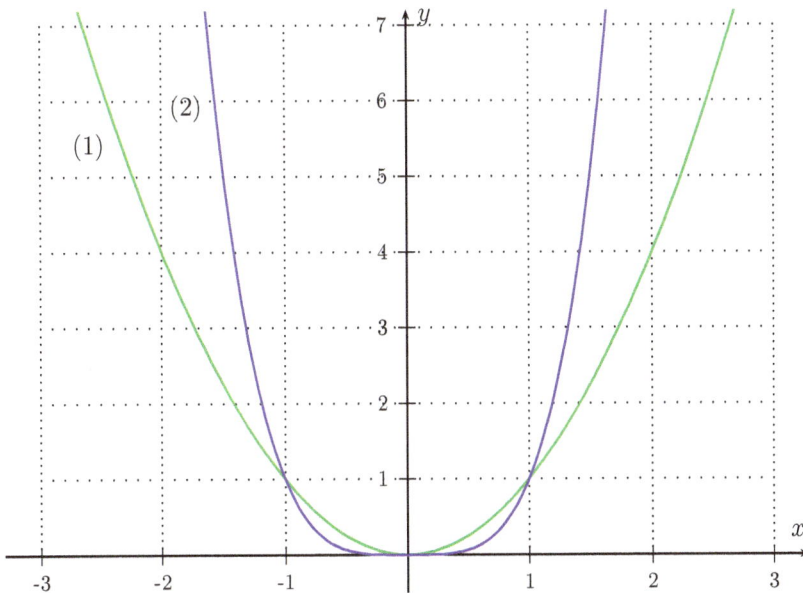

Abbildung C.8.1: Die Schaubilder zu $f(x) = x^2$ in grün (1) und $g(x) = x^4$ in blau (2).

Beobachtung für die geraden Hochzahlen:
Es ist zu erkennen, dass um den Ursprung herum, die Graphen der Funktionen mit den höheren Potenzen unterhalb der Graphen der Funktionen mit den niedrigeren Potenzen verlaufen. Sobald die Punkte mit $x = 1$ nach rechts bzw. mit $x = -1$ nach links überschritten sind, verlaufen die Graphen der Funktionen mit den höheren Potenzen oberhalb der Graphen der Funktionen mit den niedrigeren Potenzen.

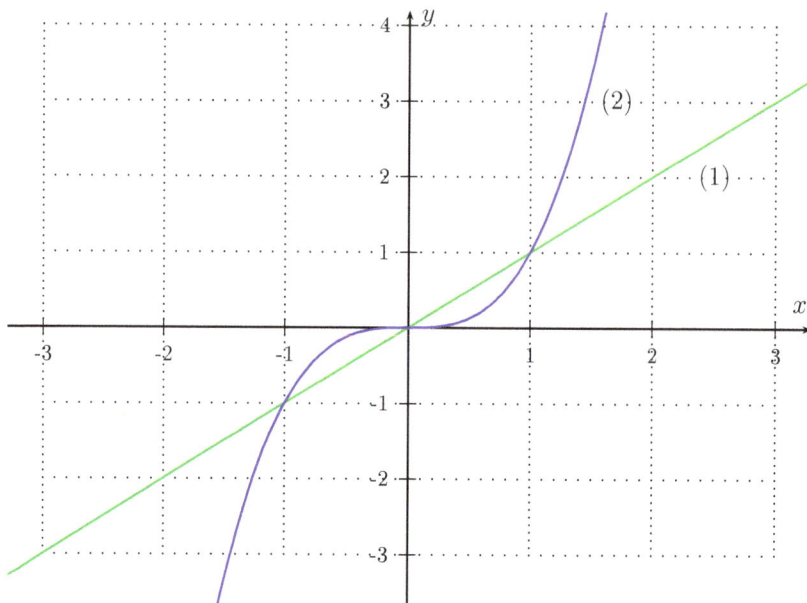

Abbildung C.8.2: Die Schaubilder zu $f(x) = x$ in grün (1) und $g(x) = x^3$ in blau (2).

Beobachtung für die ungeraden Hochzahlen:
Rechts von $x = 0$ verlaufen für $x < 1$ die Graphen der Funktionen mit den höheren Potenzen unterhalb der Graphen der Funktionen mit den niedrigeren Potenzen. Für $x > 1$ ist es umgekehrt.
Links von $x = 0$ verlaufen für $x > -1$ die Graphen der Funktionen mit den höheren Potenzen oberhalb der Graphen mit den niedrigeren Potenzen. Für $x < -1$ ist es umgekehrt.

Erklärung für beide Abbildungen:
Je größer die Hochzahlen sind, desto schneller nehmen die Funktionswerte bei x-Werten mit $|x| < 1$ betragsmäßig ab, weil mehr kleine Faktoren miteinander multipliziert werden. Für $|x| > 1$ nehmen sie dafür umso schneller zu. Die Begründung ist identisch.

C.8.2 Lösungswege zu Kapitel IV.1.2

Aufgabe 1 – Lösungsweg:
Wir setzen in die Funktionsgleichung $f(x) = c \cdot x^n$ beide Punkte nacheinander ein und ermitteln aus den erhaltenen beiden Gleichungen die Werte für n und c.

(a) Gegeben sind die Punkte $P(1/2)$ und $Q(-2/-0{,}25)$. Wir gehen schrittweise vor:

1. Wir setzen P ein: $f(1) = c \cdot 1^n = c = 2$, also ist $c = 2$ und somit $f(x) = 2x^n$.

2. Wir setzen Q ein: $f(-2) = 2 \cdot (-2)^n = -\frac{1}{4}$. Damit rechnen wir weiter:

$$2 \cdot (-2)^n = -\frac{1}{4} \qquad |:2$$
$$(-2)^n = -\frac{1}{8} \qquad |\text{umschreiben: } \frac{1}{8} = \frac{1}{2^3} = 2^{-3}$$
$$(-2)^n = -2^{-3}$$

Durch Vergleich ergibt sich $n = -3$ und somit

$$f(x) = 2 \cdot x^{-3} = \frac{2}{x^3}.$$

(b) Gegeben sind die Punkte $P(2/4)$ und $Q(4/1)$.

1. Wir setzen P ein: $f(2) = c \cdot 2^n = 4$

2. Wir setzen Q ein: $f(4) = c \cdot 4^n = 1$

3. Da $x = 1$ nicht beteiligt ist, müssen wir nun die linken Seiten und die rechten Seiten jeweils durcheinander dividieren:

$$\frac{c \cdot 2^n}{c \cdot 4^n} = \frac{4}{1} \qquad |\text{zusammenfassen und kürzen}$$
$$\left(\frac{1}{2}\right)^n = 4 \qquad |\text{Zweierpotenzen verwenden}$$
$$2^{-n} = 2^2$$

Durch Vergleich folgt $n = -2$. Damit haben wir $f(x) = \frac{c}{x^2}$.

4. Wir setzen nochmal P ein: $f(2) = \frac{c}{2^2} = \frac{c}{4} = 4$. Umgeformt folgt $c = 16$. Damit haben wir

$$f(x) = \frac{16}{x^2}.$$

(c) Gegeben sind die Punkte $P(3/9)$ und $Q(6/72)$.

1. Wir setzen P ein: $f(3) = c \cdot 3^n = 9$

2. Wir setzen Q ein: $f(6) = c \cdot 6^n = 72$

3. Da $x = 1$ wieder nicht beteiligt ist, müssen wir erneut die linken Seiten und die rechten Seiten jeweils durcheinander dividieren:

$$\frac{c \cdot 3^n}{c \cdot 6^n} = \frac{9}{72} \qquad |\text{zusammenfassen und kürzen}$$
$$\left(\frac{1}{2}\right)^n = \frac{1}{8} \qquad |\text{Zweierpotenzen verwenden}$$
$$2^{-n} = 2^{-3}$$

Durch Vergleich folgt $n = 3$. Damit haben wir $f(x) = c \cdot x^3$.

4. Wir setzen nochmal P ein: $f(3) = c \cdot 3^3 = 27c = 9$. Umgeformt folgt $c = \frac{1}{3}$. Damit haben wir

$$f(x) = \frac{1}{3}x^3.$$

(d) Gegeben sind die Punkte $P(2/4)$ und $Q(4/1)$.

   1. Wir setzen P ein: $f(\sqrt{2}) = c \cdot (\sqrt{2})^n = -4$

   2. Wir setzen Q ein: $f(\sqrt{8}) = c \cdot (\sqrt{8})^n = -16$

   3. Wir dividieren die linken und die rechten Seiten jeweils durcheinander:

$$\frac{c \cdot (\sqrt{2})^n}{c \cdot (\sqrt{8})^n} = \frac{-4}{-16} \qquad |\text{zusammenfassen und kürzen}$$

$$\left(\frac{1}{2}\right)^n = \frac{1}{4} \qquad |\text{Zweierpotenzen verwenden}$$

$$2^{-n} = 2^{-2}$$

   Durch Vergleich folgt $n = 2$. Damit haben wir $f(x) = c \cdot x^2$.

   4. Wir setzen nochmal P ein: $f(\sqrt{2}) = c \cdot (\sqrt{2})^2 = 2c = -4$. Umgeformt folgt $c = -2$. Damit haben wir

$$f(x) = -2x^2.$$

(e) Gegeben sind die Punkte $P(1/125)$ und $Q(5/-0{,}04)$. Wir gehen schrittweise vor:

   1. Wir setzen P ein: $f(1) = c \cdot 1^n = c = 125$, also ist $c = 125$ und somit $f(x) = 125x^n$.

   2. Wir setzen Q ein: $f(5) = 125 \cdot 5^n = -\frac{1}{25}$. Damit rechnen wir weiter:

$$125 \cdot 5^n = -\frac{1}{25} \qquad |:125$$

$$5^n = -\frac{1}{3125} \qquad |\text{umschreiben: } \frac{1}{3125} = \frac{1}{5^5} = 5^{-5}$$

$$5^n = 5^{-5}$$

   Durch Vergleich ergibt sich $n = -5$ und somit

$$f(x) = 125 \cdot x^{-5} = \frac{125}{x^5}.$$

(f) Hier haben beide Punkte unabhängig vom x-Wert den gleichen y-Wert. Daher muss $n = 0$ gelten (Funktion ist konstant) und $c = 125$, was den y-Werten entspricht. Wir haben also

$$f(x) = 125 \cdot x^0 = 125.$$

Aufgabe 2 – Lösungsweg:
Die Schaubilder sind den Abbildungen C.8.3 und C.8.4 zu entnehmen.

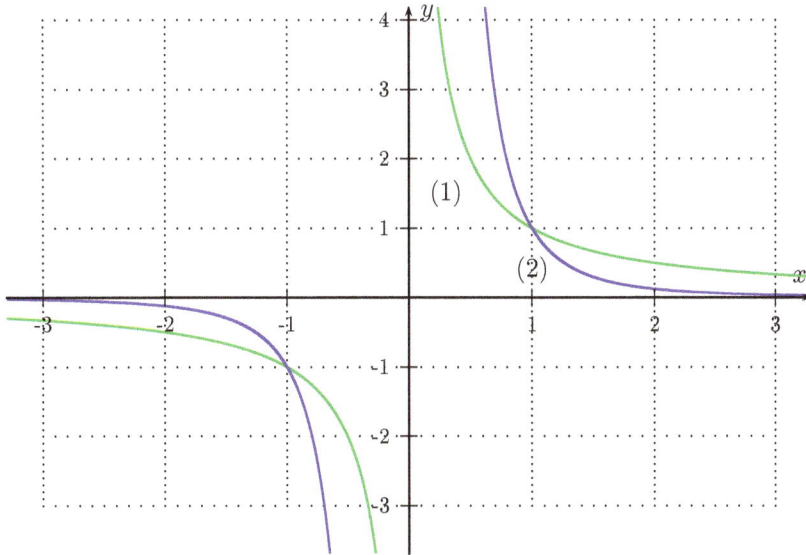

Abbildung C.8.3: Die Schaubilder zu $f(x) = \frac{1}{x}$ in grün (1) und $g(x) = \frac{1}{x^3}$ in blau (2).

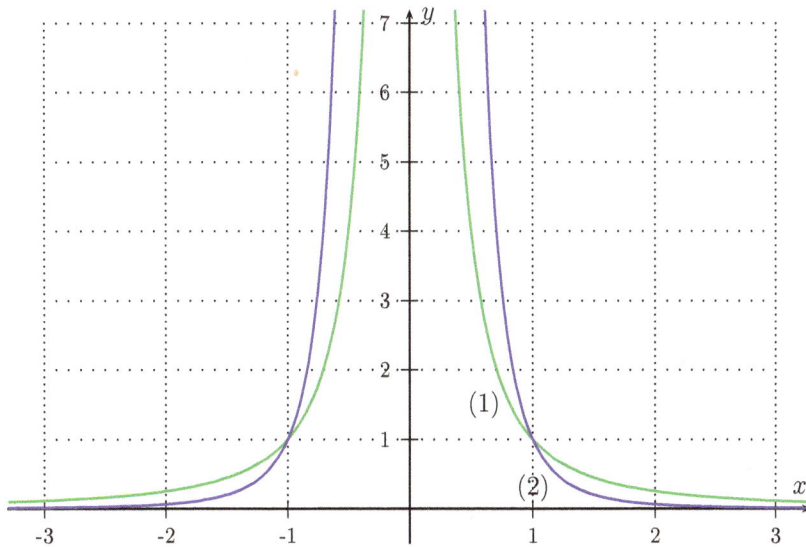

Abbildung C.8.4: Die Schaubilder zu $f(x) = \frac{1}{x^2}$ in grün (1) und $g(x) = \frac{1}{x^4}$ in blau (2).

Beobachtung für die ungeraden Hochzahlen:
Rechts von $x = 0$ verlaufen für $x < 1$ die Graphen der Funktionen mit den betragsmäßig höheren Potenzen oberhalb der Graphen der Funktionen mit den betragsmäßig niedrigeren Potenzen. Für $x > 1$ ist es umgekehrt.
Links von $x = 0$ verlaufen für $x > -1$ die Graphen der Funktionen mit den betragsmäßig höheren Potenzen unterhalb der Graphen mit den betragsmäßig niedrigeren Potenzen. Für $x < -1$ ist es umgekehrt.

Beobachtung für die geraden Hochzahlen:
Es ist zu erkennen, dass um den Ursprung herum, die Graphen der Funktionen mit den betragsmäßig höheren Potenzen oberhalb der Graphen der Funktionen mit den betragsmäßig niedrigeren Potenzen verlaufen. Sobald die Punkte mit $x = 1$ nach rechts bzw. mit $x = -1$ nach links überschritten sind, verlaufen die Graphen der Funktionen mit den höheren Potenzen unterhalb der Graphen der Funktionen mit den niedrigeren Potenzen.

Erklärung für beide Abbildungen:
Je größer die Hochzahlen betragsmäßig sind, desto schneller nehmen die Funktionswerte bei x-Werten mit $|x| < 1$ betragsmäßig zu, weil die **Kehrwerte** von mehr kleinen Faktoren miteinander multipliziert werden (was schneller sehr große Zahlen ergibt). Für $|x| > 1$ nehmen sie dafür umso schneller ab. Die Begründung ist identisch.

C.8.3 Lösungswege zu Kapitel IV.2.7

Aufgabe 1 – Lösungsweg:
Wir wenden nacheinander die Potenzgesetze an, immer in kleinen Schritten, sodass diese gut nachvollziehbar sein sollten.

$$\frac{(a^7)^6 \cdot b^{-2} \cdot c^{29}}{(a^3)^{-7} \cdot b^{-23} \cdot c^{-11}} : \left(\frac{c^{-41} \cdot b^{-21}}{(a^9)^7}\right)^{-1} = \frac{a^{42} \cdot b^{-2} \cdot c^{29}}{a^{-21} \cdot b^{-23} \cdot c^{-11}} \cdot \frac{c^{-41} \cdot b^{-21}}{a^{63}}$$

$$= \frac{a^{42} \cdot a^{21} \cdot b^{23} \cdot c^{29} \cdot c^{11}}{b^2} \cdot \frac{1}{c^{41} \cdot a^{63} \cdot b^{21}} = a^{42+21-63} \cdot b^{23-2-21} \cdot c^{29+11-41}$$

$$= a^0 \cdot b^0 \cdot c^{-1} = c^{-1} = \frac{1}{c}$$

Aufgabe 2 – Lösungsweg:
Wieder setzen wir die Potenzgesetze ein, wobei die gezeigte Reihenfolge nur einen Vorschlag darstellen soll.

$$\left(\frac{9^{m+1}}{3^{2m}} \cdot \frac{3^{n+m}}{9^{m-n}}\right) : \left(\frac{3^{3n} : 3^{-3m}}{9^{m+1} \cdot 27^{2n}}\right)^{-1} = \left(9^{m+1-m+n} \cdot 3^{n+m-2m}\right) \cdot \left(\frac{3^{3n}}{9^{m+1} \cdot 27^{2n} \cdot 3^{-3m}}\right)$$

$$= 9^{n+1} \cdot 3^{n-m} \cdot \frac{3^{3n-(-3m)}}{(3^2)^{m+1} \cdot (3^3)^{2n}} = \left(3^2\right)^{n+1} \cdot 3^{n-m} \cdot \frac{3^{3n+3m}}{3^{2m+2} \cdot 3^{6n}}$$

$$= 3^{2n+2} \cdot 3^{n-m} \cdot 3^{3n+3m-2m-2-6n} = 3^{2n+2+n-m} \cdot 3^{m-3n-2} = 3^{3n-m+2+m-3n-2} = 3^0 = 1$$

Aufgabe 3 – Lösungsweg:

Die Potenzgesetze gepaart mit den Binomischen Formeln (was für eine Kombination!) führen uns hier zum Ziel.

$$\frac{a^{2m} - b^{2m}}{a^{2m} + 2 \cdot (ab)^m + b^{2m}} : \frac{(a^m - b^m)^2}{b^m + a^m} = \frac{(a^m - b^m) \cdot (a^m + b^m)}{(a^m + b^m)^2} \cdot \frac{a^m + b^m}{(a^m - b^m)}$$

$$= \text{kürzen der einander entsprechenden Faktoren} = \frac{1}{a^m - b^m}$$

Aufgabe 4 – Lösungsweg:

Im Gegensatz zu Aufgabe 3 finden hier nun wieder nur die Potenzgesetze Verwendung. Wir benützen das erste und das zweite Potenzgesetz und fassen damit gleich alle Potenzen mit identischen Basen zusammen.

$$\frac{a^7 \cdot b^{-5} \cdot a^{-3} \cdot b^{12}}{a^{-5} \cdot c^8 \cdot b^2} : \frac{b^{-8} \cdot c^{-3}}{a^{-2} \cdot c^5} = \frac{a^7 \cdot b^{-5} \cdot a^{-3} \cdot b^{12}}{a^{-5} \cdot c^8 \cdot b^2} \cdot \frac{a^{-2} \cdot c^5}{b^{-8} \cdot c^{-3}}$$

$$= a^{7-3-2-(-5)} \cdot b^{-5+12-2-(-8)} \cdot c^{5-8-(-3)} \underset{c^0=1}{=} a^7 b^{13}$$

Aufgabe 5 – Lösungsweg:

(a) Um das minimale/maximale Gesamtgewicht der Bakterienkultur zu ermitteln, müssen wir mit die Anzahl der Tierchen mit dem minimalen/maximalen Gewicht ($8,9 \cdot 10^{-4}$ bzw. $9,7 \cdot 10^{-4}$ Gramm) eines jeden multiplizieren.

- Minimales Gewicht in Gramm: $8,9 \cdot 10^{-4} \cdot 7,02 \cdot 10^{10} = 62,478 \cdot 10^6 = 6,2478 \cdot 10^7$

- Maximales Gewicht in Gramm: $9,7 \cdot 10^{-4} \cdot 7,02 \cdot 10^{10} = 68,094 \cdot 10^6 = 6,8094 \cdot 10^7$

(b) Die durchzuführende Rechnung ist immer gleiche. Wir rechnen erst einmal aus, was an einem halben Tag gefressen wird, dann

- dividieren wir das Ergebnis durch 12, um den Wert für eine Stunde zu erhalten,

- nehmen wir das Ergebnis mal 2, um den Wert für einen Tag zu erhalten,

- nehmen wir das Ergebnis mal 14, um den Wert für die ganze Woche zu erhalten.

Für eine halben Tag erhalten wir:

- Minimaler Wert: $1,41 \cdot 6,2478 \cdot 10^7 = 8,809398 \cdot 10^7$ Gramm

- Minimaler Wert: $1,41 \cdot 6,8094 \cdot 10^7 = 9,601254 \cdot 10^7$ Gramm

Damit bekommen wir die folgenden Werte für die angegebenen Zeiträume heraus:

- Eine Stunde (: 12): $7,341165 \cdot 10^6$ Gramm = 7,341165 Tonnen (Minimaler Wert) bzw. $8,001045 \cdot 10^6$ Gramm = 8,001045 Tonnen (Maximaler Wert).

- Ein Tag (·2): $1{,}7618796 \cdot 10^8$ Gramm $= 176{,}18796$ Tonnen (Minimaler Wert) bzw. $1{,}9202508 \cdot 10^8$ Gramm $= 192{,}02508$ Tonnen (Maximaler Wert).

- Eine Woche (·14): $1{,}23331572 \cdot 10^9$ Gramm $= 1233{,}31572$ Tonnen (Minimaler Wert) bzw. $1{,}344175560 \cdot 10^9$ Gramm $= 1344{,}175560$ Tonnen (Maximaler Wert).

Aufgabe 6 – Lösungsweg:
Wir müssen die angegebenen Zahlen immer nur durch die geforderte Zeiteinheit teilen, wobei wir diese auf Sekunden umzurechnen haben.

(a) Wir rechnen:
$$\frac{1000}{60} = 16{,}67 \text{ Minuten, also 16 Minuten und } 60 \cdot \frac{2}{3} = 40 \text{ Sekunden}$$

(b) Die Faktoren für die Umrechnung von Tag in Sekunden stehen im Nenner:
$$\frac{1000000}{60 \cdot 60 \cdot 24} = 11{,}57407407 \text{ Tage}$$

Das sind 11 Tage, 13 Stunden, 46 Minuten und 40 Sekunden.

(c) Es kommt noch ein Faktor dazu:
$$\frac{1000000000}{60 \cdot 60 \cdot 24 \cdot 365} = 31{,}70979198 \text{ Jahre}$$

Das sind 31 Jahre, 259 Tage, 1 Stunde, 46 Minuten und 40 Sekunden.

Aufgabe 7 – Lösungsweg:
Ein wenig Ausklammern, Potenzgesetze und Kürzen helfen hier weiter.
$$\frac{a^2 \cdot x^{n+1} - b^2 \cdot x^{n+1}}{x^{n+2} \cdot (a+b)} \cdot x^2 = \frac{x^{n+1} \cdot (a^2 - b^2)}{x^{n+2} \cdot (a+b)} \cdot x^2 = \frac{(a-b) \cdot (a+b)}{x \cdot (a+b)} \cdot x^2$$
$$= \frac{(a-b)}{x} \cdot x^2 = (a-b) \cdot x$$

Aufgabe 8 – Lösungsweg:
Es sind $4{,}77$ MHz $= 4{,}77 \cdot 10^6$ Hz und $4{,}50$ GHz $= 4{,} \cdot 10^9$ Hz. Damit können wir rechnen.

(a) Wir müssen nur den größeren durch den kleineren Wert teilen, um die Antwort auf die Frage nach dem Faktor zu erhalten.
$$\frac{4{,}5 \cdot 10^9}{4{,}77 \cdot 10^6} \approx 0{,}943 \cdot 10^3 = 943$$

Der PC in heutiger Zeit ist um den Faktor 943 schneller als sein Urahn.

(b) Zwischen 1981 und 2007 liegen 26 Jahre, also 13 Zwei-Jahres-Abstände. Daher rechnen wir (in Hz):

$$4{,}77 \cdot 10^6 \cdot 2^1 3 = 39075{,}84 \cdot 10^6 \approx 39{,}1 \cdot 10^9$$

Der PC hätte also einen Systemtakt von ca. 39,1 GHz haben müssen.

Aufgabe 9 – Lösungsweg:
Wir verwenden die Potenzgesetze und berechnen die Potenzen erst nach Abschluss der Umformungen, dann geht das nämlich ohne Taschenrechner auch ganz leicht.

(a) $\dfrac{6^{10} \cdot 7^8}{6^8 \cdot 7^7} : \dfrac{6^2}{7} = \dfrac{6^{10} \cdot 7^8}{6^8 \cdot 7^7} \cdot \dfrac{7^1}{6^2} = 6^{10-8-2} \cdot 7^{8+1-7} = \underbrace{6^0}_{=1} \cdot 7^2 = 49$

(b) $\dfrac{\left(5^2 \cdot 8^5\right)^3}{7^{13}} : \dfrac{5^5 \cdot 8^{14}}{7^{13}} = \dfrac{5^6 \cdot 8^{15}}{7^{13}} \cdot \dfrac{7^{13}}{5^5 \cdot 8^{14}} = 5^{6-5} \cdot 8^{15-14} = 5 \cdot 8 = 40$

(c) $8^3 \cdot 3^3 \cdot \dfrac{1}{24^2} = (8 \cdot 3)^3 \cdot \dfrac{1}{24^2} = 24^{3-2} = 24$

(d) $\dfrac{35^7}{7^7} \cdot 5^9 : 5^{16} = \dfrac{5^7 \cdot 7^7}{7^7} \cdot \dfrac{5^9}{5^{16}} = 5^{7+9-16} = 5^0 = 1$

(e) $\left(\dfrac{13^3}{11^4}\right)^7 \cdot \left(\dfrac{22^{29}}{39^{20}}\right) : \left(\dfrac{4^{14}}{9^{10}} \cdot 11\right) = \dfrac{13^{21}}{11^{28}} \cdot \dfrac{11^{29} \cdot 2^{29}}{13^{20} \cdot 3^{20}} \cdot \dfrac{3^{20}}{2^{28} \cdot 11^1} = 13^{21-20} \cdot 11^{29-28-1} \cdot$
$2^{29-28} \cdot 3^{20-20} = 13 \cdot 2 = 26$

C.8.4 Lösungswege zu Kapitel IV.2.8

Aufgabe 1 – Lösungsweg:
Wir wenden die Potenz- und Wurzelgesetze an und fassen mittels dieser soweit wie möglich zusammen. Dabei beachte wir, dass $x^0 = 1$ gilt.

$$\left(\dfrac{a^7 b^3 c^{-2}}{a^{-5} b^5 c^{-3}} : \dfrac{a^9 \sqrt{c^4 b}}{cb^2 a^{-3}}\right) \cdot \sqrt{b^2} = \dfrac{a^7 b^3 c^{-2}}{a^{-5} b^5 c^{-3}} \cdot \dfrac{cb^2 a^{-3}}{a^9 \underbrace{\sqrt{c^4}}_{c^2} b} \cdot b = \underbrace{a^{7-3+5-9}}_{a^0=1} \underbrace{b^{3+2-5+1-1}}_{b^0=1} \underbrace{c^{-2+1+3-2}}_{c^0=1} = 1$$

Aufgabe 2 – Lösungsweg:
Im Folgenden werden die Wurzelgesetze zur Anwendung gebracht. Die Umformungen sind in möglichst nachvollziehbaren Schritten durchgeführt, ohne dass die Lösungen sich allzu sehr in die Länge ziehen.

(a) $2\sqrt{128}+3\sqrt{8}+2\sqrt{32}-2\sqrt{450} = 2\sqrt{64}\cdot\sqrt{2}+3\cdot\sqrt{2}\cdot\sqrt{4}+2\cdot\sqrt{16}\cdot\sqrt{2}-2\cdot\sqrt{2}\cdot\sqrt{225} =$
$(16 + 6 + 8 - 30) \cdot \sqrt{2} = 0$

(b) $\dfrac{\sqrt{18}}{2}\cdot\left(\dfrac{2}{3}+\dfrac{1}{3\sqrt{2}}\right)-\dfrac{3\sqrt{8}-2}{6}=\dfrac{3\sqrt{2}}{2}\cdot\dfrac{2}{3}+\dfrac{3\sqrt{2}}{2}\cdot\dfrac{1}{3\sqrt{2}}-\dfrac{6\sqrt{2}-2}{6}=\sqrt{2}+\dfrac{1}{2}-\sqrt{2}+\dfrac{1}{3}=\dfrac{5}{6}$

(c) $\sqrt{ab^3}-\sqrt{a^3b^5}+\dfrac{\sqrt{a^5b^7}}{\sqrt{a^4b^3}}=\sqrt{ab}\cdot b-\sqrt{ab}\cdot ab^2+\sqrt{ab}=\sqrt{ab}\cdot(b-ab^2+1)$

(d) $(1-\sqrt{a})\left(1+\sqrt{b}\right)+(1+\sqrt{a})\left(1-\sqrt{b}\right)=1+\sqrt{b}-\sqrt{a}-\sqrt{ab}+1-\sqrt{b}+\sqrt{a}-\sqrt{ab}=$
$2-2\sqrt{ab}$

(e) $\sqrt{4x^2z^2+8xy^2z^2+4y^4z^2}=2\cdot|z|\cdot\sqrt{x^2+2xy^2+y^4}=2\cdot|z|\cdot\sqrt{(x+y^2)^2}=2\cdot|z|\cdot|x+y^2|$

(f) $\sqrt{3{,}92x^2y^4-5{,}6xy^2z+2z^2}=\sqrt{2}\cdot\sqrt{1{,}96x^2y^4-2{,}8xy^2z+z^2}=\sqrt{2}\cdot\sqrt{(1{,}4xy^2-z)^2}$
$=\sqrt{2}\cdot|1{,}4xy^2-z|$

Aufgabe 3 – Lösungsweg:
Diese Aufgabe ist eine gute Übung für eine recht häufig verwendete Technik, die auf der Anwendung der 3. Binomischen Formel basiert.

(a) $\dfrac{\sqrt{7}-2\sqrt{6}}{\sqrt{6}-\frac{\sqrt{7}}{2}}=\dfrac{\sqrt{7}-2\sqrt{6}}{\sqrt{6}-\frac{\sqrt{7}}{2}}\cdot\dfrac{\sqrt{6}+\frac{\sqrt{7}}{2}}{\sqrt{6}+\frac{\sqrt{7}}{2}}=\dfrac{\sqrt{42}-12+\frac{7}{2}-\sqrt{42}}{6-\frac{7}{4}}=\dfrac{-\frac{17}{2}}{\frac{17}{4}}=-2$

(b) $\dfrac{\sqrt{a^2-b^2}+\sqrt{a^2+2ab+b^2}}{\sqrt{a+b}}\cdot\dfrac{\sqrt{a+b}}{\sqrt{a+b}}=\dfrac{(a+b)\cdot\sqrt{a-b}+(a+b)\cdot\sqrt{a+b}}{a+b}$
$=\sqrt{a-b}+\sqrt{a+b}$

(c) $\dfrac{\sqrt{2}-1}{\sqrt{8}+1}\cdot\dfrac{\sqrt{8}-1}{\sqrt{8}-1}-\dfrac{\sqrt{3}}{\sqrt{6}+\sqrt{24}}\cdot\dfrac{\sqrt{6}-\sqrt{24}}{\sqrt{6}-\sqrt{24}}=\dfrac{4-2\sqrt{2}-\sqrt{2}+1}{7}-\dfrac{3\sqrt{2}-6\sqrt{2}}{-18}=$
$\dfrac{5-3\sqrt{2}}{7}-\dfrac{3\sqrt{2}}{18}=\dfrac{5-3\sqrt{2}}{7}-\dfrac{\sqrt{2}}{6}=\dfrac{30-18\sqrt{2}-7\sqrt{2}}{42}=\dfrac{30-25\sqrt{2}}{42}$

(d) $\dfrac{\sqrt{512}-\sqrt{128}}{\sqrt{32}-\sqrt{8}}=\dfrac{16\sqrt{2}-8\sqrt{2}}{4\sqrt{2}-2\sqrt{2}}=\dfrac{8\sqrt{2}}{2\sqrt{2}}=4$

(e) $\dfrac{2-\sqrt{3}}{2+\sqrt{3}}+\dfrac{1+\sqrt{3}}{1-\sqrt{3}}+\dfrac{15}{\sqrt{3}}=\dfrac{2-\sqrt{3}}{2+\sqrt{3}}\cdot\dfrac{2-\sqrt{3}}{2-\sqrt{3}}+\dfrac{1+\sqrt{3}}{1-\sqrt{3}}\cdot\dfrac{1+\sqrt{3}}{1+\sqrt{3}}+\dfrac{5\cdot3}{\sqrt{3}}=\dfrac{(2-\sqrt{3})^2}{4-3}+$
$\dfrac{(1+\sqrt{3})^2}{1-3}+5\sqrt{3}=4-4\sqrt{3}+3-\dfrac{1}{2}-\sqrt{3}-\dfrac{3}{2}+5\sqrt{3}=7-2+5\sqrt{3}-5\sqrt{3}=5$

(f) $\dfrac{7-\sqrt{7}}{\underbrace{21+3\cdot\sqrt{7}}_{=3\cdot(7+\sqrt{7})}}+\dfrac{\sqrt{49}+\sqrt{7}}{9\cdot\sqrt{7}}=\dfrac{7-\sqrt{7}}{3\cdot(7+\sqrt{7}}\cdot\dfrac{3\cdot(7-\sqrt{7})}{3\cdot(7-\sqrt{7})}+\dfrac{\sqrt{7}+1}{9}=\dfrac{3\cdot(7-\sqrt{7})^2}{9\cdot(49-7)}=$

$\dfrac{3\cdot49-3\cdot2\cdot7\cdot\sqrt{7}+3\cdot7}{9\cdot42}+\dfrac{\sqrt{7}+1}{9}\cdot\dfrac{42}{42}=\dfrac{147-42\sqrt{7}+21+42\sqrt{7}+42}{9\cdot42}=\dfrac{210}{9\cdot42}$
$=\dfrac{5}{9}$

C.8.5 Lösungswege zu Kapitel IV.3

Aufgabe – *Lösungsweg*:
Wichtig bei dieser Art von Aufgaben ist u.a. die **Probe** am Ende der Rechnung, da mit dieser überprüft wird, welche Lösungen *wirklich* Lösungen der jeweiligen Wurzelgleichung sind!

(a) Die Radikanden müssen immer größer gleich 0 sein. Damit folgt einerseits $x \geq 5$ aus dem Term $\sqrt{x-5}$ und andererseits $x \geq -4$ aus dem Term $\sqrt{x+4}$. Da beide Radikanden gleichzeitig größer gleich 0 sein müssen, ist $D = \{x \mid x \geq 5\}$ oder $D = [5; \infty)$.
Wir lösen die Wurzelgleichung: Durch Quadrieren erhalten wir

$$x - 5 = x + 4 - 2 \cdot 3 \cdot \sqrt{x+4} + 9 \Leftrightarrow 3 = \sqrt{x+4}.$$

Nochmaliges Quadrieren liefert $9 = x + 4 \Leftrightarrow x_L = 5$. Es ist $x_L \in D$ und die Probe liefert $\sqrt{5-5} = \sqrt{5+4} - 3 = 0$, womit x_L wirklich die Lösung der Wurzelgleichung ist.

(b) Wir bestimmen die Definitionsmenge: Aus dem ersten Summanden ersehen wir, dass $x \geq 4$ oder $x \leq -4$ sein muss. Aus dem zweiten folgt, dass $x \geq -4$ gelten muss, womit die Definitionsmenge bestimmt ist zu $D = [4; \infty) \cup \{-4\}$. Wir formen um und quadrieren:

$$\sqrt{x^2 - 16} = \sqrt{x+4} \Rightarrow x^2 - 16 = x + 4 \Leftrightarrow x^2 - x - 20 = 0$$

Die Mitternachtsformel (MNF) liefert

$$x_{1/2} = \frac{1 \pm \sqrt{1+80}}{2} = \frac{1 \pm 9}{2}.$$

Damit haben wir die Lösungen $x_1 = -4$ und $x_2 = 5$ gefunden. Es sind $x_1 \in D$ und $x_2 \in D$. Wir machen die Probe:

$$\sqrt{(-4)^2 - 16} - \sqrt{-4+4} = 0 + 0 = 0 \text{ und } \sqrt{5^2 - 16} - \sqrt{5+4} = 3 - 3 = 0.$$

Somit haben wir die Lösungen der Wurzelgleichung gefunden. Es sind $x_{L1} = x_1 = -4$ und $x_{L2} = x_2 = 5$.

(c) Aus dem ersten Term auf der linken Seite folgt, dass $x \geq 4$ oder $x \leq -4$ sein muss. Aus dem zweiten Kandidaten folgt, dass $x \geq 3$ oder $x \leq -3$ sein muss. Und aus der rechten Seite ersehen wir, dass $x \geq -2$ gelten muss. Wir erhalten somit die Definitionsmenge $D = [4; \infty)$, da nur hier alle drei Terme definiert sind. Wir quadrieren nun beide Seiten nach einer kleinen Umformung:

$$\sqrt{x^2 - 16} + \sqrt{x^2 - 9} = \sqrt{7 \cdot (x + 2)} \Leftrightarrow \sqrt{x^2 - 16} = \sqrt{7 \cdot (x + 2)} - \sqrt{x^2 - 9}$$

$$\Rightarrow x^2 - 16 = 7 \cdot (x + 2) - 2 \cdot \sqrt{7 \cdot (x + 2)} \cdot \sqrt{x^2 - 9} + x^2 - 9$$

$$\Leftrightarrow -16 = 7x + 14 - 2 \cdot \sqrt{7 \cdot (x + 2)} \cdot \sqrt{x^2 - 9} - 9$$

$$\Leftrightarrow -21 = 7x - 2 \cdot \sqrt{7 \cdot (x + 2)} \cdot \sqrt{x^2 - 9}$$

$$\Leftrightarrow 7x + 21 = 2 \cdot \sqrt{7 \cdot (x + 2)} \cdot \sqrt{x^2 - 9}$$

Wir quadrieren und erhalten dadurch und mit $7x + 21 = 7 \cdot (x + 3)$

$$49 \cdot (x + 3)^2 = 4 \cdot 7 \cdot (x + 2) \cdot \left(x^2 - 9\right)$$

$$\Leftrightarrow 49 \cdot (x + 3)^2 = 4 \cdot 7 \cdot (x + 2) \cdot (x - 3) \cdot (x + 3).$$

Hier erkennen wir die erste Lösung $x_1 = -3$. Dividieren wir nun durch $(x + 3)$ so haben wir

$$49 \cdot (x + 3) = 4 \cdot 7 \cdot (x + 2) \cdot (x - 3) \Leftrightarrow 7x + 21 = 4 \cdot (x + 2) \cdot (x - 3).$$

Ganz umgeformt erhalten wir schließlich die quadratische Gleichung

$$4x^2 - 11x - 45 = 0.$$

Mit der Mitternachtsformel ergeben sich die Lösungen:

$$x_{2/3} = \frac{11 \pm \sqrt{121 + 720}}{8} = \frac{11 \pm 29}{8}.$$

Wir haben also die weiteren Lösungen $x_2 = -\frac{9}{4}$ und $x_3 = 5$ gefunden. Nur x_3 liegt im Definitionsbereich und wir machen hierfür die Probe:

- Links: $\sqrt{5^2 - 16} + \sqrt{5^2 - 9} = \sqrt{9} + \sqrt{16} = 3 + 4 = 7$

- Rechts: $\sqrt{7 \cdot (5 + 2)} = \sqrt{49} = 7$

Die Probe gelingt, $x_L = x_3 = 5$ ist die einzige Lösung der Wurzelgleichung.

C.8.6 Lösungswege zu Kapitel IV.4

Aufgabe 1 – Lösungsweg:

(a) $_x\log \frac{x^2 - y^2}{x^3} - _x\log \frac{x+y}{x-y} + _x\log \frac{x^{-2}}{(x-y)^2} - _x\log \frac{1}{x^6} = _x\log \overbrace{\left(x^2 - y^2\right)}^{(x-y)\cdot(x+y)} - _x\log \left(x^3\right) - _x\log (x+y)$

$+ _x\log (x - y) + _x\log \left(x^{-2}\right) - _x\log \left((x - y)^2\right) - \overbrace{_x\log 1}^{=0} + _x\log \left(x^6\right) = _x\log (x - y)$

$+ _x\log (x + y) - 3_x\log x - _x\log (x + y) + _x\log (x - y) - 2_x\log x - 2_x\log (x - y)$

$+ 6_x\log x = (6 - 2 - 3)_x\log x = _x\log x = 1$

(b) $\log\left(u^2 - v^2\right) - \left[\log\left((u-v)^2\right) + \log\left(u+v\right)\right] + \log\left(u-v\right) = \log\left((u+v)\cdot(u-v)\right) - 2\log\left(u-v\right) - \log\left(u+v\right) + \log\left(u-v\right) = \log\left(u+v\right) - \log\left(u+v\right) - 2\log\left(u-v\right) + 2\log\left(u-v\right) = 0$

(c) $\lg\left(a^2-1\right) + \lg\left(a^4-1\right) - \lg\left(a^2+1\right) + \lg\left(a^2-1\right)^{-2}$
$= \lg\left(a^2-1\right) + \lg\left((a^2-1)\cdot(a^2+1)\right) - \lg\left(a^2+1\right) - 2\lg\left(a^2-1\right)$
$= \lg\left(a^2-1\right) + \lg\left(a^2-1\right) + \lg\left(a^2+1\right) - \lg\left(a^2+1\right) - 2\lg\left(a^2-1\right) = 0$

(d) $\dfrac{\lg b^3 - \lg\frac{1}{b^2} - \lg b^6}{\lg b} = \dfrac{3\lg b - \overbrace{\lg 1}^{=0} + 2\lg b - 6\lg b}{\lg b} = \dfrac{-\lg b}{\lg b} = -1$

(e) $2\ln\left(\sqrt{e}\right) - \ln\left(\frac{e^2-e^4}{e\cdot(1-e)}\right) + \ln\left(1+e\right) = 2\ln\left(e^{\frac{1}{2}}\right) - \ln\left(\frac{e^2\left(1-e^2\right)}{e(1-e)}\right) + \ln\left(1+e\right) = 2\cdot\frac{1}{2}\cdot$
$\underbrace{\ln e}_{=1} - \ln\left(\frac{e(1-e)(1+e)}{(1-e)}\right) + \ln\left(1+e\right) = 1 - \ln\left(e\left(1+e\right)\right) + \ln\left(1+e\right) = 1 - \ln e - \ln\left(1+e\right) +$
$\ln\left(1+e\right) = 1 - \underbrace{\ln e}_{=1} = 1 - 1 = 0$

Aufgabe 2 – Lösungsweg:

(a) $3^{-(-x-1)}\cdot 5^{x+1} = 225 \Rightarrow 3^{x+1}\cdot 5^{x+1} = 15^{x+1} = 225 = 15^2 \Rightarrow 15^{x+1} = 15^2 \Rightarrow x+1 = 2 \Rightarrow x = 1$

(b) $7\cdot 5^{x+3} - 8\cdot 5^{x+2} = 5^3\cdot 3^3 \Rightarrow 5^x\cdot\left(7\cdot 5^3 - 8\cdot 5^2\right) = 5^x\cdot 675 = 3375 \Rightarrow 5^x = 5^1 \Rightarrow x = 1$

(c) $4\cdot 16^x + 4^{2x} = 10 \Rightarrow 4\cdot\underbrace{\left(4^2\right)^x}_{=4^{2x}} + 4^{2x} = 10 \Rightarrow 4^{2x}\cdot(4+1) = 10 \Rightarrow 4^{2x} = 2 = 4^{\frac{1}{2}} \Rightarrow$
$2x = \frac{1}{2} \Rightarrow x = \frac{1}{4}$

Aufgabe 3 – Lösungsweg:

$${}_u\log\frac{u^4 - 2u^2 + 1}{u+1} + 2\cdot {}_u\log\left(u^2+u\right) - \frac{1}{2}\cdot {}_u\log\frac{u^4}{(u^2-1)^{-4}}$$

$$= {}_u\log\left(\frac{(u^2-1)^2}{u+1}\right) + 2{}_u\log\left(u\,(u+1)\right) - \frac{1}{2}{}_u\log\left(u^4\left(u^2-1\right)^4\right)$$

$$= {}_u\log\left(\frac{(u^2-1)^2}{u+1}\right) + 2{}_u\log u + 2{}_u\log\left(u+1\right) - 2{}_u\log u - 2{}_u\log\left(u^2-1\right)$$

$$= 2{}_u\log\left(u^2-1\right) - {}_u\log\left(u+1\right) + 2{}_u\log\left(u+1\right) - 2{}_u\log\left(u^2-1\right) = {}_u\log\left(u+1\right)$$

Aufgabe 4 – Lösungsweg:

$$\sum_{k=2}^{5}\left(\ln\sqrt[k]{e}\right)+\ln\left(\frac{1}{2}\cdot\ln\left(\sqrt{e^4}\right)\right)+5\cdot\ln\left(\sqrt[8]{\frac{e+e^{-1}}{e}\cdot\frac{1}{1+e^2}}\right)$$

$$=\sum_{k=2}^{5}\left(\ln\left(e^{\frac{1}{k}}\right)\right)+\ln\left(\frac{1}{2}\cdot\ln\left(e^2\right)\right)+5\cdot\ln\left(\sqrt[8]{\left(1+\frac{1}{e^2}\right)\cdot\frac{1}{1+e^2}}\right)$$

$$=\sum_{k=2}^{5}\left(\frac{1}{k}\underbrace{\ln e}_{=1}\right)+\ln\left(\underbrace{\ln e}_{=1}\right)+5\cdot\ln\left(\sqrt[8]{\frac{e^2+1}{e^2}\cdot\frac{1}{1+e^2}}\right)$$
$$\phantom{=\sum_{k=2}^{5}}\underbrace{}_{\ln 1=0}$$

$$=\frac{1}{2}+\frac{1}{3}+\frac{1}{4}+\frac{1}{5}+5\cdot\ln\left(\underbrace{\left(e^{-2}\right)^{\frac{1}{8}}}_{=e^{-\frac{1}{4}}}\right)$$

$$=1\tfrac{17}{60}-\tfrac{5}{4}\ln e=1\tfrac{17}{60}-\tfrac{5}{4}=\tfrac{1}{30}$$

Aufgabe 5 – Lösungsweg:

(a) Der Numerus muss stets positiv und nicht 0 sein, d.h. $D=(1;\infty)$ nach dem ersten Summanden, der zweite bringt nichts Neues. Nach den Logarithmusgesetzen formen wir um:

$$\ln\left(x-1\right)-\ln\left(\sqrt{x}+1\right)=1\Leftrightarrow\ln\left(\tfrac{x-1}{\sqrt{x}+1}\right)=1\Leftrightarrow\ln\left(\frac{\left(\sqrt{x}-1\right)\cdot\left(\sqrt{x}+1\right)}{\sqrt{x}+1}\right)=1$$
$$\Leftrightarrow\ln\left(\sqrt{x}-1\right)=1\Leftrightarrow\sqrt{x}-1=e\Rightarrow x=\left(e+1\right)^2$$

Da $(e+1)^2\in D$ haben wir die einzige Lösung gefunden.

(b) Der Numerus muss größer als 0 sein, d.h. die Definitionsmenge ist hier $D=(0;\infty)$. Um $\left(\ln\left(x\right)\right)^2-4\cdot\ln\left(x\right)=-1$ zu lösen, setzen wir $u:=\ln\left(x\right)$. Damit erhalten wir

$$u^2-4u=-1\Leftrightarrow u^2-4u+1=0.$$

Wir jagen die Mitternachtsformel auf die Gleichung:

$$u_{1/2}=\frac{-\left(-4\right)\pm\sqrt{\left(-4\right)^2-4\cdot1\cdot1}}{2\cdot1}=\frac{4\pm\sqrt{12}}{2}=\frac{4\pm2\sqrt{3}}{2}=2\pm\sqrt{3}.$$

Die Rücksubstitution mit $e^u=x$ liefert die Lösungen $x_1=e^{2-\sqrt{3}}$ und $x_2=e^{2+\sqrt{3}}$. Beide liegen innerhalb des Definitionsbereichs der Gleichung.

(c) Es muss auf jeden Fall $t\geq0$ gelten, denn so ist die Wurzel definiert. Des Weiteren muss $x-4\geq1$ sein, denn sonst wird der Radikand $\ln\left(x-4\right)$ negativ. Also ist die Definitionsmenge $D=[5;\infty)$. Wir erhalten durch Quadrieren $\ln\left(x-4\right)=t^2$ und damit $x=e^{t^2}+4$. Für alle $t\geq0$ ist $e^{t^2}+4\in D$ und somit eine Lösung der Gleichung.

(d) Es muss gelten, dass $x^2 < t^2$, was wir aus dem ersten Summanden ersehen und ebenso muss gelten, dass $t + x > 0 \Leftrightarrow x > -t$. Wir lösen die Gleichung mit Hilfe der Logarithmusgesetze:

$$\ln\left(t^2 - x^2\right) - \ln\left(t + x\right) = 1 \Leftrightarrow \ln\left(\frac{(t - x) \cdot (t + x)}{t + x}\right) = 1 \Leftrightarrow \ln\left(t - x\right) = 1.$$

Damit folgt, dass $x = t - e$ ist. Da $x > -t$ folgt hiermit, dass $t - e > -t \Leftrightarrow t > \frac{e}{2}$. Es lässt sich sogar $t \geq \frac{e}{2}$ nachweisen, indem man $x^2 \to t^2$ betrachtet oder L'Hospital verwendet.

D Zu Kapitel V: Ganzrationale Funktionen – Eine Einführung

D.1 Aufgaben zu Kapitel V.3

Aufgabe 1:
Welche der mit ihrer Funktionsgleichung vorliegenden Funktionen sind ganzrationale Funktionen? Begründen Sie kurz Ihre Antwort.

(a) $a(x) = 22 \cdot \sqrt{x} - \dfrac{1}{x^2}$

(b) $b(x) = 2 \cdot x^7 + 24 \cdot x^4 - 2 \cdot x^2 + 12$

(c) $c(x) = \sqrt{29} \cdot x^3 - \pi \cdot x^2 - e^2 \cdot x$

(d) $d(x) = x^2 \cdot t^2 - \sqrt{t} \cdot x - \sqrt{t-1} + \dfrac{1}{t}$

(e) $e(t) = x^2 \cdot t^2 - t \cdot \sqrt{x} - \sqrt{t-1} + \dfrac{1}{t}$

(f) $f(x) = 22x - x^2 + \sin(x)$

Aufgabe 2:
Weisen Sie nach, dass die Graphen der jeweils durch ihre Funktionsgleichung gegebenen Funktionen zu dem zusätzlich angegebenen Punkt bzw. der zusätzlich angegebenen Parallelen zur y-Achse symmetrisch sind.

(a) $a(x) = x^3 - 6x^2 + 3x + 12$, $P(2/2)$

(b) $b_t(x) = x^4 + 4tx^3 - 2t^2x^2 - 12t^3x + 9t^4$, $x_t = -t$ und $t \in \mathbb{R}$

(c) $c(x) = 5 \cdot \dfrac{x^2 - 4x + 2}{x^2 - 4x + 9}$, $x = 2$

(d) $d_t(x) = \dfrac{2tx + 3t}{x + 1}$, $P_t(-1/2t)$ und $t \in \mathbb{R}$

Aufgabe 3:
Entscheiden Sie, indem Sie die Hochzahlen betrachten, ob der Graph der jeweils durch ihre Funktionsgleichung gegebenen Funktion achsen- oder punktsymmetrisch ist. Weisen Sie die Symmetrie des Graphen im Zweifelsfall explizit nach ($f(x) = f(-x)$ bzw. $f(x) = -f(-x)$).

(a) $b(x) = \dfrac{x^3 - 2x}{x^2 - 4}$ (b) $c(x) = \dfrac{x^2 - 4}{x^3 - 2x}$ (c) $d(x) = 2^{x^2+1} - x^6$

(d) $e(x) = 5^x + 5^{-x}$ (e) $f(x) = \sqrt{x^4 - x^2 + 1}$

Aufgabe 4:

Stellen Sie mit Hilfe der Kapitel III, IV und des Kapitels V aus *MiS* Funktionsgleichungen für Funktionen mit den folgenden Eigenschaften auf. Zusätzliche Informationen erhalten Sie auch in Abschnitt V.5 in *MiS*.

(a) Eine ganzrationale Funktion vom Grad 2, deren Graph symmetrisch zur Geraden $x = 2$ ist.

(b) Eine Funktion, deren Graph einen Pol mit VZW bei $x = -1$ besitzt und der symmetrisch zum Punkt $P(-1/3)$ ist.

(c) Eine Funktion, deren Graph die Pole mit VZW bei $x = -2$ und $x = 2$ hat und der achsensymmetrisch ist.

(d) Eine Funktion d mit $d(x) = 5^{g(x)}$ (mit der Funktion g als Exponent), deren Graph achsensymmetrisch ist.

(e) Eine Funktion e mit $e(x) = \dfrac{1}{f(x)}$ (mit der Funktion f im Nenner), deren Graph achsensymmetrisch ist und die keine Definitionslücke besitzt.

D.2 Aufgaben zu Kapitel V.4.2

Aufgabe:

(a) Berechnen Sie die Funktionswerte der Funktion f mit $f(x) = x^4 - 2x^3 + 4$ an den Stellen $x = 4$ und $x = -2$.

(b) Zerlegen Sie $g(x) = x^3 - 2x^2 + 2x - 1$ in die Produktform. Raten Sie dazu zuerst eine Nullstelle.

(c) Weisen Sie durch doppelte Anwendung des Horner-Schemas nach, dass $x_{1/2} = 1$ eine doppelte Nullstelle der durch die Funktionsgleichung $h(x) = 2x^3 - 8x^2 + 10x - 4$ gegebenen Funktion h ist.

D.3 Aufgaben zu Kapitel V.4.3

Aufgabe 1:
Lösen Sie die folgenden Gleichungen.

(a) $x^4 - 5x^2 = -6$ (b) $x^4 - 5x^2 = 6$

(c) $x^8 - 3x^4 = 4$ (d) $(x^2 - 4) \cdot (x^4 - 1) = 0$

Aufgabe 2:
Die Funktion g hat die Gleichung $g(x) = (2x^2 - 18) \cdot (x^2 + a)$ mit $a \in \mathbb{R}$. Für welche Werte von a hat g

(a) genau zwei doppelte Nullstellen?

(b) genau zwei einfache Nullstellen?

(c) genau drei Nullstellen? Von welchem Typ sind diese?

Aufgabe 3:
Die Gerade g ist parallel zur Geraden h mit der Gleichung $h(x) = -3x - 1$ und geht durch den Punkt $N(1/0)$. Die Funktion f hat die Gleichung $f(x) = x^4 - x^3 - 2x^2 - 3x + 3$.

(a) Bestimmen Sie die exakten Koordinaten der gemeinsamen Punkte der beiden Funktionen g und f. Von welchem Typ sind diese Punkte? Begründen Sie Ihre Aussagen.

(b) Bestimmen Sie den Abstand $d(f, g)$ an den Stellen $x_A = 0{,}5$ und $x_B = 1$.

Aufgabe 4:

(a) Gegeben sind die drei Funktionsgleichungen

- $f(x) = ax(x - 1)^2$

- $g(x) = b(x - 2)^2(x + 1)$

- $h(x) = c\,(x^2 - 4)\,(x - 0{,}5)$

Ordnen Sie diese den Schaubildern in Abbildung D.3.1 auf Seite 66 zu und begründen Sie Ihre Wahl!

(b) Bestimmen Sie die unbekannten Größen a, b und c aufgrund ihrer Wahl in Aufgabenteil (a).

Aufgabe 5:
Gegeben ist die Funktion f mit der Gleichung $f(x) = -2x^3 + 8(t - 1)x$ und $t \in \mathbb{R}$. Für welche Werte von t hat f drei Nullstellen? Wie viele Nullstellen existieren in den anderen Fällen und von welchem Typ sind sie?

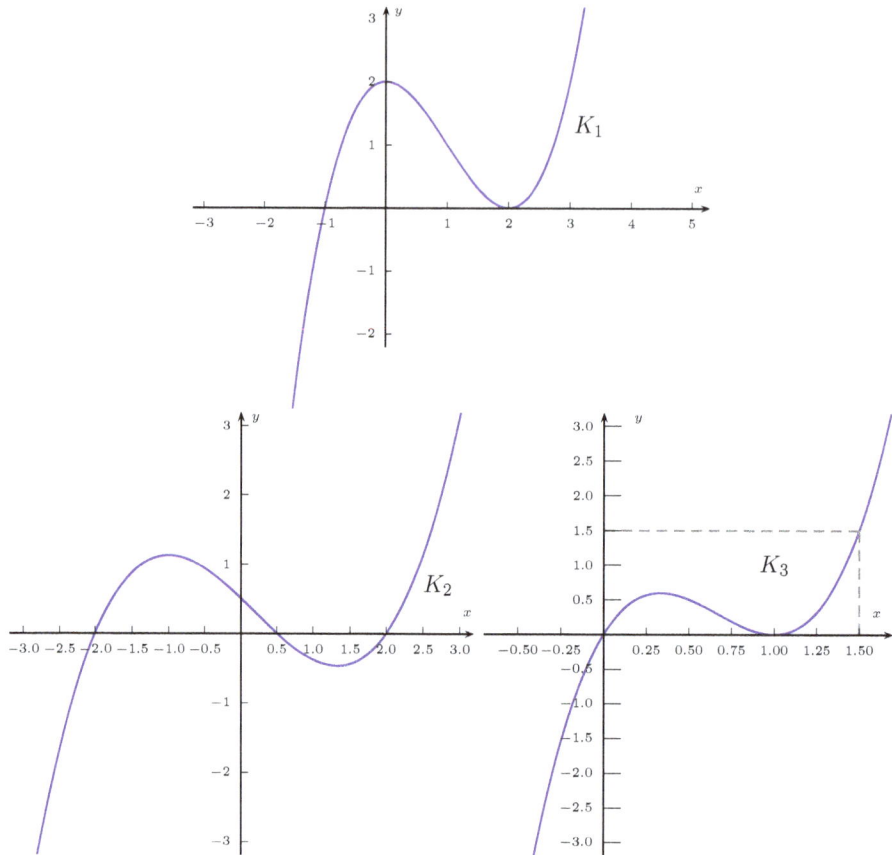

Abbildung D.3.1: Die drei im Aufgabentext erwähnten Schaubilder.

Aufgabe 6:
Eine punktsymmetrische Parabel dritter Ordnung geht durch die Punkte $P(1/-4)$ und $Q(-2/-4)$. Bestimmen Sie den Funktionsterm.

Aufgabe 7:
Eine zum Ursprung punktsymmetrische Funktion dritten Grades geht durch die beiden Punkte $P(2/6)$ und $Q(-4/0)$. Wie lautet ihre Funktionsgleichung?

Aufgabe 8:
Durch die Angaben in Aufgabe 7 kann man auch direkt die Produktform der Funktion aufstellen. Wie lautet diese?

Aufgabe 9:
Gegeben ist die Funktion f mit der Gleichung $f(x) = x^3 + 2x^2 - x - 2$.

(a) Bestimmen Sie die Nullstellen von f.

(b) Beschreiben Sie das Randverhalten der Parabel. Von welchem in welchen Quadranten verläuft sie?

Aufgabe 10:
Gegeben ist die Funktion g mit der Gleichung $g(x) = \frac{1}{3}x^3 - 3x$.

(a) Bestimmen Sie die Produktform der Funktionsgleichung und zeichnen Sie das Schaubild K_g in ein Koordinatensystem.

(b) Beschreiben Sie das Randverhalten der Parabel. Von welchem in welchen Quadranten verläuft der Graph?

D.4 Aufgaben zu Kapitel V.5.2

Aufgabe:
Bestimmen Sie die Definitionsmengen und die Nullstellen. Wo finden wir eine hebbare Lücke? Führen sie hier eine Polynomdivision durch und setzen Sie den betroffenen x-Wert ein, um den zu ergänzenden Funktionswert an dieser Stelle zu erhalten. Liegt dort eine Nullstelle vor? Wenn die Antwort „Nein" lautet, versuchen Sie zu erklären, warum es hier keine Nullstelle gibt.

(a) $a(x) = \dfrac{x^2 + x - 2}{x - 1}$ (b) $b(x) = \dfrac{4x^2 - 4}{x^2 - 9}$ (c) $c(x) = \dfrac{2x + 1}{x^2 - 4}$

(d) $d(x) = \dfrac{x^2 + 2x + 1}{x}$ (e) $e(x) = \dfrac{x^2 + 1}{x^2 - 1}$ (f) $f(x) = \dfrac{x^3 - 11}{x^4 - 5x^2 + 4}$

D.5 Aufgaben zu Kapitel V.7.4

Aufgabe 1:
Lösen Sie die folgende Betragsgleichung.

$$|x - 2| + |x + 3| = n \cdot x \text{ mit } n \in \mathbb{N}.$$

Für welche n gibt es keine Lösungen?

Aufgabe 2:
Lösen Sie die folgenden Betragsgleichungen.

(a) $\sqrt{|x| - 4} + |x| = 6$

(b) $|x^2 - 9| + x = 3$

(c) $\dfrac{1}{|x - 2|} + (x - 2)^2 = 0$

(d) $|x^2 + 1| - |x^2 - 1| = 2$

Aufgabe 3:
Geben Sie die durch ihre Funktionsgleichungen vorliegenden Betragsfunktionen als abschnittsweise definierte Funktionen an und zwar nur dort, wo die jeweilige Funktion auch definiert ist.

(a) $a(x) = |x - 2| + |x^2 - 4|$

(b) $b(x) = |x^2 - 9| + x$

(c) $c(x) = |x - 3| + |-x + 1| + \sqrt{x}$

(d) $d(x) = |x^2 - 4x - 5|$

D.6 Ergebnisse zu Kapitel V

D.6.1 Ergebnisse zu Kapitel V.3

Aufgabe 1:
Ist die Funktion ganzrational, so schreiben wir g, ansonsten ng.

(a) ng, u.a. neg. Hochzahlen
(b) g, natürliche Hochzahlen ≥ 0
(c) g, natürliche Hochzahlen ≥ 0
(d) g, natürliche Hochzahlen ≥ 0
(e) ng, Bruch als Hochzahl
(f) ng, Sinusfunktion dabei

Aufgabe 2:

(a) $a(2 + h) = h^3 - 9h + 2$, $a(2 - h) = -h^3 + 9h + 2$, d.h. $\frac{1}{2} \cdot [a(2 + h) + a(2 - h)] = 2$, was zu zeigen war.

(b) $b_t(-t + h) = b_t(-t - h) = 16t^4 - 8t^2h^2 + h^4$

(c) $c(2 + h) = c(2 - h) = \frac{5h^2 - 10}{h^2 + 5}$

(d) $d_t(-1 + h) = \frac{2th + t}{h}$, $d_t(-1 - h) = \frac{2th - t}{h}$, d.h. $\frac{1}{2} \cdot [d_t(-1 + h) + d_t(-1 - h)] = 2t$, was zu zeigen war.

Aufgabe 3:

(a) punktsymmetrisch
(b) punktsymmetrisch
(c) achsensymmetrisch

(d) achsensymmetrisch
(e) achsensymmetrisch

Aufgabe 4:

(a) $a(x) = (x-2)^2 = x^2 - 4x + 4$ (b) $b(x) = \frac{1}{x+1} + 3$

(c) $c(x) = \frac{1}{x^2-4}$ (d) $d(x) = 5^{x^2+1}$

(e) $e(x) = \frac{1}{x^2+1}$

D.6.2 Ergebnisse zu Kapitel V.4.2

Aufgabe:

(a) $f(4) = 132$ und $f(-2) = 36$

(b) Raten: $x = 1$, dann ergibt sich $g(x) = (x-1) \cdot (x^2 - x + 1)$

(c) Die letzte Zahl ist zwei Mal 0

D.6.3 Ergebnisse zu Kapitel V.4.3

Aufgabe 1:

(a) $x_{1/2} = \pm\sqrt{3}$, $x_{3/4} = \pm\sqrt{2}$ (b) $x_{1/2} = \pm\sqrt{6}$

(c) $x_{1/2} = \pm\sqrt{2}$ (d) $x_{1/2} = \pm 2$, $x_{3/4} = \pm 1$

Aufgabe 2:

(a) $a = -9$, doppelte Nullstellen sind dann $x_{1/2} = \pm 3$.

(b) Für $a > 0$ gibt es nur zwei einfache Nullstellen.

(c) Für $a = 0$ gibt es zwei einfache ($x_{1/2} = \pm 3$) und eine doppelte ($x_3 = 0$) Nullstelle.

Aufgabe 3:

(a) Die gemeinsamen Punkte sind $P_{1/2}(0/3)$ (Berührpunkt), $P_3(2/-3)$ und $P_4(-1/6)$.

(b) $d_{0,5} = \frac{9}{16}$, $d_1 = 2$.

Aufgabe 4:

(a) Die Zuordnungen sind (ergeben sich anhand der Nullstellen):

- K_1 gehört zu g.

- K_2 gehört zu h.

- K_3 gehört zu f.

(b) $a = 4$, $b = \frac{1}{2}$, $c = \frac{1}{4}$

Aufgabe 5:
Dreifache Nullstelle für $t = 1$. Für $t > 1$ gibt es drei einfache Nullstellen, für $t < 1$ gibt es eine einfache Nullstelle (bei $x = 0$).

Aufgabe 6:
Die Funktionsgleichung der gesuchten Parabel p lautet $p(x) = 2x^3 - 6x$.

Aufgabe 7:
Die Funktionsgleichung der gesuchten Parabel p lautet $p(x) = -\frac{1}{4}x^3 + 4x$.

Aufgabe 8:
Aus den Angaben in Aufgabe 7 ergibt sich sofort $p(x) = a \cdot x \cdot (x + 4) \cdot (x - 4)$. Durch das Einsetzen des Punktes $P(2/6)$ bestimmen wir a zu $a = -\frac{1}{4}$. Es ist also $p(x) = -\frac{1}{4} \cdot x \cdot (x + 4) \cdot (x - 4)$. Ausrechnen ergibt die Funktionsgleichung von Aufgabe 7.

Aufgabe 9:

(a) Die Nullstellen sind $x_{1/2} = \pm 1$ und $x_3 = -2$.

(b) Für x gegen ∞ geht $f(x)$ gegen ∞. Für x gegen $-\infty$ geht $f(x)$ gegen $-\infty$. Damit verläuft der Graph der Funktion (abgesehen von dem kleinen Bereich in der Nähe der Nullstellen) vom III. in den I. Quadranten.

Aufgabe 10:

(a) Es ist $g(x) = \frac{1}{3} \cdot x \cdot (x - 3) \cdot (x + 3)$.

(b) Analog zur Argumentation in Aufgabe 9 ergibt sich ein Verlauf vom III. in den I. Quadranten.

D.6.4 Ergebnisse zu Kapitel V.5.2

Aufgabe:
Für die Argumentation zu den hebbaren Lücken und eventuell vorliegenden Nullstellen verweisen wir auf Kapitel IX.3 in *MiS*.

(a) $D_a = \mathbb{R} \setminus \{1\}$, Nullstelle bei $x = -2$, hebbare Lücke bei $x = 1$, ergänzter Funktionswert bei $x = 1$ ist 3.

(b) $D_b = \mathbb{R} \setminus \{-3, +3\}$, Nullstellen bei $x = -1$ und $x = 1$.

(c) $D_c = \mathbb{R} \setminus \{-2, +2\}$, Nullstelle bei $x = -\frac{1}{2}$.

(d) $D_d = \mathbb{R} \setminus \{0\}$, Nullstelle bei $x = -1$.

(e) $D_e = \mathbb{R} \setminus \{-1, +1\}$, keine Nullstellen.

(f) $D_f = \mathbb{R} \setminus \{-2, -1, +1, +2\}$, Nullstelle bei $x = \sqrt[3]{11}$.

D.6.5 Ergebnisse zu Kapitel V.7.4

Aufgabe 1:
Für $n \geq 3$ gibt es die Lösung $x = \frac{5}{n}$.

Aufgabe 2:

  (a) $x_1 = -5$, $x_2 = 5$ (b) $x_1 = -4$, $x_2 = -2$, $x_3 = 3$

  (c) Es gibt keine Lösung.   (d) alle $x \leq -1$ oder $x \geq 1$

Aufgabe 3:

(a) $a(x) := \begin{cases} -(x-2) + (x^2-4) & \text{für } x \leq -2 \\ -(x-2) - (x^2-4) & \text{für } -2 < x < 2 \\ (x-2) + (x^2-4) & \text{für } x \geq 2 \end{cases}$

(b) $b(x) := \begin{cases} (x^2-9) + x & \text{für } x \leq -3 \\ -(x^2-9) + x & \text{für } -3 < x < 3 \\ (x^2-9) + x & \text{für } x \geq 3 \end{cases}$

(c) $c(x) := \begin{cases} -(x-3) + (-x+1) + \sqrt{x} & \text{für } 0 \leq x \leq 1 \\ -(x-3) - (-x+1) + \sqrt{x} & \text{für } 1 \leq x < 3 \\ (x-3) - (-x+1) + \sqrt{x} & \text{für } x \geq 3 \end{cases}$

(d) $d(x) := \begin{cases} (x^2-4x-5) & \text{für } x \leq -1 \\ -(x^2-4x-5) & \text{für } -1 < x < 5 \\ (x^2-4x-5) & \text{für } x \geq 5 \end{cases}$

D.7 Lösungswege zu Kapitel V

D.7.1 Lösungswege zu Kapitel V.3

Aufgabe 1 – Lösungsweg:
Diese Aufgabe ist schon sehr ausführlich bei den Ergebnissen gelöst. Wir geben diese hier nur nochmal an: Ist die Funktion ganzrational, so schreiben wir g, ansonsten ng.

(a) ng, u.a. neg. Hochzahlen   (b) g, natürliche Hochzahlen ≥ 0

(c) g, natürliche Hochzahlen ≥ 0 (d) g, natürliche Hochzahlen ≥ 0

(e) ng, Bruch als Hochzahl   (f) ng, Sinusfunktion dabei

Aufgabe 2 – Lösungsweg:
Die Aufgabe ist schon ausführlich bei den Ergebnissen gelöst. Wir führen sie hier nur nochmal kurz auf.

(a) $a(2+h) = h^3 - 9h + 2$, $a(2-h) = -h^3 + 9h + 2$, d.h. $\frac{1}{2} \cdot [a(2+h) + a(2-h)] = 2$, was zu zeigen war.

(b) $b_t(-t+h) = b_t(-t-h) = 16t^4 - 8t^2h^2 + h^4$

(c) $c(2+h) = c(2-h) = \frac{5h^2 - 10}{h^2 + 5}$

(d) $d_t(-1+h) = \frac{2th+t}{h}$, $d_t(-1-h) = \frac{2th-t}{h}$, d.h. $\frac{1}{2} \cdot [d_t(-1+h) + d_t(-1-h)] = 2t$, was zu zeigen war.

Aufgabe 3 – Lösungsweg:
Wir formulieren diese Aufgabe etwas ungenauer und sprechen nicht immer vom Schaubild der Funktion oder des Nenners oder des Zähler. Aber auch mit der folgenden Ausdrucksweise sollte klar sein, was gemeint ist.

(a) Der Zähler ist punktsymmetrisch, der Nenner achsensymmetrisch. Damit ist die ganze Funktion ebenfalls punktsymmetrisch.

(b) Hier ist der Zähler achsensymmetrisch und der Nenner punktsymmetrisch. Insgesamt ist dann die Funktion trotzdem wieder punktsymmetrisch wie in (a).

(c) Weil der Exponent achsensymmetrisch ist, ist es auch 2^{x^2+1}. Da x^6 auch achsensymmetrisch ist, gilt dies auch für die ganze Funktion.

(d) Da $e(-x) = 5^{-x} + 5^{-(-x)} = 5^{-x} + 5^x = 5^x + 5^{-x} = e(x)$ ist, ist die Funktion achsensymmetrisch.

(e) Da der Radikand achsensymmetrisch ist, ist es auch die Wurzelfunktion. Einsetzen von $-x$ liefert den gleichen Funktionsterm.

Aufgabe 4 – Lösungsweg:
Wir führen hier nochmal die Funktion aus den Ergebnissen auf und erläutern diese kurz.
Natürlich können die hier aufgestellten Funktionsterme auch ganz anders aussehen, diese
hier sind nur Beispiele.

(a) $a(x) = (x-2)^2 = x^2 - 4x + 4$
Hochzahl 2 wegen des geforderten Grades. Symmetrisch zu einer Geraden $x = d$
erhält man immer durch Einsetzen von $(x-d)$ anstatt von x.

(b) $b(x) = \frac{1}{x+1} + 3$
Pol mit VZW heißt, dass der Nenner eine einfache Nullstelle haben muss. Jede
Funktion f_d mit $f_d(x) = \frac{1}{x-d}$ ist punktsymmetrisch zu $P(0/d)$. Addieren wir zum
Funktionsterm c dazu, so ist sie punktsymmetrisch zu $P_c(c/d)$. Das haben wir hier
gemacht.

(c) $c(x) = \frac{1}{x^2-4}$
Wir brauchen einfache Nullstellen, die symmetrisch zur y-Achse liegen. Durch Anwenden des Satzes vom Nullprodukt erhalten wir diese und durch die symmetrische
Lage der Nullstellen haben wir auch gleich die Achsensymmetrie mit abgedeckt,
gemäß Aufgabe 3.

(d) $d(x) = 5^{x^2+1}$
Vergleichen wir mit Aufgabe 3(c), dann finden wir durch einen achsensymmetrischen
Exponenten die gewünschte Funktion.

(e) $e(x) = \frac{1}{x^2+1}$
Achsensymmetrie erhalten wir, wenn wir zwei achsensymmetrische Funktionen durcheinander teilen. Hat der Nenner keine Nullstellen, so gibt es auch keine Definitionslücken.

D.7.2 Lösungswege zu Kapitel V.4.2

Aufgabe – Lösungsweg:

(a) Wir lösen mit dem Horner-Schema:

	1	−2	0	0	4	
$x = 4$		4	8	32	128	
	1	2	8	32	132	$= f(4)$

	1	−2	0	0	4	
$x = -2$		−2	8	−16	32	
	1	−4	8	−16	36	$= f(-2)$

(b) Raten: $x = 1$, denn $g(1) = 1 - 2 + 2 - 1 = 0$.

Horner-Schema:

$$
\begin{array}{r|rrrr}
 & 1 & -2 & 2 & -1 \\
x = 1 & & 1 & -1 & 1 \\
\hline
 & 1 & -1 & 1 & 0 \quad = g(1)
\end{array}
$$

Die letzte Zeile liefert das Polynom $x^2 - x + 1$. Die Produktform ist damit

$$g(x) = (x^2 - x + 1) \cdot (x - 1).$$

(c) *Doppeltes Horner-Schema:*

$$
\begin{array}{r|rrrl}
 & 2 & -8 & 10 & -4 \\
x = 1 & & 2 & -6 & 4 \\
\hline
 & 2 & -6 & 4 & 0 \quad \text{1. Nullstelle} \\
x = 1 & & 2 & -4 & \\
\hline
 & 2 & -4 & 0 & \quad \text{2. Nullstelle}
\end{array}
$$

D.7.3 Lösungswege zu Kapitel V.4.3

Aufgabe 1 – Lösungsweg:

(a) Wir formen um und wenden die MNF an:

$$x^4 - 5x^2 = -6 \Rightarrow u^2 - 5u + 6 = 0 \Rightarrow u_{1/2} = \frac{5 \pm \sqrt{25 - 24}}{2} = \frac{5 \pm 1}{2}$$

$$\Rightarrow u_1 = 3; u_2 = 2.$$

Wurzel ziehen als Rücksubstitution ergibt $x_{1/2} = \pm\sqrt{3}; x_{3/4} = \pm\sqrt{2}$.

(b) Wie in Teil (a) rechnen wir:

$$x^4 - 5x^2 = 6 \Rightarrow u^2 - 5u - 6 = 0 \Rightarrow u_{1/2} = \frac{5 \pm \sqrt{25 + 24}}{2} = \frac{5 \pm 7}{2}$$

$$\Rightarrow u_1 = 6; u_2 = -1.$$

Wurzel ziehen als Rücksubstitution ergibt wegen der negativen Lösung nur die beiden Werte $x_{1/2} = \pm\sqrt{6}$.

(c) Auch hier substituieren wir:

$$x^8 - 3x^4 = 4 \Rightarrow u^2 - 3u - 4 = 0 \Rightarrow u_{1/2} = \frac{3 \pm \sqrt{9 + 16}}{2} = \frac{3 \pm 5}{2}$$

$$\Rightarrow u_1 = 4; u_2 = -1.$$

Wurzel ziehen als Rücksubstitution ergibt wegen der negativen Lösung nur die beiden Werte $x_{1/2} = \pm\sqrt[4]{4} = \pm\sqrt{2}$.

(d) Hier können wir einfach die beiden Faktoren gleich 0 setzen (Satz vom Nullprodukt):

- $x^2 - 4 = 0$, also $x^2 = 4$ und daher $x_{1/2} = \pm 2$.
- $x^4 - 1 = 0$, ergibt umgeformt $x^4 = 1$, woraus dann $x_{3/4} = \pm 1$ folgt.

Aufgabe 2 – Lösungsweg:

(a) *Zwei doppelte Nullstellen:*
Diese gibt es nur, wenn $x^2 + a = 0$ die gleichen Lösungen wie $2x^2 - 18 = 0$ liefert. Es muss also $a = -9$ sein. Dann sind $x_{1/2} = \pm 3$ die doppelten Nullstellen.

(b) *Zwei einfache Nullstellen:*
Hiermit darf nur der Faktor, der keinen Parameter hat und somit nicht variiert werden kann, die Nullstellen liefern. Damit darf $x^2 + a = 0$ keine Lösungen haben. Es muss also $a > 0$ sein, da dann $x = \sqrt{-a}$ keine Lösungen im Reellen hat.

(c) *Drei Nullstellen:*
Der Term $2x^2 - 18 = 0$ liefert auf jeden Fall zwei einfachen Nullstellen, nämlich $x_{1/2} = \pm 3$. Damit darf die Gleichung $x^2 + a = 0$ nur eine Lösung haben. Das ist der Fall, wenn $a = 0$ ist, dann liegt bei $x_3 = 0$ eine doppelte Nullstelle vor.

Aufgabe 3 – Lösungsweg:

(a) *Schnittpunkte:*
Wir bestimmen die Gerade g. Da sie parallel zur gegebenen Geraden ist, haben wir sofort $g(x) = -3x + c$. Die Konstante c bestimmen wir durch Einsetzen des gegebenen Punktes. Wir erhalten dadurch letztendlich $g(x) = -3x + 3$. Nun setzen wir mit der gegebenen Funktion gleich. Durch Umformung folgt

$$x^4 - x^3 - 2x^2 = 0 \Rightarrow x^2 \cdot \left(x^2 - x - 2\right) = 0 \Rightarrow x_{1/2} = 0.$$

Die Nullstellen des zweiten Faktors bestimmen wir mit der Mitternachtsformel. Es ist

$$x_{3/4} = \frac{1 \pm \sqrt{1+8}}{2} = \frac{1 \pm 3}{2} \Rightarrow x_3 = 2; x_4 = -1.$$

Die Funktionswerte bestimmen wir durch Einsetzen in die Gerade oder die Funktion f. Dadurch erhalten wir $P_{1/2}\,(0/3)\,; P_3\,(2/-3)\,; P_4\,(-1/6)$ als die gesuchten Schnittpunkte. Durch die Rechnung sehen wir, dass die beiden letztgenannten Punkte einfache Schnittpunkte sind, wohingegen der erste als doppelte Nullstelle der resultierenden Gleichung einen Berührpunkt der Funktionsschaubilder darstellt.

(b) *Abstände:*
Es ist $g(0{,}5) = 1{,}5$ und $g(1) = 0$. Ebenso berechnen wir die anderen Funktionswerte:

$$f(0,5) = 0{,}5^4 - 0{,}5^3 - 2 \cdot 0{,}5^2 + g(0{,}5) = -\frac{9}{16} + g(0{,}5)$$

und
$$f(1) = 1^4 - 1^3 - 2 \cdot 1^2 + g(1) = -2 + g(1).$$

Die Abstände sind nun einfach die Beträge der Differenzen der Funktionswerte und somit gegeben durch $d_{0,5} = \frac{9}{16}$ und $d_1 = 2$.

Aufgabe 4 – Lösungsweg:

(a) Anhand der Nullstellen können wir erkennen, welches Schaubild zur welcher Funktion gehört:

- Schaubild K_1 gehört zu Funktion $g(x)$.

- Schaubild K_2 gehört zu Funktion $h(x)$.

- Schaubild K_3 gehört zu Funktion $f(x)$.

(b) Durch das Ablesen weiterer Punkte, können wir die Unbekannten bestimmen.

- Schaubild K_1: Der Punkt $P\,(0/2)$ liegt auf dem Schaubild. Damit erhalten wir
$$g(0) = b\,(0-2)^2\,(0+1) = 4b = 2 \Rightarrow b = \frac{1}{2}.$$

- Schaubild K_2: Der Punkt $P\,(0/0{,}5)$ liegt auf dem Schaubild. Damit erhalten wir
$$h(0) = c\left(0^2 - 4\right)(0 - 0{,}5) = 2c = 0{,}5 \Rightarrow c = 0{,}25.$$

- Schaubild K_3: Der Punkt $P\,(1{,}5/1{,}5)$ liegt auf dem Schaubild. Damit erhalten wir
$$f(1{,}5) = a \cdot 1{,}5 \cdot (1{,}5 - 1)^2 = 0{,}375a = 1{,}5 \Rightarrow a = 4.$$

Aufgabe 5 – Lösungsweg:
Wir setzen gleich 0 und klammern aus:

$$-2x^3 + 8\,(t-1)\,x = 0 \Leftrightarrow x \cdot \left(-2x^2 + 8\,(t-1)\right) = 0 \Rightarrow x_1 = 0.$$

Eine dreifache Nullstelle liegt also nur vor, wenn der zweite Term bei $x = 0$ ebenfalls gleich 0 ist. Also:
$$8(t-1) = 0 \Rightarrow t = 1.$$

Für alle $t > 1$ hat die Gleichung $(-2x^2 + 8\,(t-1)) = 0$ zwei Lösungen und das Funktionsschaubild somit drei Nullstellen. Für $t < 1$ gibt es keine Lösung der genannten Gleichung und das Funktionsschaubild verfügt somit nur über die eine Nullstelle bei $x = 0$.

Aufgabe 6 – Lösungsweg:
Der Ansatz für eine punktsymmetrische Parabel dritter Ordnung ist

$$f(x) = ax^3 + bx.$$

Setzen wir die beiden Punkte nacheinander ein, so ergibt sich:

- $P(1/-4)$: $f(1) = a + b = -4$.
- $Q(-2/-4)$: $f(-2) = -8a - 2b = -4$, also $4a + b = 2$.

Ziehen wir von der zweiten Gleichung die erste ab, so erhalten wir $3a = 6$, also $a = 2$ und mit der ersten Gleichung dann fast sofort $b = -6$. Damit haben wir die Funktionsgleichung gefunden:

$$f(x) = 2x^3 - 6x.$$

Aufgabe 7 – Lösungsweg:
Wieder lautet der Ansatz

$$f(x) = ax^3 + bx.$$

Setzen wir die beiden Punkte nacheinander ein, so ergibt sich:

- $P(2/6)$: $f(2) = 8a + 2b = 6$, also $4a + b = 3$.
- $Q(-4/0)$: $f(-4) = -64a - 4b = 0$, also $16a + b = 0$.

Ziehen wir von der zweiten Gleichung die erste ab, so erhalten wir $12a = -3$, also $a = -\frac{1}{4}$ und mit der ersten Gleichung dann fast sofort $b = 4$. Damit haben wir die Funktionsgleichung gefunden:

$$f(x) = -\frac{1}{4}x^3 + 4x.$$

Aufgabe 8 – Lösungsweg:
Da in Aufgabe 7 erwähnt ist, dass die Funktion punktsymmetrisch (zum Ursprung) ist, ist eine Nullstelle bei $x_1 = 0$, die anderen sind bei $x_{2/3} = \pm 4$, da die bei $x = -4$ bereits vorgegeben ist. Die Punktsymmetrie liefert die fehlende dritte Nullstelle. Wir haben dann den Ansatz:

$$f(x) = a \cdot x \cdot (x - 4) \cdot (x + 4) = a \cdot (x^3 - 16x).$$

Setzen wir hier den noch übrigen Punkt $P(2/6)$ ein, so ergibt sich

$$a \cdot (2^3 - 16 \cdot 2) = a \cdot (8 - 32) = -24a = 6, \text{ also } a = -\frac{1}{4}.$$

Damit haben wir die Produktform gefunden:

$$f(x) = -\frac{1}{4} \cdot x \cdot (x - 4) \cdot (x + 4).$$

Ausgerechnet erhalten wir natürlich auch wieder $f(x) = -\frac{1}{4}x^3 + 4x$.

Aufgabe 9 – Lösungsweg:

(a) Raten: $x_1 = 1$, denn $g(1) = 1 + 2 - 1 - 2 = 0$.

Horner-Schema:

$$
\begin{array}{c|cccc}
 & 1 & 2 & -1 & -2 \\
x = 1 & & 1 & 3 & 2 \\
\hline
 & 1 & 3 & 2 & 0 \quad = g(1)
\end{array}
$$

Die letzte Zeile liefert das Polynom $x^2 + 3x + 2$. Dessen Nullstellen erhalten wir mit der MNF:

$$x_{2/3} = \frac{-3 \pm \sqrt{9 - 8}}{2} = \frac{-3 \pm 1}{2} = \begin{cases} x_2 = -1 \\ x_3 = -2 \end{cases}$$

Damit haben wir die Nullstellen alle gefunden: $x_{1/2} = \pm 1$ und $x_3 = -2$.

(b) Für betragsmäßig große x dominiert x^3 den Funktionsterm. Daher ergibt sich das Folgende:
Für x gegen ∞ geht $f(x)$ gegen ∞. Für x gegen $-\infty$ geht $f(x)$ gegen $-\infty$. Damit verläuft der Graph der Funktion (abgesehen von dem kleinen Bereich in der Nähe der Nullstellen) vom III. in den I. Quadranten.

Aufgabe 10 – Lösungsweg:

(a) Es ist

$$g(x) = \frac{1}{3}x^3 - 3x = \frac{1}{3}x \cdot (x^2 - 9) = \frac{1}{3}x \cdot (x - 3) \cdot (x + 3).$$

Hierbei kam im letzten Schritt die 3. Binomische Formel (mal wieder) zum Einsatz.

(b) Wieder dominiert, wie in Aufgabe 9, x^3 für betragsmäßig große x den Funktionsterm. Wir können daher von Aufgabe 9 abschreiben:
Für x gegen ∞ geht $f(x)$ gegen ∞. Für x gegen $-\infty$ geht $f(x)$ gegen $-\infty$. Damit verläuft der Graph der Funktion (abgesehen von dem kleinen Bereich in der Nähe der Nullstellen) vom III. in den I. Quadranten.

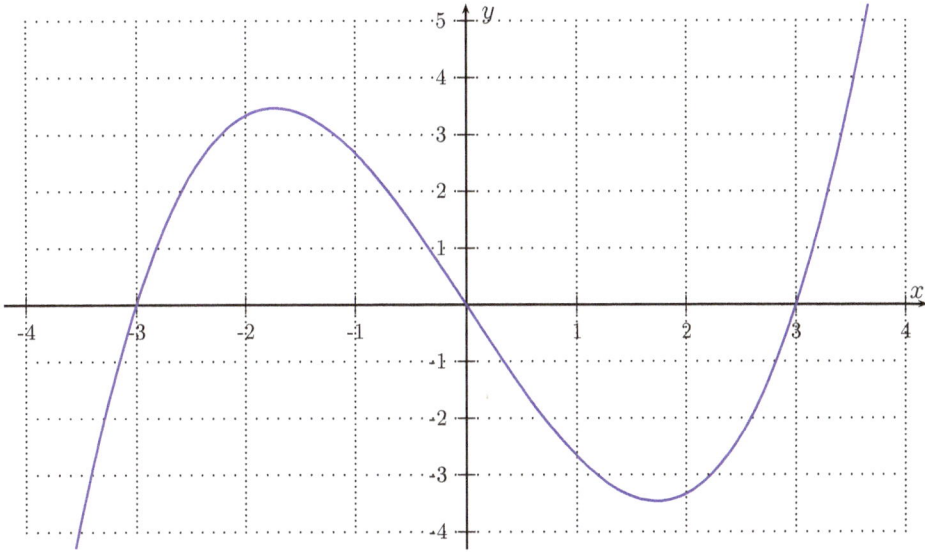

Abbildung D.7.1: Der Graph/das Schaubild der Funktion g.

D.7.4 Lösungswege zu Kapitel V.5.2

Aufgabe – Lösungsweg:
Für die Nullstellen haben wir den Zähler gleich 0 zu setzen, für die Definitionslücken bzw. die Definitionsmenge den Nenner.

(a) *Nenner*:
$x - 1 = 0$, also $x_1 = 1$.
Zähler:
$x^2 + x - 2 = 0$ und über die MNF erhalten wir $x_1 = -2$ und $x_2 = 1$.
Wir haben also die Nullstelle $x = 1$ in Zähler und Nenner. Wir müssten deshalb eine Polynomdivision bzw. das Horner-Schema durchführen. Da wir aber wissen, dass $x^2 + x - 2 = (x + 2) \cdot (x - 1)$ ist (durch die MNF), können wir einfach wir folgt rechnen:

$$\frac{x^2 + x - 2}{x - 1} = \frac{(x + 2) \cdot (x - 1)}{x - 1} = x + 2.$$

Damit erhalten wir an der Stelle $x = 1$ eine hebbare Lücke mit dem Funktionswert $1 + 2 = 3$. Eine Nullstelle ist diese nicht, weil die Nullstelle ja gerade eben „gekürzt" wurde.
Zusammengefasst:
$D_a = \mathbb{R} \setminus \{1\}$, Nullstelle bei $x = -2$, hebbare Lücke bei $x = 1$, ergänzter Funktionswert bei $x = 1$ ist 3.

(b) *Nenner:*
$x^2 - 9 = 0$ und über $x^2 = 9$ erhalten wir $x_{1/2} = \pm 3$.
Zähler:
$4x^2 - 4 = 0$, also $x^2 - 1 = 0$ und damit $x_{1/2} = \pm 1$.
Zusammengefasst:
$D_b = \mathbb{R} \setminus \{-3, +3\}$, Nullstellen bei $x = -1$ und $x = 1$.

(c) *Nenner:*
$x^2 - 4 = 0$ und über $x^2 = 4$ erhalten wir $x_{1/2} = \pm 2$.
Zähler:
$2x + 1 = 0$, also $2x = -1$ und damit $x_1 = -\frac{1}{2}$.
Zusammengefasst:
$D_c = \mathbb{R} \setminus \{-2, +2\}$, Nullstelle bei $x = -\frac{1}{2}$.

(d) *Nenner:*
$x = 0$ also $x_1 = 0$.
Zähler:
$x^2 + 2x + 1 = 0$, also $(x+1)^2 = 0$ und damit $x_{1/2} = -1$.
Zusammengefasst:
$D_d = \mathbb{R} \setminus \{0\}$, Nullstelle bei $x = -1$.

(e) *Nenner:*
$x^2 - 1 = 0$ und über $x^2 = 1$ erhalten wir $x_{1/2} = \pm 1$.
Zähler:
$x^2 + 1 = 0$, also $x^2 = -1$ und damit gibt es keine reellen Lösungen.
Zusammengefasst:
$D_e = \mathbb{R} \setminus \{-1, +1\}$, keine Nullstellen.

(f) *Nenner:*
$x^4 - 5x^2 + 4 = 0$, substituiert ergibt sich $u^2 - 5u + 4 = 0$ und wir erhalten mit der MNF $u_1 = 1$ und $u_2 = 4$. Rücksubstituiert: $x_{1/2} = \pm 1$ und $x_{3/4} = \pm 2$.
Zähler:
$x^3 - 11 = 0$, also $x^3 = 11$ und damit $x_1 = \sqrt[3]{11}$.
Zusammengefasst:
$D_f = \mathbb{R} \setminus \{-2, -1, +1, +2\}$, Nullstelle bei $x = \sqrt[3]{11}$.

D.7.5 Lösungswege zu Kapitel V.7.4

Aufgabe 1 – Lösungsweg:
Die kritischen Stellen der Gleichung sind $x_A = -3$ und $x_B = 2$. Es sind

$$(x+3) \begin{cases} < 0 & x < -3 \\ \geq 0 & -3 \leq x < 2 \\ > 0 & x \geq 2 \end{cases} \quad \text{und} \quad (x-2) \begin{cases} < 0 & x < -3 \\ < 0 & -3 \leq x < 2 \\ \geq 0 & x \geq 2 \end{cases}$$

Wir betrachten die einzelnen Gleichungen:

- $x < -3$:
  Hier wird aus $|x - 2| + |x + 3| = n \cdot x$ die Gleichung

$$-(x-2) + [-(x+3)] = nx \Leftrightarrow -x + 2 - x - 3 = nx \Leftrightarrow -1 = (n+2) \cdot x$$
$$\Leftrightarrow -\frac{1}{n+2} = x.$$

  Da $-\frac{1}{n+2} > -3$ für alle $n \in \mathbb{N}$, erhalten wir hier keine Lösungen der Gleichung.

- $-3 \leq x < 2$:
  Hier wird aus $|x - 2| + |x + 3| = n \cdot x$ die Gleichung

$$-(x-2) + (x+3) = nx \Leftrightarrow -x + 2 + x + 3 = nx \Leftrightarrow 5 = nx \Leftrightarrow \frac{5}{n} = x.$$

  Für $n = 0$ ist $\frac{5}{n}$ nicht definiert, für $n = 1$ und $n = 2$ ist $\frac{5}{n} > 2$. Für alle anderen $n \in \{3; 4; 5; ...\}$ ist $\frac{5}{n} \in [-3; 2)$ und wir haben eine Lösung vorliegen.

- $x \geq 2$:
  Hier wird aus $|x - 2| + |x + 3| = n \cdot x$ die Gleichung

$$(x-2) + (x+3) = nx \Leftrightarrow x - 2 + x + 3 = nx \Leftrightarrow 1 = (n-2) \cdot x \Leftrightarrow \frac{1}{n-2} = x.$$

  Für $n = 2$ ist $\frac{1}{n-2}$ nicht definiert. Für alle anderen n ist $\frac{1}{n-2} < 2$ und damit liegt keine weitere Lösung vor.

Wir erhalten also für $n \geq 3$ für jedes n eine Lösung der Gleichung und die lautet $x = \frac{5}{n}$.

Aufgabe 2 – Lösungsweg:

(a) Durch den Wurzelterm müssen wir fordern, dass $|x| \geq 4$, d.h. $x \leq -4$ oder $x \geq 4$. Wir betrachten die beiden Fälle:

- $x \leq -4$:
  Hier lautet die Gleichung

$$\sqrt{-x - 4} - x = 6 \Leftrightarrow \sqrt{-x - 4} = 6 + x.$$

  Wir quadrieren und erhalten

$$-x - 4 = 36 + 12x + x^2 \Leftrightarrow x^2 + 13x + 40 = 0.$$

  Mit der Mitternachtsformel folgt

$$x_{1/2} = \frac{-13 \pm \sqrt{169 - 160}}{2} = \frac{-13 \pm 3}{2}.$$

Wir erhalten also die Lösungen $x_1 = -8$ und $x_2 = -5$. Beide liegen innerhalb des betrachteten Intervalls. Wir machen die Probe:

$$\sqrt{-(-8) - 4} - (-8) = \sqrt{4} + 8 = 10 \neq 6$$
$$\sqrt{-(-5) - 4} - (-5) = \sqrt{1} + 5 = 6 = 6.$$

Somit ist hier nur $x_2 = -5$ eine Lösung unserer Betragsgleichung.

- $x \geq 4$:
  Hier lautet die Gleichung

$$\sqrt{x - 4} + x = 6 \Leftrightarrow \sqrt{x - 4} = 6 - x.$$

Wir quadrieren beide Seiten und erhalten

$$x - 4 = 36 - 12x + x^2 \Leftrightarrow x^2 - 13x + 40.$$

Wieder liefert uns die Mitternachtsformel die Lösungen dieser quadratischen Gleichung:

$$x_{1/2} = \frac{13 \pm \sqrt{169 - 160}}{2} = \frac{13 \pm 3}{2}.$$

Die Lösungen lauten hier somit $x_1 = 5$ und $x_2 = 8$. Beide liegen innerhalb des betrachteten Intervalls. Wir machen die Probe:

$$\sqrt{5 - 4} + 5 = \sqrt{1} + 5 = 6 = 6 \text{ und } \sqrt{8 - 4} + 8 = \sqrt{4} + 8 = 10 \neq 6$$

Hier ist also $x_1 = 5$ die einzige Lösung unserer Betragsgleichung.

Somit haben wir insgesamt die Lösungen $x_I = -5$ und $x_{II} = 5$ für die gegebene Gleichung gefunden.

(b) Die kritischen Stellen sind hier $x_A = -3$ und $x_B = 3$. Es ist

$$\left(x^2 - 9\right) \begin{cases} \geq 0 & x \leq -3 \\ < 0 & -3 < x < 3 \\ \geq 0 & x \geq 3 \end{cases}$$

Wir betrachten die verschiedenen Intervalle.

- $x \leq -3, x \geq 3$:
  Die zu lösende Gleichung lautet hier

$$x^2 - 9 + x = 3 \Leftrightarrow x^2 + x - 12 = 0.$$

Die Mitternachtsformel liefert uns

$$x_{1/2} = \frac{-1 \pm \sqrt{1 + 48}}{2} = \frac{-1 \pm 7}{2}.$$

Die Lösungen lauten also $x_1 = -4$ und $x_2 = 3$. Diese liegen auf den betrachteten Intervallen und sind somit Lösungen der Betragsgleichung.

- $-3 < x < 3$:

  Die zu lösende Gleichung lautet hier

  $$- \left(x^2 - 9\right) + x = 3 \Leftrightarrow -x^2 + 9 + x = 3 \Leftrightarrow x^2 - x - 6 = 0.$$

  Bemühen wir die Mitternachtsformel, so erhalten wir

  $$x_{1/2} = \frac{1 \pm \sqrt{1 + 24}}{2} = \frac{1 \pm 5}{2}.$$

  Die Lösungen lauten hier also $x_1 = -2$ und $x_2 = 3$.

  Somit haben wir insgesamt die drei Lösungen $x_I = -4$, $x_{II} = -2$ und $x_{III} = 3$ für unsere Betragsgleichung gefunden.

(c) Die kritische Stelle ist hier $x_A = 2$. Da $\frac{1}{|x-2|}$ für $x = 2$ nicht definiert ist, betrachten wir diese Stelle nicht. Es ist $x - 2 < 0$ für $x < 2$ und $x - 2 > 0$ für $x > 2$. Wir betrachten die einzelnen Intervalle:

- $x < 2$:

  Hier haben wir die Gleichung

  $$\frac{1}{-(x-2)} + (x-2)^2 = 0$$

  zu lösen. Es ist $-1 + (x-2)^3 = 0$ und damit $(x-2)^3 = 1$. Diese Gleichung wird lediglich von $x = 3$ gelöst. Da $3 > 2$ liegt aber keine Lösung unserer Betragsgleichung vor.

- $x > 2$:

  Hier haben wir die Gleichung

  $$\frac{1}{x-2} + (x-2)^2 = 0$$

  zu lösen. Es ist $1 + (x-2)^3 = 0$ und damit $(x-2)^3 = -1$. Diese Gleichung wird nur von $x = 1$ gelöst. Da $1 < 2$ liegt wiederum keine Lösung unserer Betragsgleichung vor. Somit existiert gar keine Lösung derselben!

  Die Betragsgleichung hat gar keine Lösung.

(d) Hier sind die kritischen Stellen $x_{A/B} = \pm 1$. Der Term $x^2 + 1$ ist sowieso positiv für alle x. Somit müssen wir nur den zweiten Summanden etwas genauer unter die Lupe nehmen:

$$\left(x^2 - 1\right) \begin{cases} \geq 0 & x \leq -1 \\ < 0 & -1 < x < 1 \\ \geq 0 & x \geq 1 \end{cases}$$

Wir betrachten die einzelnen Intervalle:

- $x \leq -1, x \geq 1$:
  Hier lautet die zu lösende Gleichung

  $$x^2 + 1 - \left(x^2 - 1\right) = 2 \Leftrightarrow 1 + 1 = 2 = 2.$$

  Diese ist immer erfüllt, womit alle $x \geq 1$ und alle $x \leq -1$ Lösung der Betragsgleichung sind.

- $-1 < x < 1$:
  Hier lautet die zu lösende Gleichung

  $$x^2 + 1 - \left[-\left(x^2 - 1\right)\right] = 2 \Leftrightarrow x^2 + 1 + x^2 - 1 = 2 \Leftrightarrow x^2 = 1 \Leftrightarrow x_{1/2} = \pm 1.$$

  Diese Lösungen liegen nicht im betrachteten Intervall, sodass keine weiteren Lösungen der Betragsgleichung mehr von uns gefunden werden. Es bleibt bei Folgendem:

Die Lösungen der Betragsgleichung sind alle $x \in \mathbb{R}$ mit $x \leq -1$ oder $x \geq 1$.

Aufgabe 3 – Lösungsweg:
Um die Funktionen abschnittsweise zu schreiben, müssen wir nur zwei Regeln beachten:

1. Bestimmung der kritischen Stellen.

2. Überlegen, ob die Betragsstriche im jeweiligen Intervall durch $(\ldots)$ oder durch $-(\ldots)$ ersetzt werden müssen.

Für die einzelnen Aufgabenteile ergeben sich folgende kritische Stellen:

(a) -2 und 2.

(b) -3 und 3.

(c) 1 und 3 und alle $x \geq 0$.

(d) -1 und 5, durch MNF erhalten.

Damit können wir dann die abschnittsweise definierten Funktionen schreiben. Welche Vorzeichen die Terme innerhalb der Betragsstriche haben, kann man sich vorab überlegen. Wir haben das während der Notation getan. Bei quadratischen Termen hilft einem oft die MNF weiter und die Überlegung, ob eine nach oben oder nach unten geöffnete Parabel vorliegt. Ist sie nach oben geöffnet, dann hat die Parabel positive Funktionswerte außerhalb des Nullstellenintervalls, ist sie nach unten geöffnet, dann innerhalb des Nullstellenintervalls. Die Funktionen lauten daher abschnittsweise notiert:

(a) $a(x) := \begin{cases} -(x,-2) + (x^2 - 4) & \text{für } x \leq -2 \\ -(x - 2) - (x^2 - 4) & \text{für } -2 < x < 2 \\ (x - 2) + (x^2 - 4) & \text{für } x \geq 2 \end{cases}$

(b) $b(x) := \begin{cases} (x^2 - 9) + x & \text{für } x \leq -3 \\ -(x^2 - 9) + x & \text{für } -3 < x < 3 \\ (x^2 - 9) + x & \text{für } x \geq 3 \end{cases}$

(c) $c(x) := \begin{cases} -(x-3) + (-x+1) + \sqrt{x} & \text{für } 0 \leq x \leq 1 \\ -(x-3) - (-x+1) + \sqrt{x} & \text{für } 1 \leq x < 3 \\ (x-3) - (-x+1) + \sqrt{x} & \text{für } x \geq 3 \end{cases}$

(d) $d(x) := \begin{cases} (x^2 - 4x - 5) & \text{für } x \leq -1 \\ -(x^2 - 4x - 5) & \text{für } -1 < x < 5 \\ (x^2 - 4x - 5) & \text{für } x \geq 5 \end{cases}$

E Zu Kapitel VI: Die vollständige Induktion und (ihre) Folgen

E.1 Aufgaben zu Kapitel VI.4.2

Aufgabe 1:
Untersuchen Sie die folgenden Folgen auf Monotonie. Es gilt für alle Folgen, dass $n \in \mathbb{N}$.

(a) (a_n) mit $a_n = 2^n - (n-1)^2$

(b) (b_n) mit $b_n = \frac{2 \cdot (n+3)^2 + 1}{2^n}$

(c) (c_n) mit $c_n = \frac{5n^3 + n^2}{n^2 + 1}$

(d) (d_n) mit $d_n = n^2 + (-1)^n \cdot n + 1$

(e) (e_n) mit $e_n = \sqrt{n+1} - \sqrt{n}$

(f) (f_n) mit $f_n = \left(\frac{1}{2}\right)^n \cdot n$

Aufgabe 2:
Weisen Sie nach, dass eine arithmetische Folge (a_n) für $d \neq 0$ keinen Grenzwert besitzt, indem Sie die Voraussetzungen, die für einen Grenzwert erfüllt sein müssen, überprüfen.

Aufgabe 3:
Herr Marx-Feuerbach betreibt mit seinem Konto, für welches er keine Zinsen bekommt, das folgende Spielchen:

Auf dem Konto sei zu Beginn kein Geld. Jeden Monat zahlt er nun $3000 \,€$ darauf ein und hebt anschließend sofort 20% des vorhandenen Geldes ab.

(a) Berechnen Sie die Kontostände nach der Durchführung seines Vorgehens für die ersten fünf Monate.

(b) Stellen Sie eine rekursiv definierte Folge auf, durch welche sich der Kontostand sukzessive berechnen lässt.

(c) Berechnen Sie den Kontostand, auf den sich sein Konto langfristig einpendelt.

Aufgabe 4:
Bestimmen Sie die Grenzwerte der folgenden Folgen.

(a) (a_n) mit $a_n = \frac{n-1}{n^2 - 1}$

(b) (b_n) mit $b_n = \sqrt{n+1} - \sqrt{n}$

(c) (c_n) mit $c_n = \frac{\sqrt{n+1} - 1}{n}$

(d) (d_n) mit $d_n = 2^{2 + \frac{1}{n}}$

(e) (e_n) mit $e_n = \frac{2^n + 2^{-n}}{3^n}$

(f) (f_n) mit $f_n = \frac{n^2 - 1}{2 \cdot (n+1)^2}$

E.2 Aufgaben zu Kapitel VI.5.2

Aufgabe 1:
Weisen Sie mit Hilfe der vollständigen Induktion die Gültigkeit der Formel (VI-7), *MiS* nach. Die Formel lautet

$$s_n = (n+1) \cdot a_0 + d \cdot \frac{n \cdot (n+1)}{2} \text{ mit } n \in \mathbb{N}.$$

Hierbei ist $a_0 \in \mathbb{R}$ das erste Glied der zugrunde liegenden Folge (a_k) und $d \in \mathbb{R} \setminus \{0\}$ die Differenz zwischen zwei aufeinanderfolgenden Folgengliedern von (a_k).

Aufgabe 2:
Weisen Sie mit Hilfe der vollständigen Induktion die Gültigkeit der Formel (VI-10), *MiS* nach. Die Formel lautet

$$s_n = a_0 \cdot \frac{1 - q^{n+1}}{1 - q} \text{ mit } n \in \mathbb{N} \text{ und } q \neq 0.$$

Hierbei ist $a_0 \in \mathbb{R}$ das erste Glied der zugrunde liegenden Folge (a_k).

Aufgabe 3:
Für welche q ist die Folge (s_n) mit (VI-10) aus Aufgabe 2 konvergent? Was können Sie über die Konvergenz der Folge (a_k) mit (VI-5) aussagen? Die Formel (VI-5) lautet:

Es ist $n \in \mathbb{N}$ und $q \in \mathbb{R} \setminus \{0\}$. Für eine geometrische Folge (a_n) gilt

$$a_n = a_0 \cdot q^n \text{ für alle } n \in \mathbb{N}.$$

E.3 Aufgaben zu Kapitel VI.5.3

Aufgabe 1:
Herr Marx-Feuerbach betreibt mit seinem Konto (Vergleiche Aufgabe 3 in Unterkapitel VI.4.2 in *MiS*), für welches er keine Zinsen bekommt, das folgende Spielchen:

Auf dem Konto sei zu Beginn kein Geld. Jeden Monat zahlt er nun 3000 € darauf ein und hebt anschließend sofort 20% des vorhandenen Geldes ab.

Zeigen Sie: Die Folge der Kontostände $K(n)$ zum Zeitpunkt $n \in \mathbb{N}$ in Jahren wird beschrieben durch die explizite Formel

$$K(n) = 12000 \cdot (1 - 0{,}8^n).$$

Hinweis: Falls Ihnen diese Aufgabe Schwierigkeiten bereitet, lösen Sie zuerst die genannte Aufgabe.

Aufgabe 2:
Zeigen Sie, dass alle Folgenglieder b_n der Folge (b_n) mit

$$b_n = \frac{6^{2n+1} - 1}{5} - 1 \text{ mit } n \in \mathbb{N}_{>0}$$

durch 7 teilbar sind.

Aufgabe 3:
Zeigen Sie, dass

$$1 + 3 + 5 + \ldots + (2n - 1) = n^2$$

ist, für alle $n \in \mathbb{N}_{>0}$.

Aufgabe 4:
Gegeben sei das in Abbildung E.3.1 angedeutete Gebilde.

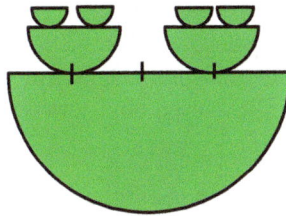

Abbildung E.3.1: Das im Text beschriebene Halbkreistürmchen.

Es entsteht, indem der anfängliche Halbkreis entlang seines Schnittdurchmessers d in vier gleich lange Abschnitte unterteilt wird und zwischen dem ersten und dem zweiten Abschnitt sowie zwischen dem dritten und dem vierten Abschnitt je ein Halbkreis mit Durchmesser $d_1 = \frac{d}{3}$ wie eine Schüssel aufgesetzt wird (siehe Abbildung E.3.1). Dies ist ein Verfahrensschritt. Mit den neuen Halbkreisen handelt man in gleicher Weise, sodass man vier noch kleiner Halbkreise erhält (2. Verfahrensschritt), und mit diesen geht es ebenso weiter. Es sei nun n die Anzahl der durchgeführten Verfahrensschritte. Zeigen Sie für $n \to \infty$:

(a) Der Flächeninhalt des Gebildes ist begrenzt. Geben Sie den Grenzwert an.

(b) Der Umfang des Gebildes ist begrenzt. Geben Sie den Grenzwert an.

(c) Das Gebilde hat eine maximale Höhe. Geben Sie diese an.

Aufgabe 5:
Herr Mohnopolli hat mit seiner Bank, der Pleiteria, den folgenden Ratensparvertrag ausgehandelt. Er zahlt zu Beginn eines jeden Jahres 4000 € ein, welche dann mit 5% jährlich
verzinst werden. Am Ende eines jeden Jahres, nach Eingang der Zinsen, sind dann 100 €
Gebühren fällig, da die Bank versucht, ihre Managergehälter auf einem konstanten und
unverschämt hohen Niveau zu halten. Dieser Betrag wird von dem vorhandenen Geld
abgezogen. Der Vertrag läuft über fünf Jahre.

(a) Wie viel Geld hat Herr Mohnopolli nach Ablauf der Zeit angespart?

(b) Wie sieht es aus, wenn der Vertrag 15 Jahre (n Jahre) läuft?

Leider stellt sich kurz vor Beginn der Vertragslaufzeit heraus, dass es mit 100 € Gebühren
nicht getan ist. Deswegen ist es notwendig, sie jedes Jahr um 10 € zu erhöhen.

(c) Berechnen Sie Herr Mohnopollis Guthaben in den ersten fünf Jahren jeweils nach
Abzug der Gebühren.

(d) Wie viele Euro Gebühren muss er innerhalb von n Jahren an die Bank zahlen?

Aufgabe 6:
Herr Krösus hat mit der Bank seines Vertrauens, der Pecunia-Hortens, einen Kredit über
eine Summe von 100000 € ausgehandelt, welchen er in jährlichen Raten, die jeweils zum
Jahresende fällig sind, zurückzahlen möchte. Der Kredit wird am Jahresanfang zu einem
Zinssatz von 5% aufgenommen. Die Zinsen sind jeweils ebenfalls am Jahresende fällig.
Danach wir die Rate gezahlt.

(a) Wie hoch muss die jährliche Tilgungsrate mindestens sein, wenn Herr Krösus den
Kredit nach 15 Jahren abbezahlt haben möchte?

(b) Wie hoch muss die jährliche Tilgungsrate sein, wenn Herr Krösus mit der Rate für
das zehnte Jahr einen Sondertilgungsbetrag von 10000 € zahlt und trotzdem nach
15 Jahren den Kredit abbezahlt haben will?

E.4 Aufgaben zu Kapitel VI.6.5

Aufgabe 1:
Zeigen Sie mit Hilfe der expliziten Formel für die Fibonacci-Zahlenfolge (a_n) mit $n \in \mathbb{N}$,
dass tatsächlich

$$\lim_{n \to \infty} \frac{a_{n+1}}{a_n} = \frac{1 + \sqrt{5}}{2}.$$

Aufgabe 2:
Beweisen Sie die erste „lustige Eigenschaft"

$$\underbrace{a_0 + a_1 + \ldots + a_{n-1}}_{\text{Die ersten } n \text{ Folgenglieder}} + 1 = \sum_{i=0}^{n-1} (a_i) + 1 = a_{n+1}$$

mit und ohne Verwendung der expliziten Formel für die Fibonacci-Zahlenfolge.

Aufgabe 3:
Zeigen Sie, dass die Formel

$$a_n = k \cdot q_{1/2}^n$$

mit $q_{1/2} = \frac{1 \pm \sqrt{5}}{2}$ und $n \in \mathbb{N}$ mit keinem $k \in \mathbb{R} \setminus \{0\}$ gleichzeitig die drei ersten Folgenglieder $a_0 = 0$, $a_1 = 1$ und $a_2 = 1$ der Fibonacci-Zahlenfolge beschreiben kann.

E.5 Ergebnisse zu Kapitel VI

E.5.1 Ergebnisse zu Kapitel VI.4.2

Aufgabe 1:
(a) sms   (b) smf
(c) sms   (d) ms
(e) smf   (f) mf $(n \geq 1)$, smf $(n > 1)$

Aufgabe 2:
Es kann kein Grenzwert festgelegt werden.

Aufgabe 3:

(a) Die Kontostände sind 2400 €, 4320 €, 5856 €, 7084,80 €, 8067,84 €.

(b) Es ist $a_0 = 0$ und $a_n = (a_{n-1} + 3000) \cdot 0{,}8$ mit $n = 1, 2, 3, \ldots$

(c) $g = 12000$ €

Aufgabe 4:
(a) $g_a = 0$ (b) $g_b = 0$ (c) $g_c = 0$
(d) $g_d = 4$ (e) $g_e = 0$ (f) $g_f = \frac{1}{2}$

E.5.2 Ergebnisse zu Kapitel VI.5.2

Aufgabe 1:
Analoge Vorgehensweise wie bei der normalen Summenformel.

Aufgabe 2:
Analoge Vorgehensweise wie bei der normalen Summenformel, Verwendung der Potenzgesetze.

Aufgabe 3:
Für $0 < |q| < 1$ konvergiert die Folge (s_n). In diesem Fall ist (a_k) eine Nullfolge.

E.5.3 Ergebnisse zu Kapitel VI.5.3

Aufgabe 1:
Durch Verwendung der Potenzgesetze gelingt die vollständige Induktion.

Aufgabe 2:
Funktioniert analog wie das Beispiel zur Teilbarkeit in *MiS*.

Aufgabe 3:
Funktioniert analog wie der Nachweis der normalen Summenformel.

Aufgabe 4:

(a) Grenzwert ist der Flächeninhalt $A = \frac{9}{14}\pi r^2$ mit $r = \frac{d}{2}$.

(b) Grenzwert ist der Umfang $U = 3 \cdot \left(d + \frac{d\pi}{2}\right)$.

(c) Grenzwert ist die Höhe $H = \frac{3d}{4}$.

Aufgabe 5:

(a) $S_5 = 22655{,}09\,€$

(b) $S_{15} = 88472{,}11\,€$; $S_n = 82000 \cdot (1{,}05^n - 1)$

(c) $S_5 = 22549{,}96\,€$

(d) $G_n = (100 + 5 \cdot (n - 1)) \cdot n$

Aufgabe 6:

(a) Jährliche Tilgungsrate 9634,23 €

(b) Jährliche Tilgungsrate bei Sonderzahlung von 10000 €: 9042,78 €

E.5.4 Ergebnisse zu Kapitel VI.6.5

Aufgabe 1:
Grenzwertbildung mit dem Quotienten aus dem $(n+1)$-ten und n-ten Folgenglied ergibt mit der expliziten Formel den gesuchten Wert.

Aufgabe 2:
Mit der Formel: Induktion mit der expliziten Formel. Ohne Formel: Induktion mit Hilfe der rekursiven Formel und geschickter Zusammenfassung.

Aufgabe 3:
Bestimmung von k für jeden der drei Werte liefert immer unterschiedliche k's.

E.6 Lösungswege zu Kapitel VI

E.6.1 Lösungswege zu Kapitel VI.4.2

Aufgabe 1 – Lösungsweg:
Hier kommen Differenzen- und Quotientenkriterium zum Einsatz.

(a) Wir wenden das Differenzenkriterium an:

$$a_{n+1} - a_n = 2^{n+1} - n^2 - 2^n + (n-1)^2 = 2^{n+1} - 2^n - 2n + 1 = 2^n \cdot (2-1) - 2n + 1$$
$$= 2^n - 2n + 1$$

Da $2^n \geq 2n$ für alle $n \in \mathbb{N}$ ist $a_{n+1} - a_n > 0$ und damit die Folge streng monoton wachsend.

(b) Hier nehmen wir das Quotientenkriterium:

$$\frac{b_{n+1}}{b_n} = \frac{2 \cdot (n+4)^2 + 1}{2^{n+1}} : \frac{2 \cdot (n+3)^2 + 1}{2^n} = \frac{2 \cdot (n+4)^2 + 1}{2^{n+1}} \cdot \frac{2^n}{2 \cdot (n+3)^2 + 1}$$
$$= \frac{2 \cdot (n+4)^2 + 1}{2 \cdot \left(\sqrt{2}n + 3\sqrt{2}\right)^2 + 2} < 1.$$

Da der Nenner immer größer als der Zähler ist, beide aber positiv sind, ergibt sich immer ein positiver Quotient kleiner als 1. Damit fällt die Folge streng monoton.

(c) Wir formen etwas um:

$$c_n = \frac{5n^3 + n^2}{n^2 + 1} = \frac{n^2}{n^2 + 1} \cdot (5n + 1).$$

Da

$$\frac{n^2}{n^2 + 1} < \frac{(n + 1)^2}{(n + 1)^2 + 1} \quad \text{und } 5n + 1 < 5(n + 1) + 1,$$

muss $c_{n+1} > c_n$ für alle $n \in \mathbb{N}$ gelten. Die Folge wächst also streng monoton.

(d) Wir verwenden das Differenzenkriterium:

$$\begin{aligned} d_{n+1} - d_n &= (n + 1)^2 + (-1)^{n+1} \cdot (n + 1) + 1 - n^2 - (-1)^n \, n - 1 \\ &= 2n + 1 - (-1)^n \cdot (n + 1) - (-1)^n \, n \\ &= 2n + 1 - 2 \cdot (-1)^n \, n - (-1)^n . \end{aligned}$$

Ist n gerade, dann ist die Differenz der Folgenglieder gerade 0. Im anderen Fall ist sie $4n + 2 > 0$. Damit wächst die Folge monoton.

(e) Wir formen etwas um:

$$e_n = \left(\sqrt{n + 1} - \sqrt{n} \right) \cdot \frac{\sqrt{n + 1} + \sqrt{n}}{\sqrt{n + 1} + \sqrt{n}} = \frac{1}{\sqrt{n + 1} + \sqrt{n}}.$$

Da $\sqrt{n + 2} + \sqrt{n + 1} > \sqrt{n + 1} + \sqrt{n}$, folgt für alle $n \in \mathbb{N}$, dass $e_{n+1} < e_n$, womit die Folge streng monoton fällt.

(f) Wir wenden das Quotientenkriterium an:

$$\frac{f_{n+1}}{f_n} = \frac{\left(\frac{1}{2} \right)^{n+1} \cdot (n + 1)}{\left(\frac{1}{2} \right)^n \cdot n} = \frac{1}{2} \cdot \frac{n + 1}{n} = \frac{1}{2} \cdot \left(1 + \frac{1}{n} \right) \leq 1.$$

Damit fällt die Folge monoton für $n \geq 1$. Für $n > 1$ fällt sie sogar streng monoton.

Aufgabe 2 – Lösungsweg:

- *monoton*: Da $a_{n+1} - a_n = d > 0$ für $d > 0$ oder $a_{n+1} - a_n = d < 0$ für $d < 0$ ist eine arithmetische Folge streng monoton wachsend oder streng monoton fallend.

- *beschränkt*: Da stets ein konstantes d von Folgenglied zu Folgenglied addiert wird, kann es keine obere (bei smw) bzw. untere (bei smf) Schranke geben. Eine arithmetische Folge ist daher nicht beschränkt und damit auch nicht konvergent.

Aufgabe 3 – Lösungsweg:

(a) Wir geben die ersten fünf Monate in einer Tabelle an:

Monat	Kontostand in €
1	$(0 + 3000) \cdot 0,8 = 2400$
2	$(2400 + 3000) \cdot 0,8 = 4320$
3	$(4320 + 3000) \cdot 0,8 = 5856$
4	$(5856 + 3000) \cdot 0,8 = 7084,80$
5	$(7084,80 + 3000) \cdot 0,8 = 8067,84$

Anmerkung: Der Abzug von 20% entspricht der Multiplikation mit $1 - 0,2 = 0,8$.

(b) Nach unserer Vorgehensweise können wir folgende rekursiv definierte Folge aufstellen:

$$a_0 = 0$$
$$a_n = (a_{n-1} + 3000) \cdot 0,8$$

mit $n = \{1, 2, 3, 4, ...\}$.

(c) Die langfristige Entwicklung des Kontostandes entspricht dem Grenzwert der Folge. Es ist nun aber

$$\lim_{n \to \infty} a_n = \lim_{n \to \infty} a_{n-1} = g.$$

Damit folgt aus unserer rekursiven Folge aus Aufgabenteil (b), dass

$$g = (g + 3000) \cdot 0,8$$
$$g = 0,8g + 2400 \qquad |-0,8g$$
$$0,2g = 2400 \qquad |: 0,2$$
$$g = 12000$$

Langfristig hat er also mit $12000 \, €$ auf dem Konto zu rechnen.

Aufgabe 4 – Lösungsweg:

(a) Da der Grad oben kleiner als der Grad unten ist, erhalten wir

$$\lim_{n \to \infty} a_n = \lim_{n \to \infty} \frac{n - 1}{n^2 - 1} = 0,$$

oder wir rechnen

$$\lim_{n \to \infty} a_n = \lim_{n \to \infty} \frac{n - 1}{n^2 - 1} = \lim_{n \to \infty} \frac{n - 1}{(n + 1)(n - 1)} = \lim_{n \to \infty} \frac{1}{n + 1} = 0.$$

(b) Mit Hilfe der dritten Binomischen Formel ist

$$b_n = \left(\sqrt{n + 1} - \sqrt{n}\right) \cdot \frac{\sqrt{n + 1} + \sqrt{n}}{\sqrt{n + 1} + \sqrt{n}} = \frac{n + 1 - n}{\sqrt{n + 1} + \sqrt{n}} = \frac{1}{\sqrt{n + 1} + \sqrt{n}}.$$

Nun ist leicht ersichtlich, dass
$$\lim_{n\to\infty} b_n = 0.$$

(c) Wieder ist der Grad unten größer. Für $c_n = \frac{\sqrt{n+1}-1}{n}$ rechnen wir

$$\lim_{n\to\infty} \frac{\sqrt{n+1}-1}{n} = \lim_{n\to\infty} \frac{\sqrt{n+1}}{n} - \lim_{n\to\infty} \frac{1}{n} = \lim_{n\to\infty} \frac{\sqrt{n}}{n} - 0 = \lim_{n\to\infty} \frac{1}{\sqrt{n}} = 0.$$

(d) Hier ist nur der Exponent interessant. Es ist

$$\lim_{n\to\infty} d_n = \lim_{n\to\infty} 2^{2+\frac{1}{n}} = 2^{\lim_{n\to\infty}\left(2+\frac{1}{n}\right)} = 2^2 = 4.$$

(e) Ein wenig Umformen zeigt uns hier den Grenzwert.

$$\lim_{n\to\infty} e_n = \lim_{n\to\infty} \frac{2^n + 2^{-n}}{3^n} = \lim_{n\to\infty} \frac{2^n}{3^n} + \lim_{n\to\infty} \frac{2^{-n}}{3^n} = \lim_{n\to\infty} \left(\frac{2}{3}\right)^n + \lim_{n\to\infty} \frac{1}{3^n \cdot 2^n}$$
$$= 0 + \lim_{n\to\infty} \frac{1}{6^n} = 0.$$

(f) Der Grad ist hier oben und unten gleich, somit ist der Grenzwert der Quotient aus den Leitkoeffizienten.

$$\lim_{n\to\infty} f_n = \lim_{n\to\infty} \frac{n^2 - 1}{2 \cdot (n+1)^2} = \lim_{n\to\infty} \frac{n^2}{2n^2} = \frac{1}{2}.$$

E.6.2 Lösungswege zu Kapitel VI.5.2

Aufgabe 1 – Lösungsweg:
Es gilt zu zeigen, dass

$$s_n = \sum_{k=0}^{n} a_k = \sum_{k=0}^{n} (a_0 + k \cdot d) = (n+1) \cdot a_0 + d \cdot \frac{n \cdot (n+1)}{2} \text{ mit } n \in \mathbb{N}.$$

Wir führen die einzelnen Schritte der vollständigen Induktion durch.

Induktionsanfang:

Von Hand: Für $n = 0$ ist das einzige vorhandene Folgenglied von (a_k) das Anfangsglied, denn $a_0 = a_0 + 0 \cdot d = a_0$. Da für die Glieder von (s_n) alle vorhandenen Folgenglieder von (a_k) aufsummiert werden, ist $s_0 = a_0$.

Mit der Formel: Wir setzen ein und erhalten

$$s_0 = (0+1) \cdot a_0 + d \cdot \frac{0 \cdot (0+1)}{2} = 1 \cdot a_0 + 0 = a_0.$$

Induktionsschritt:

Wir nehmen nun an, dass die Formel

$$s_n = \sum_{k=0}^{n} a_k = \sum_{k=0}^{n} (a_0 + k \cdot d) = (n+1) \cdot a_0 + d \cdot \frac{n \cdot (n+1)}{2}$$

für ein bestimmtes n gelte (Induktionsannahme). Die Induktionsbehauptung ist dann, dass auch

$$s_{n+1} = \sum_{k=0}^{n+1} a_k = \sum_{k=0}^{n+1} (a_0 + k \cdot d) = (n+2) \cdot a_0 + d \cdot \frac{(n+1) \cdot (n+2)}{2}$$

gilt. Das weisen wir nach:

$$s_{n+1} = \sum_{k=0}^{n+1} a_k = \sum_{k=0}^{n+1} (a_0 + k \cdot d) = \underbrace{\sum_{k=0}^{n} (a_0 + k \cdot d)}_{\text{Induktionsannahme}} + a_0 + (n+1) \cdot d$$

$$= (n+1) \cdot a_0 + d \cdot \frac{n \cdot (n+1)}{2} + a_0 + d \cdot (n+1)$$

$$= (n+2) \cdot a_0 + d \cdot \left(\frac{n \cdot (n+1)}{2} + (n+1) \right)$$

$$= (n+2) \cdot a_0 + d \cdot \left(\frac{n \cdot (n+1)}{2} + \frac{2 \cdot (n+1)}{2} \right)$$

$$= (n+2) \cdot a_0 + d \cdot \frac{n \cdot (n+1) + 2 \cdot (n+1)}{2}$$

$$= (n+2) \cdot a_0 + d \cdot \frac{(n+1) \cdot (n+2)}{2}$$

Induktionsschluss:

Da Induktionsanfang und Induktionsschluss gelingen, ist die Gültigkeit der Formel für alle $n \in \mathbb{N}$ gezeigt.

Aufgabe 2 – Lösungsweg:

Es gilt zu zeigen, dass

$$s_n = \sum_{k=0}^{n} a_k = \sum_{k=0}^{n} a_0 \cdot q^k = a_0 \cdot \frac{1 - q^{n+1}}{1 - q} \quad \text{mit } n \in \mathbb{N} \text{ und } q \neq 0.$$

Wir führen die einzelnen Schritte der vollständigen Induktion durch.

Induktionsanfang:

Von Hand: Für $n = 0$ ist das einzige vorhandene Folgenglied von (a_k) das Anfangsglied, denn $a_0 = a_0 \cdot q^0 = a_0 \cdot 1 = a_0$. Da für die Glieder von (s_n) alle vorhandenen Folgenglieder von (a_k) aufsummiert werden, ist $s_0 = a_0$.

Mit der Formel: Wir setzen ein und erhalten

$$s_0 = a_0 \cdot \frac{1 - q^{0+1}}{1 - q} = a_0 \cdot \frac{1 - q}{1 - q} = a_0.$$

Damit gelingt der Induktionsanfang.

Induktionsschritt:

Wir nehmen nun an, dass die Formel

$$s_n = \sum_{k=0}^{n} a_k = \sum_{k=0}^{n} a_0 \cdot q^k = a_0 \cdot \frac{1 - q^{n+1}}{1 - q}$$

für ein bestimmtes n gelte (Induktionsannahme). Die Induktionsbehauptung ist dann, dass auch

$$s_{n+1} = \sum_{k=0}^{n+1} a_k = \sum_{k=0}^{n+1} a_0 \cdot q^k = a_0 \cdot \frac{1 - q^{n+2}}{1 - q}$$

gilt. Das weisen wir nach:

$$s_{n+1} = \sum_{k=0}^{n+1} a_k = \sum_{k=0}^{n+1} a_0 \cdot q^k = \underbrace{\sum_{k=0}^{n} a_0 \cdot q^k}_{\text{Induktionsannahme}} + a_0 \cdot q^{n+1}$$

$$= a_0 \cdot \frac{1 - q^{n+1}}{1 - q} + a_0 \cdot q^{n+1} = a_0 \cdot \left(\frac{1 - q^{n+1}}{1 - q} + q^{n+1} \cdot \frac{1 - q}{1 - q} \right)$$

$$= a_0 \cdot \frac{1 - q^{n+1} + 1 \cdot q^{n+1} - q \cdot q^{n+1}}{1 - q} = a_0 \cdot \frac{1 - q^{n+2}}{1 - q}$$

Induktionsschluss:
Da Induktionsanfang und Induktionsschluss gelingen, ist die Gültigkeit der Formel für alle $n \in \mathbb{N}$ gezeigt.

Aufgabe 3 – Lösungsweg:
Die Folge (s_n) hat einen Grenzwert, solange $0 < |q| < 1$ gilt, denn dann wächst der Zähler nicht über alle Grenzen, sondern strebt gegen 1 für n gegen unendlich. Liegt q aber betragsmäßig zwischen 0 und 1, so ist die dazugehörige Folge (a_k) mit $a_k = a_0 \cdot q^k$ eine Nullfolge.

E.6.3 Lösungswege zu Kapitel VI.5.3

Aufgabe 1 - Lösungsweg:
Wir beweisen die Formel mittels vollständiger Induktion.

Induktionsanfang:
Es ist
$$K(0) = 12000 \cdot \left(1 - 0,8^0\right) = 12000 \cdot (1 - 1) = 0 = a_0.$$

Damit gelingt der Induktionsanfang.

Induktionsschritt:

Laut der Formel müsste
$$K(n + 1) = 12000 \cdot \left(1 - 0,8^{n+1}\right)$$

für ein bestimmtes n sein. Wir wissen, dass $a_{n+1} = (a_n + 3000) \cdot 0,8$ ist, also rechnen wir

$$(K(n) + 3000) \cdot 0,8 = (12000 \cdot (1 - 0,8^n) + 3000) \cdot 0,8 = 12000 \cdot (0,8 - 0,8^{n+1}) + \underbrace{2400}_{3000 \cdot 0,8}$$

$$= \underbrace{9600}_{12000 \cdot 0,8} + 2400 - 12000 \cdot 0,8^{n+1} = 12000 - 12000 \cdot 0,8^{n+1} = 12000 \cdot (1 - 0,8^{n+1}).$$

Der letzte Term ist $K(n + 1)$. Damit gelingt auch der Induktionsschritt.

Induktionsschluss:
Da der Induktionsanfang gelingt und der Induktionsschritt den Schluss auf $n = 1, 2, 3, \ldots$ zulässt, ist gezeigt, dass die Formel die Folge beschreibt.

Aufgabe 2 – Lösungsweg:

Induktionsanfang:
Für $n = 1$ ist $b_1 = \frac{6^3 - 1}{5} - 1 = \frac{215}{5} - 1 = 42$ und $42 : 7 = 6$. Damit liegt eine durch 7 teilbare Zahl vor. Der Induktionsanfang gelingt.

Induktionsschritt:
Wir gehen davon aus, dass für ein bestimmtes n die Teilbarkeit von b_n durch 7 gegeben ist, d.h.

$$\frac{\left(\frac{6^{2n+1}-1}{5} - 1\right)}{7} = k, \text{ also } \frac{6^{2n+1} - 1}{5} - 1 = 7k \text{ mit } k \in \mathbb{Z}.$$

Nun überprüfen wir die Teilbarkeit für $n + 1$. Es ist

$$\frac{6^{2 \cdot (n+1)+1} - 1}{5} - 1 = \frac{6^{2n+3} - 1}{5} - 1 = \frac{36 \cdot 6^{2n+1} - 1}{5} - 1.$$

Wir versuchen, unser Wissen über b_n einzubauen:

$$\frac{36\cdot 6^{2n+1}-1\overbrace{-35+35}^{=0}}{5} - 1 = \frac{36\cdot 6^{2n+1}-36+35}{5} - 1 = 36\cdot\frac{6^{2n+1}-1}{5} + \frac{35}{5} - 1$$

$$= 36\cdot\frac{6^{2n+1}-1}{5} + \frac{35}{5} - 1\underbrace{-35+35}_{=0} = 36\cdot\frac{6^{2n+1}-1}{5} - 36 + 35 + \frac{35}{5} = 36\cdot\left(\frac{6^{2n+1}-1}{5} - 1\right) + 42$$

$$= 36\cdot 7k + 42 = 7\cdot(36k+6).$$

Also ist auch b_{n+1} durch 7 teilbar, weil es b_n ist.

Induktionsschluss:
Da der Induktionsanfang gelingt und der Induktionsschritt den Schluss auf $n = 1, 2, 3, \ldots$ zulässt, ist gezeigt, dass die Formel die Folge beschreibt.

Aufgabe 3 – Lösungsweg:

Induktionsanfang:
Für $n = 1$ ist der erste Wert gegeben, nämlich 1. Die Formel liefert $n^2 = 1^2 = 1$, also einen identischen Wert. Der Induktionsanfang gelingt.

Induktionsschritt:
Wir nehmen an, dass

$$1 + 3 + 5 + \ldots + (2n - 1) = n^2$$

für ein bestimmtes n gelte. Die Behauptung ist dann, dass auch

$$1 + 3 + 5 + \ldots + (2n - 1) + (2n + 1) = (n + 1)^2$$

gilt. Dies weisen wir nach. Es ist:

$$\underbrace{1 + 3 + 5 + \ldots + (2n - 1)}_{\text{Induktionsannahme}} + (2n + 1) = \underbrace{n^2 + 2n + 1}_{\text{1. Binom. Formel}} = (n + 1)^2.$$

Das war zu zeigen.

Induktionsschluss:
Da der Induktionsanfang gelingt und der Induktionsschritt den Schluss auf $n = 1, 2, 3, \ldots$ zulässt, ist gezeigt, dass die Formel die Folge beschreibt.

Aufgabe 4 – Lösungsweg:

(a) Wir stellen zu Beginn eine rekursive definierte Folge auf, welche den Flächeninhalt im n-ten Schritt wiedergibt. Es ist

$$A_0 = \frac{1}{2}\pi r^2,$$

wobei $r = \frac{1}{2}d$ ist. Danach haben wir (mit einem gedrittelten Radius!)

$$A_1 = A_0 + 2 \cdot \frac{1}{2}\pi \left(\frac{r}{3}\right)^2 = A_0 + 2^1 \cdot \frac{1}{2}\pi \left(\frac{r}{3^1}\right)^2 = A_0 + \frac{2^1}{9^1} \cdot \frac{1}{2}\pi r^2.$$

Der nächste Schritt (erneute Drittelung) liefert

$$A_2 = A_1 + 4 \cdot \frac{1}{2}\pi \left(\frac{r}{9}\right)^2 = A_1 + 2^2 \cdot \frac{1}{2}\pi \left(\frac{r}{3^2}\right)^2 = A_1 + \frac{2^2}{9^2} \cdot \frac{1}{2}\pi r^2.$$

Somit können wir die folgende rekursive Folge festlegen, wenn wir weiterhin das Verfahren anwenden: $A_n = A_{n-1} + 2^n \cdot \frac{1}{2}\pi \left(\frac{r}{3^n}\right)^2 = A_{n-1} + \frac{2^n}{9^n} \cdot \frac{1}{2}\pi r^2$, mit $n = 1, 2, 3, 4, \ldots$. Schreiben wir das n-te Folgeglied mit dem Summenzeichen, erhalten wir

$$A_n = \sum_{k=0}^{n} \left(\frac{1}{2}\pi \cdot 2^k \cdot \left(\frac{r}{3^k}\right)^2\right) = \frac{1}{2}\pi r^2 \cdot \sum_{k=0}^{n} \left(\frac{2}{9}\right)^k.$$

In der Summe können wir eine geometrische Reihe erkennen, sodass folgende Notation möglich wird:

$$A_n = \frac{1}{2}\pi r^2 \cdot \sum_{k=0}^{n} \left(\frac{2}{9}\right)^k = \frac{1}{2}\pi r^2 \cdot \frac{1 - \left(\frac{2}{9}\right)^{n+1}}{1 - \frac{2}{9}} = \frac{9}{14}\pi r^2 \cdot \left(1 - \left(\frac{2}{9}\right)^{n+1}\right).$$

Damit erhalten wir den Grenzwert $A = \lim_{n \to \infty} A_n = \frac{9}{14}\pi r^2$, da die Klammer gleich 1 wird.

Anmerkung

!

Man kann auch argumentieren, dass sich pro Schritt die Anzahl der jeweils hinzukommenden Halbkreise verdoppelt (Faktor 2). Gleichzeitig wird bei den neuen Halbkreisen der Radius der jeweils vorangegangenen gedrittelt. Da der Radius quadratisch in den Flächeninhalt eingeht, erhalten wir so den Faktor $\left(\frac{1}{3}\right)^2 = \frac{1}{9}$. Zusammen ergibt sich daher der Faktor $q = \frac{2}{9}$ für die geometrische Folge bzw. Reihe. Eine ähnliche Argumentation lässt sich auch für die Aufgabenteile (b) und (c) finden.

(b) Der Umfang ist zu Beginn gegeben durch

$$U_0 = d + \frac{d\pi}{2} = d \cdot \left(1 + \frac{\pi}{2}\right).$$

Im nächsten Schritt ist (Anmerkung: Da der Kontakt der neuen Halbkreise mit den alten nur über einen Berührpunkt geschieht, bleibt U_0 komplett erhalten! Gleiches gilt für alle U_k mit $k = 1, 2, 3, 4, \ldots$!)

$$U_1 = U_0 + 2^1 \cdot \left(\frac{d}{3^1} + \frac{d\pi}{2 \cdot 3^1}\right).$$

In einem dritten Schritt ist

$$U_2 = U_1 + 2^2 \cdot \left(\frac{d}{3^2} + \frac{d\pi}{2 \cdot 3^2} \right).$$

Allgemein können wir also sagen, dass

$$U_n = U_{n-1} + 2^n \cdot \left(\frac{d}{3^n} + \frac{d\pi}{2 \cdot 3^n} \right) \text{ mit } n = 1, 2, 3, 4, \ldots$$

ist. Mit Hilfe des Summenzeichens erhalten wir

$$U_n = \sum_{k=0}^{n} \left(2^k \cdot \left(\frac{d}{3^k} + \frac{d\pi}{2 \cdot 3^k} \right) \right) = \left(d + \frac{d\pi}{2} \right) \cdot \sum_{k=0}^{n} \left(\frac{2}{3} \right)^k.$$

Verwenden wir wieder die geometrische Summenformel, so erhalten wir

$$U_n = \left(d + \frac{d\pi}{2} \right) \cdot \sum_{k=0}^{n} \left(\frac{2}{3} \right)^k = \left(d + \frac{d\pi}{2} \right) \cdot \frac{1 - \left(\frac{2}{3} \right)^{n+1}}{1 - \frac{2}{3}} = 3 \cdot \left(d + \frac{d\pi}{2} \right) \cdot \left(1 - \left(\frac{2}{3} \right)^{n+1} \right).$$

Der Grenzwert ist dann $U = \lim\limits_{n \to \infty} U_n = 3 \cdot \left(d + \frac{d\pi}{2} \right)$. Die Klammer wird wieder 1.

(c) Die Höhe berechnet sich nach analoger Vorgehensweise wie in den Aufgabenteilen (a) und (b) mit

$$H_n = \frac{d}{2} + \frac{1}{3} \cdot \frac{d}{2} + \frac{1}{3^2} \cdot \frac{d}{2} + \ldots + \frac{1}{3^n} \cdot \frac{d}{2} = \frac{d}{2} \cdot \sum_{k=0}^{n} \left(\frac{1}{3} \right)^k = \frac{d}{2} \cdot \frac{1 - \left(\frac{1}{3} \right)^{n+1}}{1 - \frac{1}{3}} = \frac{3d}{4} \cdot \left(1 - \left(\frac{1}{3} \right)^{n+1} \right).$$

Die Grenzwertbildung liefert $H = \lim\limits_{n \to \infty} H_n = \frac{3d}{4}$. Die Klammer wird wieder 1.

Aufgabe 5 – Lösungsweg:

(a) Wir berechnen die Summe, welche er nach Ablauf der fünf Jahre angespart hat, indem wir für jedes Jahresende die jeweilige Sparsumme ermitteln.

Jahr	Sparsumme zum Jahresende in €
1	$S_1 = 4000 \cdot 1{,}05 - 100 = 4100$
2	$S_2 = (S_1 + 4000) \cdot 1{,}05 - 100 = 8405$
3	$S_3 = (S_2 + 4000) \cdot 1{,}05 - 100 = 12925{,}25$
4	$S_4 = (S_3 + 4000) \cdot 1{,}05 - 100 = 17671{,}51$
5	$S_5 = (S_4 + 4000) \cdot 1{,}05 - 100 = 22655{,}09$

(b) Nun wollen wir eine Formel für sein Sparguthaben nach n Jahren finden. Hierfür betrachten wir noch mal unsere Rechnungen aus Aufgabenteil a). Schreiben wir z.B. das vierte Jahr explizit aus, dann erhalten wir

$$\begin{aligned} S_4 &= (S_3 + 4000) \cdot 1{,}05 - 100 = ((S_2 + 4000) \cdot 1{,}05 - 100 + 4000) \cdot 1{,}05 - 100 \\ &= (((S_1 + 4000) \cdot 1{,}05 - 100 + 4000) \cdot 1{,}05 - 100 + 4000) \cdot 1{,}05 - 100 \\ &= (((4000 \cdot 1{,}05 - 100 + 4000) \cdot 1{,}05 - 100 + 4000) \cdot 1{,}05 \\ &\quad - 100 + 4000) \cdot 1{,}05 - 100. \end{aligned}$$

Diesen Ausdruck versuchen wir nun etwas zu sortieren. Multiplizieren wir die Klammern aus und ordnen die entstandenen Terme etwas, dann ergibt sich

$$S_4 = 4000 \cdot \left(1,05^4 + 1,05^3 + 1,05^2 + 1,05\right) - 100 \cdot \left(1,05^3 + 1,05^2 + 1,05 + 1\right)$$

$$= 4000 \cdot \sum_{k=1}^{4} 1,05^k - 100 \cdot \sum_{k=0}^{3} 1,05^k.$$

Hierdurch vermuten wir, dass die Summe nach dem n-ten Jahr gegeben ist durch

$$S_n = 4000 \cdot \sum_{k=1}^{n} 1,05^k - 100 \cdot \sum_{k=0}^{n-1} 1,05^k.$$

Wir wissen nun, dass die n-te Partialsumme s_n der geometrischen Folge (a_n) mit $a_n = q_0 \cdot q^n$ und $n \in \mathbb{N}$ und $q > 0, q \neq 1$ gegeben ist durch

$$s_n = \sum_{k=0}^{n} q_0 q^k = q_0 \cdot \sum_{k=0}^{n} q^k = q_0 \cdot \frac{1 - q^{n+1}}{1 - q}.$$

Damit können wir für S_n die folgende Vereinfachung durchführen:

$$S_n = 4000 \cdot \sum_{k=1}^{n} 1,05^k - 100 \cdot \sum_{k=0}^{n-1} 1,05^k$$

$$= 4000 \cdot \sum_{k=0}^{n-1} 1,05^{k+1} - 100 \cdot \sum_{k=0}^{n-1} 1,05^k$$

$$= 4000 \cdot 1,05 \cdot \sum_{k=0}^{n-1} 1,05^k - 100 \cdot \sum_{k=0}^{n-1} 1,05^k$$

$$= (4200 - 100) \cdot \sum_{k=0}^{n-1} 1,05^k = 4100 \cdot \frac{1 - 1,05^n}{1 - 1,05}.$$

Hiermit haben wir die gesuchte Formel für den Sparbetrag S_n nach n Jahren gefunden. Es ist

$$S_n = 4100 \cdot \frac{1,05^n - 1}{0,05} = 82000 \cdot (1,05^n - 1).$$

Nach 15 Jahren hat er somit $S_{15} = 88472{,}11 \, €$ angespart.

(c) Wir stellen wieder eine Tabelle wie in Aufgabenteil (a) auf.

Jahr	Sparsumme zum Jahresende in €
1	$S_1 = 4000 \cdot 1{,}05 - 100 = 4100$
2	$S_2 = (S_1 + 4000) \cdot 1{,}05 - 110 = 8395$
3	$S_3 = (S_2 + 4000) \cdot 1{,}05 - 120 = 12894{,}75$
4	$S_4 = (S_3 + 4000) \cdot 1{,}05 - 130 = 17609{,}49$
5	$S_5 = (S_4 + 4000) \cdot 1{,}05 - 140 = 22549{,}96$

(d) Die Gebühren G_n nach n Jahren sind

$$G_n = 100 + 110 + 120 + ... + (100 + (n-1) \cdot 10) = n \cdot 100 + 10 \cdot \sum_{k=1}^{n-1} k.$$

Hier können wir die Summenformel für die arithmetische Reihe

$$\sum_{k=1}^{n} k = \frac{n \cdot (n+1)}{2}$$

anwenden. Es ist dann

$$G_n = n \cdot 100 + 10 \cdot \sum_{k=1}^{n-1} k = 100n + 10 \cdot \frac{(n-1) \cdot n}{2} = (100 + 5\,(n-1)) \cdot n.$$

Dies ist die Formel für die gezahlten Gebühren nach n Jahren.

Aufgabe 6 – Lösungsweg:

(a) Wir berechnen die ersten vier Jahre (r ist die jährliche Rate):

Jahr	Summe in Euro
1	$S_1 = 100000 \cdot 1{,}05 - r$
2	$S_2 = S_1 \cdot 1{,}05 - r$
3	$S_3 = S_2 \cdot 1{,}05 - r$
4	$S_4 = S_3 \cdot 1{,}05 - r$

Schreiben wir nun z.B. das vierte Jahr ausführlich nieder, dann erhalten wir

$$
\begin{aligned}
S_4 &= S_3 \cdot 1{,}05 - r \\
&= (S_2 \cdot 1,05 - r) \cdot 1{,}05 - r \\
&= ((S_1 \cdot 1{,}05 - r) \cdot 1{,}05 - r) \cdot 1{,}05 - r \\
&= (((100000 \cdot 1{,}05 - r) \cdot 1{,}05 - r) \cdot 1{,}05 - r) \cdot 1{,}05 - r.
\end{aligned}
$$

Jetzt multiplizieren wir aus, sortieren etwas und fassen dann wieder zusammen. Als Ergebnis erhalten wir

$$S_4 = 100000 \cdot 1{,}05^4 - r \cdot \left(1{,}05^3 + 1{,}05^2 + 1{,}05 + 1\right).$$

Damit liegt die Vermutung nahe, dass die Summe nach dem n-ten Jahr durch

$$S_n = 100000 \cdot 1{,}05^n - r \cdot \sum_{k=0}^{n-1} 1{,}05^k$$

angegeben wird. Wir wenden unsere Formel für die n-te Partialsumme der geometrischen Reihe an. Die n-te Partialsumme z_n der geometrischen Folge (a_n) mit $a_n = q_0 \cdot q^n$ und $n \in \mathbb{N}$ und $q > 0, q \neq 1$ ist gegeben durch

$$z_n = \sum_{k=0}^{n} q_0 q^k = q_0 \cdot \sum_{k=0}^{n} q^k = q_0 \cdot \frac{1 - q^{n+1}}{1 - q}.$$

Damit erhalten wir

$$S_n = 100000 \cdot 1{,}05^n - r \cdot \frac{1 - 1{,}05^n}{1 - 1{,}05}.$$

Nun wollen wir r für $n = 15$ berechnen, wobei $S_{15} = 0$ sein soll. Es ist dann

$$0 = 100000 \cdot 1{,}05^{15} - r \cdot \frac{1 - 1{,}05^{15}}{1 - 1{,}05} \Leftrightarrow r = 100000 \cdot 1{,}05^{15} \cdot \frac{1 - 1{,}05}{1 - 1{,}05^{15}} = 9634{,}23.$$

Dies ist die jährliche Rate in Euro.

(b) Nun soll es nach 10 Jahren eine Sonderzahlung in Höhe von $10000\,€$ geben. Sonst bleibt alles gleich. Dadurch können wir folgende Formel aufstellen:

$$S_{15} = 0 = \left(100000 \cdot 1{,}05^{10} - r \cdot \frac{1 - 1{,}05^{10}}{1 - 1{,}05} - 10000\right) \cdot 1{,}05^5 - r \cdot \frac{1 - 1{,}05^5}{1 - 1{,}05}.$$

Vom Betrag nach zehn Jahren sind die $10000\,€$ abzuziehen. Mit diesem Betrag wird dann weiter gerechnet, die Rate soll aber immer gleich sein. Nach 15 Jahren sind die Schulden abbezahlt. Hierdurch ergibt sich die eben aufgestellte Formel. Formen wir um, so erhalten wir

$$0 = 100000 \cdot 1{,}05^{15} - r \cdot 1{,}05^5 \cdot \frac{1 - 1{,}05^{10}}{1 - 1{,}05} - 10000 \cdot 1{,}05^5 - r \cdot \frac{1 - 1{,}05^5}{1 - 1{,}05}$$

$$\Leftrightarrow r = \frac{\left(100000 \cdot 1{,}05^{15} - 10000 \cdot 1{,}05^5\right)}{1{,}05^5 \cdot \frac{1 - 1{,}05^{10}}{1 - 1{,}05} + \frac{1 - 1{,}05^5}{1 - 1{,}05}} = 9042{,}78.$$

Dies ist hier die jährliche Rate in Euro.

E.6.4 Lösungswege zu Kapitel VI.6.5

Aufgabe 1 – Lösungsweg:
Wir bilden den geforderten Quotienten:

$$\frac{a_{n+1}}{a_n} = \frac{\frac{1}{\sqrt{5}} \cdot \left[\left(\frac{1+\sqrt{5}}{2}\right)^{n+1} - \left(\frac{1-\sqrt{5}}{2}\right)^{n+1}\right]}{\frac{1}{\sqrt{5}} \cdot \left[\left(\frac{1+\sqrt{5}}{2}\right)^{n} - \left(\frac{1-\sqrt{5}}{2}\right)^{n}\right]}$$

Damit wir den Grenzwert korrekt berechnen können, müssen wir ein paar Umformungen vornehmen. Zuerst einmal kürzen wir den Vorfaktor $\frac{1}{\sqrt{5}}$:

$$\frac{a_{n+1}}{a_n} = \frac{\left[\left(\frac{1+\sqrt{5}}{2}\right)^{n+1} - \left(\frac{1-\sqrt{5}}{2}\right)^{n+1}\right]}{\left[\left(\frac{1+\sqrt{5}}{2}\right)^{n} - \left(\frac{1-\sqrt{5}}{2}\right)^{n}\right]}$$

Nun ziehen wir aus dem Zähler und aus dem Nenner den Faktor $\frac{1+\sqrt{5}}{2}$ mit der Hochzahl $n + 1$ bzw. n heraus. Dadurch erhalten wir:

$$\frac{a_{n+1}}{a_n} = \frac{\left(\frac{1+\sqrt{5}}{2}\right)^{n+1} \cdot \left[1 - \left(\frac{1-\sqrt{5}}{2}\right)^{n+1} : \left(\frac{1+\sqrt{5}}{2}\right)^{n+1}\right]}{\left(\frac{1+\sqrt{5}}{2}\right)^{n} \cdot \left[1 - \left(\frac{1-\sqrt{5}}{2}\right)^{n} : \left(\frac{1+\sqrt{5}}{2}\right)^{n}\right]}$$

Durch einen Bruch wird dividiert, indem wir mit dem Kehrwert malnehmen. Da beide Stellen, für die diese Regel jetzt relevant ist, mit gleichen Hochzahlen bei den beteiligten Zahlen bedacht sind, müssen wir uns nur überlegen, was

$$\frac{1-\sqrt{5}}{2} : \frac{1+\sqrt{5}}{2} = \frac{1-\sqrt{5}}{1+\sqrt{5}}$$

ist, wobei uns der Zahlenwert direkt eigentlich gar nicht interessiert. Viel wichtiger für uns ist, dass $1+\sqrt{5} > 1-\sqrt{5}$ ist und sogar $|1+\sqrt{5}| > |1-\sqrt{5}|$ gilt. Denn dadurch können wir sagen, dass

$$\lim_{n\to\infty} \left(\frac{1-\sqrt{5}}{1+\sqrt{5}}\right)^n = 0$$

ist. Damit können wir das Folgende festhalten:

$$\lim_{n\to\infty} \frac{a_{n+1}}{a_n} = \lim_{n\to\infty} \left(\frac{\left(\frac{1+\sqrt{5}}{2}\right)^{n+1} \cdot \left[1 - \left(\frac{1-\sqrt{5}}{2}\right)^{n+1} : \left(\frac{1+\sqrt{5}}{2}\right)^{n+1}\right]}{\left(\frac{1+\sqrt{5}}{2}\right)^{n} \cdot \left[1 - \left(\frac{1-\sqrt{5}}{2}\right)^{n} : \left(\frac{1+\sqrt{5}}{2}\right)^{n}\right]} \right)$$

$$= \lim_{n\to\infty} \left(\frac{1+\sqrt{5}}{2} \cdot \frac{1 - \left(\frac{1-\sqrt{5}}{1+\sqrt{5}}\right)^{n+1}}{1 - \left(\frac{1-\sqrt{5}}{1+\sqrt{5}}\right)^{n}} \right) = \frac{1+\sqrt{5}}{2} \cdot \frac{1 - \underbrace{\lim_{n\to\infty} \left(\frac{1-\sqrt{5}}{1+\sqrt{5}}\right)^{n+1}}_{\to 0}}{1 - \underbrace{\lim_{n\to\infty} \left(\frac{1-\sqrt{5}}{1+\sqrt{5}}\right)^{n}}_{\to 0}}$$

$$= \frac{1+\sqrt{5}}{2} \cdot \frac{1}{1} = \frac{1+\sqrt{5}}{2}$$

Das wollten wir zeigen.

Aufgabe 2 – Lösungsweg:
Induktionsanfang und Induktionsschluss sind für beide Vorgehensweisen identisch. Darum lösen wir die Aufgabe so, dass wir zuerst mit dem Induktionsanfang beginnen, dann beim Induktionsschritt auf die zwei Arten hinweise und mit dem Induktionsschluss die Aufgabe abschließen.

Induktionsanfang:
Es ist $a_0 = 0$ und $a_0 + 1 = 0 + 1 = 1$. Da $a_0 = 0$, $a_1 = 1$ und $a_2 = 1$ sind, gilt $a_0 + 1 = 1 = a_2$. Der Induktionsanfang gelingt daher.

Induktionsschritt:
Wir nehmen an, dass

$$\underbrace{a_0 + a_1 + \ldots + a_{n-1}}_{\text{Die ersten } n \text{ Folgenglieder}} + 1 = \sum_{i=0}^{n-1} (a_i) + 1 = a_{n+1}$$

für ein bestimmtes n gilt. Wir behaupten sogleich, dass dann auch

$$\underbrace{a_0 + a_1 + \ldots + a_n}_{\text{Die ersten } n+1 \text{ Folgenglieder}} +1 = \sum_{i=0}^{n} (a_i) + 1 = a_{n+2}$$

seine Richtigkeit hat. Das weisen wir mit der expliziten Formel nach:

$$a_0 + a_1 + \ldots + a_n + 1 = \sum_{i=0}^{n} (a_i) + 1 = \underbrace{\sum_{i=0}^{n-1} (a_i) + 1}_{\text{Induktionsannahme}} + a_n = a_{n+1} + a_n = a_{n+2}$$

Beim letzten Umformungsschritt haben wir einfach die Definition der Fibonacci-Zahlen ausgenutzt. Die beiden aufeinanderfolgenden Zahlen zusammengezählt, ergeben das nächste Folgenglied.

Hier erfolgte der Nachweis über die Definition. Bei der expliziten Darstellung kann man nun noch tatsächlich zeigen, dass

$$\frac{1}{\sqrt{5}} \cdot \left[\left(\frac{1+\sqrt{5}}{2} \right)^n - \left(\frac{1-\sqrt{5}}{2} \right)^n \right] + \frac{1}{\sqrt{5}} \cdot \left[\left(\frac{1+\sqrt{5}}{2} \right)^{n+1} - \left(\frac{1-\sqrt{5}}{2} \right)^{n+1} \right]$$

$$= \frac{1}{\sqrt{5}} \cdot \left[\left(\frac{1+\sqrt{5}}{2} \right)^{n+2} - \left(\frac{1-\sqrt{5}}{2} \right)^{n+2} \right]$$

gilt.

Induktionsschluss:
Da Induktionsanfang und Induktionsschritt gelingen, gilt die angegebene Formel für alle $n \in \mathbb{N}$.

Anmerkung zur expliziten Formel

Bilden wir

$$\underbrace{a_0 + a_1 + \ldots + a_{n-1}}_{\text{Die ersten } n \text{ Folgenglieder}} +1 = \sum_{i=0}^{n-1} (a_i) + 1 = a_{n+1}$$

direkt mit der expliziten Formel, so ergeben sich zwei geometrische Reihen, die zusammengezählt werden. Über die Formel für geometrische Reihen ergibt sich dann auch der Nachweis der gezeigten Formel. Die vollständige Induktion ist dann nicht notwendig.

Es ist

$$\sum_{i=0}^{n-1}\left(\frac{1}{\sqrt{5}}\cdot\left[\left(\frac{1+\sqrt{5}}{2}\right)^{i}-\left(\frac{1-\sqrt{5}}{2}\right)^{i}\right]\right)+1$$

$$=\frac{1}{\sqrt{5}}\cdot\sum_{i=0}^{n-1}\left(\frac{1+\sqrt{5}}{2}\right)^{i}-\frac{1}{\sqrt{5}}\cdot\sum_{i=0}^{n-1}\left(\frac{1-\sqrt{5}}{2}\right)^{i}+1$$

$$=\frac{1}{\sqrt{5}}\cdot\frac{1-\left(\frac{1+\sqrt{5}}{2}\right)^{n}}{1-\frac{1+\sqrt{5}}{2}}-\frac{1}{\sqrt{5}}\cdot\frac{1-\left(\frac{1-\sqrt{5}}{2}\right)^{n}}{1-\frac{1-\sqrt{5}}{2}}+1$$

$$=\text{ein wenig rechnen}=\frac{1}{\sqrt{5}}\cdot\left[\left(\frac{1+\sqrt{5}}{2}\right)^{n+2}-\left(\frac{1-\sqrt{5}}{2}\right)^{n+2}\right].$$

Aufgabe 3 – Lösungsweg:
Wir berechnen die k's für die drei Anfangswerte:

- $a_0 = k \cdot \left(\dfrac{1\pm\sqrt{5}}{2}\right)^{0} = k\cdot 1 = k \overset{!}{=} 0$, womit $k=0$ gilt.

- $a_1 = k \cdot \left(\dfrac{1\pm\sqrt{5}}{2}\right)^{1} = k\cdot\dfrac{1\pm\sqrt{5}}{2} \overset{!}{=} 1$, womit $k=\dfrac{2}{1\pm\sqrt{5}}$ gilt.

- $a_2 = k \cdot \left(\dfrac{1\pm\sqrt{5}}{2}\right)^{2} \overset{!}{=} 1$, womit $k=\dfrac{4}{\left(1\pm\sqrt{5}\right)^{2}}$ gilt.

Drei verschiedene Werte, also kann die Folge nicht alleine durch eine geometrische Folge beschrieben werden (denn eine solche ist hier vorgegeben!).

F Zu Kapitel VII: Einführung in die Differentialrechnung

F.1 Aufgaben zu Kapitel VII.1

Aufgabe 1:
Berechnen Sie $f'(x_0)$ mit Hilfe der x-Methode für das angegebene x_0.

(a) $f(x) = 2x^2$ und $x_0 = 1$.

(b) $f(x) = x^3 - x$ und $x_0 = -1$.

(c) $f(x) = \sqrt{x}$ und $x_0 = 2$.

(d) $f(x) = x^4 + x^3 - 1$ und $x_0 = 4$.

(e) $f(x) = x^5$ und $x_0 = 1$.

(f) $f(x) = \frac{1}{x^2}$ und $x_0 = 1$.

(g) $f(x) = \sqrt[3]{x^4}$ und $x_0 = 3$.

Aufgabe 2:
Berechnen Sie $f'(x_0)$ mit Hilfe der h-Methode für das angegebene x_0.

(a) $f(x) = x^3$ und $x_0 = 1$.

(b) $f(x) = x^4 - x$ und $x_0 = 1$.

(c) $f(x) = \sqrt{x+1}$ und $x_0 = 2$.

(d) $f(x) = x^5$ und $x_0 = 1$.

(e) $f(x) = 2x^4 - x$ und $x_0 = 3$.

(f) $f(x) = \frac{3}{x}$ und $x_0 = 2$.

(g) $f(x) = 3x^{\frac{1}{3}}$ und $x_0 = 1$.

Aufgabe 3:
Bestimmen Sie die Ableitungsfunktionen der Funktionen mit den Funktionsgleichungen $f_1(x) = x$, $f_2(x) = x^2$, $f_3(x) = x^3$ und $f_4(x) = x^4$. Welche Ableitung hat die Funktion f_n mit $f_n(x) = x^n$ mit $n \in \mathbb{N}$? Stellen Sie eine Vermutung aufgrund der eben gebildeten Ableitungsfunktionen auf.

Aufgabe 4:
Berechnen Sie die Ableitungsfunktion für f mit $f(x) = x^n$ (Potenzfunktion). Diese Aufgabe dient als Vorbereitung für das nächste Unterkapitel.

Aufgabe 5:
Weisen Sie mit Hilfe der h-Methode nach, dass die Funktion f mit

$$f(x) = m \cdot g(x) + c$$

die Ableitungsfunktion mit der Funktionsgleichung

$$f'(x) = m \cdot g'(x)$$

besitzt, wenn die Funktion g differenzierbar, also ableitbar, ist.

F.2 Aufgaben zu Kapitel VII.3.5

Aufgabe 1:
Leiten sie eine Formel für die Ableitung des Produktes dreier Funktionen u, v und w her.
Verwenden Sie dazu die „normale" Produktregel.

Aufgabe 2:
Bestimmen Sie die Ableitungsfunktionen der Funktionen mit den gegebenen Funktionsgleichungen mit Hilfe der gelernten Regeln.

(a) $a(x) = 3 \cdot \sqrt{x} \cdot \sqrt{x^2 + 1}$ (b) $b(x) = (4x^2 - 3x)^3$

(c) $c(x) = x^4 - 3x^2 + \sqrt{x - 1}$ (d) $d(x) = t^3 \cdot x^3 - \frac{1}{t} \cdot x^2 - x$

(e) $e(x) = \frac{x^2 - 1}{x^2 + 1}$ (f) $f(x) = \frac{\sqrt{x-1}}{\sqrt{x}}$

Aufgabe 3:
Gegeben sei die Funktion f, welche der Quotient der Funktionen u und v ist, mit

$$f(x) = \frac{u(x)}{v(x)}.$$

Leiten Sie die Quotientenregel durch Verwendung von Produkt- und Kettenregel her. Ein
kleiner Tipp:

$$\frac{1}{v(x)} = (v(x))^{-1},$$

wobei hoch -1 als negative Hochzahl aufzufassen ist und nicht als Symbol für die Umkehrfunktion von v (siehe hierzu Kapitel XII in *MiS*).

F.3 Aufgaben zu Kapitel VII.4.3

Aufgabe 1:
Ein extrem engagierter Bademeister (der zufällig ein Diplom in Mathematik besitzt und
einen graphischen Taschenrechner dabei hat) sitzt auf seinem Ausguck, welcher sich in der
Entfernung $d_1 = 35$ Meter zum Meeresrand befindet. Mit dem konstanten Abstand $d_2 =$
50 Meter zum Ufer zieht ein Boot auf Höhe seines Ausgucks vorüber. Als es eine Strecke

$d_3 = 200$ Metern (siehe Abbildung F.3.1) zurückgelegt hat, kippt es aus unbekannten Gründen um. Der Bademeister springt sofort von seinem Ausguck herunter und eilt zu Hilfe. An Land bewegt er sich mit der Geschwindigkeit $v_L = 24\frac{km}{h}$ vorwärts, im Wasser schafft er wegen starkem Wellengang nur noch etwa 40% der Landgeschwindigkeit.

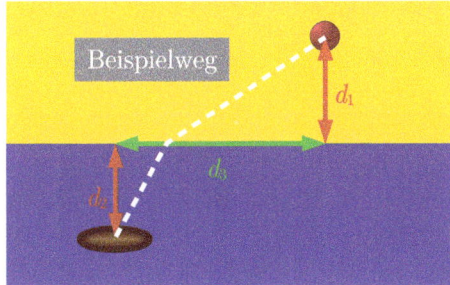

Abbildung F.3.1: Skizze zu dem im Text beschriebenen „Strandproblem".

Welchen Weg nimmt er (da er es ja extrem schnell ausrechnen kann, siehe oben angegebene Qualifikation), um in möglichst kurzer Zeit bei den Hilfsbedürftigen zu sein? Stellen Sie hierzu die zu minimierende Funktion auf und schreiben Sie die notwendige Bedingung für ein Minimum explizit für diese Funktion nieder (Ableitung!). Falls Sie einen GTR, CAS, PC mit entsprechenden Programmen oder ähnliches zur Hand haben, können Sie die benötigte Zeit und die Länge des zurückgelegten Weges berechnen lassen (Dies ist aber nicht verlangt!).

Aufgabe 2:
Das Profil der Berglandschaft zwischen den Ortschaften Talbach und Bachtal sieht wie folgt aus:

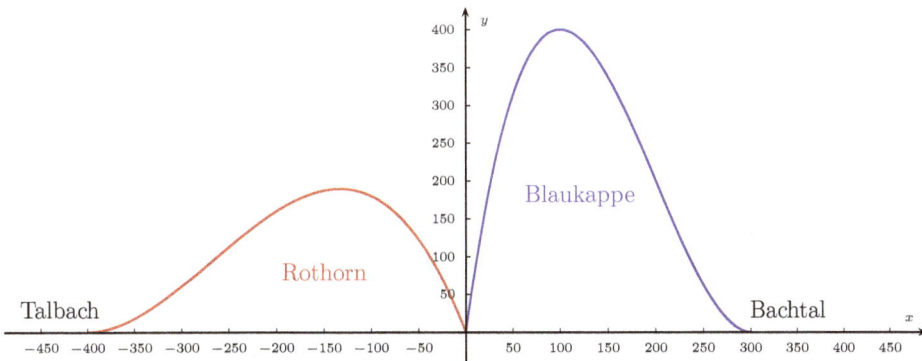

Abbildung F.3.2: Profil der beschriebenen Berglandschaft.

Dabei wird das rote Bergprofil (Das Rothorn) näherungsweise durch die Funktion p_R mit

$$p_R(x) = -\frac{1}{50000}x \cdot (x + 400)^2 \text{ mit } -400 \leq x \leq 0, \ x \text{ in Einheiten von 10 Metern}$$

beschrieben, wobei die Höhe in Einheiten von 5 Metern gemessen wird, und das blaue Bergprofil (Die Blaukappe) durch die Funktion p_B mit

$$p_B(x) = \frac{1}{10000}x \cdot (x - 300)^2 \text{ mit } 0 \leq x \leq 300, \ x \text{ in Einheiten von 10 Metern}$$

(a) Wie viele Höhenmeter muss jemand absolut überwinden (rauf und runter) der von Talbach nach Bachtal will (achten Sie auf die Einheiten)?

Um Wanderern ihren Marsch zu erleichtern, wird auf dem höchsten Punkt des Rothorns ein Sessellift installiert. Das Stationshaus, von dem der Lift startet, ist 20 Meter hoch. Die Gegenstation befindet sich auf dem höchsten Punkt der Blaukappe. Der Durchhang des Liftseils ist im Folgenden zu vernachlässigen (für die Rechnung: Annahme einer Geraden).

(b) Wie hoch muss die Gegenstation mindestens sein, wenn der Lift 5 Meter nach unten hängt und seine Unterseite immer mindestens 8 Meter Abstand zum Erdboden haben soll? Stellen Sie den zu minimierenden Term auf und beschreiben Sie dann lediglich die weitere Vorgehensweise!

Aufgabe 3:
Es ist die Funktion f_t mit

$$f_t(x) = x^3 - (t + 1)x^2 - (2 - t)x + 2t$$

mit $t \in \mathbb{R}$ und $x \in \mathbb{R}$ gegeben.

(a) Bestimmen Sie die Nullstellen der Funktion für $t = 3$.

(b) Zeigen Sie, dass jede Funktion der Schar genau zwei Stellen mit waagrechter Tangente besitzt. Warum existieren keine Funktionen mit einer oder keiner waagrechten Tangente?

(c) Zeigen Sie, dass sich die Graphen aller Funktionen in zwei Punkten schneiden. Geben Sie diese auch an.

Aufgabe 4:
Ganz zu Beginn des Buches *MiS* hatten wir uns das folgende Problem gestellt: Gegeben ist ein quadratisches Stück Papier mit der Seitenlänge $a = 20$ Zentimeter.

Das Papier wird zurechtgeschnitten und daraufhin gefaltet (siehe Abbildung F.3.4).

Das x ist derart zu wählen, dass das Volumen der entstehenden Schachtel möglichst groß wird. Lösen Sie dieses Problem nun und beachten Sie dabei die Randwerte.

Abbildung F.3.3: Ein quadratisches Blatt Papier.

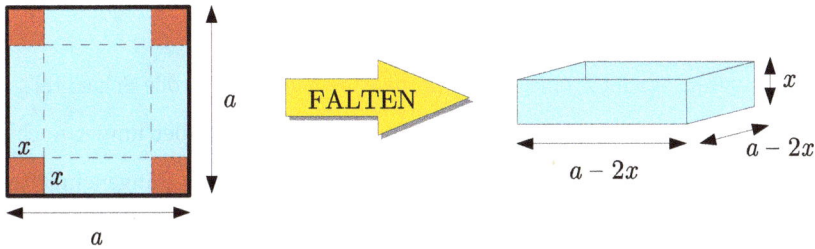

Abbildung F.3.4: Das zurechtgeschnittene Blatt Papier und die daraus faltbare Schachtel.

Aufgabe 5:
Es folgt die etwas schwerere Version der Aufgabe 4: Wir interessieren uns im Folgenden für Verpackungen und hier speziell für Schachteln. Diese lassen sich durch entsprechendes Einschneiden kleiner Quadrate in einen rechteckiges/n Papier/Karton herstellen. Ohne Beschränkung der Allgemeinheit (OBdA) sei $l \geq b$. Eine Skizze hierzu sehen wir in Abbildung F.3.5.

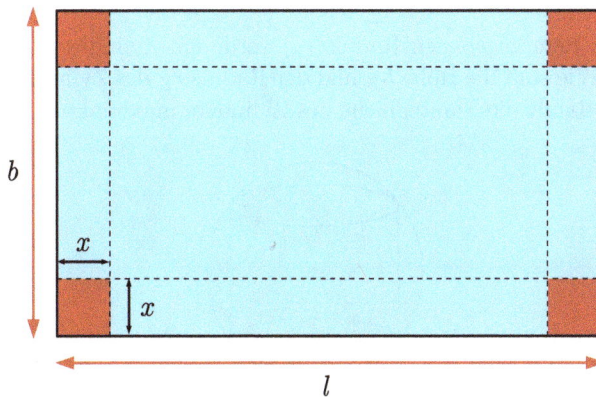

Abbildung F.3.5: Ein rechteckiges Blatt Papier wird zum Schächtelchen.

(a) Für welches x erhalten wir eine möglichst voluminöse Schachtel, wenn $l = 4b$ ist?

Wir haben uns für ein passendes $x = d$ größer 0 entschieden. Dieses bleibt nun fest, ebenso wie der Umfang des Rechtecks.

(b) Bei welchem Verhältnis der Rechtecksseiten zueinander erhalten wir dann das Schächtelchen mit dem maximalen Volumen?

(c) Das gleiche Spiel noch einmal, diesmal bleibt aber die Fläche des Rechtecks neben $x = d$ fest. Wann liegt jetzt das Schächtelchen mit möglichst großem Volumen vor?

Es sei im Folgenden $l = 3b$. Damit die Schachtel gut getragen werden kann, soll $\frac{b}{4} \leq x \leq \frac{b}{3}$ gewählt werden.

(d) Wann erhalten wir jetzt eine vom Volumen her möglichst große Schachtel?

Es seien abschließend wieder alle möglichen x zugelassen, es ist aber immer noch $l = 3b$.

(e) Für welches b liegt das maximale Volumen für $x = 17$ LE ($=$ Längeneinheiten) vor? Wie groß ist dieses dann?

Aufgabe 6:
Für jedes $t \in \mathbb{R}^+$ ist eine Gerade g_t mit der Gleichung

$$g_t(x) = -3tx + 12t + 4 \text{ mit } x \in \mathbb{R}$$

gegeben. Diese Gerade schneidet die Koordinatenachsen in den Punkten X_t und Y_t. Wie müssen Sie t wählen, damit das Dreieck OX_tY_t einen minimalen Flächeninhalt besitzt? Geben Sie zusätzlich diesen Inhalt an.

Aufgabe 7:
Einer Kugel K mit dem gegebenen Radius r_K werde ein Zylinder einbeschrieben (siehe Abbildung F.3.6). Wie sind die Höhe h_Z und der Radius r_Z des Zylinders in Abhängigkeit von r_K zu wählen, damit die Mantelfläche des Zylinders maximal wird?

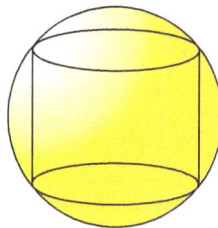

Abbildung F.3.6: Kugel mit einbeschriebenem Zylinder.

Tipps:

- Die Mantelfläche des Zylinders berechnet sich $O_Z = 2\pi r_Z h_Z$.

- Eine Grafik und ein wenig Pythagoras:

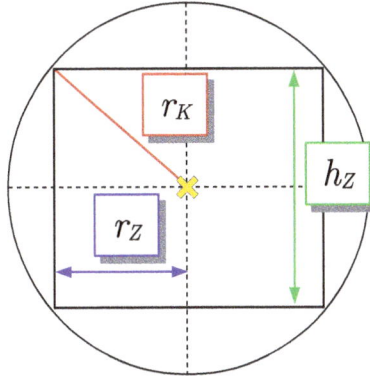

Abbildung F.3.7: Zylinder und Kugel von der Seite betrachtet.

- Ableiten von Wurzeln und Kettenregel nicht vergessen!

F.4 Aufgaben zu Kapitel VII.5.2

Aufgabe 1:
Gegeben sei die Funktion f mit

$$f(x) = \begin{cases} mx + 3 & \text{für } x \geq 2, \\ 2x^2 + 2n & \text{für } x < 2. \end{cases}$$

Welche Bedingung müssen $m, n \in \mathbb{R}$ erfüllen, damit die Funktion stetig ist? Für welche Werte von m und n ist die Funktion differenzierbar.

Aufgabe 2:
Gegeben sei die Funktion g mit

$$g(x) = \begin{cases} 3mx + 3m + 1 & \text{für } x \geq 3, \\ nx^2 - 2nx + 1 & \text{für } x < 3. \end{cases}$$

Für welche $m, n \in \mathbb{R}$ ist die Funktion stetig und differenzierbar?

F.5 Aufgaben zu Kapitel VII.6

Aufgabe 1:
Die vollständige Kurvendiskussion ist eine sehr technische Angelegenheit: Weniger denken, dafür mehr rechnen. Trotzdem liefert sie uns sehr wichtige Informationen über eine Funktion. Darum sollten wir sie recht sicher beherrschen und sie ein paar Mal selbst durchgeführt haben. Am besten wir fangen gleich mit dem Üben an.

Führen Sie an den folgenden beiden Funktionen dritten Grades eine vollständige Kurvendiskussion durch. Diese umfasst:

Die vollständige Kurvendiskussion der Reihe nach

1. Die Ableitungen (maximal 3)
2. Symmetrie des Schaubildes (gerade, ungerade)
3. Die Nullstellen
4. Verhalten für $x \to \pm\infty$ bzw. Definitionslücken
5. Die Extrempunkte
6. Die Wendepunkte
7. Das Schaubild

(a) $f(x) = x^3 + x^2 - 5x + 3$. (b) $g(x) = -x^3 + 3x^2 + 4x - 12$.

Aufgabe 2:
Gegeben ist die Funktion f mit der Gleichung $f(x) = \frac{1}{2}x^3 + \frac{5}{2}x^2 + x - 4$. Bestimmen Sie ihre Nullstellen und die Extremstellen.

Aufgabe 3:
Zeigen Sie durch Einsetzen von x und $-x$ in die Funktionsgleichung, dass das Schaubild der Funktion h mit $h(x) = 2x(x+1)^2 - 4x^2$ punktsymmetrisch ist. Wie geht der Nachweis auch?

Aufgabe 4:
Gegeben ist die Funktion f mit der Funktionsgleichung $f(x) = x^3 + 2x^2 - x - 2$.

(a) Bestimmen Sie die Nullstellen und die Extremstellen der Funktion.

(b) Zeichnen Sie das Schaubild K_f der Funktion in ein passendes Koordinatensystem.

(c) Beschreiben Sie das Randverhalten der Parabel. Von welchem in welchen Quadranten verläuft sie?

(d) Wie muss K_f in y-Richtung verschoben werden, damit eine doppelte Nullstelle entsteht?

Aufgabe 5:
Gegeben ist die Funktion g mit der Gleichung $g(x) = x^3 + x^2 - x - 1$.

(a) Bestimmen Sie die Produktform der Funktionsgleichung von g.

(b) Zeichnen Sie das Schaubild K_g in ein geeignetes Koordinatensystem.

(c) Beschreiben Sie das Randverhalten der Parabel. Von welchem in welchen Quadranten verläuft sie?

Aufgabe 6:
Die Funktion f habe die Gleichung $f(x) = \frac{3}{2}x^3 + x - \sqrt{5}$.

(a) Bestimmen Sie die Steigung von f an den Stellen $x = 0$, $x = \frac{1}{3}$ und $x = 2$.

(b) Bestimmen Sie die Gleichung der Tangente und der Normalen zu f bei $x = 0$.

(c) Warum gibt es keine Punkte, in denen das Schaubild von f eine waagrechte Tangente besitzt? Zeigen Sie dies durch eine entsprechende Rechnung.

Aufgabe 7:
Die Funktion f mit der Gleichung $f(x) = \frac{1}{3}x^3 + x^2 - 2x + 2$ hat zwei zur 1. Winkelhalbierenden parallele Tangenten.

(a) Bestimmen Sie für beide Tangenten den jeweiligen Berührpunkt.

(b) Bestimmen Sie die Gleichung der Tangente an das Schaubild von f in $x = 0$.

Aufgabe 8:
Es sei $f(x) = x^3 - 2x^2 + 1$. Bestimmen Sie die Gleichung der Tangente an das Schaubild von f, die durch den Punkt $P(0/1)$ geht.

F.6 Ergebnisse zu Kapitel VII

F.6.1 Ergebnisse zu Kapitel VII.1

Aufgabe 1:

(a) $f'(1) = 4$

(b) $f'(-1) = 2$

(c) $f'(2) = \frac{1}{2\sqrt{2}}$

(d) $f'(4) = 304$

(e) $f'(1) = 5$

(f) $f'(1) = -2$

(g) $f'(3) = \frac{4\sqrt[3]{3}}{3}$

Aufgabe 2:
   (a) $f'(1) = 3$ (b) $f'(1) = 3$
   (c) $f'(2) = \frac{1}{2\sqrt{3}}$ (d) $f'(1) = 5$
   (e) $f'(3) = 215$ (f) $f'(2) = -\frac{3}{4}$
   (g) $f'(1) = 1$

Aufgabe 3:
Es ergibt sich $f_n'(x) = n \cdot x^{(n-1)}$ als Ableitungsregel.

Aufgabe 4:
Nachweis zu Aufgabe 3 mit Ausschluss der verschwindenden Terme bei der h-Methode (z.B.).

Aufgabe 5:
Ausklammern von m und Betrachtung der einzelnen Summanden führt zu der gezeigten Funktionsgleichung.

F.6.2 Ergebnisse zu Kapitel VII.3.5

Aufgabe 1:
Ist $f = u \cdot v \cdot w$, dann können wir durch zweifache Anwendung der Produktregel zeigen, dass $f' = u'vw + uv'w + uvw'$ gilt.

Aufgabe 2:
   (a) $a'(x) = \frac{3 \cdot \sqrt{x^2+1}}{2 \cdot \sqrt{x}} + \frac{3 \cdot \sqrt{x^3}}{\sqrt{x^2+1}}$ (b) $b'(x) = 3 \cdot (4x^2 - 3x)^2 \cdot (8x - 3)$
   (c) $c'(x) = 4x^3 - 6x + \frac{1}{2 \cdot \sqrt{x-1}}$ (d) $d'(x) = 3 \cdot t^3 \cdot x^2 - \frac{2}{t} \cdot x - 1$
   (e) $e'(x) = \frac{4x}{(x^2+1)^2}$ (f) $f'(x) = \frac{1}{2 \cdot \sqrt{x} \cdot \sqrt{x-1}} - \frac{\sqrt{x-1}}{2 \cdot \sqrt{x^3}}$

Aufgabe 3:
Schreiben wir $f(x) = u(x) \cdot (v(x))^{-1}$, wenden hierauf die Produktregel und auf den zweiten Faktor die Kettenregel an, so erhalten wir, nachdem wir die beiden Summanden nach dem Ableiten wieder nennergleich gemacht haben, die bekannte Quotientenregel.

F.6.3 Ergebnisse zu Kapitel VII.4.3

Aufgabe 1: Die minimale Zeit beläuft sich auf ca. 47,7 Sekunden, der dazugehörige Weg beträgt etwa 178,66 Meter.

Aufgabe 2:

(a) Insgesamt sind es 5896,30 Meter.

(b) Es ist $d(x) = \frac{1807,3704+u}{333,33} \cdot x + \frac{4}{7}u + 1225,4127 - \frac{1}{10000} \cdot x \cdot (x - 300)^2$. Die weitere Vorgehensweise ist: Das Minimum muss nun für x in Abhängigkeit von u gefunden werden. Das unbekannte u wird dann bestimmt, indem man fordert, dass das Minimum genau $\frac{8}{5}$ beträgt (siehe hierzu Aufgabentext: Mindestabstand und verwendete Einheiten).

Aufgabe 3:

(a) $x_1 = -1$, $x_2 = 2$, $x_3 = 3$

(b) Funktioniert, da die Diskriminante immer größer als 0 ist.

(c) $S_1(-1/0)$, $S_2(2/0)$

Aufgabe 4:
Es muss $x = \frac{10}{3}$ Zentimeter sein.

Aufgabe 5:

(a) $x = \frac{5-\sqrt{13}}{6} \cdot b$

(b) Verhältnis $1:1$

(c) Verhältnis $1:1$

(d) $x = \frac{b}{4}$

(e) $b = \frac{102}{4-\sqrt{7}} \approx 75,3185$ LE und $V = 134832,4$ VE

Aufgabe 6:
$t = \frac{1}{3}$ und der Flächeninhalt beträgt 32 FE.

Aufgabe 7:
$h_Z = \sqrt{2} \cdot r_K$, $r_Z = \frac{\sqrt{2}}{2} \cdot r_K$

F.6.4 Ergebnisse zu Kapitel VII.5.2

Aufgabe 1:
Es muss gelten, dass $m - n = 2,5$. Für die Differenzierbarkeit muss $m = 8$ und $n = 5,5$ sein.

Aufgabe 2:
Hier muss gelten, dass $m = n = 0$.

F.6.5 Ergebnisse zu Kapitel VII.6

Aufgabe 1:

(a) Ableitungen: $f'(x) = 3x^2 + 2x - 5$, $f''(x) = 6x + 2$, $f'''(x) = 6$; keine erkennbare Symmetrie; Nullstellen: $x_{1/3} = 1$, $x_2 = -3$; für $x \to \infty$ folgt $f(x) \to \infty$, für $x \to -\infty$ folgt $f(x) \to -\infty$; Tiefpunkt $T(1/0)$, Hochpunkt $H(-\frac{5}{3}/\frac{256}{27})$, Wendepunkt $W(-\frac{1}{3}/\frac{128}{27})$

(b) Ableitungen: $g'(x) = -3x^2 + 6x + 4$, $g''(x) = -6x + 6$, $g'''(x) = -6$; keine erkennbare Symmetrie; Nullstellen: $x_1 = -2$, $x_2 = 2$, $x_3 = 3$; für $x \to \infty$ folgt $g(x) \to -\infty$, für $x \to -\infty$ folgt $g(x) \to \infty$; Tiefpunkt $T(-0{,}5275/-13{,}128)$, Hochpunkt $H(2{,}5275/1{,}128)$, Wendepunkt $W(1/-6)$

Aufgabe 2:

- Nullstellen: $x_1 = -4$, $x_2 = -2$ und $x_3 = 1$
- Extremstellen: $x_{E1/2} = \frac{-5\pm\sqrt{19}}{3}$

Aufgabe 3:
Es ist $-h(x) = h(-x)$. Vereinfacht man den Funktionsterm, sieht man, dass dieser nur ungerade Hochzahlen besitzt ($h(x) = 2x^3 + 2x$).

Aufgabe 4:

(a) Nullstellen: $x_1 = -2$, $x_2 = -1$, $x_3 = 1$; Extremstellen: $x_{E1/2} = \frac{-2\pm\sqrt{7}}{3}$

(b) Siehe Abbildung F.6.1.

(c) Für $x \to \pm\infty$ gilt $f(x) \to \pm\infty$, da für betragsmäßig große x der Term x^3 dominiert. Sie verläuft vom III. in den I. Quadranten.

(d) Wir berechnen die y-Werte von Hoch- und Tiefpunkt. Dann verschieben wir entweder um 0,631 (y-Wert Hochpunkt) nach unten oder um 2,113 nach oben (y-Wert Tiefpunkt ist $-2{,}113$).

Aufgabe 5:

(a) $g(x) = (x - 1) \cdot (x + 1)^2$

(b) Siehe Abbildung F.6.2.

(c) Für $x \to \pm\infty$ gilt $f(x) \to \pm\infty$, da für betragsmäßig große x der Term x^3 dominiert. Sie verläuft vom III. in den I. Quadranten.

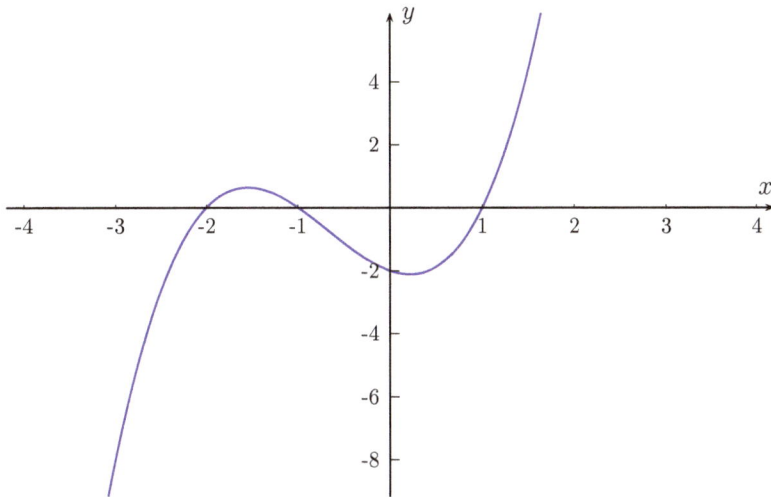

Abbildung F.6.1: Schaubild zu Aufgabe 4.

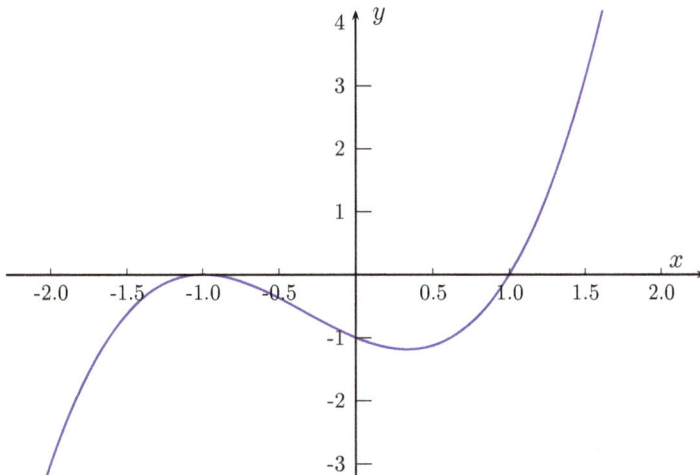

Abbildung F.6.2: Schaubild zu Aufgabe 5.

Aufgabe 6:

(a) Die Steigungen sind $f'(0) = 1$, $f'(\frac{1}{3}) = \frac{3}{2}$, $f'(2) = 19$.

(b) Tangente: $t(x) = x - \sqrt{5}$; Normale: $n(x) = -x - \sqrt{5}$

(c) Es ist $f'(x) = \frac{9}{2}x^2 + 1$. Die Gleichung $f'(x) = 0$ lässt sich daher in $\mathbb{R}$ nicht lösen, da aus negativen Zahlen ($x^2 = -\frac{2}{9}$) keine Wurzel gezogen werden kann.

Aufgabe 7:

(a) Die Berührpunkte sind $B_1(-3/8)$ und $B_2(1/\frac{4}{3})$.

(b) Tangente: $t(x) = -2x + 2$

Aufgabe 8:
Es gibt zwei Tangenten. Deren Gleichungen lauten $t_1(x) = 1$ und $t_2(x) = -x + 1$.

F.7 Lösungswege zu Kapitel VII

F.7.1 Lösungswege zu Kapitel VII.1

Aufgabe 1 – Lösungsweg:
Wir setzen sofort den Wert für x_0 ein und versuchen umzuformen:

(a) *Vorgabe:* $f(x) = 2x^2$ und $x_0 = 1$.

$$\frac{2x^2 - 2 \cdot 1^2}{x - 1} = \frac{2x^2 - 2}{x - 1} = 2 \cdot \frac{x^2 - 1}{x - 1} = 2 \cdot \frac{(x+1) \cdot (x-1)}{x-1} = 2 \cdot (x+1).$$

Damit bilden wir den Grenzwert:

$$\lim_{x \to 1} \frac{2x^2 - 2}{x - 1} = \lim_{x \to 1} (2 \cdot (x+1)) = 4.$$

(b) *Vorgabe:* $f(x) = x^3 - x$ und $x_0 = -1$.

$$\frac{x^3 - x - ((-1)^3 - (-1))}{x + 1} = \frac{x^3 - x}{x + 1} = x \cdot \frac{x^2 - 1}{x + 1} = x \cdot \frac{(x+1) \cdot (x-1)}{x+1}$$
$$= x \cdot (x - 1).$$

Damit bilden wir den Grenzwert:

$$\lim_{x \to -1} \frac{x^3 - x}{x + 1} = \lim_{x \to -1} (x \cdot (x-1)) = 2.$$

(c) *Vorgabe:* $f(x) = \sqrt{x}$ und $x_0 = 2$.

$$\frac{\sqrt{x} - \sqrt{2}}{x - 2} = \frac{\sqrt{x} - \sqrt{2}}{(\sqrt{x} - \sqrt{2}) \cdot (\sqrt{x} + \sqrt{2})} = \frac{1}{\sqrt{x} + \sqrt{2}}$$

Damit bilden wir den Grenzwert:

$$\lim_{x \to 2} \frac{\sqrt{x} - \sqrt{2}}{x - 2} = \lim_{x \to 2} \frac{1}{\sqrt{x} + \sqrt{2}} = \frac{1}{2\sqrt{2}}.$$

(d) *Vorgabe:* $f(x) = x^4 + x^3 - 1$ und $x_0 = 4$.

$$\frac{x^4 + x^3 - 1 - (4^4 + 4^3 - 1)}{x - 4} = \frac{x^4 + x^3 - 320}{x - 4}$$

Das Horner-Schema liefert:

$$
\begin{array}{r|rrrrr}
 & 1 & 1 & 0 & 0 & -320 \\
x = 4 & & 4 & 20 & 80 & 320 \\
\hline
 & 1 & 5 & 20 & 80 & 0 \quad = f(4)
\end{array}
$$

Damit haben wir den Ausdruck

$$\frac{x^4 + x^3 - 320}{x - 4} = x^3 + 5x^2 + 20x + 80$$

gefunden. Damit bilden wir den Grenzwert:

$$\lim_{x \to 4} \frac{x^4 + x^3 - 320}{x - 4} = \lim_{x \to 4} \left(x^3 + 5x^2 + 20x + 80 \right) = 304.$$

(e) *Vorgabe:* $f(x) = x^5$ und $x_0 = 1$.

$$\frac{x^5 - 1}{x - 1}$$

Das Horner-Schema liefert:

$$
\begin{array}{r|rrrrrr}
 & 1 & 0 & 0 & 0 & 0 & -1 \\
x = 1 & & 1 & 1 & 1 & 1 & 1 \\
\hline
 & 1 & 1 & 1 & 1 & 1 & 0 \quad = f(1)
\end{array}
$$

Damit haben wir den Ausdruck

$$\frac{x^5 - 1}{x - 1} = x^4 + x^3 + x^2 + x + 1$$

gefunden. Damit bilden wir den Grenzwert:

$$\lim_{x \to 1} \frac{x^5 - 1}{x - 1} = \lim_{x \to 1} \left(x^4 + x^3 + x^2 + x + 1 \right) = 5.$$

(f) *Vorgabe:* $f(x) = \frac{1}{x^2}$ und $x_0 = 1$.

$$\frac{\frac{1}{x^2} - \frac{1}{1^2}}{x - 1} = \frac{\frac{1}{x^2} - 1}{x - 1} = -\frac{1}{x^2} \cdot \frac{x^2 - 1}{x - 1}$$

$$= -\frac{1}{x^2} \cdot \frac{(x - 1) \cdot (x + 1)}{x - 1} = -\frac{x + 1}{x^2}$$

Damit bilden wir den Grenzwert:

$$\lim_{x \to 1} \frac{\frac{1}{x^2} - 1}{x - 1} = \lim_{x \to 1} \left(-\frac{x + 1}{x^2} \right) = -2.$$

(g) *Vorgabe:* $f(x) = \sqrt[3]{x^4} = x^{\frac{4}{3}}$ und $x_0 = 3$.

$$\frac{x^{\frac{4}{3}} - 3^{\frac{4}{3}}}{x - 3}$$

Jetzt wird es etwas trickreich (mit der 3. Binomischen Formel im Doppelpack):

$$x^{\frac{4}{3}} - 3^{\frac{4}{3}} = \left(x^{\frac{2}{3}}\right)^2 - \left(3^{\frac{2}{3}}\right)^2 = \left(x^{\frac{2}{3}} + 3^{\frac{2}{3}}\right) \cdot \left(x^{\frac{2}{3}} - 3^{\frac{2}{3}}\right)$$

$$= \left(x^{\frac{2}{3}} + 3^{\frac{2}{3}}\right) \cdot \left(\left(x^{\frac{1}{3}}\right)^2 - \left(3^{\frac{1}{3}}\right)^2\right) = \left(x^{\frac{2}{3}} + 3^{\frac{2}{3}}\right) \cdot \left(x^{\frac{1}{3}} + 3^{\frac{1}{3}}\right) \cdot \left(x^{\frac{1}{3}} - 3^{\frac{1}{3}}\right)$$

Nun haben wir

$$\frac{x^{\frac{4}{3}} - 3^{\frac{4}{3}}}{x - 3} = \frac{\left(x^{\frac{2}{3}} + 3^{\frac{2}{3}}\right) \cdot \left(x^{\frac{1}{3}} + 3^{\frac{1}{3}}\right) \cdot \left(x^{\frac{1}{3}} - 3^{\frac{1}{3}}\right)}{x - 3}.$$

Wir berechnen $(x - 3) : \left(x^{\frac{1}{3}} - 3^{\frac{1}{3}}\right)$, was eigentlich der Kehrwert dessen ist, was wir beim Kürzen dann herausbekommen (das können wir am Ende aber ja wieder drehen):

$$
\begin{array}{ll}
(x \ \ -3) & \qquad : (x^{\frac{1}{3}} - 3^{\frac{1}{3}}) = x^{\frac{2}{3}} + 3^{\frac{1}{3}}x^{\frac{1}{3}} + 3^{\frac{2}{3}} \\
\underline{-(x \ -3^{\frac{1}{3}}x^{\frac{2}{3}})} & \\
\quad 3^{\frac{1}{3}}x^{\frac{2}{3}} \quad -3 & \\
\quad \underline{-(3^{\frac{1}{3}}x^{\frac{2}{3}} \ -3^{\frac{2}{3}}x^{\frac{2}{3}})} & \\
\quad\quad 3^{\frac{2}{3}}x^{\frac{2}{3}} \quad -3 & \\
\quad\quad \underline{-(3^{\frac{2}{3}}x^{\frac{2}{3}} \ -3)} & \\
\quad\quad\quad 0 &
\end{array}
$$

Setzen wir das alles ein, so erhalten wir den Ausdruck:

$$\frac{x^{\frac{4}{3}} - 3^{\frac{4}{3}}}{x - 3} = \frac{\left(x^{\frac{2}{3}} + 3^{\frac{2}{3}}\right) \cdot \left(x^{\frac{1}{3}} + 3^{\frac{1}{3}}\right)}{x^{\frac{2}{3}} + 3^{\frac{1}{3}}x^{\frac{1}{3}} + 3^{\frac{2}{3}}}.$$

Damit bilden wir den Grenzwert:

$$\lim_{x \to 3} \frac{x^{\frac{4}{3}} - 3^{\frac{4}{3}}}{x - 3} = \lim_{x \to 3} \frac{\left(x^{\frac{2}{3}} + 3^{\frac{2}{3}}\right) \cdot \left(x^{\frac{1}{3}} + 3^{\frac{1}{3}}\right)}{x^{\frac{2}{3}} + 3^{\frac{1}{3}}x^{\frac{1}{3}} + 3^{\frac{2}{3}}} = \frac{4\sqrt[3]{3}}{3}.$$

Aufgabe 2 – Lösungsweg:
Wir setzen sofort den Wert für x_0 ein und versuchen umzuformen:

(a) *Vorgabe:* $f(x) = x^3$ und $x_0 = 1$.

$$\frac{(1+h)^3 - 1^3}{h} = \frac{3h + 3h^2 + h^3}{h} = 3 + 3h + h^2.$$

Damit bilden wir den Grenzwert:

$$\lim_{h\to 0}\frac{3h + 3h^2 + h^3}{h} = \lim_{h\to 0}\left(3 + 3h + h^2\right) = 3.$$

(b) *Vorgabe:* $f(x) = x^4 - x$ und $x_0 = 1$.

$$\frac{(1+h)^4 - (1+h) - (1^4 - 1)}{h} = \frac{3h + 6h^2 + 4h^3 + h^4}{h} = 3 + 6h + 4h^2 + h^3.$$

Damit bilden wir den Grenzwert:

$$\lim_{h\to 0}\frac{3h + 6h^2 + 4h^3 + h^4}{h} = \lim_{h\to 0}\left(3 + 6h + 4h^2 + h^3\right) = 3.$$

(c) *Vorgabe:* $f(x) = \sqrt{x+1}$ und $x_0 = 2$.

$$\frac{\sqrt{2+h+1} - \sqrt{2+1}}{h} = \frac{\sqrt{3+h} - \sqrt{3}}{h} \cdot \underbrace{\frac{\sqrt{3+h} + \sqrt{3}}{\sqrt{3+h} + \sqrt{3}}}_{\text{ergänzt}}$$

$$= \frac{3 + h - 3}{h \cdot \left(\sqrt{3+h} + \sqrt{3}\right)} = \frac{1}{\sqrt{3+h} + \sqrt{3}}.$$

Damit bilden wir den Grenzwert:

$$\lim_{h\to 0}\frac{\sqrt{3+h} - \sqrt{3}}{h} = \lim_{h\to 0}\left(\frac{1}{\sqrt{3+h} + \sqrt{3}}\right) = \frac{1}{2\sqrt{3}}.$$

(d) *Vorgabe:* $f(x) = x^5$ und $x_0 = 1$.

$$\frac{(1+h)^5 - 1^5}{h} = \frac{5h + 10h^2 + 10h^3 + 5h^4 + h^5}{h} = 5 + 10h + 10h^2 + 5h^3 + h^4.$$

Damit bilden wir den Grenzwert:

$$\lim_{h\to 0}\frac{5h + 10h^2 + 10h^3 + 5h^4 + h^5}{h} = \lim_{h\to 0}\left(5 + 10h + 10h^2 + 5h^3 + h^4\right) = 5.$$

(e) *Vorgabe:* $f(x) = 2x^4 - x$ und $x_0 = 3$.

$$\frac{2(3+h)^4 - (3+h) - (2 \cdot 3^4 - 3)}{h} = \frac{215h + 108h^2 + 24h^3 + 2h^4}{h}$$
$$= 215h + 108h^2 + 24h^3 + 2h^4.$$

Damit bilden wir den Grenzwert:

$$\lim_{h\to 0}\frac{215h + 108h^2 + 24h^3 + 2h^4}{h} = \lim_{h\to 0}\left(215h + 108h^2 + 24h^3 + 2h^4\right) = 215.$$

(f) *Vorgabe:* $f(x) = \frac{3}{x}$ und $x_0 = 2$.
Hier machen wir nennergleich.

$$\frac{\frac{3}{2+h} - \frac{3}{2}}{h} = \frac{\frac{6}{2\cdot(2+h)} - \frac{6+3h}{2\cdot(2+h)}}{h} = \frac{-3h}{h\cdot 2\cdot(2+h)} = \frac{-3}{2\cdot(2+h)}.$$

Damit bilden wir den Grenzwert:

$$\lim_{h\to 0}\frac{\frac{3}{2+h} - \frac{3}{2}}{h} = \lim_{h\to 0}\frac{-3}{2\cdot(2+h)} = -\frac{3}{4}.$$

(g) *Vorgabe:* $f(x) = 3x^{\frac{1}{3}}$ und $x_0 = 1$.

$$\frac{3\cdot(1+h)^{\frac{1}{3}} - 3\cdot 1^{\frac{1}{3}}}{h} = 3\cdot\frac{(1+h)^{\frac{1}{3}} - 1}{h}$$

Nun wird etwas trickreicher erweitert:

$$3\cdot\frac{(1+h)^{\frac{1}{3}} - 1}{h}\cdot\frac{(1+h)^{\frac{2}{3}} + (1+h)^{\frac{1}{3}} + 1}{(1+h)^{\frac{2}{3}} + (1+h)^{\frac{1}{3}} + 1}$$
$$= 3\cdot\frac{1 + h - 1}{h\cdot\left((1+h)^{\frac{2}{3}} + (1+h)^{\frac{1}{3}} + 1\right)} = 3\cdot\frac{1}{(1+h)^{\frac{2}{3}} + (1+h)^{\frac{1}{3}} + 1}$$

Damit bilden wir den Grenzwert:

$$\lim_{h\to 0}\left(3\cdot\frac{(1+h)^{\frac{1}{3}} - 1}{h}\right) = 3\cdot\lim_{h\to 0}\frac{1}{(1+h)^{\frac{2}{3}} + (1+h)^{\frac{1}{3}} + 1} = 3\cdot\frac{1}{3} = 1.$$

Aufgabe 3 – Lösungsweg:
Wir bestimmen kurz alle Ableitungsfunktionen mit Hilfe der h-Methode:

- Für x:

$$f_1'(x) = \lim_{h\to 0}\frac{x + h - x}{h} = \lim_{h\to 0}\frac{h}{h} = \lim_{h\to 0}1 = 1.$$

- Für x^2:

$$f_2'(x) = \lim_{h \to 0} \frac{(x+h)^2 - x^2}{h} = \lim_{h \to 0} \frac{2hx + h^2}{h} = \lim_{h \to 0} (2x + h) = 2x.$$

- Für x^3:

$$f_3'(x) = \lim_{h \to 0} \frac{(x+h)^3 - x^3}{h} = \lim_{h \to 0} \frac{3hx^2 + 3h^2x + h^3}{h} = \lim_{h \to 0} \left(3x^2 + 3hx + h^2\right) = 3x^2.$$

- Für x^4:

$$f_4'(x) = \lim_{h \to 0} \frac{(x+h)^4 - x^4}{h} = \lim_{h \to 0} \frac{4hx^3 + 6h^2x^2 + 4h^3x + h^4}{h}$$
$$= \lim_{h \to 0} \left(4x^3 + 6hx^2 + 4h^2x + h^3\right) = 4x^3.$$

Betrachten wir die Ergebnisse, liegt die Vermutung nahe, dass für f_n mit $f_n(x) = x^n$ die folgende Ableitungsregel gilt:

$$f_n'(x) = n \cdot x^{n-1}.$$

Aufgabe 4 – Lösungsweg:
Wir wollen die Funktion f mit $f(x) = x^n$ und $n \in \mathbb{N}$ ableiten und verwenden dazu die h-Methode. Die 0 als Index lassen wir sofort weg und sparen uns die Umbenennung, welche wir bisher immer vorgenommen haben. Es ist

$$\frac{f(x+h) - f(x)}{h} = \frac{(x+h)^n - x^n}{h}.$$

Wenn wir $(x+h)^n$ ausrechnen wollen, dann benötigen wir eigentlich das Pascalsche Dreieck (siehe Zusatz 09). Das können wir uns aber sparen, wenn wir uns das Folgende klar machen: Rechnen wir $(x+h)^n$ aus, dann entsteht eine Summe, deren Summanden Produkte aus h und x sind. Die Hochzahlen von h und x in einem Produkt lassen sich dabei immer zu n addieren, z.B. $x^2 \cdot h^{n-2}$. Wir erhalten also

$$(x+h)^n = ?x^n + ?x^{n-1}h^1 + ?x^{n-2}h^2 + \ldots x^2h^{n-2} + x^1h^{n-1} + ?h^n.$$

Welchen Wert die Fragezeichen haben, interessiert uns nur im Fall von x^n und $x^{n-1}h$, weil alle anderen Summanden einen Faktor h^i mit $2 \leq i \leq n$ besitzen, welcher durch Kürzen mit h nicht gänzlich verschwindet[1]. Wir wollen uns also die beiden gesuchten Vorzahlen/Koeffizienten überlegen:

Schreiben wir den Term $(x+h)^n$ aus, so ist $(x+h)^n = (x+h) \cdot (x+h) \cdot \ldots \cdot (x+h)$ mit n Faktoren an der Zahl. Jede Klammer besitzt genau ein x und nur wenn alle miteinander

---

[1] Wir dividieren beim Differenzenquotienten ja bekanntlich durch h.

multipliziert werden, dann ergibt sich x^n als Summand. Das bedeutet aber, dass dieser nur den Koeffizienten 1 haben kann, da er ja einmalig ist.

Kümmern wir uns um den Koeffizienten von $x^{n-1}h$: Nehmen wir aus den ersten $n-1$ Klammern das x und aus der letzten das h, so haben wir schon einmal einen der gesuchten Summanden. Nun können wir aber auch aus den ersten $n-2$ Klammern das x nehmen, aus der $(n-1)$-ten das h und die letzte und n-te Klammer liefert uns wieder ein x. Damit haben wir schon einen zweiten Summanden der Form $x^{n-1}h$ gefunden, da die Multiplikation von Zahlen bekanntermaßen kommutativ ist. Spinnen wir den begonnenen Gedanken weiter, so können wir das h aus jeder der n Klammern wählen, die anderen liefern die x. Daher können wir n Mal den Summanden $x^{n-1}h$ finden, womit der Koeffizient nur n sein kann. Wir halten fest:

$$(x+h)^n = x^n + n \cdot x^{n-1}h + \ldots.$$

Bilden wir abschließend den Grenzwert für $h \to 0$, so erhalten wir

$$\lim_{h\to 0} \frac{(x+h)^n - x^n}{h} = x^n + n \cdot x^{n-1} - x^n = n \cdot x^{n-1}.$$

Alle anderen Summanden enthalten nach der Division immer noch mindestens einen Faktor h, sodass sie beim Grenzübergang verschwinden.

Aufgabe 5 – Lösungsweg:
Mit der h-Methode können wir das Folgende notieren:

$$\frac{f(x+h)-f(x)}{h} = \frac{m \cdot g(x+h)+c-(m \cdot g(x)+c)}{h} = m \cdot \frac{g(x+h)-g(x)}{h}$$

Wir bilden den Grenzwert, was möglich ist, da g laut Voraussetzung ja differenzierbar ist.

$$\lim_{h\to 0} \frac{f(x+h)-f(x)}{h} = \lim_{h\to 0}\left(m \cdot \frac{g(x+h)-g(x)}{h}\right) = m \cdot \lim_{h\to 0}\frac{g(x+h)-g(x)}{h}$$
$$= m \cdot g'(x) = f'(x).$$

Das wollten wir zeigen.

F.7.2 Lösungswege zu Kapitel VII.3.5

Aufgabe 1 – Lösungsweg:
Wir setzen $f = u \cdot v \cdot w$. Das Argument lassen wir aus Gründen der Übersicht weg (und weil wir schreibfaul sind). Nun fassen wir zwei Faktoren zu einem zusammen und sehen diesen als eine Einheit im ersten Schritt an. Es ist $f = (uv) \cdot w$. Wir leiten ab und verwenden die normale Produktregel dazu:

$$f' = (uv)' \cdot w + (uv) \cdot w'.$$

Um (uv) abzuleiten, benötigen wir wieder die Produktregel. Es ist

$$(uv)' = u' \cdot v + u \cdot v'.$$

Setzen wir das in den ersten Schritt ein, dann erhalten wir die Produktregel für drei Faktoren:

$$f' = u' \cdot v \cdot w + u \cdot v' \cdot w + u \cdot v \cdot w'.$$

Aufgabe 2 – Lösungsweg:

(a) Produkt- und Kettenregel werden gebraucht:

$$a'(x) = 3 \cdot \frac{1}{2\sqrt{x}} \cdot \sqrt{x^2 + 1} + 3 \cdot \sqrt{x} \cdot \frac{1}{2\sqrt{x^2 + 1}} \cdot 2x$$

$$= \frac{3 \cdot \sqrt{x^2 + 1}}{2 \cdot \sqrt{x}} + \frac{3 \cdot \sqrt{x^3}}{\sqrt{x^2 + 1}}.$$

(b) Die Kettenregel liefert:

$$b'(x) = 3 \cdot \left(4x^2 - 3x\right) \cdot (8x - 3).$$

(c) Die Summenregel und die Kettenregel liefern:

$$c'(x) = 4x^3 - 6x + \frac{1}{2 \cdot \sqrt{x - 1}}.$$

(d) Hier brauchen wir nur die Summenregel. Der Parameter t soll uns nicht stören, denn wir leiten nach x ab.

$$d'(x) = 3t^3 \cdot x^2 - \frac{2}{t} \cdot x - 1.$$

(e) Und endlich kommt mal die Quotientenregel zum Einsatz:

$$e'(x) = \frac{2x \cdot (x^2 + 1) - 2x \cdot (x^2 - 1)}{(x^2 + 1)^2} = \frac{4x}{(x^2 + 1)^2}.$$

(f) Nochmal die Quotientenregel (und eigentlich auch die Kettenregel, die innere Ableitung ist aber immer 1, darum lassen wir sie weg):

$$f'(x) = \frac{\frac{1}{2\sqrt{x-1}} \cdot \sqrt{x} - \frac{1}{2\sqrt{x}} \cdot \sqrt{x - 1}}{x} = \frac{1}{2 \cdot \sqrt{x}\sqrt{x - 1}} - \frac{\sqrt{x - 1}}{\sqrt{x^3}}.$$

Aufgabe 3 – Lösungsweg:

Wir lassen das Argument wieder weg (Begründung wie in Aufgabe 1) und schreiben wie folgt um:

$$f = \frac{u}{v} = u \cdot [v]^{-1}.$$

Jetzt wenden wir die Kettenregel an, wobei wir zur Ableitung von $[v]^{-1}$ die Kettenregel benötigen, denn $[\ldots]^{-1}$ ist die äußere und v die innere Funktion. Wir erhalten:

$$f' = u' \cdot [v]^{-1} + u \cdot \underbrace{(-1) \cdot [v]^{-2}}_{\text{außen}} \cdot \underbrace{v'}_{\text{innen}} = \frac{u'}{v} - \frac{u \cdot v'}{v^2}.$$

Im letzten Schritt haben wir die Schreibweise vom Anfang wieder rückgängig gemacht. Erweitern wir den ersten Term jetzt mit $\frac{v}{v}$, so ergibt sich insgesamt

$$f' = \frac{u'v - uv'}{v^2}.$$

Das wollten wir zeigen.

F.7.3 Lösungswege zu Kapitel VII.4.3

Aufgabe 1 – Lösungsweg:

Wir betrachten zur Lösung der Aufgabe Abbildung F.7.1.

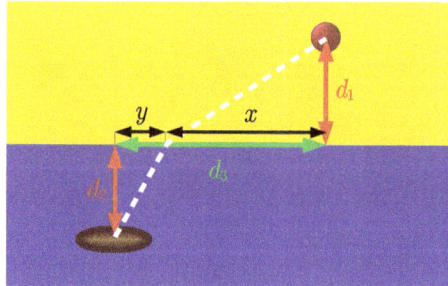

Abbildung F.7.1: Ergänzung der vorgegebenen Skizze.

Der Bademeister gehe, wie in Abbildung F.7.1 gezeigt, an einer bestimmten Stelle ins Wasser. Dann hat er nach eben jener Skizze an Land den Weg

$$s_L(x) = \sqrt{d_1^2 + x^2}$$

zurückgelegt und er hat dafür die Zeit

$$t_L(x) = \frac{s_L}{v_L} = \frac{1}{v_L} \cdot \sqrt{d_1^2 + x^2}$$

benötigt. Die gleichen Überlegungen lassen sich für den Wasserweg durchführen und wir erhalten

$$s_W(y) = \sqrt{d_2^2 + y^2}$$

und

$$t_W(y) = \frac{s_W}{v_W} = \frac{1}{v_W} \cdot \sqrt{d_2^2 + y^2}$$

mit der Geschwindigkeit $v_W = 0,4 \cdot v_L$ im Wasser. Da wir als Nebenbedingung $x + y = d_3$ gegeben haben, können wir die Wassergleichungen mit $y = d_3 - x$ umschreiben zu

$$s_W(x) = \sqrt{d_2^2 + (d_3 - x)^2}$$

und

$$t_W(x) = \frac{1}{v_W} \cdot \sqrt{d_2^2 + (d_3 - x)^2}.$$

Die zu minimierende Funktion ist nun nach dem Aufgabentext die der Gesamtzeit t, wobei $0 \leq x \leq 200$ für die Laufvariable x gilt. Es ist

$$t(x) = t_L(x) + t_W(x) = \frac{1}{v_L} \cdot \sqrt{d_1^2 + x^2} + \frac{1}{v_W} \cdot \sqrt{d_2^2 + (d_3 - x)^2}.$$

Die notwendige Bedingung lautet $t'(x) = 0$, was hier explizit

$$t'(x) = \underbrace{\frac{x}{v_L\sqrt{d_1^2 + x^2}}}_{\text{einfache Kettenregel}} - \underbrace{\frac{(d_3 - x)}{v_W\sqrt{d_2^2 + (d_3 - x)^2}}}_{\text{zweifache Kettenregel}} = 0$$

ergibt.

Eine Untersuchung mit einem graphischen Taschenrechner oder dergleichen fördert den in Abbildung F.7.2 gezeigten Graph von t für die vorgegebenen Werte zu Tage.

Die minimale Zeit ist $t_{\min} \approx 47{,}695$ Sekunden und ergibt sich für $x_{\min} \approx 178{,}660$ Meter.

Aufgabe 2 – Lösungsweg:

(a) Wir wollen wissen, wie viele Meter man insgesamt nach oben und wie viele Meter man insgesamt nach unten muss, wobei nur der reine Höhenunterschied interessiert. Somit reicht es die Spitzen der Berge zu berechnen, d.h. die Maxima der gegebenen Funktionen, wobei wir uns bei zusätzlichen Untersuchungen hierzu auf die Profile beziehen können (keine 2. Ableitung etc. notwendig).

Für das Rothorn berechnen wir mit Hilfe der Produktregel

$$\begin{aligned} p_R'(x) &= -\tfrac{1}{50000} \cdot (x + 400)^2 - \tfrac{1}{50000} \cdot x \cdot 2 \cdot (x + 400) \\ &= -\tfrac{1}{50000} \cdot (x + 400) \cdot (3x + 400) = 0 \end{aligned}$$

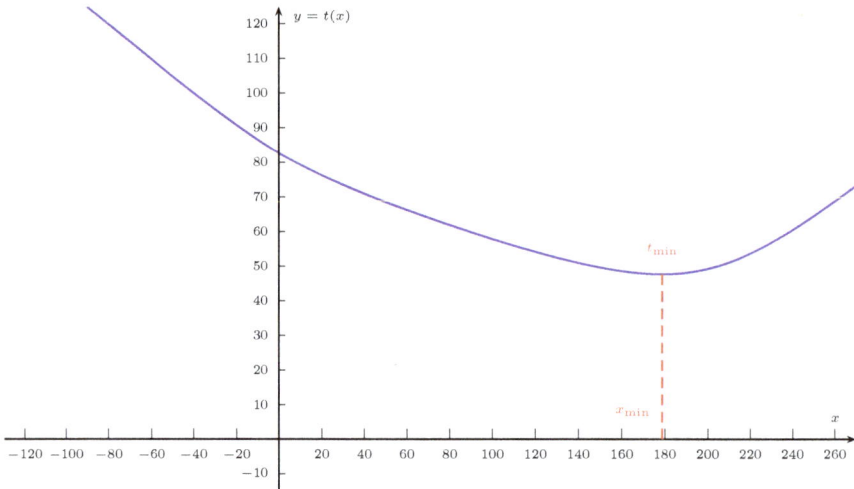

Abbildung F.7.2: Verlauf der Zeitfunktion (in Abhängigkeit vom Weg) bei Aufgabe 1.

Diesen Ausdruck setzen wir gleich 0 und erhalten durch den Satz vom Nullprodukt die beiden Ergebnisse

$$x_1 = -\frac{400}{3} \text{ und } x_2 = -400.$$

Der vorgegebene Skizze in Figur 1 entnehmen wir, dass

$$x_1 = -\frac{400}{3}$$

unser Wert ist. Wir erhalten dann

$$p_R\left(-\frac{400}{3}\right) = 189{,}6296,$$

und da in Einheiten von 5 Metern gemessen wird, erhalten wir eine Höhe von 948,15 Metern für das Rothorn.

Für die Blaukappe liefert die hierzu analoge Rechnung

$$p'_B(x) = \frac{1}{10000} \cdot (x - 300) \cdot (3x - 300) = 0 \Rightarrow x_1 = 100,$$

wobei wir den nicht benötigten Wert schon weggelassen haben. Es ist dann

$$p_B(100) = 400$$

und die Berücksichtigung der Einheiten ergibt eine Höhe von 2000 Metern für die Blaukappe.

Damit muss jemand, der von Talbach nach Bachtal oder umgekehrt wandern will,

$$2 \cdot (2000\,\text{m} + 948{,}15\,\text{m}) = 5896{,}30\,\text{m}$$

Höhenunterschied zurücklegen, da er laut Skizze und nach den Funktionstermen das Rothorn einmal ganz rauf und runter gehen muss, ebenso bei der Blaukappe.

(b) Die Spitze der Station an der der Sessellift auf dem Rothorn montiert ist, befindet sich im Punkt

$$H_{SR}\left(-{}^{400}\!/_{\!3}/189{,}6296 + {}^{20}\!/_{\!5}\right) = H_{SR}\left(-{}^{400}\!/_{\!3}/193{,}6296\right),$$

da wir die Einheiten noch berücksichtigen müssen. Es ist falsch, einfach die 20 zu addieren! Da der Lift 5 Meter nach unten hängt, interessiert uns die Gerade, die durch den Punkt

$$H^*_{SR}\left(-{}^{400}\!/_{\!3}/193{,}6296 - {}^{5}\!/_{\!5}\right) = H^*_{SR}\left(-{}^{400}\!/_{\!3}/192{,}6296\right)$$

geht. Sie geht ebenso durch den Punkt

$$H^*_{SB}\left(100/400 + u\right)$$

auf der Blaukappe, da hier die Gegenstation steht, gemäß des Aufgabentextes. Mit den beiden mit Sternen versehenen Punkten lässt sich nun die Gerade aufstellen:

$$
\begin{aligned}
g(x) &= \frac{400 + u - 192{,}6296}{100 - \left(-\frac{400}{3}\right)} \cdot (x - 100) + 400 + u \\
&= \frac{207{,}3704 + u}{233{,}33} \cdot x - \frac{3}{7}u - 88{,}8743 + 400 + u \\
&= \frac{207{,}3704 + u}{233{,}33} \cdot x + \frac{4}{7}u + 311{,}1257.
\end{aligned}
$$

Uns interessiert der Abstand dieser Geraden zur Funktion, welche das Profil der Blaukappe beschreibt, da das Rothorn ja nach seiner Spitze abfällt und somit hier sicher kein Minimum gefunden werden kann (siehe Abbildung F.7.3).

Somit suchen wir das Minimum der Funktion

$$d(x) = g(x) - p_B(x) = \frac{207{,}3704 + u}{233{,}33} \cdot x + \frac{4}{7}u + 311{,}1257 - \frac{1}{10000}x \cdot (x - 300)^2.$$

Das ist die zu minimierende Funktion und wir sind fertig.

Zur weiteren Vorgehensweise: Das Minimum muss nun für x in Abhängigkeit von u gefunden werden. Das unbekannte u wird dann bestimmt, indem man fordert, dass das Minimum genau ${}^{8}\!/_{\!5}$ beträgt (siehe hierzu Aufgabentext: Mindestabstand und verwendete Einheiten).

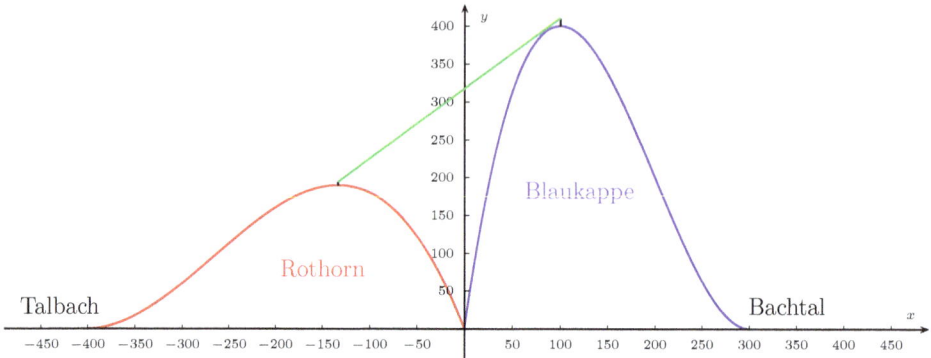

Abbildung F.7.3: Bergprofil mit skizzierter Bahn.

Aufgabe 3 – Lösungsweg:

(a) Die Funktion für $t = 3$ lautet:

$$f_3(x) = x^3 - 4x^2 + x + 6.$$

Wir wollen die Nullstellen berechnen. Dazu raten wir zu Beginn eine Nullstelle. Es ist $x_1 = -1$ eine Nullstelle, denn $f_3(-1) = -1 - 4 - 1 + 6 = 0$. Hiermit führen wir nun das Horner-Schema (oder eine Polynomdivision) durch, um den dazugehörigen Linearfaktor abzuspalten und ein Polynom 2. Grades zu erhalten.

Horner-Schema:

$$
\begin{array}{r|rrrr}
 & 1 & -4 & 1 & 6 \\
x = -1 & & -1 & 5 & -6 \\
\hline
 & 1 & -5 & 6 & 0
\end{array}
$$

Wir berechnen für das Polynom $\tilde{f}_3(x) = x^2 - 5x + 6$ die Nullstellen mit Hilfe der Mitternachtsformel und erhalten

$$x_{2/3} = \frac{5 \pm \sqrt{25 - 24}}{2} = \frac{5 \pm 1}{2} \Rightarrow x_2 = 2;\; x_3 = 3.$$

Die Schnittpunkte mit der x-Achse sind somit:

$$N_1(-1/0),$$
$$N_2(2/0),$$
$$N_3(3/0).$$

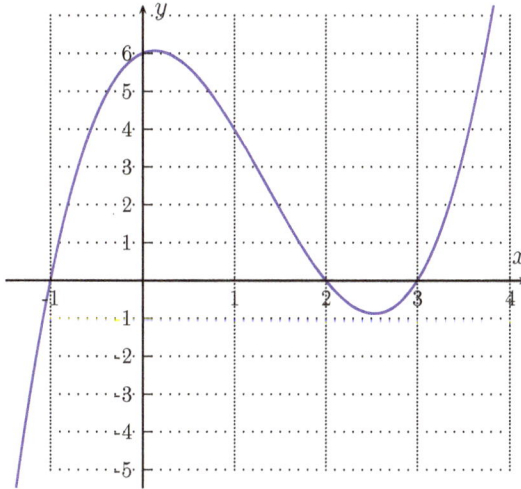

Abbildung F.7.4: Das Schaubild der Funktion aus Aufgabe 3.

(b) Untersuchung aller Funktionen auf waagrechte Tangenten. Die 1. Ableitung lautet

$$f_3'(x) = 3x^2 - 2(t+1)x - (2-t).$$

Wir setzen gleich 0 und lösen die Gleichung. Es ist dann

$$x_{1/2} = \frac{2(t+1) \pm \sqrt{4(t+1)^2 + 12(2-t)}}{6} = \frac{2t+2 \pm \sqrt{4t^2 - 4t + 28}}{6}.$$

Damit zwei Lösungen existieren muss die Diskriminante > 0 sein. Wir rechnen

$$
\begin{aligned}
4t^2 - 4t + 28 &> 0 & &|:4\\
t^2 - t + 7 &> 0 & &|\text{quadratisch Ergänzen}\\
t^2 - t + \tfrac{1}{4} - \tfrac{1}{4} + 7 &> 0 & &|-6\tfrac{3}{4}\\
\left(t - \frac{1}{2}\right)^2 &> -6\tfrac{3}{4} &
\end{aligned}
$$

Dieser Ausdruck ist wegen dem Quadrat auf der linken Seite immer wahr und somit gibt es für jedes t zwei Lösungen, d.h. zwei Punkte mit waagrechter Tangente.

(c) Schnitt aller Funktionen in zwei Punkten. Wir wählen zwei konkrete Kurven der Schar, z.B. die für $t=0$ und $t=1$, und erhalten

$$
\begin{aligned}
f_0(x) &= x^3 - x^2 - 2x,\\
f_1(x) &= x^3 - 2x^2 - x + 2.
\end{aligned}
$$

Diese beiden Funktionen setzen wir gleich und lösen die entstehende quadratische Gleichung, welche lautet

$$x^2 - x - 2 = 0.$$

Die Lösungen sind $x_1 = -1$ und $x = 2$. Wir setzen diese nun in die Funktionsgleichung mit t ein:

$$f_t(-1) = -1 - (t + 1) + (2 - t) + 2t = 2t - 2t - 2 + 2 = 0$$

und

$$f_t(2) = 8 - 4(t + 1) - 2(2 - t) + 2t = 8 - 4 - 4 - 4t + 2t + 2t = 0.$$

Die Funktionswerte sind unabhängig von t, und darum scheiden sich alle Funktionsschaubilder in den Punkten $S_1(-1/0)$ und $S_2(2/0)$.

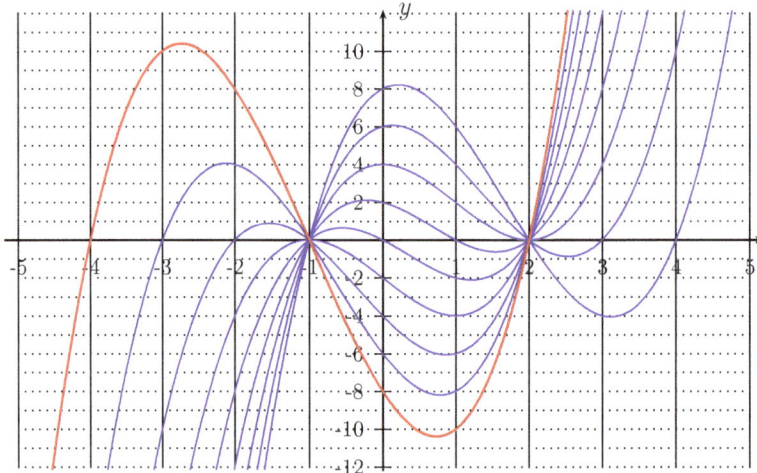

Abbildung F.7.5: Ein paar Scharkurven zur Illustration der gemeinsamen Punkte.

Aufgabe 4 – Lösungsweg:
Abbildung F.3.4 entnehmen wir, dass die zu minimierende Funktion

$$V(x) = x \cdot (a - 2x)^2$$

ist. Die Randwerte sind $x = 0$ und $x = \frac{a}{2}$. In beiden Fällen ist der Funktionswert von V identisch 0. Wir leiten ab:

$$V'(x) = 1 \cdot (a - 2x)^2 + x \cdot 2 \cdot (a - 2x) \cdot (-2)$$
$$= (a - 2x) \cdot (a - 2x - 4x) = (a - 2x) \cdot (a - 6x) = 0.$$

Wir sehen aus der vorliegenden Produktform, dass es die Lösungen $x_1 = \frac{a}{2}$ und $x_2 = \frac{a}{6}$ gibt, wobei wir x_1 bereits am Anfang ausgeschlossen haben. Nehmen wir $V'(x) = (a - 2x) \cdot (a - 6x) = 12x^2 - 8ax + a^2$ und leiten nochmal ab, so erhalten wir

$$V''(x) = 24x - 8a.$$

Damit haben wir $V''(\frac{a}{6}) = 24 \cdot \frac{a}{6} - 8a = -4a < 0$, da $a > 0$ (aus Aufgabenstellung ersicht-lich). Damit liegt ein Hochpunkt vor.

Setzen wir $a = 20$ cm ein, so haben wir $x = \frac{10}{3}$ cm als Lösung des Schachtelproblems gefunden.

Aufgabe 5 – Lösungsweg:

(a) Wir suchen ein möglichst großes Volumen. Wir beachten, weil OBdA $l \geq b$ gilt, dass nur Werte $0 \leq x \leq \frac{b}{2}$ Sinn machen, da sonst gar keine Schachtel entsteht (vergleiche Abbildung F.3.5). Das Volumen der Schachtel ist

$$V(x) = (l - 2x) \cdot (b - 2x) \cdot x,$$

was wir mit Abbildung F.3.5 erkennen können. Dieses gilt es nun zu maximieren. Wir bilden hierzu die erste Ableitung (zweifache Produktregel) der gefundenen Zielfunktion:

$$V'(x) = -2(b - 2x)x - 2(l - 2x)x + (l - 2x)(b - 2x)$$
$$= -2bx + 4x^2 - 2lx + 4x^2 + lb - 2lx - 2bx + 4x^2$$
$$= 12x^2 - 4(b + l)x + lb = 0.$$

Wir berechnen die Nullstellen mit der Mitternachtsformel:

$$x_{1/2} = \frac{4(b+l) \pm \sqrt{16(b+l)^2 - 48lb}}{24} = \frac{4(b+l) \pm \sqrt{16b^2 - 16bl + 16l^2}}{24}$$
$$= \underbrace{\frac{b + l \pm \sqrt{b^2 - bl + l^2}}{6}}_{(1)} \underset{l=4b}{=} \frac{5b \pm \sqrt{13b^2}}{6} = \frac{5b \pm \sqrt{13}b}{6}.$$

Nach der am Anfang angestrengten Überlegung zu den möglichen Werten von x haben wir

$$x = \frac{5 - \sqrt{13}}{6} b$$

zu wählen. Setzen wir dies in die zweite Ableitung

$$V''(x) = 24x - 4(b + 4b) = 24x - 20b$$

ein, so erhalten wir

$$V''\left(\frac{5 - \sqrt{13}}{6}b\right) \approx -14{,}4b < 0 \Rightarrow \text{ Maximum liegt vor.}$$

Da die Randwerte beide 0 sind, liegt also das gesuchte, globale Maximum vor.

(b) Es gebe für $x = d$ ein Volumen

$$V = (l - 2d)(b - 2d)d.$$

Damit ist x nun nicht mehr die Laufvariable. Wir wissen zusätzlich, dass $2l+2b = U$ fest bleibt. Damit ist

$$l = \frac{U}{2} - b.$$

Dies setzen wir in die Volumenformel ein und erhalten

$$V(b) = \left(\frac{U}{2} - b - 2d\right)(b - 2d)\, d.$$

Wir leiten ab (Produktregel, Laufvariable ist b):

$$V'(b) = -(b - 2d)d + \left(\frac{U}{2} - b - 2d\right) d = 0.$$

Wir lösen nach b auf (zuerst durch d teilen):

$$-b + 2d + \frac{U}{2} - b - 2d = 0 \Rightarrow 2b = \frac{U}{2} \underset{U=2l+2b}{\Rightarrow} 2b = b + l \Rightarrow l = b.$$

Die Seiten haben das Verhältnis $1:1$ zueinander, es liegt also ein Quadrat vor.

(c) Analoge Vorgehensweise wie in Aufgabenteil b): Es gebe für $x = d$ ein Volumen

$$V = (l - 2d)(b - 2d)d.$$

Damit ist x nun nicht mehr die Laufvariable. Wir wissen zusätzlich, dass nun $l{\cdot}b = A$ fest bleibt. Damit ist

$$l = \frac{A}{b}.$$

Dies setzen wir in die Volumenformel ein und erhalten

$$V(b) = \left(\frac{A}{b} - 2d\right)(b - 2d)\, d.$$

Wir leiten ab (Produktregel, Laufvariable ist b):

$$V'(b) = -\frac{A}{b^2}(b - 2d)d + \left(\frac{A}{b} - 2d\right) d = 0.$$

Wir lösen nach b auf (zuerst durch d teilen) und setzen $A = l \cdot b$ wieder ein:

$$-\frac{lb}{b^2}(b - 2d) = -\frac{lb}{b} + 2d \Rightarrow l - 2d\frac{l}{b} = l - 2d \Rightarrow \frac{l}{b} = 1.$$

Die Seiten haben wieder das Verhältnis $1:1$ zueinander, es liegt also ein weiteres Mal ein Quadrat vor.

(d) Wir nehmen die Volumen-Gleichung vom Anfang der Aufgabe her und erhalten

$$x_E = \frac{b + l - \sqrt{b^2 - bl + l^2}}{6} \underset{l=3b}{=} \frac{4b - \sqrt{7b^2}}{6} = \frac{4 - \sqrt{7}}{6}b.$$

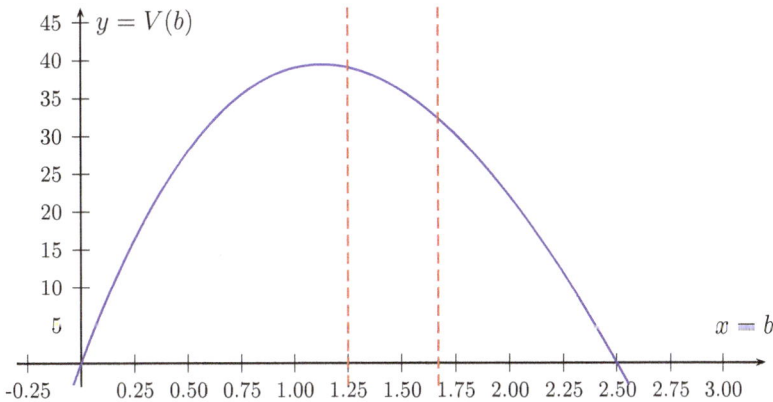

Abbildung F.7.6: Beispiel zu dem im Text Gesagten mit $b = 5$ und $l = 15$.

Einsetzen in die zweite Ableitung zeigt, dass es ein Maximum ist. Es liegt allerdings nicht innerhalb des vorgegebenen Intervalls für x, da $x_E = 0{,}2257081148 \cdot b$ (siehe Abbildung F.7.6).

Deswegen haben wir nun die Randwerte zu berechnen und diese sind

$$V\left(\frac{b}{4}\right) = \left(b - 2\frac{b}{4}\right)\left(3b - 2\frac{b}{4}\right)\frac{b}{4} = 0{,}3125b^3,$$

und

$$V\left(\frac{b}{3}\right) = \left(b - 2\frac{b}{3}\right)\left(3b - 2\frac{b}{3}\right)\frac{b}{3} = 0{,}\overline{259}b^3.$$

Damit liegt das Maximum für $x = \frac{b}{4}$ vor, denn innerhalb des Intervalls kann es keinen größeren Wert geben, sonst hätten wir ihn mit der ersten Ableitung gefunden (Wer es ganz genau haben will, kann eine Monotonieuntersuchung durchführen!).

(e) Wir hatten in (d)

$$x_E = \frac{b + l - \sqrt{b^2 - bl + l^2}}{6} \underset{l=3b}{=} \frac{4b - \sqrt{7b^2}}{6} = \frac{4 - \sqrt{7}}{6}b$$

berechnet. Für $x_E = x = 17$ LE folgt damit

$$b = \frac{6x}{4 - \sqrt{7}} = \frac{6 \cdot 17}{4 - \sqrt{7}} \approx 75{,}3185 \text{ LE}.$$

Mit $l = 3b \approx 225{,}9555$ LE, erhalten wir dann mit $V \approx 134832{,}4$ VE (= Volumeneinheiten) das gesuchte Volumen.

Aufgabe 6 – Lösungsweg:
Wir bestimmen zuerst die Achsenschnittpunkte.

Mit der y-Achse:
$$g_t(0) = 12t + 4 \Rightarrow Y_t \left(0/12t + 4 \right).$$

Mit der x-Achse:
$$g_t(x) = 0 \Rightarrow -3tx + 12t + 4 = 0 \Rightarrow -3tx = -12t - 4 \Rightarrow x = 4 + \frac{4}{3t} \Rightarrow X_t \left(4 + \tfrac{4}{3t}/0 \right).$$

In Abbildung F.7.7 sind exemplarisch ein paar der Funktionsschaubilder eingezeichnet, womit die Dreiecke ebenfalls zu erkennen sind.

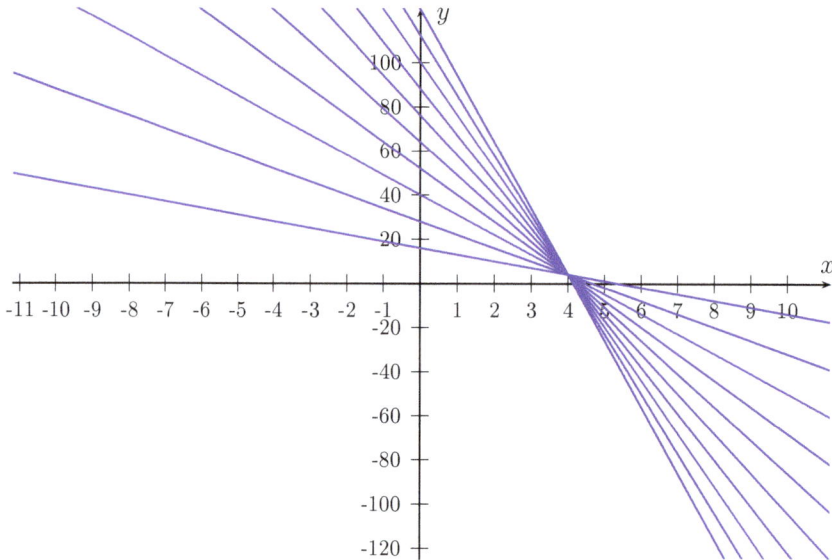

Abbildung F.7.7: Geradenschar.

Der Skizze entnehmen wir, dass
$$A_\Delta(t) = \tfrac{1}{2} \cdot (12t + 4) \cdot \left(4 + \tfrac{4}{3t} \right) = (6t + 2) \cdot \left(4 + \tfrac{4}{3t} \right) = 24t + 8 + 8 + \tfrac{8}{3t} = 24t + \frac{8}{3t} + 16.$$

Wir erkennen, dass für $t \to \infty$ der Flächeninhalt ebenfalls gegen unendlich geht ($24t$ wächst ins Unendliche, $\frac{8}{3t}$ verschwindet). Für $t \to 0$ geht der Flächeninhalt ebenfalls gegen unendlich ($24t$ verschwindet, $\frac{8}{3t}$ wächst ins Unendliche).
Nachdem wir nun die Randwerte untersucht haben, können wir uns dem Minimum mit der ersten Ableitung zuwenden. Diese lautet
$$A'_\Delta(t) = 24 - \frac{8}{3t^2}.$$

Wir setzen gleich 0 und erhalten

$$24 - \frac{8}{3t^2} = 0 \Rightarrow 3 - \frac{1}{3t^2} = 0 \Rightarrow \frac{1}{3t^2} = 3 \Rightarrow 9t^2 = 1 \Rightarrow t^2 = \frac{1}{9} \Rightarrow t_{1/2} = \pm\frac{1}{3}.$$

Da $t \in \mathbb{R}^+$ ist $t = t_1 = \frac{1}{3}$ die gesuchte Lösung und wegen (mit $A''_\Delta(t) = +\frac{16}{3t^3}$)

$$A''_\Delta\left(\tfrac{1}{3}\right) = 144 > 0$$

liegt auch wirklich ein Minimum vor. Begründet durch die oben durchgeführt Randwert-untersuchung ist es das globale Minimum. Der gesuchte Flächeninhalt ist somit

$$A_\Delta\left(\tfrac{1}{3}\right) = 24 \cdot \tfrac{1}{3} + 16 + \frac{8}{3 \cdot \tfrac{1}{3}} = 8 + 16 + 8 = 32 \text{ FE}.$$

Aufgabe 7 – Lösungsweg:
Die Mantelfläche des Zylinders berechnet sich zu

$$O_Z = \underbrace{2\pi r_Z h_Z}_{\text{Mantelfläche}}.$$

Momentan haben wir noch zwei Unbekannte in dieser Gleichung. Das wollen wir nun ändern. Mit Hilfe von Abbildung F.3.7 können wir sehen, dass

$$r_Z^2 + \left(\frac{h_Z}{2}\right)^2 = r_K^2 \Leftrightarrow r_Z^2 = r_K^2 - \frac{1}{4}h_Z^2.$$

Durch die gegebenen Bedingungen gilt, dass $0 \leq h_Z \leq 2r_K$. Des Weiteren ist $r_K > 0$. Wir setzen nun ein und erhalten

$$O_Z(h_Z) = 2\pi \cdot \sqrt{r_K^2 - \frac{1}{4}h_Z^2} \cdot h_Z.$$

Diese Funktion leiten wir ab und setzen die Ableitung gleich 0.

$$O'_Z(h_Z) = 2\pi \cdot \sqrt{r_K^2 - \tfrac{1}{4}h_Z^2} - 2\pi \frac{h_Z}{2\sqrt{r_K^2 - \tfrac{1}{4}h_Z^2}} \cdot \tfrac{1}{2}h_Z$$

$$= 2\pi \cdot \sqrt{r_K^2 - \tfrac{1}{4}h_Z^2} - \pi \frac{h_Z^2}{2\sqrt{r_K^2 - \tfrac{1}{4}h_Z^2}} = 0.$$

Wir dividieren anschließend durch π und multiplizieren mit dem Wurzelterm durch. Damit ergibt sich

$$2 \cdot \left(r_K^2 - \frac{1}{4}h_Z^2\right) - \frac{h_Z^2}{2} = 0 \Leftrightarrow 2r_K^2 - h_Z^2 = 0 \Leftrightarrow 2r_K^2 = h_Z^2.$$

Indem wir die Wurzel ziehen, erhalten wir $h_Z = \sqrt{2} \cdot r_K$. Mit der zweiten Ableitung, welche da ist

$$O''_Z(h_Z) = \frac{2\pi h_Z \cdot (h_Z^2 - 6r_K^2)}{\sqrt{(4r_K^2 - h_Z^2)^3}},$$

sehen wir, dass wegen

$$O_Z''\left(\sqrt{2}\cdot r_K\right) = -4\pi r_K < 0$$

wirklich ein Maximum vorliegt. Da die Randwerte $h_{Z,R1} = 0$ und $h_{Z,R2} = 2r_K$ beide die Mantelfläche 0 liefern, liegt wirklich das gesuchte, globale Maximum vor. Es sind also

$$h_Z = \sqrt{2}\cdot r_K \text{ und } r_Z = \sqrt{r_K^2 - \frac{1}{4}\left(\sqrt{2}\cdot r_K\right)^2} = \frac{\sqrt{2}}{2}r_K.$$

Anmerkung: Damit ist der Zylinder in der Seitenansicht (Abbildung F.3.7) ein Quadrat.

F.7.4 Lösungswege zu Kapitel VII.5.2

Aufgabe 1 – Lösungsweg:
Stetigkeit:
Es muss gelten, dass

$$\lim_{\substack{x\to 2\\x<2}} f(x) = f(2),$$

also ergibt sich

$$\lim_{\substack{x\to 2\\x<2}}\left(2x^2 + 2n\right) = 8 + 2n = 2m + 3 \Rightarrow 2m - 2n = 5 \Rightarrow m - n = 2{,}5.$$

Das ist die gesuchte Bedingung.

Differenzierbarkeit:
Abgeleitet erhalten wir

$$f'(x) = \begin{cases} m & \text{für } x \geq 2, \\ 4x & \text{für } x < 2. \end{cases}$$

Es muss gelten zusätzlich, dass

$$\lim_{\substack{x\to 2\\x<2}} f'(x) = \lim_{\substack{x\to 2\\x>2}} f'(x),$$

womit sich $m = 8$ ergibt. Mit der Stetigkeitsbedingung folgt $n = 5{,}5$.

Aufgabe 2 – Lösungsweg:
Hier muss gelten, dass

$$\lim_{\substack{x\to 3\\x<3}} f(x) = f(3) \text{ und } \lim_{\substack{x\to 3\\x<3}} f'(x) = \lim_{\substack{x\to 3\\x>3}} f'(x).$$

Die erste Bedingung liefert $\lim\limits_{\substack{x \to 3 \\ x < 3}} (nx^2 - 2nx + 1) = 9n - 6n + 1 = 3n + 1 = 9m + 3m + 1 = 12m + 1$. Es ist also $3n = 12m \Rightarrow n = 4m$.

Die zweite Bedingung liefert, wenn wir

$$f'(x) = \begin{cases} 3m & x \geq 3, \\ 2nx - 2n & x < 3, \end{cases}$$

verwenden, den Term $\lim\limits_{\substack{x \to 3 \\ x < 3}} f'(x) = 6n - 2n = 4n = \lim\limits_{\substack{x \to 3 \\ x > 3}} f'(x) = 3m$. Es ist also $3m = 4n$.

Setzen wir die zweite Bedingung in die erste ein, so sehen wir letztendlich, dass $m = n = 0$ sein muss, und somit ist die gesuchte Funktion

$$f(x) = \begin{cases} 1 & x \geq 3, \\ 1 & x < 3, \end{cases} = 1.$$

F.7.5 Lösungswege zu Kapitel VII.6

Aufgabe 1 – Lösungsweg:

(a) Untersuchung der Funktion f.

1. Die Ableitungen sind

$$f'(x) = 3x^2 + 2x - 5, \ f''(x) = 6x + 2 \text{ und } f'''(x) = 6.$$

2. Es liegt keine erkennbare Symmetrie vor.

3. Die Nullstellen: Wir raten die Nullstelle $x_1 = 1$. Mit dem Horner-Schema erhalten wir:

$$\begin{array}{c|cccc} & 1 & 1 & -5 & 3 \\ x = 1 & & 1 & 2 & -3 \\ \hline & 1 & 2 & -3 & 0 \quad = f(1) \end{array}$$

Die quadratische Funktion, welche durch Abspaltung des Linearfaktors $x - 1$ aus der Funktion f entsteht, ist $p(x) = x^2 + 2x - 3$. Deren Nullstellen bestimmen wir mit der Mitternachtsformel:

$$x_{2/3} = \frac{-2 \pm \sqrt{4 + 12}}{2} = \frac{-2 \pm 4}{2} \Rightarrow x_2 = -3; x_3 = 1 = x_1.$$

Bei $x_1 = 1$ liegt somit eine doppelte Nullstelle vor.

4. Das Verhalten für $|x| \to \infty$: Dieses richtet sich nach der höchsten Potenz, womit das gleiche Verhalten wie bei $g(x) = x^3$ vorliegt: Für $x \to \infty$ folgt $f(x) \to \infty$, für $x \to -\infty$ folgt $f(x) \to -\infty$.

5. Die Extremstellen sind bei $f'(x) = 0$ zu finden. Mit der Mitternachtsformel erhalten wir

$$x_{1/2} = \frac{-2 \pm \sqrt{4 + 60}}{6} = \frac{-2 \pm 8}{6} \Rightarrow x_1 = 1; x_2 = -\frac{5}{3}.$$

Durch das Einsetzen dieser in die zweite Ableitung erkennen wir:

- $f''(1) = 6 + 2 = 8 > 0$, also Tiefpunkt $T(1/f(1)) = T(1/0)$.

- $f''(-\frac{5}{3}) = 6 \cdot (-\frac{5}{3}) + 2 = -8 < 0$, also Hochpunkt $H(-\frac{5}{3}/f(-\frac{5}{3})) = H(-\frac{5}{3}/\frac{256}{27})$.

6. Den Wendepunkt bekommen wir, wenn wir $f''(x) = 0$ lösen. Das liefert uns $x_W = -\frac{1}{3}$ Und da $f'''(-\frac{1}{3}) = 6 > 0$ ist, liegt ein Wendepunkt vor. Dieser lautet $W(-\frac{1}{3}/f(-\frac{1}{3})) = W(-\frac{1}{3}/\frac{128}{27})$.

7. Das Schaubild (siehe Abbildung F.7.8)

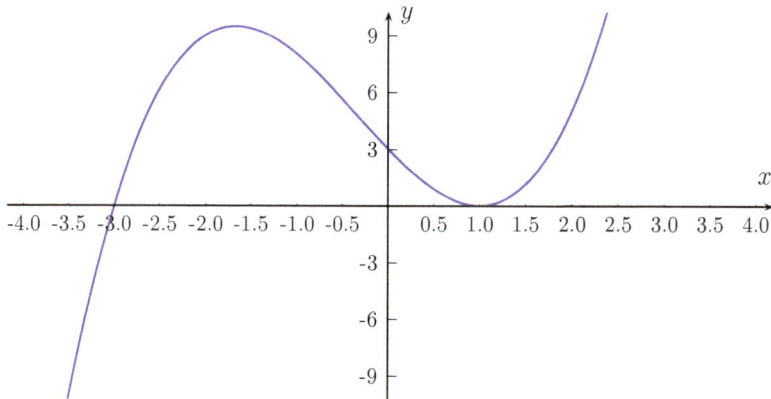

Abbildung F.7.8: Schaubild der Funktion aus Aufgabenteil (a).

(b) Untersuchung der Funktion g.

1. Die Ableitungen sind

$$g'(x) = -3x^2 + 6x + 4, g''(x) = -6x + 6 \text{ und } g'''(x) = -6.$$

2. Es liegt keine erkennbare Symmetrie vor.

3. Die Nullstellen: Wir raten die Nullstelle $x_1 = 2$. Mit dem Horner-Schema erhalten wir:

	-1	3	4	-12	
$x = 2$		-2	2	12	
	-1	1	6	0	$= g(2)$

Die quadratische Funktion, welche durch Abspaltung des Linearfaktors $x-2$ aus der Funktion f entsteht, ist $p(x) = -x^2 + x + 6$. Deren Nullstellen bestimmen wir mit der Mitternachtsformel:

$$x_{2/3} = \frac{-1 \pm \sqrt{1 + 24}}{-2} = \frac{-1 \pm 5}{-2} \Rightarrow x_2 = -2; x_3 = 3.$$

4. Das Verhalten für $|x| \to \infty$: Dieses richtet sich nach der höchsten Potenz, womit das gleiche Verhalten wie bei $g(x) = -x^3$ vorliegt: Für $x \to \infty$ folgt $g(x) \to -\infty$, für $x \to -\infty$ folgt $g(x) \to +\infty$.

5. Die Extremstellen sind bei $g'(x) = 0$ zu finden. Mit der Mitternachtsformel erhalten wir

$$x_{1/2} = \frac{-6 \pm \sqrt{84}}{-6} = 1 \mp \frac{2\sqrt{21}}{6} = 1 \mp \frac{\sqrt{21}}{3}.$$

Durch das Einsetzen dieser in die zweite Ableitung erkennen wir (mit Hilfe eines Taschenrechners):

- $g''(1-\frac{\sqrt{21}}{3}) > 0$, also Tiefpunkt $T(1-\frac{\sqrt{21}}{3}/g(1-\frac{\sqrt{21}}{3})) = T(-0{,}5275/-13{,}128)$.

- $g''(1+\frac{\sqrt{21}}{3}) < 0$, also Hochpunkt $H(1+\frac{\sqrt{21}}{3}/g(1+\frac{\sqrt{21}}{3})) = H(2{,}5275/1{,}128)$.

6. Den Wendepunkt bekommen wir, wenn wir $g''(x) = 0$ lösen. Das liefert uns $x_W = 1$. Und da $g'''(1) = -6 < 0$ ist, liegt ein Wendepunkt vor. Dieser lautet $W(1/g(1)) = W(1/-6)$.

7. Das Schaubild (siehe Abbildung F.7.9)

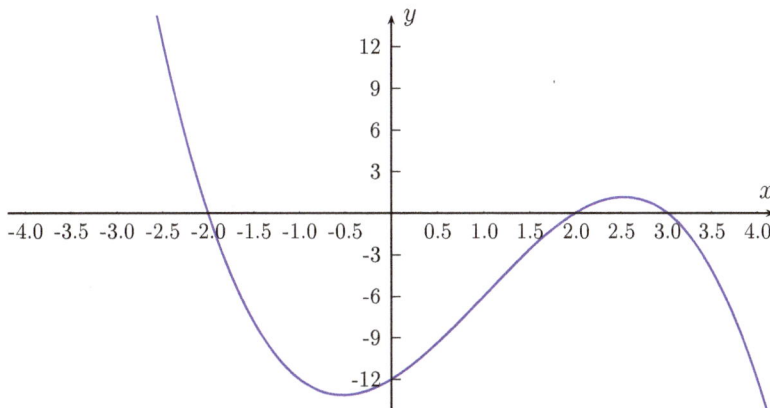

Abbildung F.7.9: Schaubild der Funktion aus Aufgabenteil (b).

Aufgabe 2 – Lösungsweg:
Nullstellen:
Wir raten zuerst eine Nullstelle, spalten diese mit dem Horner-Schema ab und ermitteln die restlichen Nullstellen mit der MNF.

Die geratene Nullstelle ist $x = 1$, denn $f(1) = \frac{1}{2} + \frac{5}{2} + 1 - 4 = 0$.

Horner-Schema:

$$
\begin{array}{r|cccc}
 & \frac{1}{2} & \frac{5}{2} & 1 & -4 \\
x = 1 & & \frac{1}{2} & 3 & 4 \\
\hline
 & \frac{1}{2} & 3 & 4 & 0 \qquad = f(1)
\end{array}
$$

Damit haben wir den $f(x) = (x - 1) \cdot (\frac{1}{2}x^2 + 3x + 4)$ gefunden. Hier wenden wir die MNF an:

$$
x_{1/2} = \frac{-3 \pm \sqrt{9 - 8}}{1} = -3 \pm 1 = \begin{cases} x_1 = -4 \\ x_2 = -2 \end{cases}
$$

Damit sind $x_1 = -4$, $x_2 = -2$ und $x_3 = 1$ die gesuchten Nullstellen.

Extremstellen:
Wir leiten einmal ab und setzen gleich 0:

$$
f'(x) = \frac{3}{2}x^2 + 5x + 1 = 0.
$$

Die MNF liefert uns hier $x_{E1/2} = \frac{-5 \pm \sqrt{25 - 4 \cdot \frac{3}{2} \cdot 1}}{2 \cdot \frac{3}{2}} = \frac{-5 \pm \sqrt{19}}{3}$.

Aufgabe 3 – Lösungsweg:
Wir vergleichen:

- $h(x) = 2x(x + 1)^2 - 4x^2 = 2x \cdot (x^2 + 2x + 1) - 4x^2 = 2x^3 + 4x^2 + 2x - 4x^2 = 2x^3 + 2x$

- $h(-x) = 2 \cdot (-x) \cdot (-x + 1)^2 - 4(-x)^2 = -2x \cdot (x^2 - 2x + 1) - 4x^2 = -2x^3 + 4x^2 - 2x - 4x^2 = -2x^3 - 2x = -h(x)$

Alternativer Nachweis: Rechnen wir die Terme aus, können wir auch sehen, dass es nur ungerade Hochzahlen sind und damit Punktsymmetrie vorliegt.

Aufgabe 4 – Lösungsweg:

(a) *Nullstellen:*
Wir raten eine Nullstelle (z.B. $x = 1$, denn $f(1) = 0$) und führen das Horner-Schema durch:

$$\begin{array}{r|rrrr} & 1 & 2 & -1 & -2 \\ x = 1 & & 1 & 3 & 2 \\ \hline & 1 & 3 & 2 & 0 \quad = f(1) \end{array}$$

Damit haben wir $f(x) = x^3 + 2x^2 - x - 2 = (x-1) \cdot (x^2 + 3x + 2)$ gefunden die MNF liefert uns:

$$x_{1/2} = \frac{-3 \pm \sqrt{9-8}}{2} = \begin{cases} x_1 = -2 \\ x_2 = -1 \end{cases}$$

Wir haben daher die Nullstellen $x_1 = -2$, $x_2 = -1$, $x_3 = 1$ gefunden.

Extremstellen:
Wir leiten einmal ab und setzen gleich 0: $f'(x) = 3x^2 + 4x - 1 = 0$. Die MNF liefert uns $x_{E1/2} = \frac{-4\pm\sqrt{16+12}}{6} = \frac{-4\pm2\sqrt{7}}{6}$, also $x_{E1/2} = \frac{-2\pm\sqrt{7}}{3}$.

(b) Siehe Abbildung F.7.10.

(c) Für betragsmäßig große x dominiert x^3 den Funktionsterm. Es gilt daher, dass für $x \to \pm\infty$ auch $f(x) \to \pm\infty$. Daher verläuft das Schaubild vom III. in den I. Quadranten, wie es bei $+x^3$ immer der Fall ist.

(d) Wir haben in (a) die Extremstellen gefunden. Durch $f''(x) = 6x + 4$ finden wir heraus, dass bei $x_{E1} = \frac{-2-\sqrt{7}}{3}$ ein Hochpunkt und bei $x_{E2} = \frac{-2+\sqrt{7}}{3}$ ein Tiefpunkt vorliegt. Wir berechnen die y-Werte von Hoch- und Tiefpunkt (das machen wir am besten mit einem Taschenrechner). Dann verschieben wir entweder um 0,631 (y-Wert Hochpunkt) nach unten oder um 2,113 nach oben (y-Wert Tiefpunkt ist $-2,113$).

Aufgabe 5 – Lösungsweg:

(a) Wir raten eine Nullstelle (z.B. $x = 1$, denn $g(1) = 0$) und spalten den dazugehörigen Linearfaktor mit dem Horner-Schema ab:

$$\begin{array}{r|rrrr} & 1 & 1 & -1 & -1 \\ x = 1 & & 1 & 2 & 1 \\ \hline & 1 & 2 & 1 & 0 \quad = g(1) \end{array}$$

Damit haben wir $g(x) = (x-1) \cdot (x^2 + 2x + 1)$ gefunden. Wenn man nun noch die 1. Binomische Formel erkennt, kann man gleich $g(x) = (x-1)\cdot(x+1)^2$ (Produktform) hinschreiben.

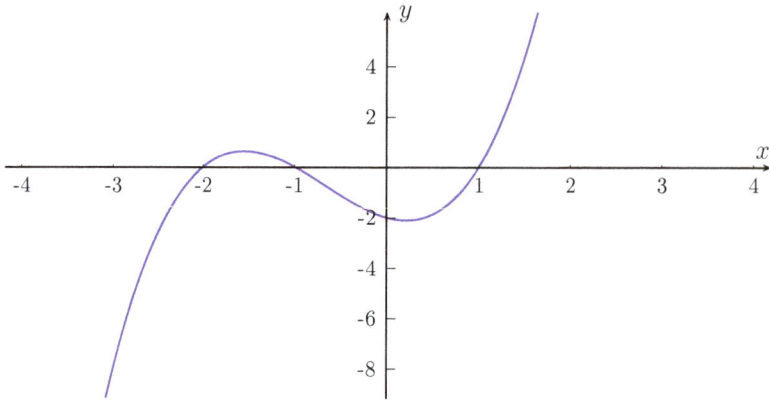

Abbildung F.7.10: Schaubild zu Aufgabe 4.

(b) Siehe Abbildung F.7.11.

(c) Für betragsmäßig große x wird der Funktionsterm wieder von x^3 dominiert. Daraus folgt: Für $x \to \pm\infty$ gilt $f(x) \to \pm\infty$. Das Schaubild verläuft (wie immer bei $+x^3$) vom III. in den I. Quadranten.

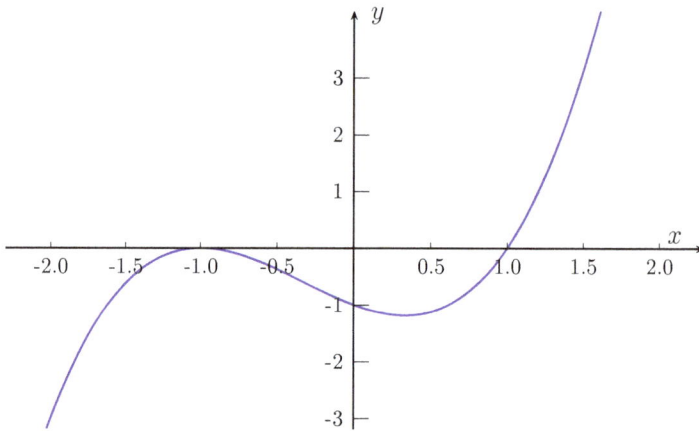

Abbildung F.7.11: Schaubild zu Aufgabe 5.

Aufgabe 6 – Lösungsweg:

(a) Wir bilden die Ableitung:

$$f'(x) = \frac{9}{2}x^2 + 1.$$

Damit finden wir leicht die drei gesuchten Steigungen:

- $f'(0) = 1$
- $f'(\frac{1}{3}) - \frac{9}{2} \cdot \frac{1}{9} + 1 - \frac{1}{2} + 1 - \frac{3}{2}$
- $f'(2) = \frac{9}{2} \cdot 4 + 1 = 18 + 1 = 19$

(b) Bei $x = 0$ haben wir den Funktionswert $f(0) = -\sqrt{5}$ gegeben, der der y-Achsenabschnitt von Tangente und Normale ist. Mit der in (a) berechneten Steigung und dem Satz für zueinander senkrechte Geraden erhalten wir:

- Tangente: $t(x) = x - \sqrt{5}$
- Normale: $n(x) = -x - \sqrt{5}$

(c) Es gibt keine waagrechte Tangente, weil $f'(x) = \frac{9}{2}x^2 + 1 = 0$ keine Lösung hat, da $x^2 = -\frac{2}{9}$ im Reellen nicht lösbar ist.

Aufgabe 7 – Lösungsweg:

(a) Parallel zur 1. Winkelhalbierenden heißt, dass die Steigung gleich 1 ist. Wir leiten ab und setzen gleich:

$$f'(x) = x^2 + 2x - 2 = 1.$$

Umgeformt erhalten wir $x^2 + 2x - 3 = 0$ und daraus mit der MNF die beiden gesuchten Stellen:

$$x_{1/2} = \frac{-2 \pm \sqrt{4+12}}{2} = \frac{-2 \pm 4}{2} = \begin{cases} x_1 = -3 \\ x_2 = 1 \end{cases}$$

Setzen wir diese x-Werte in die Funktionsgleichung von f ein, so erhalten wir die y-Werte $y_1 = f(-3) = 9$ und $y_2 = f(1) = \frac{4}{3}$. Letztendlich ergeben sich daraus $B_1(-3/8)$ und $B_2(1/\frac{4}{3})$, die beiden gesuchten Berührpunkte.

(b) Mit $f'(x) = x^2 + 2x - 2$ ergibt sich die Steigung $f'(0) = -2$. Den y-Achsenabschnitt erhalten wir mit $f(0) = 2$. Insgesamt haben wir dann

$$t(x) = -2x + 2$$

gefunden, die gesuchte Tangentengleichung.

Aufgabe 8 – Lösungsweg:
Wir leiten ab:

$$f'(x) = 3x^2 - 4x.$$

Der Punkt $P(0/1)$ liegt auf dem Schaubild von f, d.h. mit $f'(0) = 0$ und dem gegebenen y-Achsenabschnitt haben wir sofort die Tangente

$$t_1(x) = 1$$

gefunden. Wir können aber noch mehr machen. Die Tangente kann nämlich auch das Schaubild in P schneiden und es in einem anderen Punkt $B(u/f(u))$ berühren. Dann gilt (Ableitung entspricht dem Differenzenquotient):

$$f'(u) = \frac{f(u) - 1}{u} \Leftrightarrow 3u^2 - 4u = \frac{u^3 - 2u^2 + 1 - 1}{u} \Leftrightarrow 3u^3 - 4u^2 = u^3 - 2u^2$$

Noch etwas umformen und wir erhalten $2u^2 \cdot (u - 1) = 0$, woraus wir die bekannte Stelle $u_1 = 0$ und die neue Stelle $u_2 = 1$ ziehen. Mit $f'(1) = -1$ und dem y-Achsenabschnitt 1 erhalten wir daher

$$t_2(x) = -x + 1$$

als die zweite mögliche Tangente.

G Zu Kapitel VIII: Über das Lösen linearer Gleichungssysteme

G.1 Aufgaben zu Kapitel VIII.1.4

Aufgabe 1:
Lösen Sie das angegebene LGS:

$$
\begin{aligned}
tx_1 + x_2 &= t \quad &\text{(I)} \\
x_1 + x_2 &= 4 \quad &\text{(II)}
\end{aligned}
$$

Dabei ist $t \in \mathbb{R}$.

Aufgabe 2:
Kerstin und Svenja feiern Geburtstag. Als die Feier im vollen Gange ist, fragt ein uninformierter Gast, wie alt die beiden denn heute werden. Daraufhin meint Kerstin: „Wenn wir beide in zwei Jahren wieder feiern, dann werden wir zusammen drei Mal so alt sein, wie wir zusammen vor 16 Jahren waren." Und Svenja ergänzt: „Vergiss aber nicht, dass wenn Kerstin ihr heutiges Alter verdoppelt, sie fünf Mal so alt sein wird, wie ich vor 15 Jahren war." Wie alt die beiden jetzt wurden, darüber darf der uninformierte Gast auf dem Heimweg nachdenken.

Aufgabe 3:
Und noch mehr altersbedingte Probleme: Wir wollen ein paar Gleichungen aufstellen und lösen. Dazu eignen sich umständliche Altersangaben sehr gut.

Wir haben drei Geschwister, Marina, Birgit und Armin: Nehme ich Marinas Alter und die Hälfte des Alters ihrer drei Jahre älteren Schwester Birgit, addiere diese, verdreifache dann und subtrahiere von dem Ergebnis das Doppelte des Alters ihres Bruders Armin, welcher vier Jahre jünger ist als Birgit, dann erhalte ich das Alter ihrer Mutter Susanne, welches ist gleich dem dreifachen Alter Marinas vermindert um 2.

(a) Wie alt war die Mutter Susanne als Marina geboren wurde?

Wir haben zwei Brüder, Karl und Roland: Heute in fünf Jahren wird Karl doppelt so alt sein, wie Roland heute vor drei Jahren war. Roland ist dafür heute in zwei Jahren drei Mal so alt, wie Karl heute vor zehn Jahren war.

(b) Wie alt sind die Brüder denn heute?

Es war eine Mutter, die hatte vier Kinder, und die sind heute zusammen 65 Jahre alt. Das älteste Kind ist dabei so alt wie die beiden jüngsten zusammen. Die Nummer zwei und Nummer vier in der Altersrangliste sind aber zusammen gerade ein Jahr älter als das älteste Kind (Nummer eins). Das zweitjüngste Kind ist aber immerhin noch doppelt so alt wie das jüngste.

(c) Wie alt ist jedes Kind heute?

Zum Abschluss fehlen noch Flora und ihr Papa Karsten: Vor 30 Jahren war Karsten sieben Jahre älter als seine Tochter heute ist. In sieben Jahren wird aber Flora so alt sein, dass ihr Vater mit seinem heutigen Alter nur noch drei Mal so alt ist, wie Flora dann sein wird.

(d) Wie viele Jahre ist Floras Papa älter als sie?

Aufgabe 4:
Gegeben sei das LGS

$$
\begin{array}{rclcll}
a_{11}x_1 &+& a_{12}x_2 &=& b_1 & \text{(I)} \\
a_{21}x_1 &+& a_{22}x_2 &=& b_2 & \text{(II)}
\end{array}
$$

mit $a_{11}, a_{12}, a_{21}, a_{22} \in \mathbb{R}$ und $b_1, b_2 \in \mathbb{R}$. Wann (für welche Koeffizienten) ist es nicht lösbar?

G.2 Aufgaben zu Kapitel VIII.2.1

Aufgabe 1:
Lösen Sie das folgende LGS in Abhängigkeit von $t \in \mathbb{R}$:

$$
\begin{array}{rcrcrcll}
-x_1 &+& tx_2 &+& x_3 &=& 0 & \text{(I)} \\
x_1 &-& x_2 &+& tx_3 &=& 0 & \text{(II)} \\
x_1 &+& x_2 &+& x_3 &=& t & \text{(III)}
\end{array}
$$

Diese Aufgabe dient zur Vorbereitung auf den nächsten Abschnitt.

Aufgabe 2:
Ein reicher Mann wollte im Mittelalter ein paar Tiere kaufen. Dazu hatte er 10000 Goldstücke bei sich. Ihm schwebte vor, drei Kühe, fünf Ochsen und zehn Schafe zu kaufen, und den Rest wollte er in Hühner zum Preis von 30 Goldmünzen pro Huhn investieren. Er ging zu dem Händler und der sagte ihm:

„Kühe sind teuer! Für das Geld, welches du für drei von ihnen bezahlst, kann ich dir auch vier Schafe und zwei Ochsen geben. Nimmst du jedoch vier Ochsen und elf Schafe, so bekommst du für das gleiche Geld bei sieben Kühen noch 100 Goldmünzen zurück. Anstatt von sechs Kühen und fünf Ochsen könntest du auch 21 Schafe und 40 Hühner kaufen und hättest immer noch 300 Goldmünzen mehr im Beutel."

Wie viele Hühner kann sich der arme Mann denn nun am Ende kaufen?

G.3 Aufgaben zu Kapitel VIII.3

Aufgabe 1:
Herr Breitenthaler möchte für seine Garage eine neue Auffahrt bauen. Einen Querschnitt des Geländes zeigt Abbildung G.3.1.

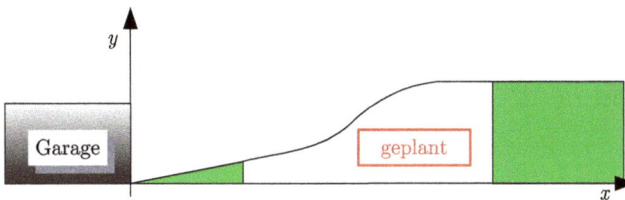

Abbildung G.3.1: Skizze der geplanten Auffahrt.

Nach seiner Garagenausfahrt steigt das Gelände auf den nächsten 5 Metern gleichmäßig um etwa einen halben Meter an. Die neue Auffahrt soll diesen Teil dann mit dem 4 Meter hoch gelegenen, ebenen Geländeteil in 20 Metern Entfernung zur Garageneinfahrt verbinden. Der Anschluss soll in beiden Fällen so geschehen, dass man beim Überfahren der Anschlussstellen keine Unebenheiten spürt.

Das Profil der Auffahrt kann durch eine Polynomfunktion möglichst niedrigen Grades beschrieben werden. Welchen Grad wählen Sie und warum? Stellen Sie die Funktion auf und bestimmen Sie alle offenen Parameter.

Aufgabe 2:
Der Pylon einer neuartigen Brücke (Stahl-Betonpfeiler, über die die Schrägseile einer Hängebrücke verlaufen) habe die Form eines Parabelbogens, wenn man ihn in Fahrtrichtung über die Brücke betrachtet (siehe Abbildung G.3.2).

Die Stahlseile (Geraden in der Abbildung) lassen sich durch die Gleichungen $g_L(x) = 4 \cdot x + 116$ und $g_R(x) = -4 \cdot x + 116$ beschreiben (Einheit Meter). Sie berühren den Parabelbogen in jeweils 8 Meter Entfernung von der Mittelachse (siehe Abbildung).

Wie breit ist die Fahrbahn? Wie hoch ist der Pylon?

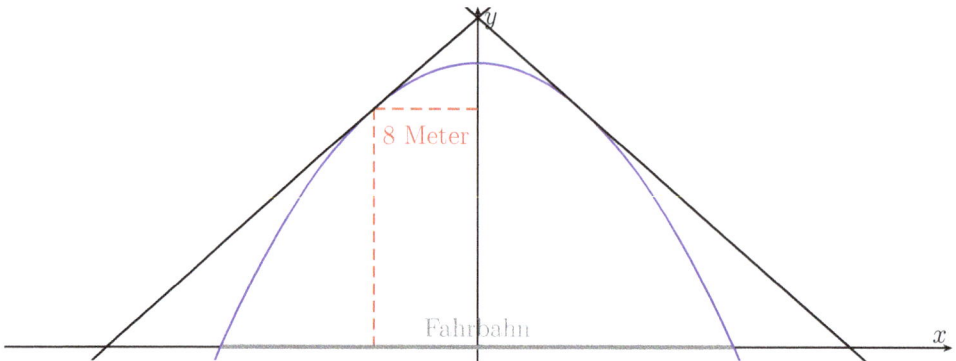

Abbildung G.3.2: Pylonform in Fahrtrichtung.

Aufgabe 3:

Das Schaubild einer ganzrationalen Funktion vom Grad 4 sei achsensymmetrisch und habe einen Tiefpunkt bei $P(-2/-4)$.

(a) Ist die Funktionsgleichung eindeutig festzulegen? Wenn nicht, wie lautet die Schargleichung?

(b) Führen Sie eine vollständige Kurvendiskussion durch.

G.4 Ergebnisse zu Kapitel VIII

G.4.1 Ergebnisse zu Kapitel VIII.1.4

Aufgabe 1:

Das LGS ist für $t = 1$ unlösbar, ansonsten ist es eindeutig lösbar mit $x_1 = \frac{t-4}{t-1}$ und $x_2 = \frac{3t}{t-1}$.

Aufgabe 2:

Kerstin und Svenja sind Zwillinge und feiern ihren 25. Geburtstag.

Aufgabe 3:

(a) 32 Jahre

(b) Karl: 15 Jahre; Roland: 13 Jahre

(c) $w = 24$, $x = 17$, $y = 16$, $z = 8$ (Angaben in Jahren)

(d) 37 Jahre

Aufgabe 4:
Ist $b_1 = b_2 = 0$, so ist das LGS immer lösbar (zumindest trivial). Für eine von Null verschiedene rechte Seite ist das LGS mehrdeutig lösbar oder unlösbar, wenn $a_{11}a_{22} - a_{12}a_{21} = 0$.

G.4.2 Ergebnisse zu Kapitel VIII.2.1

Aufgabe 1:
Das LGS ist für alle t eindeutig lösbar. Die Lösungen sind $x_1 = \frac{t^3+t}{t^2+3}$, $x_2 = \frac{t^2+t}{t^2+3}$ und $x_3 = \frac{t-t^2}{t^2+3}$.

Aufgabe 2:
Er kann 53 Hühner kaufen und hat sogar noch 10 Goldmünzen übrig.

G.4.3 Ergebnisse zu Kapitel VIII.3

Aufgabe 1:
Damit alle Bedingungen erfüllt werden, ist eine ganzrationale Funktion dritten Grades zu bestimmen. Diese ist $p(x) = -0{,}00163x^3 + 0{,}0578x^2 - 0{,}356x + 1{,}037$.

Aufgabe 2:
Der Pylon wird durch die Parabel $p(x) = -\frac{1}{4}x^2 + 100$ beschrieben. Die Fahrbahn ist daher 40 Meter breit und der Pylon 100 Meter hoch.

Aufgabe 3:

(a) Eine Angabe zu wenig, daher muss ein Parameter $t > 0$ eingeführt werden. Dann ist $f_t(x) = tx^4 - 8tx^2 + 16t - 4$.

(b) Ableitungen: $f'_t(x) = 4tx^3 - 16tx$, $f''_t(x) = 12tx^2 - 16t$, $f'''_t(x) = 24tx$; alle Schaubilder sind achsensymmetrisch; Nullstellen: $x_{1/2} = \pm\frac{\sqrt{2\cdot(2\cdot\sqrt{t}+1)}}{\sqrt[4]{t}}$, $x_{3/4} = \pm\frac{\sqrt{2\cdot(2\cdot\sqrt{t}-1)}}{\sqrt[4]{t}}$; für $x \to \infty$ folgt $f_t(x) \to \infty$, für $x \to -\infty$ folgt $f_t(x) \to \infty$; es gibt zwei Tiefpunkte $T_1(-2/-4)$ und $T_2(2/-4)$, einen Hochpunkt $H(0/16t - 4)$ und zwei Wendepunkte $W_1(-\sqrt{\frac{4}{3}}/\frac{64t}{9} - 4)$ und $W_2(\sqrt{\frac{4}{3}}/\frac{64t}{9} - 4)$

G.5 Lösungswege zu Kapitel VIII

G.5.1 Lösungswege zu Kapitel VIII.1.4

Aufgabe 1 – Lösungsweg:
Wir lösen das LGS:

$$\begin{array}{rcll} tx_1 & + & x_2 & = & t & \text{(I)} \\ x_1 & + & x_2 & = & 4 & \text{(II)} \end{array}$$

Wir rechnen (I)$-$(II): $(t-1) \cdot x_1 = t - 4$.

Solange $t \neq 1$ ist, existiert die Lösung $x_1 = \frac{t-4}{t-1}$ mit (aus (II))

$$\begin{aligned} x_2 &= 4 - x_1 & &|\text{einsetzen} \\ x_2 &= 4 - \frac{t-4}{t-1} = 4 \cdot \frac{t-1}{t-1} - \frac{t-4}{t-1} & &|\text{zusammenfassen} \\ x_2 &= \frac{3t}{t-1} \end{aligned}$$

Die Lösung mit $x_1 = \frac{t-4}{t-1}$ und $x_2 = \frac{3t}{t-1}$ ist für jedes $t \in \mathbb{R} \setminus \langle 1 \rangle$ eindeutig lösbar. Für $t = 1$ ist das LGS unlösbar, da die beiden Gleichungen sich dann widersprechen.

Aufgabe 2 – Lösungsweg:
Wir versuchen die beiden Aussagen in Gleichungen umzuwandeln. Dabei sei x das heutige Alter von Kerstin und y das von Svenja.

- Aussage Kerstin: $(x+2) + (y+2) = 3 \cdot ((x-16) + (y-16))$
- Aussage Svenja: $2x = 5 \cdot (y - 15)$

Formen wir die Gleichungen etwas um, so erhalten wir

- Aussage Kerstin (umgeformt): $x + y + 4 = 3x + 3y - 96$, also $2x + 2y = 100$ und damit $x + y = 50$
- Aussage Svenja (umgeformt): $2x - 5y = -75$

Zweimal die Aussage von Kerstin minus der von Svenja ergibt:

$$7y = 175 \underset{:7}{\Rightarrow} y = 25 \text{ Jahre}$$

Das ist Svenjas Alter. Damit ist Kerstin $x = 50 - y = 50 - 25 = 25$ Jahre alt. Tatsächlich sind die beiden Zwillinge und feiern ihren 25. Geburtstag zusammen.

Aufgabe 3 – Lösungsweg:

(a) Marina sei x Jahre alt. Damit ist ihre Schwester Birgit $x+3$ Jahre alt und ihr Bruder ist $x+3-4 = x-1$ Jahre alt. Ihre Mutter ist $3x-2$ Jahre alt. Laut Aufgabentext gilt nun die folgende Gleichung:

$$\left(\underbrace{x}_{\text{Marina}} + \underbrace{\frac{x+3}{2}}_{\frac{\text{Birgit}}{2}} \right) \cdot 3 - 2 \cdot \underbrace{(x-1)}_{\text{Armin}} = \underbrace{3x-2}_{\text{Mutter}}.$$

Lösen wir diese Gleichung auf, so erhalten wir

$$3x + \tfrac{3}{2}x + \tfrac{9}{2} - 2x + 2 = 3x - 2$$
$$2,5x + 6,5 = 3x - 2 \qquad \big|{-2,5x} \qquad \big|{+2}$$
$$0,5x = 8,5$$
$$x = 17$$

Marina ist also 17 Jahre alt, ihre Mutter zählt somit $3 \cdot 17 - 2 = 49$ Lenze. Damit hat sie Marina mit $49 - 17 = 32$ Jahren zur Welt gebracht.

(b) Karl sei x Jahre alt, Roland y Jahre. Wir erhalten zwei Gleichungen aus dem Text:

- In fünf Jahren ...: $x + 5 = 2 \cdot (y - 3) \Rightarrow x - 2y = -11$.
- In zwei Jahren ...: $y + 2 = 3 \cdot (x - 10) \Rightarrow -3x + y = -32$.

Wir lösen die erste Gleichung nach x auf und erhalten $x = 2y - 11$. Dies setzen wir in die zweite Gleichung ein:

$$-3 \cdot \underbrace{(2y - 11)}_{x} + y = -5y + 33 = -32 \Rightarrow 5y = 65 \Rightarrow y = 13.$$

Damit ist $x = 2 \cdot 13 - 11 = 15$. Also ist Karl heute 15 Jahre alt und Roland bringt es zur Zeit auf 13 Jahre.

(c) Das älteste Kind sei w Jahre alt, das zweitälteste x, das dritte y und das vierte z Jahre alt. Aus dem Text ergeben sich die folgenden vier Gleichungen:

- Summe: $w + x + y + z = 65$.
- Vergleich 1: $y + z = w \Rightarrow -w + y + z = 0$.
- Vergleich 2: $x + z = w + 1 \Rightarrow -w + x + z = 1$.
- Vergleich 3: $y = 2z$.

Ziehen wir Vergleich 2 von Vergleich 1 ab, so erhalten wir

$$y - x = -1 \Rightarrow y = x - 1.$$

Mit Vergleich 3 folgt dann, dass

$$x = 2z + 1$$

ist. Setzen wir diese Ausdrücke in Vergleich 2 oder Vergleich 1 ein, so folgt

$$w = 3z.$$

Nun haben wir alle Variablen durch z ausgedrückt. Setzen wir abschließend alles in die Gleichung mit dem Titel Summe ein, so folgt

$$2z + 1 + 2z + 3z + z = 8z + 1 = 65 \Rightarrow z = 8.$$

Setzen wir das Ergebnis in die erhaltenen Ausdrücke ein, so sind die Kinder $w = 24$, $x = 17$, $y = 16$ und $z = 8$ Jahre alt.

(d) Flora sei heute x Jahre alt, Karsten y Jahre. Es folgen zwei Gleichungen aus dem Text:

- $y - 30 = x + 7 \Rightarrow y = 37 + x$
- $3 \cdot (x + 7) = y \Rightarrow 3x - y = -21$

Setzt man die erste Gleichung in die zweite eine und löst nach x auf, folgt $x = 8$ Jahre für Floras Alter und damit dann $y = 45$ Jahre für das Alter ihres Vaters Karsten. Damit ist er 37 Jahre älter als sie (was man sofort aus der ersten Gleichung ersieht ohne weitere Rechnung).

Aufgabe 4 – Lösungsweg:
Ist das LGS homogen, d.h. $b_1 = b_2 = 0$, so ist das LGS immer lösbar, weil die triviale Lösung $x_1 = x_2 = 0$ immer existiert.
Um die Frage zu beantworten, wann das LGS nicht lösbar ist, schreiben wir die Variablen etwas anders, damit wir auch erkennen, was gemeint ist:

$$\begin{array}{cccccl} a_{11}x & + & a_{12}y & = & b_1 & \text{(I)} \\ a_{21}x & + & a_{22}y & = & b_2 & \text{(II)} \end{array}$$

Lösen wir diese nach y auf (unter der Annahme, dass die Koeffizienten a_{12} und a_{22} nicht 0 sind), so erhalten wir:

$$y = -\frac{a_{11}}{a_{12}}x + \frac{b_1}{a_{12}}$$
$$y = -\frac{a_{21}}{a_{22}}x + \frac{b_2}{a_{22}}$$

Wir haben hier also zwei Geraden vorliegen und die schneiden sich immer, solange sie nicht parallel sind, d.h. die gleiche Steigung besitzen und unterschiedliche y-Achsenabschnitte. Aus der Steigungsbedingung folgt:

$$-\frac{a_{11}}{a_{12}} = -\frac{a_{21}}{a_{22}}$$

Formen wir dies um, so erhalten wir:

$$a_{11}a_{22} - a_{12}a_{21} = 0$$

In diesem Fall gibt es keine Lösung oder unendlich viele, weil die Geraden parallel oder identisch sind, das hängt noch von der rechten Seite ab. Durch Einsetzen überprüft man schnell, dass auch die Fälle mit 0 als Koeffizient hier alle abgedeckt sind.

G.5.2 Lösungswege zu Kapitel VIII.2.1

Aufgabe 1 – Lösungsweg:
Wir formen um:

$$
\begin{array}{rcrcrcll}
-x_1 & + & tx_2 & + & x_3 & = & 0 & \text{(I)} \\
x_1 & - & x_2 & + & tx_3 & = & 0 & \text{(II)} \\
x_1 & + & x_2 & + & x_3 & = & t & \text{(III)}
\end{array}
$$

$$
\begin{array}{rcrcrcll}
-x_1 & + & tx_2 & + & x_3 & = & 0 & \text{(I)} \\
& & (t-1)x_2 & + & (t+1)x_3 & = & 0 & \text{(II)+(I)=(IV)} \\
& & (t+1)x_2 & + & 2x_3 & = & t & \text{(III)+(I)=(V)}
\end{array}
$$

Wir nehmen Gleichung (IV) mit $(t+1)$ mal und Gleichung (V) mit $(t-1)$:

$$
\begin{array}{rcrcrcll}
-x_1 & + & tx_2 & + & x_3 & = & 0 & \text{(I)} \\
& & (t^2-1)x_2 & + & (t+1)^2 x_3 & = & 0 & \text{(IV)'} \\
& & (t^2-1)x_2 & + & 2(t-1)x_3 & = & t^2 - t & \text{(V)'}
\end{array}
$$

Nun verrechnen wir die neuen Gleichungen und notieren das Ergebnis in der dritten Zeile, während wir in der zweiten Zeile wieder unsere alte Gleichung (IV) verwenden (weil die nachher einfacher handhabbar ist).

$$
\begin{array}{rcrcrcll}
-x_1 & + & tx_2 & + & x_3 & = & 0 & \text{(I)} \\
& & (t-1)x_2 & + & (t+1)x_3 & = & 0 & \text{(II)+(I)=(IV)} \\
& & & & (t^2+3)x_3 & = & t - t^2 & \text{(IV)'}-\text{(V)'}=\text{(VI)}
\end{array}
$$

Damit haben wir $x_3 = \frac{t-t^2}{t^2+3} = \frac{t\cdot(1-t)}{t^2+3}$ gefunden. Wir setzen rückwärts ein, zuerst in Gleichung (IV):

$$(t-1)\cdot x_2 + (t+1)\cdot \frac{t\cdot(1-t)}{t^2+3} = 0 \qquad\qquad |:(t-1)$$

$$x_2 + (t+1)\cdot \frac{-t}{t^2+3} = 0 \qquad\qquad |\text{zusammenfassen}$$

$$x_2 - \frac{t^2+t}{t^2+3} = 0 \qquad\qquad \left|+\frac{t^2+t}{t^2+3}\right.$$

$$x_2 = \frac{t^2+t}{t^2+3}$$

Wir setzen die gefundenen Werte in Gleichung (I) ein:

$$-x_1 + t \cdot \frac{t^2 + t}{t^2 + 3} + \frac{t - t^2}{t^2 + 3} = 0 \qquad |\text{nennergleich, zusammengefasst}$$

$$-x_1 + \frac{t^3 + t^2 + t - t^2}{t^2 + 3} = 0 \qquad | + x_1 \text{ und Seiten getauscht}$$

$$x_1 = \frac{t^3 + t}{t^2 + 3}$$

Damit haben wir die Lösung in Abhängigkeit von t gefunden und sie existiert für alle $t \in \mathbb{R}$, da der Nenner nie 0 werden kann. Was wir trotzdem noch prüfen müssen, das sind die Werte 1 und -1 für t, denn diese haben wir bei der Umformung vorher sehr unbedacht verwendet, als wir mit $(t - 1)$ bzw. mit $(t + 1)$ multiplizierten. Im Falle der genannten Werte werden diese Faktoren nämlich 0, und das ist für Äquivalenzumformungen eher schlecht. Wir prüfen also diese Werte, indem wir nacheinander die dazugehörigen LGS lösen:

- *Für $t = 1$:*

$$\begin{array}{rcrcrcll}
-x_1 & + & x_2 & + & x_3 & = & 0 & \text{(I)} \\
x_1 & - & x_2 & + & x_3 & = & 0 & \text{(II)} \\
x_1 & + & x_2 & + & x_3 & = & 1 & \text{(III)}
\end{array}$$

$$\begin{array}{rcrcrcll}
-x_1 & + & x_2 & + & x_3 & = & 0 & \text{(I)} \\
 & & & & 2x_3 & = & 0 & \text{(II)+(I)=(IV)} \\
 & & 2x_2 & + & 2x_3 & = & 1 & \text{(III)+(I)=(V)}
\end{array}$$

Aus Gleichung (IV) sehen wir sofort, dass $x_3 = 0$ sein muss, mit Gleichung (V) ist dann $x_2 = \frac{1}{2}$ und Gleichung (I) liefert $x_1 = \frac{1}{2}$. Damit ist das LGS auch für $t = 1$ nachgewiesen lösbar.

- *Für $t = -1$:*

$$\begin{array}{rcrcrcll}
-x_1 & - & x_2 & + & x_3 & = & 0 & \text{(I)} \\
x_1 & - & x_2 & - & x_3 & = & 0 & \text{(II)} \\
x_1 & + & x_2 & + & x_3 & = & -1 & \text{(III)}
\end{array}$$

$$\begin{array}{rcrcrcll}
-x_1 & - & x_2 & + & x_3 & = & 0 & \text{(I)} \\
 & - & 2x_2 & & & = & 0 & \text{(II)+(I)=(IV)} \\
 & + & & & 2x_3 & = & -1 & \text{(III)+(I)=(V)}
\end{array}$$

Aus Gleichung (IV) folgt $x_2 = 0$, aus Gleichung (V) $x_3 = -\frac{1}{2}$ und zusammen mit Gleichung (I) erhalten wir $x_1 = -\frac{1}{2}$. Damit ist das LGS auch für diesen Wert lösbar.

Fazit: Das LGS ist für alle t eindeutig lösbar.

Aufgabe 2 – Lösungsweg:
Wir bezeichnen im Folgenden den Preis einer Kuh mit K, den eines Ochsen mit O, den eines Schafs mit S und den Preis eines Huhns mit H.

Aus dem Aufgabentext erhalten wir mit dieser Notation die folgenden drei Gleichungen:

$$\begin{aligned}
2O + 4S &= 3K \\
4O + 11S &= 7K + 100 \\
6K + 5O &= 21S + 40H + 300
\end{aligned}$$

Dieses Gleichungssystem können wir, unter Berücksichtigung, dass $H = 30$ Goldmünzen gilt, umformen zu

$$\begin{aligned}
-3K + 2O + 4S &= 0 \\
-7K + 4O + 11S &= 100 \\
6K + 5O - 21S &= 1500
\end{aligned}$$

Wir nehmen die erste Gleichung mal (-7) und die zweite mal 3 und addieren diese. Nehmen wir dann die ursprüngliche erste Gleichung mal 2 und addieren sie zur dritten, so ergibt sich

$$\begin{aligned}
-3K + 2O + 4S &= 0 \\
- 2O + 5S &= 300 \\
9O - 13S &= 1500
\end{aligned}$$

Wir verrechnen die beiden unteren Gleichungen miteinander und erhalten

$$\begin{aligned}
-3K + 2O + 4S &= 0 \\
- 2O + 5S &= 300 \\
19S &= 5700
\end{aligned}$$

Somit kostet ein Schaf $S = 300$ Goldmünzen. Durch Rückwärtseinsetzen erhalten wir dann $O = 600$ Goldmünzen und $K = 800$ Goldmünzen. Somit kostet das Vorhaben des reichen Mannes $3 \cdot 800 + 5 \cdot 600 + 10 \cdot 300 = 8400$ Goldmünzen. Dafür bekommt er dann 53 Hühner und es bleiben ihm sogar noch 10 Goldmünzen.

G.5.3 Lösungswege zu Kapitel VIII.3

Aufgabe 1 – Lösungsweg:
Wir haben vier Bedingungen zu erfüllen:

- Stetiger Anschluss am linken Geländeteil.

- Glatter Übergang am linken Geländeteil.

- Stetiger Anschluss am rechten Geländeteil.

- Glatter Übergang am rechten Geländeteil.

Eine Polynomfunktion, die vier verschiedene Bedingungen erfüllen soll, muss im Allgemeinen mindestens den Grad 3 besitzen. Unser Ansatz ist also:

$$p(x) = ax^3 + bx^2 + cx + d.$$

Die Bedingungen lauten nun in der Sprache der Mathematik:

1. $p(5) = 0,5$,
2. $p'(5) = \frac{0,5}{5}$,
3. $p(20) = 4$,
4. $p'(20) = 0$.

Es ist $p'(x) = 3ax^2 + 2bx + c$. Setzen wir die Bedingungen ein so erhalten wir das folgende LGS:

$$\left(\begin{array}{cccc|c} 125 & 25 & 5 & 1 & 0,5 \\ 75 & 10 & 1 & 0 & 0,1 \\ 8000 & 400 & 20 & 1 & 4 \\ 1200 & 40 & 1 & 0 & 0 \end{array} \right)$$

Löst man das, so erhält man die (gerundeten) Werte

$$a = -0{,}00163; b = 0{,}0578; c = -0{,}356; d = 1{,}037.$$

Also ist

$$p(x) = -0{,}00163x^3 + 0{,}0578x^2 - 0{,}356x + 1{,}037.$$

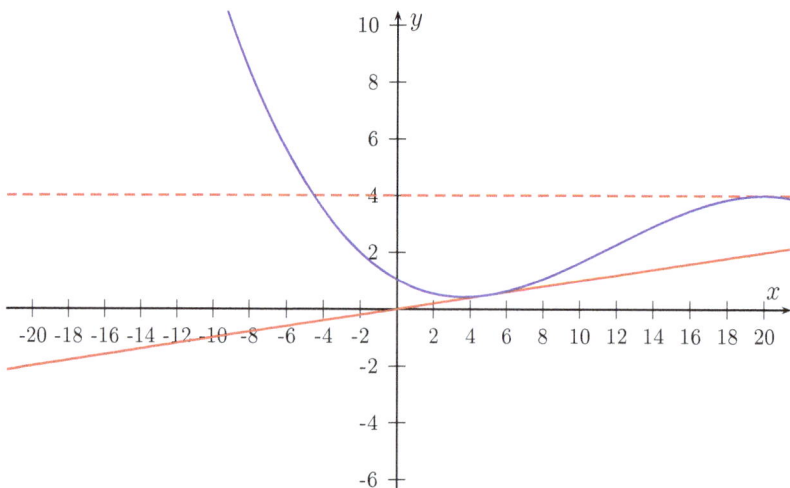

Abbildung G.5.1: Plot der Funktionen (Geländeteile plus neue Auffahrt).

Aufgabe 2 – Lösungsweg:
Da der Pylon offensichtlich achsensymmetrisch ist, versuchen wir es mit dem Ansatz

$$p(x) = ax^2 + c.$$

Welche der Geraden wir nun nehmen, ist aufgrund der Symmetrie egal. Wir nehmen $g_R(x) = -4x + 116$. Diese Gerade wird bei $x = 8$ berührt, d.h.

- $g_R(8) = p(8)$, womit $84 = 64a + c$ folgt, und

- $g_R'(8) = p'(8)$, also $-4 = 16a$.

Aus der zweiten Gleichung folgt $a = -\frac{1}{4}$ und das Einsetzen in die erste Gleichung liefert uns dann $c = 100$. Damit lautet die Funktion p für den Pylon

$$p(x) = -\frac{1}{4}x^2 + 100.$$

Aus $p(x) = 0$ folgt $x_{1/2} = \pm 20$, womit die Fahrbahn $20 - (-20) = 40$ Meter breit ist. Der Pylon ist $p(0) = 100$ Meter hoch, was wir wegen der Achsensymmetrie so leicht berechnen können.

Aufgabe 3 – Lösungsweg:

(a) Die Funktion soll vierten Grades und achsensymmetrisch sein, womit wir den Ansatz

$$f(x) = ax^4 + bx^2 + c$$

erhalten. Die dazugehörige erste Ableitung ist dann $f'(x) = 4ax^3 + 2bx$. Der Punkt $P(-2/-4)$ sei ein Tiefpunkt, d.h.

- $f(-2) = 16a + 4b + c = -4$ und

- $f'(-2) = -32a - 4b = 0$.

Addieren wir die beiden Gleichungen, so erhalten wir $-16a + c = -4$. Da wir nur zwei Gleichungen, aber drei Unbekannte haben, müssen wir einen Parameter einführen. Wir setzen $a = t > 0$ (dann fallen lästige Fallunterscheidungen weg, Erläuterungen dazu finden sich am Ende des Aufgabenteils (b)) und erhalten damit

$$c = 16t - 4 \text{ und aus der zweiten Gleichung } b = -8t.$$

Unsere Funktionsgleichung ist daher

$$f_t(x) = tx^4 - 8tx^2 + 16t - 4.$$

(b) Wir handeln die vollständige Kurvendiskussion wie in *MiS* gezeigt ab:

- *Ableitungen:*

$$f_t'(x) = 4tx^3 - 16tx, f_t''(x) = 12tx^2 - 16t \text{ und } f_t'''(x) = 24tx.$$

- *Symmetrie des Schaubilds:*
  Nur gerade Hochzahlen, daher ist das Schaubild achsensymmetrisch (zur y-Achse).

- *Nullstellen:*
  Wir setzen $f_t(x) = 0$. Damit wir die Gleichung lösen können, müssen wir $u = x^2$ setzen. Es ist dann

$$tu^2 - 8tu + 16t - 4 = 0.$$

Mit der MNF ergibt sich:

$$u_{1/2} = \frac{8t \pm \sqrt{64t^2 - 4 \cdot t \cdot (16t - 4)}}{2t} = \frac{8t \pm \sqrt{16t}}{2t}$$

$$= \frac{8t \pm 4\sqrt{t}}{2t} = \frac{4\sqrt{t} \pm 2}{\sqrt{t}}.$$

Durch Rücksubstitution (Wurzelziehen) erhalten wir für alle $t > 0$ die folgenden vier Nullstellen:

$$x_{1/2} = \pm \frac{\sqrt{2 \cdot (2 \cdot \sqrt{t} + 1)}}{\sqrt[4]{t}} \quad \text{und} \quad x_{3/4} = \pm \frac{\sqrt{2 \cdot (2 \cdot \sqrt{t} - 1)}}{\sqrt[4]{t}}.$$

- *Randverhalten:*
  Für $t \to \infty$ folgt wegen tx^4 auch $f_t(x) \to \infty$. Aus dem gleichen Grund, und weil $tx^4 > 0$ für $t > 0$, gilt auch für $t \to -\infty$, dass $f_t(x) \to \infty$ ist.

- *Extrempunkte:*
  Wir setzen die erste Ableitung gleich 0:

$$f_t'(x) = 4tx^3 - 16tx = 4tx \cdot (x^2 - 4) = 0.$$

Aus der gebildeten Produktform erhalten wir sofort die drei Kandidaten $x_1 = 0$ und $x_{2/3} = \pm 2$. Eingesetzt in die zweite Ableitung folgt:

- $f_t''(0) = 12t \cdot 0^2 - 16t = -16t < 0$, weil $t > 0$,

- $f_t''(\pm 2) = 12t(\pm 2)^2 - 16t = 32t > 0$, weil $t > 0$.

Damit haben wir einen Hochpunkt $H(0/f_t(0)) = H(0/16t - 4)$ und zwei Tiefpunkte $T_{1/2}(\pm 2/f_t(\pm 2)) = T_{1/2}(\pm 2/-4)$ vorliegen.

- *Wendepunkte:*
  Wir setzen die zweite Ableitung gleich 0:

$$f_t''(x) = 12tx^2 - 16t = 4t \cdot (3x^2 - 4) = 0.$$

Aus der gebildeten Produktform folgt sofort, dass $x_{W1/2} = \sqrt{\frac{4}{3}}$ sein muss. Mit der dritten Ableitung sieht man sofort, dass $f_t'''(x_{W1/2}) \neq 0$ und daher tatsächlich Wendestellen vorliegen. Setzen wir diese in $f_t(x)$ ein, so erhalten wir nach einer kurzen Rechnung

$$W_1 \left(-\sqrt{\tfrac{4}{3}} \,/\, \tfrac{64t}{9} - 4 \right) \text{ und } W_2 \left(\sqrt{\tfrac{4}{3}} \,/\, \tfrac{64t}{9} - 4 \right).$$

Wenn wir auch $t < 0$ zulassen, sehen wir aus den hier durchgeführten Rechnungen und gefundenen Termen, dass wir keine Nullstellen haben, die Extrempunkte von ihrer Art her vertauscht sind und die Wendestellen nach wie vor existieren. Die Funktion geht dann auf beiden Seiten gegen $-\infty$.

H Zu Kapitel IX: Gebrochenrationale Funktionen

H.1 Aufgaben zu Kapitel IX.1

Aufgabe 1:
Geben Sie die Definitionsmenge und die Lösungsmenge der folgenden Gleichung an:

$$\frac{3x}{x^2 - 9} = \frac{1}{x + 3} + \frac{1}{x - 3} + \frac{1}{x - 4}.$$

Aufgabe 2:
Vereinfachen Sie so weit wie möglich.

$$\frac{\dfrac{1}{4} + \dfrac{1}{3} + \dfrac{5}{2} : \dfrac{3}{2} : 2}{\left(\dfrac{1}{8} + \dfrac{1}{4}\right) \cdot \sqrt{\dfrac{4}{81}}}$$

Aufgabe 3:
Vereinfachen Sie so weit wie möglich.

$$\sqrt{\left(\frac{1}{2} + \frac{1}{4} + \frac{1}{8} + \frac{1}{16}\right) : \left(\frac{2^0 + 2^1 + 2^2 + 2^3}{2^0}\right)}$$

Aufgabe 4:
Vereinfachen Sie (nochmal) so weit wie möglich.

$$1 + \cfrac{1}{2 + \cfrac{1}{2 + \cfrac{1}{2 + \cfrac{1}{2}}}}$$

Aufgabe 5:
Gegeben sei die in Abbildung H.1.1 gezeigte Schaltung von Widerständen.

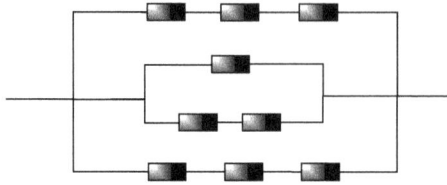

Abbildung H.1.1: Schaltung von Widerständen.

Das Ziel ist es, einen Ersatzwiderstand für die Schaltung zu berechnen. Hierzu gibt es nur zwei einfache Regeln zu beachten:

1. Sind Widerstände in Reihe geschaltet, dann addieren sie sich einfach.

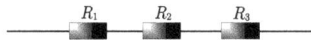

Abbildung H.1.2: Reihenschaltung

$$R_{\text{ERSATZ}} = R_1 + R_2 + R_3 = \sum_{i=1}^{3} R_i$$

2. Sind Widerstände parallel geschaltet, so addiert man ihre Kehrwerte und nimmt vom Ergebnis nochmals den Kehrwert, um den Ersatzwiderstand zu erhalten.

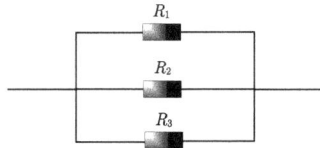

Abbildung H.1.3: Parallelschaltung

$$\frac{1}{R_{\text{ERSATZ}}} = \frac{1}{R_1} + \frac{1}{R_2} + \frac{1}{R_3} = \sum_{i=1}^{3} \frac{1}{R_i}$$

Wenn in Abbildung H.1.1 nun alle Widerstände gleich sind und der Ersatzwiderstand $R_{\text{GESAMT}} = 1{,}2\,\Omega$ ist, wie groß sind dann die einzelnen Widerstände?

Aufgabe 6:
Der Bummeltrain 007 fährt um 8.20 Uhr in Krastelhausen, der Hauptstadt von Bahnland, ab. Seinen Weg ins 530 Kilometer entfernte Hassestädte legt er mit einer konstanten Geschwindigkeit von 150 Kilometern in der Stunde zurück. Im 250 Kilometer entfernten Zwischenstadt legt er eine Pause von 10 Minuten ein. Um 8.54 Uhr fährt laut Fahrplan auf der Gegenstrecke der ICS 0815 (Intercity-Schleicher) von Hassestädte nach Krastelhausen. Seine Geschwindigkeit beträgt $200\frac{km}{h}$. Er macht im 120 Kilometer entfernten Betweendorf Station. Der Aufenthalt dauert 8 Minuten.

(a) Wann treffen sich die Züge?

Der ICS 0815 soll nun sowohl in Betweendorf als auch in Zwischenstadt Halt machen und zwar einmal 8 Minuten und das zweite Mal 10 Minuten. Die Züge sollen sich jetzt in Zwischenstadt treffen (Umsteigemöglichkeit).

(b) Wann muss der ICS 0815 bei gleicher Geschwindigkeit in Hassestädte losfahren, dass den Passagieren an Bord mindestens 3 Minuten zum Umsteigen in den Bummeltrain 007 in Zwischenstadt bleiben?

Im ICS 0815 sitzt Herr Spaziergern. Er trifft sich mit seinem Freund Herrn Klaus Spazieraugern zum Wandern in Krastelhausen. Dieser wohnt 6 Kilometer vom Bahnhof entfernt. Als Herr Spaziergern ankommt, gibt er Herrn Spazieraugern über seine Ankunft per Handy Bescheid und beide machen sich gleichzeitig auf den Weg, um sich auf der Strecke zwischen dem Bahnhof und dem Haus von Herrn Spazieraugern zu treffen. Herr Spaziergern läuft mit einer Geschwindigkeit von $4\frac{km}{h}$, Herr Spazieraugern mit $6\frac{km}{h}$. Herr Spaziergern hat seinen Sohn Dorian dabei. Da Papa ihm zu langsam läuft und er lieber joggt, läuft er Herrn Spazieraugern mit $12\frac{km}{h}$ entgegen. Als er ihn erreicht, trifft er dort seinen Freund Fabian, den Sohn von Herrn Spazieraugern, dreht zusammen mit diesem um und beide laufen mit gleicher Geschwindigkeit wieder zu Herrn Spaziergern zurück, um noch ein wenig zu trainieren. Das Hin- und Herjoggen führen sie fort, bis die beiden Väter sich treffen.

(c) Wie viele Kilometer ist Dorian bis dahin gejoggt und wie viele Kilometer joggt Fabian mit seinem Freund?

Aufgabe 7:
Heidi, Karin und Max kaufen sich zusammen einen Lottoschein. Dieser kostet 8,00 €. Max zahlt 2,00 €, Karin ein Viertel vom Rest und Heidi das was übrig bleibt. Sie gewinnen 1000 €. Wie viel Geld bekommt jeder, wenn man von ihren Anteilen am Lottoschein ausgeht?

Aufgabe 8:
Tante Isolde hat das Zeitliche gesegnet. Die Verwandten freuen sich tierisch, v.a. Neffe Habgier, Nichte Raffzahn und Kusine Willhaben. Tantchen hat dem Neffen zwei Drittel ihres Vermögens vermacht. Vom Rest bekommt die Nichte $\frac{2}{5}$. Kusine Willhaben bekommt die restlichen 240000 €. Wie viel hat Tantchen vererbt und wie viel bekommt jeder?

Aufgabe 9:
Karl sagt: „Ich bekomme von Opas Erbe $\frac{2}{5}$ von der Hälfte von einem Drittel!" Daraufhin antwortet Peter: „Ich bekomme sogar die Hälfte von einem Drittel vom Anteil von Susi. Und Susi bekommt $\frac{9}{10}$ vom Geld!"

Wer bekommt mehr, Karl oder Peter und geht das überhaupt?

H.2 Aufgaben zu Kapitel IX.4

Aufgabe 1:
Gegeben sei die Funktionsschar f_t mit der Gleichung

$$f_t(x) = \frac{(x-t)^2}{(x-t)^2 + 1} + t \text{ mit } t, x \in \mathbb{R}.$$

Bestimmen Sie den Extrempunkt, die Art des Extrempunktes und geben Sie die Ortskurve an, auf der alle Extrempunkte liegen. Für welches t ist das Schaubild der Funktion f_t achsensymmetrisch (zur y-Achse)?

Aufgabe 2:
Im Folgenden wollen wir eine kleine Hängebrücke über eine Schlucht bauen. Dazu betrachten wir Abbildung H.2.4.

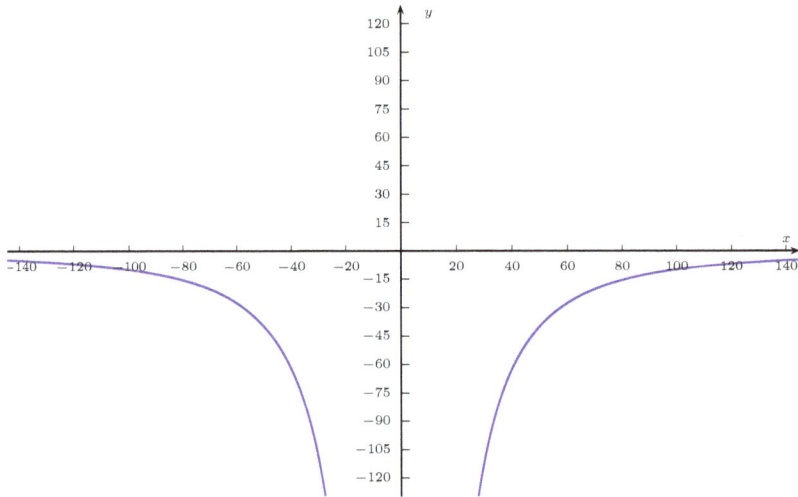

Abbildung H.2.4: Profil der Hyperbel-Schlucht.

Der für uns interessante Teil wird durch eine Hyperbel mit der Gleichung

$$f(x) = -\frac{100000}{x^2}$$

beschrieben (x- und y-Werte in Metern), weswegen die Schlucht im Volksmund auch Hyperbel-Schlucht genannt wird. Wir wollen eine Hängebrücke, welche durch eine ganz-rationale Funktion beschrieben wird, über die Schlucht bauen und zwar so, dass die Brücke auf beiden Seiten der Schlucht jeweils 100 Meter von der Schluchtmitte entfernt beginnt und der Übergang zwischen Gelände und Brücke glatt verläuft (siehe Abbildung H.2.4).

(a) Wie lautet die Gleichung der Funktion, welche die Brücke im Profil beschreibt?

Eine anderes Schluchtenprofil wird durch die Funktion

$$g(x) = -\frac{100000}{x^2} - \frac{x^3}{100000}$$

beschrieben (siehe Abbildung H.2.5).
Die Schluchtmitte liege bei $x = 0$. Auf der linken Seite soll in einer Entfernung von 100 Metern zur Schluchtmitte eine Art Hängebrücke montiert werden, die ohne Unebenheiten auf der linken Seite in das Gelände übergeht, ihren tiefsten Punkt über der Schluchtmitte hat und dann 120 Meter später wieder glatt in das Gelände übergeht. Das Profil ist wieder durch eine ganzrationale Funktion möglichst niedrigen Grades darstellbar.

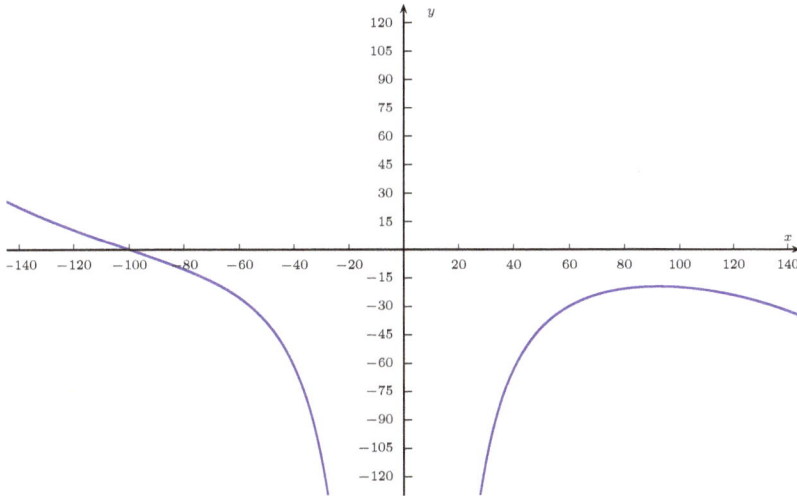

Abbildung H.2.5: Profil der anderen Schlucht.

(b) Wie lautet die Gleichung dieser Funktion? (Das LGS ist mit einer entsprechenden Rechenhilfe zu lösen!)

Aufgabe 3:
Untersuchen Sie die durch die folgenden Gleichungen gegebenen Funktionen.

(a) $a(x) = \dfrac{x^2 + x - 2}{x - 1}$

(b) $b(x) = \dfrac{4x^2 - 4}{x^2 - 9}$

(c) $c(x) = \dfrac{2x + 1}{x^2 - 4}$

(d) $d(x) = \dfrac{x^2 + 2x + 1}{x}$

(e) $e(x) = \dfrac{x^2 + 1}{x^2 - 1}$

(f) $f(x) = \dfrac{x^3 - 6x^2 + 11x - 6}{x^3 + 6x^2 + 11x + 6}$

H.3 Ergebnisse zu Kapitel IX

H.3.1 Ergebnisse zu Kapitel IX.1

Aufgabe 1:
Definitionsmenge $D = \mathbb{R} \setminus \{-3, 3, 4\}$, Lösungsmenge $L = \left\{\frac{9}{4}\right\}$

Aufgabe 2:
Es ergibt sich ein Wert von 17.

Aufgabe 3:
Das Ergebnis ist $\frac{1}{4}$.

Aufgabe 4:
Wir erhalten $\frac{41}{29}$.

Aufgabe 5:
Es muss $R = 2{,}6\ \Omega$ sein.

Aufgabe 6:

(a) Die Züge treffen sich um ca. um 10.19 Uhr.

(b) Er muss spätestens um 8.35 Uhr in Hassestädte abfahren.

(c) Dorian joggt insgesamt 7,2 Kilometer, Fabian 3,2 Kilometer, womit Dorian 4 Kilometer alleine laufen muss.

Aufgabe 7:
Max bekommt 250 €, Karin 187,50 € und Heidi 562,50 €.

Aufgabe 8:
Die Tante hat 1,2 Millionen Euro vererbt. Davon bekommt der Neffe 800000 €, die Nichte 160000 € und die Kusine die restlichen 240000 €.

Aufgabe 9:
Das geht nicht, denn Karl, Peter und Susi bekämen zusammen $\frac{1}{15} + \frac{3}{20} + \frac{9}{10} = \frac{67}{60} > 1$. Und mehr als das Vorhandene kann man nicht verteilen!

H.3.2 Ergebnisse zu Kapitel IX.4

Aufgabe 1:
Tiefpunkt $T_t(t/t)$, Ortskurve $y = x$, Achsensymmetrie für $t = 0$

Aufgabe 2:

(a) $p_1(x) = \frac{1}{1000}x^2 - 20$

(b) $p_2(x) = -5{,}594 \cdot 10^{-8} \cdot x^4 - 1{,}008 \cdot 10^{-5} \cdot x^3 + 2{,}10725 \cdot 10^{-3} \cdot x^2 - 25{,}56$

Aufgabe 3:

(a) Keine sofort erkennbare Symmetrie, Definitionsmenge $D_a = \mathbb{R} \setminus \{1\}$, Nullstelle bei $x_{N1} = -2$, keine Extrem- und keine Wendestellen, hebbare Lücke bei $x_L = 1$, schiefe Asymptote $y = x + 2$

(b) Achsensymmetrisch, Definitionsmenge $D_b = \mathbb{R} \setminus \{-3, 3\}$, Nullstellen bei $x_{N1} = -1$ und $x_{N2} = 1$, Extremstelle (Maximum) bei $x_{N1} = 0$, keine Wendestellen, senkrechte Asymptoten mit VZW bei $x = \pm 3$, waagrechte Asymptote $y = 4$

(c) Keine sofort erkennbare Symmetrie, Definitionsmenge $D_c = \mathbb{R} \setminus \{-2, 2\}$, Nullstelle bei $x_{N1} = -\frac{1}{2}$, keine Extremstellen, Wendestelle bei $x_{W1} = 0$ (Sattelpunkt), senkrechte Asymptoten mit VZW bei $x = \pm 2$, waagrechte Asymptote $y = 0$

(d) Keine sofort erkennbare Symmetrie, Definitionsmenge $D_d = \mathbb{R} \setminus \{0\}$, Nullstelle bei $x_{N1} = -1$ (doppelte), Extremstellen bei $x_{E1} = -1$ (Maximum) und $x_{E2} = 1$ (Minimum), keine Wendestellen, senkrechte Asymptote mit VZW bei $x = 0$, schiefe Asymptote $y = x + 2$

(e) Achsensymmetrisch, Definitionsmenge $D_e = \mathbb{R} \setminus \{-1, 1\}$, keine Nullstellen, Extremstelle (Maximum) bei $x_{E1} = 0$, keine Wendestellen, senkrechte Asymptoten mit VZW bei $x = \pm 1$, waagrechte Asymptote $y = 1$

(f) Keine sofort erkennbare Symmetrie, Definitionsmenge $D_f = \mathbb{R} \setminus \{-3, -2, -1\}$, Nullstellen bei $x_{N1} = 1$, $x_{N2} = 2$ und $x_{N3} = 3$, Extremstellen bei $x_{E1} = -\sqrt{\sqrt{5} + 4}$ (Maximum), $x_{E2} = -\sqrt{4 - \sqrt{5}}$ (Minimum), $x_{E3} = \sqrt{4 - \sqrt{5}}$ (Maximum) und $x_{E4} = \sqrt{\sqrt{5} + 4}$ (Minimum), Wendestellen (numerisch ermittelt) bei $x_{W1} \approx 1{,}74$ und $x_{W2} \approx 5{,}93$, senkrechte Asymptoten mit VZW bei $x = -3, -2, -1$, waagrechte Asymptote $y = 1$.

H.4 Lösungswege zu Kapitel IX

H.4.1 Lösungswege zu Kapitel IX.1

Aufgabe 1 – Lösungsweg:
Der Hauptnenner ist hier, wie man leicht nachrechnet, falls man die binomischen Formeln noch weiß,

$$\left(x^2 - 9\right) \cdot (x - 4).$$

Die Definitionsmenge ist dann $\mathbb{R} \setminus \{-3; +3; +4\}$. Multiplizieren wir nun mit dem Hauptnenner durch, so erhalten wir

$$
\begin{aligned}
3x\,(x - 4) &= (x - 3)\,(x - 4) + (x + 3)\,(x - 4) + (x - 3)\,(x + 3) \\
3x^2 - 12x &= (x - 4)\,(x - 3 + x + 3) + x^2 - 9 && |-x^2 \\
2x^2 - 12x &= 2x\,(x - 4) - 9 \\
2x^2 - 12x &= 2x^2 - 8x - 9 && |-2x^2 + 8x \\
-4x &= -9 && |:(-4) \\
x &= \frac{9}{4}.
\end{aligned}
$$

Damit haben wir die Lösung gefunden.

Aufgabe 2 – Lösungsweg:
Wir vereinfachen:

$$
\begin{aligned}
\frac{\frac{1}{4} + \frac{1}{3} + \frac{5}{2} : \frac{3}{2} : 2}{\left(\frac{1}{8} + \frac{1}{4}\right) \cdot \sqrt{\frac{4}{81}}}
&= \frac{\frac{1}{4} + \frac{1}{3} + \frac{5}{2} \cdot \frac{2}{3} \cdot \frac{1}{2}}{\left(\frac{1}{8} + \frac{2}{8}\right) \cdot \frac{\sqrt{4}}{\sqrt{81}}}
= \frac{\frac{1}{4} + \frac{1}{3} + \frac{5}{6}}{\frac{3}{8} \cdot \frac{2}{9}} \\
&= \frac{\frac{3}{12} + \frac{4}{12} + \frac{10}{12}}{\frac{6}{72}} = \frac{17}{12} \cdot \frac{72}{6} = \frac{17 \cdot 72}{72} = 17.
\end{aligned}
$$

Aufgabe 3 – Lösungsweg:
Wir vereinfachen, wobei wir schon $2^0 = 1$ gesetzt haben:

$$\sqrt{\left[\left(\frac{1}{2}+\frac{1}{4}+\frac{1}{8}+\frac{1}{16}\right):\left(\frac{1+2+2^2+2^3}{1}\right)\right]} = \sqrt{\left[\frac{8}{16}+\frac{4}{16}+\frac{2}{16}+\frac{1}{16}\right]\cdot\frac{1}{1+2+4+8}}$$

$$=\sqrt{\frac{15}{16}\cdot\frac{1}{15}} = \frac{1}{4}.$$

Aufgabe 4 – Lösungsweg:
Wir vereinfachen:

$$1+\frac{1}{2+\frac{1}{2+\frac{1}{2+\frac{1}{2}}}} = 1+\frac{1}{2+\frac{1}{2+\frac{1}{\frac{5}{2}}}} = 1+\frac{1}{2+\frac{1}{2+\frac{2}{5}}}$$

$$=1+\frac{1}{2+\frac{1}{\frac{12}{5}}} = 1+\frac{1}{2+\frac{5}{12}} = 1+\frac{1}{\frac{29}{12}} = 1+\frac{12}{29} = \frac{41}{29}.$$

Aufgabe 5 – Lösungsweg:
Wir bezeichnen die Widerstände, da sie ja alle gleich sind, mit R. Wir berechnen nun die Ersatzwiderstände nach Abbildung H.4.1.

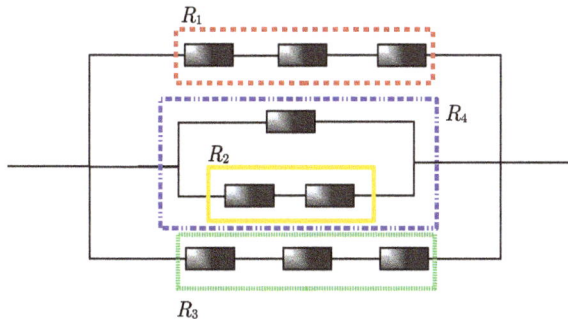

Abbildung H.4.1: Skizze zu den Ersatzwiderständen.

Nach den angegebenen Regeln gilt:

$$R_1 = R + R + R = 3R$$
$$R_2 = R + R = 2R$$
$$R_3 = R + R + R = 3R$$
$$\frac{1}{R_4} = \frac{1}{R} + \frac{1}{R_2} = \frac{1}{R} + \frac{1}{2R} = \frac{3}{2R} \Rightarrow R_4 = \frac{2}{3}R$$

Was nun noch übrig ist, ist eine Parallelschaltung aus drei Widerständen. Wir rechnen

$$\frac{1}{R_{GESAMT}} = \frac{1}{R_1} + \frac{1}{R_3} + \frac{1}{R_4} = \frac{1}{3R} + \frac{1}{3R} + \frac{3}{2R} = \frac{2+2+9}{6R} = \frac{13}{6R} \Rightarrow R_{GESAMT} = \frac{6}{13}R.$$

Nun können wir den Zahlenwert für den Gesamtwiderstand einsetzen und erhalten

$$R = \frac{13}{6} \cdot R_{GESAMT} = \frac{13}{6} \cdot 1{,}2\,\Omega = 2{,}6\,\Omega.$$

Aufgabe 6 – Lösungsweg:

(a) Der Bummeltrain 007 fährt um 8.20 Uhr in Krastelhausen ab. Bei einer Durchschnittsgeschwindigkeit von 150 Kilometern in der Stunde erreicht er das 250 Kilometer entfernte Zwischenstadt

$$\frac{250}{150}\,\text{h} = 1\tfrac{2}{3}\,\text{h} = 1 \text{ Stunde } 40 \text{ Minuten}$$

später, also um 10.00 Uhr. Zehn Minuten später, um 10.10 Uhr, setzt er seine Fahrt fort. Die restlichen $530 - 250 = 280$ Kilometer bewältigt er in

$$\frac{280}{150}\,\text{h} = 1\tfrac{13}{15}\,\text{h} = 1 \text{ Stunde } 52 \text{ Minuten}.$$

Er erreicht sein Ziel also um 12.02 Uhr.

Der ICS 0815 startet um 8.54 Uhr. Er erreicht dann Betweendorf

$$\frac{120}{200}\,\text{h} = \frac{3}{5}\,\text{h} = 36 \text{ Minuten}$$

später, also um 9.30 Uhr. Bis nach Zwischenstadt, wo er jetzt noch nicht hält, sind es $530 - 120 - 250 = 160$ Kilometer. Er setzt seine Fahrt um 9.38 Uhr fort und fährt an Zwischenstadt

$$\frac{160}{200}\,\text{h} = \frac{4}{5}\,\text{h} = 48 \text{ Minuten}$$

später vorbei, also um 10.26 Uhr. Da der Bummeltrain 007 bereits um 10.10 Uhr von Zwischenstadt an weiter gefahren ist, treffen sich die beiden Züge zwischen Betweendorf und Zwischenstadt. Wir betrachten also die Strecke dazwischen sowie die Abfahrtszeiten der Züge an den beiden Bahnhöfen Betweendorf und Zwischenstadt. Es ist dann

$$160 = 200 \cdot \frac{32}{60} + 200 \cdot t + 150 \cdot t.$$

Der erste Ausdruck auf der rechten Seite gibt an, welche Strecke der ICS 0815 von 9.38 Uhr (Abfahrt Betweendorf) bis 10.10 Uhr zurückgelegt hat. Um diese Zeit fährt der Bummeltrain 007 in Zwischenstadt los. Die Zeit bis zum Treffpunkt der beiden ist dann noch unbekannt und mit t bezeichnet. Wir erhalten somit

$$t = \frac{16}{105} \text{ h} = 9\tfrac{1}{7} \text{ Minuten } \approx 9 \text{ Minuten 9 Sekunden.}$$

Sie treffen sich also etwa neun Minuten nach der Abfahrt des Bummeltrain 007 um 10.19 Uhr.

(b) Wir beziehen uns bei den verwendeten Zahlen auf die Rechnungen in Aufgabenteil (a) und berechnen diese Ergebnisse nicht noch einmal neu.
Der Bummeltrain 007 erreicht Zwischenstadt um 10.00 Uhr und fährt um 10.10 Uhr weiter. Der ICS 0815 muss also spätestens um 10.07 Uhr in Zwischenstadt sein. Bis dahin ist er aber schon $36 + 8 + 48 = 92$ Minuten unterwegs. Das bedeutet, dass er spätestens um 8.35 Uhr in Hassestädte losfahren muss.

(c) Die Väter von Florian und Fabian sind, da sie sich aufeinander zu bewegen, zusammen $4 + 6 = 10\frac{\text{km}}{\text{h}}$ schnell. Damit treffen sie sich nach $\frac{6}{10}$ h$= 36$ Minuten.
Laut Aufgabentext joggt Dorian die ganze Zeit, d.h. er hat

$$\frac{36}{60} \cdot 12 = 7\tfrac{1}{5} \text{ km} = 7200 \text{ Meter}$$

zurückgelegt. Er trifft nun Herrn Spazieraugern das erste Mal nach

$$\frac{6}{12+6} \text{ h} = \frac{1}{3} \text{ h} = 20 \text{ Minuten.}$$

Ab jetzt läuft Fabian die restliche Zeit, also $36 - 20 = 16$ Minuten, mit. Damit joggt er eine Strecke von

$$\frac{16}{60} \cdot 12 = 3\tfrac{1}{5} \text{ km} = 3200 \text{ Meter,}$$

also etwas mehr als die Hälfte der Gesamtstrecke zwischen seinem Heim und dem Bahnhof.

Aufgabe 7 – Lösungsweg:
Max zahlt 2,00 €. Damit bleiben noch $8,00 - 2,00 = 6,00$ € übrig. Davon zahlt Karin $\frac{1}{4}$, also $\frac{1}{4} \cdot 6,00 = 1,50$ € und Heidi somit den Rest in Höhe von $6,00 - 1,50 = 4,50$ €. Die Anteile an den Kosten des Lottoscheins sind somit

- Max: $\frac{2}{8} = \frac{1}{4}$,
- Karin: $\frac{1,5}{8} = \frac{3}{16}$,
- Heidi: $\frac{4,5}{8} = \frac{9}{16}$.

Somit bekommt von den 1000 €:

- Max: $\frac{1}{4} \cdot 1000 = 250$ €,

- Karin: $\frac{3}{16} \cdot 1000 = 187{,}50 \text{ €}$,

- Heidi: $\frac{9}{16} \cdot 1000 = 562{,}50 \text{ €}$.

Aufgabe 8 – Lösungsweg:
Die Anteile sind:

- Der Neffe bekommt $\frac{2}{3}$,

- die Nichte bekommt $\frac{2}{5} \cdot \left(1 - \frac{2}{3}\right) = \frac{2}{15}$,

- die Kusine $1 - \frac{2}{3} - \frac{2}{15} = \frac{3}{15}$, was 240000 € entspricht.

Damit hat die Tante $240000 : \frac{3}{15} = 240000 \cdot \frac{15}{3} = 1200000 \text{ €}$ hinterlassen. Also bekommt

- der Neffe $\frac{2}{3} \cdot 1200000 = 800000 \text{ €}$,

- die Nichte $\frac{2}{15} \cdot 1200000 = 160000 \text{ €}$,

- die Kusine $\frac{3}{15} \cdot 1200000 = 240000 \text{ €}$.

Aufgabe 9 – Lösungsweg:
Karl bekommt einen Anteil von $\frac{2}{5} \cdot \frac{1}{2} \cdot \frac{1}{3} = \frac{1}{15} = \frac{4}{60}$. Peter bekommt $\frac{1}{2} \cdot \frac{1}{3} \cdot \frac{9}{10} = \frac{3}{20} = \frac{9}{60}$. Damit bekommt Peter mehr. Aber die Anteile dürfen zusammen nun nicht größer als 1 sein:

$$\frac{1}{15} + \frac{3}{20} + \frac{9}{10} = 1\frac{4}{15} > 1.$$

Damit muss sich irgendjemand verrechnet haben, denn man kann nicht mehr verteilen als da ist!

H.4.2 Lösungswege zu Kapitel IX.4

Aufgabe 1 – Lösungsweg:
Untersuchung der gegebenen Funktion:
Wir leiten $f_t(x) = \frac{(x-t)^2}{(x-t)^2+1} + t$ ab (Quotientenregel, Kettenregel und der Parameter ohne x verschwindet):

$$f_t'(x) = \frac{2(x-t) \cdot \left((x-t)^2 + 1\right) - 2 \cdot (x-t) \cdot (x-t)^2}{\left[(x-t)^2 + 1\right]^2}$$

$$= \frac{2(x-t)^3 + 2(x-t) - 2(x-t)^3}{\left[(x-t)^2 + 1\right]^2} = \frac{2(x-t)}{\left[(x-t)^2 + 1\right]^2}.$$

Man rechnet leicht nach, dass $f'_t(x) = 0$ für $x = t$ gilt. Die zweite Ableitung ist

$$f''_t(x) = \frac{2 \cdot \left[(x-t)^2 + 1\right]^2 - 2 \cdot (x-t) \cdot 2 \left[(x-t)^2 + 1\right] \cdot 2\,(x-t)}{\left[(x-t)^2 + 1\right]^4}$$

$$= \frac{2 \left[(x-t)^2 + 1\right] - 8\,(x-t)^2}{\left[(x-t)^2 + 1\right]^3}.$$

Wir setzen $x = t$ ein und erhalten

$$f''_t(t) = \frac{2 \left[(t-t)^2 + 1\right] - 4\,(t-t)^2}{\left[(t-t)^2 + 1\right]^3} = \frac{2}{1} = 2.$$

Da $2 > 0$ liegt für alle t ein Minimum bei $x = t$ vor. Der dazugehörige y-Wert ist

$$f_t(t) = \frac{(t-t)^2}{(t-t)^2 + 1} + t = \frac{0}{1} + t = t.$$

Somit haben wir die Tiefpunkte $T_t(t/t)$ der Schar gefunden und identifiziert und können mit $x = t$ und $y = t$ die Ortskurve $y = x$ angeben.

Achsensymmetrie des Schaubildes kann bei einem Tiefpunkt nur dann vorliegen, wenn dieser auf der y-Achse liegt. Somit kann nur $t = 0$ in Frage kommen, da nur hierfür nach der Berechnung der Ortskurve der Tiefpunkte diese Bedingung erfüllt ist.

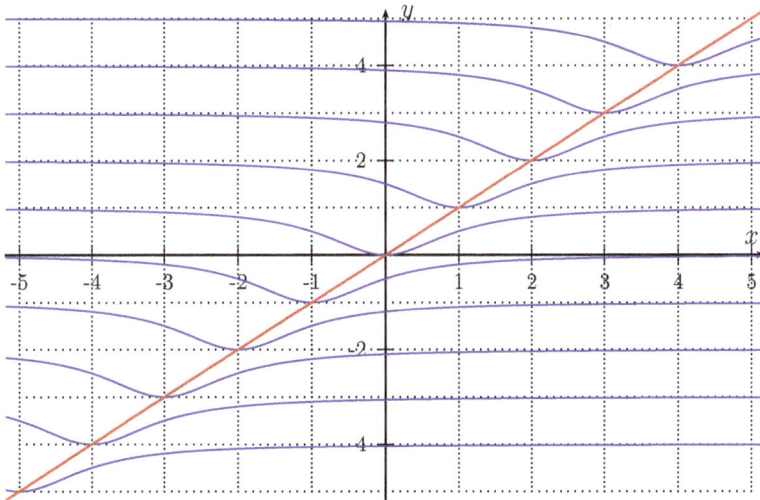

Abbildung H.4.2: Ein paar Scharkurven und die Ortskurve der Tiefpunkte.

Aufgabe 2 – Lösungsweg:

(a) Wir haben vier Bedingungen, die es zu erfüllen gilt. Da wir es aber mit einem achsensymmetrischen Problem zu tun haben ($f(-x) = f(x)$), reduziert sich deren Anzahl auf zwei. Wir untersuchen die Ableitung der Hyperbelfunktion:

$$f'(x) = \frac{200000}{x^3} \Rightarrow f'(\pm 100) = \pm \frac{1}{5}.$$

Zwei unterschiedliche Steigungen lassen eine Gerade schon einmal als mögliche Brückenfunktion ausscheiden. Daher versuchen wir es mit einer Parabel 2. Ordnung, welche wir sofort symmetrisch zur y-Achse wählen:

$$\text{Ansatz: } p_1(x) = ax^2 + c$$

Die Bedingungen aus dem Text bedeuten nun, dass

- $p_1(-100) = f(-100)$ und
- $p_1'(-100) = f'(-100)$

gelten. Damit erhalten wir, wobei $p'(x) = 2ax$,

- $10000a + c = -10$ und
- $-200a = -\frac{1}{5}$.

Lösen wir das kleine Gleichungssystem, so ergibt sich die Brückenfunktion

$$p_1(x) = \frac{1}{1000}x^2 - 20.$$

Den Plot dazu sehen wir in Abbildung H.4.3

(b) Wir wollen die zu findende Brückenfunktion mit $p_2(x)$ bezeichnen. Hier gibt es nun fünf Bedingungen zu erfüllen, welche alle im Text vorgegeben sind:

- $p_2(-100) = g(-100)$,
- $p_2'(-100) = g'(-100)$,
- $p_2'(0) = 0$,
- $p_2(120) = g(120)$ und
- $p_2'(120) = g'(120)$.

Wir setzen also mit einer ganzrationalen Funktion 4. Grades an:

$$\text{Ansatz: } p_2(x) = ax^4 + bx^3 + cx^2 + dx + e$$

Die Ableitung hierzu ist $p_2'(x) = 4ax^3 + 3bx^2 + 2cx + d$ und die Ableitung der Schluchtfunktion ist

$$g'(x) = \frac{200000}{x^3} - \frac{3x^2}{100000}.$$

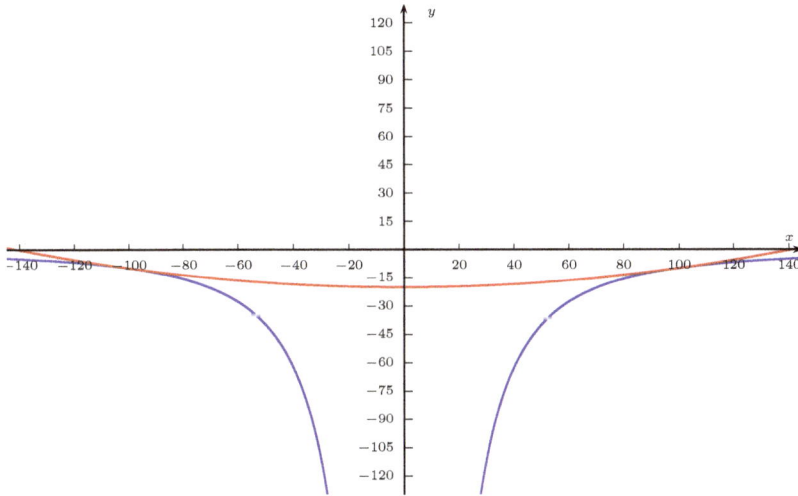

Abbildung H.4.3: Plot zur Brücke über die Hyperbel-Schlucht aus Aufgabenteil (a).

Werten wir nun die Bedingungen aus, so erhalten wir das folgende LGS in Matrix-schreibweise.

$$\left(\begin{array}{ccccc|c} 10^8 & -10^6 & 10^4 & -100 & 1 & 0 \\ -4\cdot 10^6 & 3\cdot 10^4 & -200 & 1 & 0 & -0,5 \\ 0 & 0 & 0 & 1 & 0 & 0 \\ 2,0736\cdot 10^8 & 1,728\cdot 10^6 & 1,44\cdot 10^4 & 120 & 1 & -24\frac{101}{450} \\ 6,912\cdot 10^6 & 4,32\cdot 10^4 & 240 & 1 & 0 & -\frac{8539}{27000} \end{array}\right)$$

Lösen wir das (numerisch, sonst sehr langwierige Rechnung), so erhalten wir letzt-endlich die Funktion (mit gerundeten Koeffizienten)

$$p_2(x) = -5,594\cdot 10^{-8}x^4 - 1,008\cdot 10^{-5}x^3 + 2,10725\cdot 10^{-3}x^2 - 25,56.$$

Aufgabe 3 – Lösungsweg:
Diese Aufgabe ist wieder sehr technisch, und im Großen und Ganzen werden fast nur ganzrationale Funktionen gelöst (Zähler= 0 für die Nullstellen, Extremstellen und Wen-destellen, Nenner= 0 für die Definitionslücken). Darum geben wir bei dieser Aufgabe auch nur die Ergebnisse an, allerdings ergänzt um die ersten beiden Ableitungen, sodass die benötigten Gleichungen vom Leser aufgestellt und gelöst werden können (mit MNF, Horner-Schema, ...). Die Untersuchung der Definitionslücken und der Nullstellen finden Sie bereits in den Lösungen zu Kapitel V.5.2.

(a) Die Ableitungen sind:

$$a'(x) = 1 \text{ und } a''(x) = 0.$$

Die Funktionsuntersuchung ergibt damit:
Keine sofort erkennbare Symmetrie, Definitionsmenge $D_a = \mathbb{R} \setminus \{1\}$, Nullstelle bei $x_{N1} = -2$, keine Extrem- und keine Wendestellen, hebbare Lücke bei $x_L = 1$, schiefe Asymptote $y = x + 2$

(b) Die Ableitungen sind:

$$b'(x) = \frac{-64x}{(x^2 - 9)^2} \text{ und } b''(x) = \frac{192 \cdot (x^2 + 3)}{(x^2 - 9)^3}.$$

Die Funktionsuntersuchung ergibt damit:
Achsensymmetrisch, Definitionsmenge $D_b = \mathbb{R} \setminus \{-3, 3\}$, Nullstellen bei $x_{N1} = -1$ und $x_{N2} = 1$, Extremstelle (Maximum) bei $x_{E1} = 0$, keine Wendestellen, senkrechte Asymptoten mit VZW bei $x = \pm 3$, waagrechte Asymptote $y = 4$

(c) Die Ableitungen sind:

$$c'(x) = \frac{-2 \cdot (x^2 + x + 4)}{(x^2 - 4)^2} \text{ und } c''(x) = \frac{2 \cdot (2x^3 + 3x^2 + 24x + 4)}{(x^2 - 4)^3}.$$

Die Funktionsuntersuchung ergibt damit:
Keine sofort erkennbare Symmetrie, Definitionsmenge $D_c = \mathbb{R} \setminus \{-2, 2\}$, Nullstelle bei $x_{N1} = -\frac{1}{2}$, keine Extremstellen, Wendestelle bei $x_{W1} = 0$ (Sattelpunkt), senkrechte Asymptoten mit VZW bei $x = \pm 2$, waagrechte Asymptote $y = 0$

(d) Die Ableitungen sind:

$$d'(x) = \frac{x^2 - 1}{x^2} \text{ und } d''(x) = \frac{2}{x^3}.$$

Die Funktionsuntersuchung ergibt damit:
Keine sofort erkennbare Symmetrie, Definitionsmenge $D_d = \mathbb{R} \setminus \{0\}$, Nullstelle bei $x_{N1} = -1$ (doppelte), Extremstellen bei $x_{E1} = -1$ (Maximum) und $x_{E2} = 1$ (Minimum), keine Wendestellen, senkrechte Asymptote mit VZW bei $x = 0$, schiefe Asymptote $y = x + 2$

(e) Die Ableitungen sind:

$$e'(x) = \frac{-4x}{(x^2 - 1)^2} \text{ und } e''(x) = \frac{4 \cdot (3x^2 + 1)}{(x^2 - 1)^3}.$$

Die Funktionsuntersuchung ergibt damit:
Achsensymmetrisch, Definitionsmenge $D_e = \mathbb{R} \setminus \{-1, 1\}$, keine Nullstellen, Extremstelle (Maximum) bei $x_{E1} = 0$, keine Wendestellen, senkrechte Asymptoten mit VZW bei $x = \pm 1$, waagrechte Asymptote $y = 1$

(f) Die Ableitungen sind:

$$f'(x) = \frac{12 \cdot (x^4 - 8x^2 + 11)}{(x^3 + 6x^2 + 11x + 6)^2} \text{ und } f''(x) = \text{ zu umständlich.}$$

Die Funktionsuntersuchung ergibt damit:
Keine sofort erkennbare Symmetrie, Definitionsmenge $D_f = \mathbb{R} \setminus \{-3, -2, -1\}$, Nullstellen bei $x_{N1} = 1$, $x_{N2} = 2$ und $x_{N3} = 3$, Extremstellen bei $x_{E1} = -\sqrt{\sqrt{5}+4}$ (Maximum), $x_{E2} = -\sqrt{4-\sqrt{5}}$ (Minimum), $x_{E3} = \sqrt{4-\sqrt{5}}$ (Maximum) und $x_{E4} = \sqrt{\sqrt{5}+4}$ (Minimum), Wendestellen (numerisch ermittelt) bei $x_{W1} \approx 1{,}74$ und $x_{W2} \approx 5{,}93$, senkrechte Asymptoten mit VZW bei $x = -3, -2, -1$, waagrechte Asymptote $y = 1$

I Zu Kapitel X: Trigonometrische Funktionen

I.1 Aufgaben zu Kapitel X.1.8

Aufgabe 1:
Weisen Sie mittels vollständiger Induktion nach, dass die $2n$-te Ableitung von $f(x) = \sin(x) \cdot e^x$ gegeben ist durch

$$f^{(2n)}(x) = 2^n \cdot (\sin(x))^{(n)} \cdot e^x$$

wobei $n \in \mathbb{N}$ und $(\ldots)$ als Exponent die entsprechende Ableitung bezeichnet.

Aufgabe 2:
Überlegen Sie sich, wie die gesuchte Ableitung lautet. Begründen Sie kurz das Ergebnis.

   (a) Die 99ste von $a(x) = \sin(x)$ (b) Die 111te von $b(x) = \cos(x)$
   (c) Die 444ste von $c(x) = -\sin(x)$ (d) Die 1111te von $d(x) = -\cos(x)$

Aufgabe 3:
Bilden Sie die *ersten beiden* Ableitungen der folgenden Funktionen.

   (a) $a(x) = \sqrt{\sin(x)}$ (b) $b(x) = \sin(\cos(x))$
   (c) $c(x) = e^{\sin(x)}$ (d) $d(x) = \sin(e^x)$
   (e) $e(x) = \sin(x^2)$ (f) $f(x) = \tan(x)$

I.2 Aufgaben zu Kapitel X.3

Aufgabe 1:

Wir betrachten eine Pendeluhr (siehe Abbildung I.2.1). Der Ausschlag des Pendels am unteren Ende beträgt maximal 15 cm. Für die Durchführung einer Schwingung braucht das Pendel 5 Sekunden. Das Pendel starte bei unseren Betrachtungen aus der Ruhelage.

   (a) Stellen Sie eine Funktion der Form $f(t) = A \cdot \sin(\omega t + \varphi)$ auf, welche den Ausschlag des Pendels zur Zeit t (gemessen in Sekunden) in Zentimetern angibt.

Das Pendel braucht nun für eine Schwingung exakt 5,002 Sekunden, die Uhr misst aber für sich selbst nur 5 Sekunden.

Abbildung I.2.1: Die Pendeluhr.

(b) Wenn für die Pendeluhr 24 Stunden vorbei sind, um wie viele Sekunden muss man sie dann korrigieren. Wie spät ist es also tatsächlich?

Die Einstellungen für das Pendel werden geändert. Es braucht nun 10,002 Sekunden für eine Schwingung, die Uhr misst aber für sich selbst 10 Sekunden.

(c) Um wie viel Prozent unterscheidet sich nun die Abweichung aus Aufgabenteil (b) von dem Wert, der nun bei der gleichen Betrachtung herauskommt? Wie lange dürfte die Uhr hier für eine Schwingung brauchen, wenn es keinen Unterschied zu der Abweichung aus Aufgabenteil (b) gäbe?

Aufgabe 2:
Lösen Sie die folgende Gleichung für $x \in [-2; 2]$:

$$3 \cdot \sin(x) \cdot (\sin(x) - 1) = \cos^2(x).$$

Tipp: Verwenden Sie das wohl gebräuchlichste Additionstheorem.

Aufgabe 3:
Beim Stimmen von Orgeln verwendet man, sofern kein entsprechendes Gerät vorhanden ist, den folgenden Trick. Man stimmt ein Register durch (nach Stimmgabel etc.) und schaltet dieses dann als Referenzregister zu allen anderen Registern hinzu. Spielt man dann einen Ton, so erklingen zwei Pfeifen. Kommen sich die erzeugten Schallwellen der Pfeifen in ihren Frequenzen nahe, so hört man, bedingt durch die Interferenzen der Schallwellen, einen Ton, dessen Lautstärke periodisch schwankt. Dies ist die sog. Schwebung. Wir wollen hier einige Untersuchungen dazu durchführen, allerdings unter vereinfachten Annahmen (Reine Sinustöne, gleich laut, Töne in Phase).

Wir betrachten nun folgende harmonische Schwingung:

$$g_1(t) = A_1 \cdot \sin(2\pi\nu_1 t).$$

Eine zweite harmonische Schwingung sei gegeben durch

$$g_2(t) = A_2 \cdot \sin(2\pi\nu_2 t),$$

wobei sich die Frequenzen nur gering unterscheiden, d.h. $|\nu_1 - \nu_2|$ ist klein (Der Buchstabe heißt im Übrigen „nü").

(a) Addieren Sie die beiden Funktionen und ermitteln Sie eine Darstellung der resultierenden Funktion, welche ein Produkt zweier trigonometrischer Funktionen ist.(Additionstheorem: $\sin(x) + \sin(y) = 2 \cdot \sin\left(\frac{x+y}{2}\right) \cdot \cos\left(\frac{x-y}{2}\right)$)

(b) Welche Frequenz hat der zu hörende Ton, wenn die Ausgangstöne die Frequenzen $\nu_1 = 440{,}1$ Hz (Hertz $= \frac{1}{\text{Sekunde}}$) und $\nu_2 = 440{,}9$ Hz haben? Der Sinusterm beschreibt dabei die Tonhöhe, der Kosinusterm die Lautstärkeschwankung.

(c) Welche Frequenz hat die Lautstärkeschwankung?

(d) Wann ist der Ton nicht zu hören, wann hört man ihn am lautesten?

(e) Was passiert mit der resultierenden Funktion, wenn die Frequenzen gleich sind?

Aufgabe 4:
Skizzieren Sie das Schaubild der Funktion f mit $f(x) = 2\sin(2x) + 2$. Beschreiben Sie, wie es aus dem Schaubild der normalen Sinusfunktion hervorgeht.

I.3 Ergebnisse zu Kapitel X

I.3.1 Ergebnisse zu Kapitel X.1.8

Aufgabe 1:
Induktionsschritt: Nachweis, dass $(f^{(2n)}(x))'' = f^{(2n+2)}$ ist (links: Ableitung von Hand, rechts: Formel verwenden).

Aufgabe 2:
(a) $a^{(99)}(x) = -\cos(x)$ (b) $b^{(111)}(x) = \sin(x)$
(c) $c^{(444)}(x) = -\sin(x)$ (d) $d^{(1111)}(x) = -\sin(x)$

Aufgabe 3:

(a) $a'(x) = \frac{\cos(x)}{2\cdot\sqrt{\sin(x)}}$, $a''(x) = \frac{-\sin^2(x)-1}{4\cdot\sin^{\frac{3}{2}}(x)}$

(b) $b'(x) = -\sin(x)\cdot\cos(\cos(x))$, $b''(x) = -\cos(x)\cdot\cos(\cos(x)) - \sin^2(x)\cdot\sin(\cos(x))$

(c) $c'(x) = \cos(x)\cdot e^{\sin(x)}$, $c''(x) = (\cos^2(x)-\sin(x))\cdot e^{\sin(x)}$

(d) $d'(x) = e^x\cdot\cos(e^x)$, $d''(x) = e^x\cdot\cos(e^x) - e^{2x}\cdot\sin(e^x)$

(e) $e'(x) = 2x\cdot\cos(x^2)$, $e''(x) = 2\cdot\cos(x^2) - 4x^2\cdot\sin(x^2)$

(f) $f'(x) = \frac{1}{\cos^2(x)}$, $f''(x) = \frac{2\cdot\sin(x)}{\cos^3(x)}$

I.3.2 Ergebnisse zu Kapitel X.3

Aufgabe 1:

(a) $f(t) = 15 \cdot \sin\left(\frac{2\pi}{5} \cdot t\right)$

(b) 34,56 Sekunden muss die Uhr vorgestellt werden.

(c) Abweichung: 100%, Schwingungsdauer: $t_c = 10{,}004$ Sekunden

Aufgabe 2:
Es sind $x_1 = \arcsin(-\frac{1}{4}) \approx -0{,}2527$ und $x_2 = \arcsin(1) = \frac{\pi}{2}$.

Aufgabe 3:
Abkürzungen: $\frac{\nu_1 + \nu_2}{2} = \langle \nu \rangle$, $\frac{\nu_1 - \nu_2}{2} = \Delta\nu$

(a) $g(t) = 2A \cdot \sin(2\pi \langle \nu \rangle t) \cdot \cos(2\pi \Delta\nu t)$

(b) $\langle \nu \rangle = 440{,}5$ Hz (etwa der Kammerton a')

(c) $\Delta\nu = 0{,}4$ Hz

(d) $t_{k\text{-Null}} = \frac{2k+1}{4\Delta\nu}$ und $t_{k\text{-Extrema}} = \frac{k}{2\Delta\nu}$ mit $k \in \mathbb{Z}$

(e) $g(t) = 2A \cdot \sin(2\pi\nu t)$ mit $\nu = \nu_1 = \nu_2$

Aufgabe 4:
Die Amplitude wird auf 2 verändert (gestreckt entlang der y-Achse), die Periode wird auf $p = \pi$ verkürzt (Stauchung entlang der x-Achse) und die ganze Funktion (bzw. ihr Schaubild) um 2 in Richtung der positiven y-Achse verschoben. Das Schaubild ist:

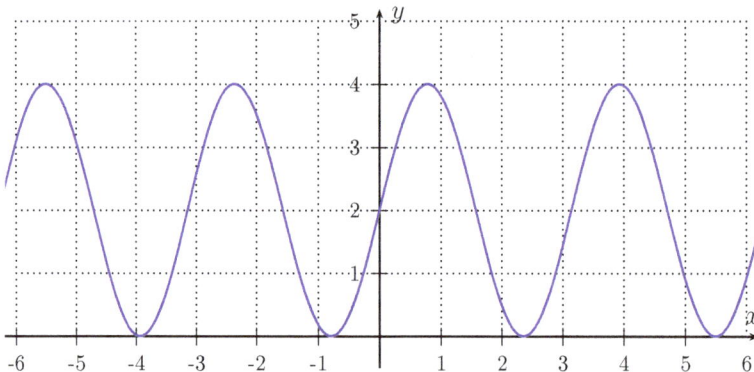

Abbildung I.3.1: Schaubild zu Aufgabe 4.

I.4 Lösungswege zu Kapitel X

I.4.1 Lösungswege zu Kapitel X.1.8

Aufgabe 1 – Lösungsweg:
Das Interessante bei dieser Aufgabe ist, wie bei den meisten Induktionsaufgaben, der Induktionsschritt. Diesen wollen wir hier zeigen. Der Induktionsanfang gelingt, der Induktionsschluss folgt automatisch.

Induktionsschritt:
Wir nehmen an, dass

$$f^{(2n)}(x) = 2^n \cdot (\sin(x))^{(n)} \cdot e^x$$

für ein bestimmtes n tatsächlich die n-te Ableitung von $f(x) = \sin(x) \cdot e^x$ ist. Dann behaupten wir, dass

$$f^{(2n+2)}(x) = 2^{n+1} \cdot (\sin(x))^{(n+1)} \cdot e^x$$

ist, d.h. dass wir überall n durch $n+1$ ersetzt haben. Um diese Behauptung zu überprüfen, müssen wir nun zweimal ableiten, da die Formel nur für die nächste gerade Ableitung gilt. Dabei verwenden wir die Kettenregel:

$$f'^{(2n)}(x) = 2^n \cdot (\sin'(x))^{(n)} \cdot e^x + 2^n \cdot (\sin(x))^{(n)} \cdot e^x$$
$$= 2^n \cdot \left((\sin'(x))^{(n)} + (\sin(x))^{(n)}\right) \cdot e^x.$$

Beim zweiten Term der ersten Zeile sieht man nichts, da die e-Funktion ihre eigene Ableitung ist. Wir leiten ein zweites Mal ab (wieder Produktregel):

$$f''^{(2n)}(x) = 2^n \cdot \left((\sin''(x))^{(n)} + (\sin'(x))^{(n)}\right) \cdot e^x + 2^n \cdot \left((\sin'(x))^{(n)} + (\sin(x))^{(n)}\right) \cdot e^x$$
$$= 2^n \cdot \left((\sin''(x))^{(n)} + (\sin'(x))^{(n)} + (\sin'(x))^{(n)} + (\sin(x))^{(n)}\right) \cdot e^x.$$

Jetzt sind wir eigentlich fertig, haben aber das Problem, dass das hier so gar nicht wie die geforderte Formel aussieht. Wenn wir uns aber überlegen, dass Sinus und Kosinus beim zweiten Mal ableiten wieder sie selbst werden, aber mit entgegengesetztem Vorzeichen, dann können wir wie folgt umschreiben:

$$f''^{(2n)}(x) = 2^n \cdot \left((\sin''(x))^{(n)} + (\sin'(x))^{(n)} + (\sin'(x))^{(n)} + (\sin(x))^{(n)}\right) \cdot e^x$$
$$= 2^n \cdot \left(-(\sin(x))^{(n)} + 2(\sin'(x))^{(n)} + (\sin(x))^{(n)}\right) \cdot e^x$$
$$= 2^n \cdot \left(2(\sin'(x))^{(n)}\right) \cdot e^x = 2^{n+1} \cdot (\sin(x))^{(n+1)} \cdot e^x$$

Damit gelingt der Induktionsschritt.

Aufgabe 2 – Lösungsweg:
Wir nutzen hier aus, dass nach viermal, achtmal, zwölfmal,... ableiten, wieder die gleiche Funktion dasteht.

(a) $a^{(99)}(x) = -\cos(x)$, weil $a^{(96)}(x) = \sin(x)$.

(b) $b^{(111)}(x) = \sin(x)$, weil $b^{(108)}(x) = \cos(x)$

(c) $c^{(444)}(x) = -\sin(x)$, weil 444 ist durch 4 teilbar.

(d) $d^{(1111)}(x) = -\sin(x)$, weil $d^{(1108)}(x) = -\cos(x)$.

Aufgabe 3 – Lösungswege:
Hier geht es wieder nur um die Anwendung der Ableitungsregeln. Das haben wir bereits in vielen Aufgaben getan, sodass wir hier nur die Ergebnisse angeben. Der Leser müsste diese mittlerweile verifizieren können.

(a) $a'(x) = \frac{\cos(x)}{2\cdot\sqrt{\sin(x)}}$, $a''(x) = \frac{-\sin^2(x)-1}{4\cdot\sin^{\frac{3}{2}}(x)}$

(b) $b'(x) = -\sin(x)\cdot\cos(\cos(x))$, $b''(x) = -\cos(x)\cdot\cos(\cos(x)) - \sin^2(x)\cdot\sin(\cos(x))$

(c) $c'(x) = \cos(x)\cdot e^{\sin(x)}$, $c''(x) = (\cos^2(x) - \sin(x))\cdot e^{\sin(x)}$

(d) $d'(x) = e^x\cdot\cos(e^x)$, $d''(x) = e^x\cdot\cos(e^x) - e^{2x}\cdot\sin(e^x)$

(e) $e'(x) = 2x\cdot\cos(x^2)$, $e''(x) = 2\cdot\cos(x^2) - 4x^2\cdot\sin(x^2)$

(f) $f'(x) = \frac{1}{\cos^2(x)}$, $f''(x) = \frac{2\cdot\sin(x)}{\cos^3(x)}$

I.4.2 Lösungswege zu Kapitel X.3

Aufgabe 1 – Lösungsweg:

(a) Wir suchen eine Funktion der Gestalt

$$f(t) = A\cdot\sin(\omega t + \varphi).$$

Dabei ist mit A die Amplitude, also der maximale Ausschlag bezeichnet, ω gibt die sog. Kreisfrequenz an, welche die Periode der Funktion zu $p = \frac{2\pi}{\omega}$ bestimmt und φ ist die Phasenverschiebung, gibt also an, bei welchem y-Wert der Sinusfunktion wir uns zum Zeitpunkt $t = 0$ befinden.
Vergleichen wir nun das Gesagte mit den im Text gegebenen Informationen, so ergibt sich:

- Amplitude $A = 15$ (cm).

- Die Periodendauer ist $p = 5$ Sekunden. Aus $p = \frac{2\pi}{\omega}$ folgt $\omega = \frac{2\pi}{5}$.

- Wir starten in der Ruhelage, d.h. $\sin(0 + \varphi) = 0$, womit $\varphi = \pi\cdot k$ mit $k \in [..., -2, -1, 0, +1, +2, ...]$ gilt. Wir wählen $k = 0 \Rightarrow \varphi = 0$.

Damit ist die gesuchte Funktion gefunden und lautet

$$f(t) = 15 \cdot \sin\left(\frac{2\pi}{5} \cdot t\right).$$

(b) Wenn für die Uhr ein Tag vergangen ist, dann hat das Pendel

$$\frac{24 \cdot 60 \cdot 60}{5} = 17280$$

Schwingungen vollführt. In exakter Zeit sind dann aber

$$17280 \cdot 5{,}002 = 86434{,}56 \text{ Sekunden}$$

vergangen, sodass wir bereits seit 34,56 Sekunden einen neuen Tag haben, d.h. die Uhr hinkt der Zeit hinterher. Somit müssen wir die Uhr um etwa eine halbe Minute vorstellen.

(c) Die gleiche Rechnung wie in Aufgabenteil (b) liefert, dass das Pendel nun 8640 Schwingungen vollführt hat, wenn für die Uhr ein Tag vorbei ist. Exakt gemessen sind dann aber 86417,28 Sekunden vergangen, womit die Uhr nur noch 17,28 Sekunden der Zeit hinterher hinkt. Vergleichen wir die Ergebnisse aus (b) und (c), so erhalten wir, dass sich die Abweichung der Uhr aus Teil (b) von der aus (c) um

$$\frac{34{,}56 - 17{,}28}{17{,}28} \cdot 100\% = 100\%$$

unterscheidet, die Abweichung in (b) damit doppelt so groß ist wie in (c). Wenn die Uhr nun in (c) ebenfalls 34,56 Sekunden Abweichung wie in (b) haben darf, erhalten wir

$$\frac{86400 + 34{,}56}{t_c} = \frac{86400}{10} \Rightarrow t_c = 10{,}004 \text{ Sekunden}$$

als exakt gemessene Zeit für eine Schwingung, in der die Uhr nur 10 Sekunden registriert.

Aufgabe 2 – Lösungsweg:
Es ist $\cos^2(x) = 1 - \sin^2(x)$. Damit lautet die Gleichung

$$3\sin(x) \cdot (\sin(x) - 1) = 1 - \sin^2(x) \Rightarrow 3\sin^2(x) - 3\sin(x) = 1 - \sin^2(x)$$
$$\Rightarrow 4\sin^2(x) - 3\sin(x) - 1 = 0.$$

Wir substituieren $u := \sin(x)$ und erhalten

$$4u^2 - 3u - 1 = 0.$$

Diese Gleichung lösen wir mit der Mitternachtsformel.

$$u_{1/2} = \frac{3 \pm \sqrt{(-3)^2 - 4 \cdot 4 \cdot (-1)}}{2 \cdot 4} = \frac{3 \pm \sqrt{9 + 16}}{8} = \frac{3 \pm 5}{8} = \begin{cases} u_1 = -\frac{1}{4} \\ u_2 = +1 \end{cases}.$$

Durch die Rücksubstitution finden wir $x_1 = \sin^{-1}\left(-\frac{1}{4}\right) \approx -0{,}2527$ und $x_2 = \sin^{-1}(1) = \frac{1}{2} \cdot \pi$. Da $\pi - 0{,}2527 > 2$ ist, sind die gefundenen Lösungen die einzigen beiden im gegebenen Intervall (siehe Abbildung I.4.1).

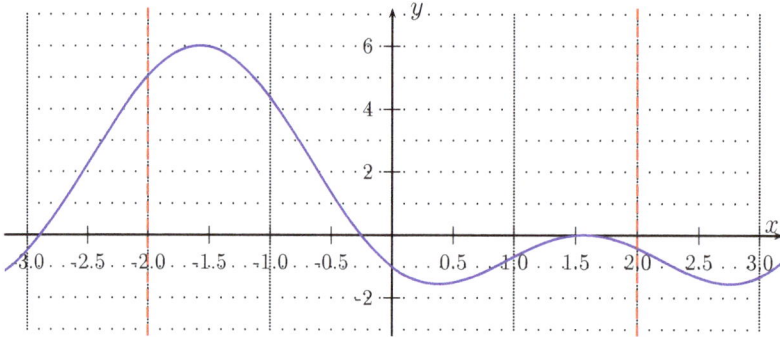

Abbildung I.4.1: Intervall und zu substituierende Funktion.

Aufgabe 3 – Lösungsweg:

(a) Wir addieren die beiden Funktionen:

$$g(t) = g_1(t) + g_2(t) = A \cdot \left(\sin(2\pi\nu_1 t) + \sin(2\pi\nu_2 t)\right).$$

Wir wenden das angegebene Additionstheorem an und erhalten

$$g(t) = 2A \cdot \sin\left(2\pi \frac{\nu_1 + \nu_2}{2} t\right) \cdot \cos\left(2\pi \frac{\nu_1 - \nu_2}{2} t\right).$$

Für das sog. arithmetische Mittel der Frequenzen schreiben wir

$$\frac{\nu_1 + \nu_2}{2} = \langle \nu \rangle.$$

Damit haben wir (plus der Abkürzung $\Delta\nu = \frac{\nu_1 - \nu_2}{2}$)

$$g(t) = 2A \cdot \sin\left(2\pi \langle \nu \rangle t\right) \cdot \cos\left(2\pi \Delta\nu t\right).$$

(b) Der Sinusterm beschreibt die Tonhöhe, der Kosinusterm die Lautstärkeschwankungen. Somit hat der zu hörende Ton die Frequenz

$$\langle \nu \rangle = \frac{\nu_1 + \nu_2}{2} = \frac{440{,}1 + 440{,}9}{2} = 440{,}5 \text{ Hz (etwa der Kammerton a}^1\text{)}.$$

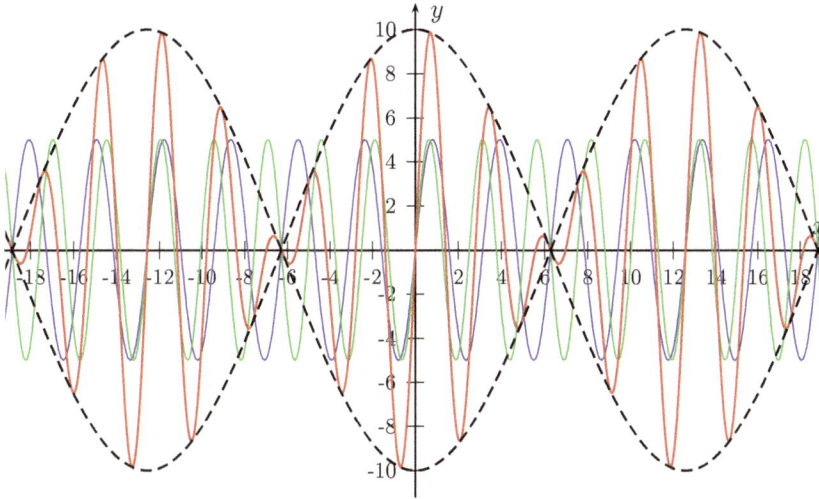

Abbildung I.4.2: Beispielplot zur Schwebung.

(c) Die Lautstärkeschwankung passiert nach b) mit der Frequenz $\Delta\nu = \left|\left(\frac{\nu_1-\nu_2}{2}\right)\right| = 0{,}4$ Hz. Da der Kosinus achsensymmetrisch ist, spielt das Vorzeichen der gebildeten Differenz keine Rolle, und dem Ohr ist es auch egal! Darum können wir den Betrag nehmen, um ein eventuell entstehendes – unschönes – Minuszeichen verschwinden zu lassen oder wir hätten die Frequenzen auch einfach vertauschen können.

(d) Der Ton ist nicht zu hören, wenn der Kosinus seinen Nulldurchgang hat. Dies ist z.B. der Fall, wenn

$$2\pi\Delta\nu \cdot t = \frac{\pi}{2}, \text{ also } t_1 = \frac{\pi}{2 \cdot 2\pi\Delta\nu} = \frac{1}{4 \cdot \Delta\nu}$$

ist. Die Periode ist gegeben durch

$$p = \frac{2\pi}{2\pi\Delta\nu} = \frac{1}{\Delta\nu}.$$

Somit sind die Nulldurchgänge für diese Kosinusfunktion bei (halbe Periode!)

$$t_{k\text{-Null}} = \frac{1}{4\Delta\nu} + k \cdot \frac{1}{2\Delta\nu} = \frac{2k+1}{4 \cdot \Delta\nu} \text{ mit } k \in \{..., -2, -1, 0, +1, +2, ..\}$$

zu finden. Die Extrema (ob ein Minimum oder Maximum gegeben ist, ist aus physikalischer Sicht egal) liegen dazwischen, d.h. bei

$$t_{k\text{-Extrema}} = \frac{k}{2 \cdot \Delta\nu} \text{ mit } k \in \{..., -2, -1, 0, +1, +2, ..\}.$$

Extrema und Auslöschung treten also jeweils alle 1,25 Sekunden auf.

(e) Verschwindet nun das $\Delta \nu$, so wird das Argument des Kosinus gleich 0 und damit ist $\cos(0) = 1$. Somit folgt, dass

$$g(t) = g_1(t) + g_2(t) = 2A \cdot \sin\left(2\pi\nu t\right) \text{ mit } \nu_1 = \nu_2 = \nu.$$

Aufgabe 4 – Lösungsweg:
Die Amplitude wird auf 2 verändert (gestreckt entlang der y-Achse), die Periode wird auf $p = \pi$ verkürzt (Stauchung entlang der x-Achse) und die ganze Funktion (bzw. ihr Schaubild) um 2 in Richtung der positiven y-Achse verschoben. Das Schaubild ist:

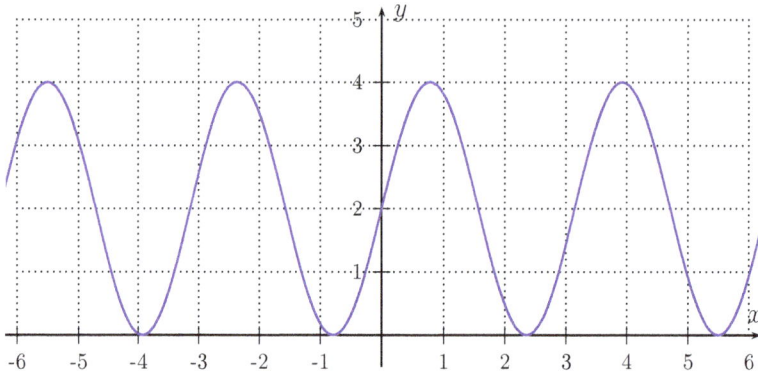

Abbildung I.4.3: Schaubild zu Aufgabe 4.

J Zu Kapitel XI: Exponentialfunktionen

J.1 Aufgaben zu Kapitel XI.2

Aufgabe 1:
Berechnen Sie die Ableitungen der durch folgende Gleichungen gegebenen Funktionen und vergessen Sie dabei die diversen Ableitungsregeln nicht!

(a) $f(x) = \sin(x) \cdot e^x$

(b) $g(x) = e^{x^2+2x} + e^x$

(c) $h(x) = \frac{e^{2x}+1}{e^x}$

(d) $i(x) = \sin\left(e^{x^2}\right)$

(e) $j(x) = e^{3x} \cdot (x^2 + x)$

(f) $k(x) = x^x$

Aufgabe 2:
Gegeben sind die Funktionen f und g mit $f(x) = e^{-kx}$ und $g(x) = e^{kx}$ und $k > 0$. Zeigen Sie, dass ihre beiden Schaubilder unabhängig von k immer genau einen Punkt gemeinsamen haben und dass dies immer derselbe Punkt bei allen Paaren ist.

Aufgabe 3:
Es sei f_a mit $f_a(x) = ax^2 - e^{ax}$ gegeben. Bestimmen Sie den Parameter a so, dass die Funktion an der Stelle $x = \ln 2$ einen Wendepunkt hat.

Aufgabe 4:
Lösen Sie die folgenden Gleichungen exakt:

(a) $e^{4x+2} \cdot (4e^x - 4e^2) = 0$

(b) $e^{2x} - 5e^{4x} = 0$

(c) $\frac{e^x + e^{-x}}{e^x} = 2$

(d) $\sqrt{32} = 2^x$

(e) $3e^{2x-5} = 3e^3$

(f) $e^{\ln x} = 2$

(g) $\frac{1}{\sqrt[4]{e^3}} = e^{2x}$

(h) $5 - e^{4x} = 1$

(i) $4x^2 e^{3x} = 8xe^{3x} - 4e^{3x}$

(j) $e^{2x} - e^{3x+1} = 0$

Aufgabe 5:

Gegeben sei die folgende, abschnittsweise definierte Funktion f mit

$$f(x) = \begin{cases} c \cdot e^x + 2 & \text{für } x \leq 0 \\ ax^2 + b & \text{für } x > 0 \end{cases}$$

Wie müssen a, b und c (alle $\in \mathbb{R}$) gewählt werden, damit die Funktion

(a) stetig

(b) differenzierbar

auf ganz $\mathbb{R}$ ist?

Aufgabe 6:

Eine Gleichung der Form

$$a \cdot e^{2 \cdot g(x)} + b \cdot e^{g(x)} + c = 0,$$

wobei $g(x)$ einen beliebigen Funktionsterm repräsentieren soll und $a, b, c \in \mathbb{R}$, können wir durch die *Substitution* $u = e^{g(x)}$ in eine quadratische Gleichung verwandeln, welche mit der MNF lösbar ist. Die Lösungen werden dann durch die *Rücksubstitution* $g(x) = \ln u$ und das Auflösen dieser Gleichung nach x erlangt.

Lösen Sie die folgenden Gleichungen:

(a) $e^{x-1} + 1 = 2e^{1-x}$

(b) $e^{(x^2)} - e^{(2x^2)} = -1$

(c) $e^x + e^{-x} = 5$

Aufgabe 7:

Das Schaubild K der Funktion f mit $f(x) = axe^x + b$ geht durch den Punkt $P(2/5e^2)$ und besitzt den y-Achsenabschnitt e^2. Bestimmen Sie die Werte von a und b exakt und geben Sie die Funktionsgleichung von f vollständig an.

J.2 Aufgaben zu Kapitel XI.3.1

Aufgabe 1:
Herr Schleicher fährt gemütlich in seinem fünf Meter langen Audi A6 mit Tempo 80 (Kilometer pro Stunde) auf der A81. Da kommt von hinten her Schumix mit 140 Sachen in der Stunde angeflogen. Er schert etwa 100 Meter hinter Herrn Schleicher zum Überholen aus, fährt an ihm vorbei und kehrt, als er etwa 150 Meter vor dem Audi von Herrn Schleicher ist, wieder auf seine alte Spur zurück.

Wie lange hat der komplette Überholvorgang damit gedauert und welche Strecke haben Herr Schleicher und Herr Schumix in dieser Zeit jeweils zurückgelegt?

Aufgabe 2:

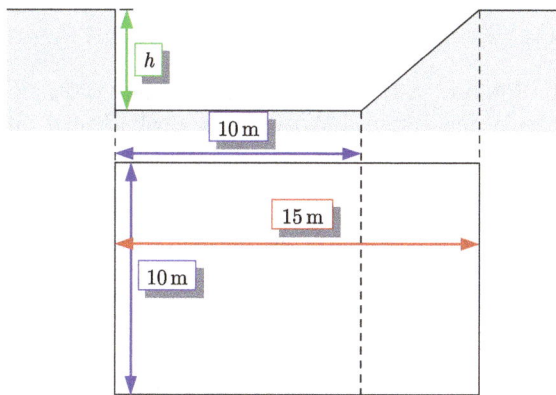

Abbildung J.2.1: Querschnitt und Draufsicht eines Schwimmbades.

In Abbildung J.2.1 sind der Querschnitt und die Draufsicht eines Schwimmbades gezeigt. Das Becken hat ein Fassungsvermögen von 250000 Litern.

(a) Bestimmen Sie die Höhe h des Beckens.

Nun sei das Becken mit 100000 Litern Wasser gefüllt.

(b) Berechnen Sie, wie hoch das Wasser nun im Becken steht. Stellen Sie außerdem eine Formel zur Berechnung der Füllhöhe h_F für beliebige Füllmenge V_F auf und geben Sie an, welche Werte V_F annehmen kann (*Tipp:* Vergleich Mathematik/Anwendung).

Das Becken ist nun leer und soll mit Hilfe einer Wasserzuleitung Z_1 bis zum obersten Rand gefüllt werden. Die Zuleitung füllt $f_1 = 15\frac{\text{Liter}}{\text{Sekunde}}$ in das Becken. Nachdem sie eine Stunde gelaufen ist, wird eine zweite Zuleitung Z_2 in Betrieb genommen. Sie hat einen um

75% höheren Durchsatz als die erste Zuleitung. Beide Zuleitungen füllen nun zusammen eine weitere Stunde das Becken.

(c) Zu wie viel Prozent ist das Becken nach diesen insgesamt zwei Stunden gefüllt?

(d) Nach Ablauf welcher Zeitspanne müsste man die zweite Wasserleitung hinzunehmen, damit das Becken nach Ablauf der zwei Stunden ganz gefüllt ist?

J.3 Aufgaben zu Kapitel XI.3.2

Aufgabe 1:
Die Höhe einer Pflanze (in Metern) zur Zeit t (in Wochen seit dem Beginn der Beobachtung) soll zunächst durch eine Funktion h_1 mit

$$h_1(t) = 0{,}02 \cdot e^{kt}$$

näherungsweise beschrieben werden.

(a) Wie hoch ist die Pflanze zu Beginn der Beobachtung? Bestimmen Sie k, wenn die Höhe der Pflanze in den ersten 6 Wochen der Beobachtung um 0,48 Meter zugenommen hat. Wie hoch müsste demnach die Pflanze 8 Wochen nach dem Beginn der Beobachtung sein?

Die Pflanze ist nach 8 Wochen tatsächlich nur 1,04 Meter hoch. Die Höhe wird deshalb für $t \geq 6$ beschrieben durch die Funktion h_2 mit

$$h_2(t) = a - b \cdot e^{-0{,}536t}.$$

(b) Bestimmen Sie a und b aus den beobachteten Höhen nach 6 und nach 8 Wochen. Berechnen Sie $\lim_{t \to \infty} h_2(t)$. Welche Bedeutung hat dieser Wert für die Pflanze?

Aufgabe 2:
Eine Population besteht heute aus 30050 Individuen. Vor zwei Jahren waren es noch 45080. Die Abnahme sei eine exponentielle. Wann werden unter dieser Annahme vom heutigen Bestand nur noch 15% übrig sein? Wann wird die Abnahme innerhalb eines Jahres erstmals weniger als 1200 Individuen betragen?

Aufgabe 3:
Eine Bakterienkultur B1 wächst stündlich um 25%. Eine andere Bakterienkultur B2 wird mit einem Sekret versetzt und schrumpft dadurch alle halbe Stunde um 11%.

(a) Wann nimmt B2 nur noch 30% der ursprünglichen Fläche ein? Wann bedeckt B1 die fünffache Fläche ihrer Ausgangsfläche?

Eine neue Bakterienkultur B3 nimmt nach 8 Stunden 625 cm^2 und nach 14 Stunden 4096 cm^2 ein.

(b) Wenn man exponentielles Wachstum annimmt, welche Fläche bedeckt die Bakterienkultur B3 dann nach 20 Stunden?

Aufgabe 4:

Zu Beginn einer Beobachtung findet man 100 Hasen auf einer Insel. Nach einem Jahr sind es 150 Tiere. Man geht nun davon aus, dass die Vermehrung nach dem Gesetz des exponentiellen Wachstums voranschreitet. Es ist also

$$h(t) = a \cdot e^{kt}$$

der Hasenbestand t Jahre nach Beobachtungsbeginn.

- Bestimmen Sie die Konstanten a und k und stellen Sie das Wachstumsgesetz auf.

- Nach wie vielen Jahren sind es mehr als 1000 Tiere?

- Bestimmen Sie die Verdopplungszeit T_D der Population.

Wichtige Zeiten

Bei einer Wachstumsfunktion bezeichnen wir mit der Verdopplungszeit T_D die Zeitspanne in der sich der Bestand verdoppelt. Bei einer Zerfallsfunktion sprechen wir von der Halbwertszeit T_H. In dieser Zeitspanne halbiert sich der Bestand.

J.4 Aufgaben zu Kapitel XI.3.4

Aufgabe 1:

Weisen Sie nach, dass die Funktion, die das logistische Wachstum beschreibt, auch wirklich die dazugehörige Differentialgleichung löst.

Aufgabe 2:

Weisen Sie nach, dass die Funktion, die das beschränkte Wachstum beschreibt, auch wirklich die dazugehörige Differentialgleichung löst.

Aufgabe 3:

Eine schöne heiße Tasse Tee wollen Sie sich nun genehmigen. Allerdings stellen Sie schnell fest, dass der Tee wohl doch noch um einiges zu heiß ist, um ihn gefahrlos trinken zu können. Während sie also auf ihren Tee warten, können Sie sich ja mit dieser Aufgabe hier beschäftigen. Die Änderungsrate der Tee-Temperatur gehorcht der Gleichung

$$T'(t) = k \cdot (T(t) - u),$$

mit $T(t)$ in °C und t in Minuten.

(a) Finden Sie die Funktion T, indem Sie mit der Gleichung für beschränktes Wachstum vergleichen.

Langfristig wird sich der Tee der Umgebungstemperatur anpassen und mit dieser ins thermodynamische Gleichgewicht kommen. Die Tee-Temperatur sei zu Beginn 85°C. Lassen Sie ihn über Nacht stehen, hat er am nächsten Morgen eine sich nicht mehr ändernde Temperatur von 20°C.

(b) Bestimmen Sie hiermit und mit der Angabe, dass $T(1) = 83$°C ist, die unbekannten Konstanten. Wie können Sie diese nach Ihrer Rechnung interpretieren? Verwenden Sie diese Interpretation, um die weiteren Aufgabenteile zu berechnen!

Wir lassen den Tee nun 20 Minuten bei einer Raumtemperatur von 20°C abkühlen. Danach kommt er nach draußen (der Monat sei Februar), wo es 3°C kalt ist. Das Abkühlungsgesetz draußen gehorcht der gleichen Differentialgleichung wie das im Haus, insbesondere ist das k dasselbe.

(c) Wann ist der Tee zum Trinken geeignet (35°C)?

(d) Wann hätten wir ihn nach draußen stellen müssen, wenn wir ihn bereits nach 30 Minuten hätten trinken wollen? Wie interpretieren Sie das Ergebnis?

(P.S.: Im Übrigen müsste Ihr Tee jetzt auch kalt sein, falls Sie sich einen zubereitet hatten!)

Aufgabe 4:
Es sind die Tabellen A, B und C gegeben.

x	1	5	7	12	17	21
$f(x)$	219,0	303,5	344,85	450,00	556,1	639,01

Tabelle J.4.1: Tabelle A

x	1	2	4	8	16	32
$g(x)$	2563,75	2629,38	2770,31	3057,91	3741,33	5597,00

Tabelle J.4.2: Tabelle B

x	0	5	10	15	20	25
$h(x)$	150	4878,88	5783,23	5958,50	5992,00	5998,47

Tabelle J.4.3: Tabelle C

(a) Welche Art von Wachstum liegt jeweils vor? Begründen Sie Ihre Vermutungen!

(b) Stellen Sie die Wachstumsgesetze für alle drei Tabellen zum einen mit Hilfe der ersten beiden Wertepaare in der jeweiligen Tabelle und zum anderen mit den letzten beiden Wertepaaren in den Tabellen auf. Vergleichen Sie, wie groß die Abweichungen der Funktionswerte für $x = 100$ zwischen den beiden Funktionen einer jeden Tabelle sind. Wo ist der Unterschied am geringsten. Warum ist das so?

Wir gehen von linearem Wachstum bei TABELLE A aus. Es sei $f(x) = mx + c$ mit $x, c, m \in \mathbb{R}$. Stellen Sie nun die Funktion

$$d(m, c) = \sum_{i=1}^{6} (f(x_i) - y_i)^2$$

auf. Dabei meinen die indizierten Werte, dass Sie die entsprechenden Werte aus Spalte i von TABELLE A einsetzen sollen und das Summenzeichen (großes Sigma) besagt, dass Sie alle sechs Klammern aufsummieren sollen. Die y_i sind die Werte aus der zweiten Zeile der Tabelle. Leiten Sie nun $d(m, c)$ einmal nach m und einmal nach c ab, die jeweils andere Variable ist dabei einfach nur ein Parameter. Setzen Sie die beiden Ableitungen gleich 0 und lösen Sie das LGS.

(c) Was haben Sie nun erhalten und was haben wir hier gemacht? Interpretieren Sie die Vorgehensweise!

Anmerkung

!

Die Technik in (c) nennen wir *Methode der kleinsten Quadrate.*

Aufgabe 5:
Zeigen Sie mit Hilfe der Funktionsgleichung für das logistische Wachstum, dass der Graph einen Wendepunkt besitzt und dass dieser immer den y-Wert $\frac{S}{2}$ sein eigen nennt.

J.5 Aufgaben zu Kapitel XI.4

Aufgabe:
Bestimmen Sie die folgenden Grenzwerte (**Hinweis:** Es ist $(\ln(x))' = \frac{1}{x}$).

(a) $\lim_{x\to\infty} \frac{\ln(x^2)}{x}$

(b) $\lim_{x\to 0} \frac{\sin(x^2)}{x^2}$

(c) $\lim_{x\to 0} \frac{\tan(x)}{x\cdot\ln(x)}$

(d) $\lim_{x\to 0} (x^2)^{\frac{1}{\ln(x^2)}}$

(e) $\lim_{x\to\infty} \left(\sqrt{x^2-x} - \sqrt{x^2+x}\right)$

(f) $\lim_{x\to\infty} e^{\frac{\ln(x)}{x}}$

J.6 Ergebnisse zu Kapitel XI

J.6.1 Ergebnisse zu Kapitel XI.2

Aufgabe 1:
(a) $f'(x) = (\sin(x) + \cos(x)) \cdot e^x$

(b) $g'(x) = (2x + 2) \cdot e^{x^2+2x} + e^x$

(c) $h'(x) = \frac{e^{2x}-1}{e^x}$

(d) $i'(x) = 2x \cdot e^{x^2} \cdot \cos\left(e^{x^2}\right)$

(e) $j'(x) = e^{3x} \cdot (3x^2 + 5x + 1)$

(f) $k'(x) = (\ln x + 1) \cdot x^x$

Aufgabe 2:
Alle Paare haben den Punkt $P(0/1)$ gemeinsam.

Aufgabe 3:
Hierfür muss $a = 1$ sein.

Aufgabe 4:

(a) $x = 2$

(b) $x = -\ln\sqrt{5}$

(c) $x = 0$

(d) $x = \frac{5}{2}$

(e) $x = 4$

(f) $x = 2$

(g) $x = -\frac{3}{8}$

(h) $x = \ln\sqrt{2}$

(i) $x = 1$

(j) $x = -1$

Aufgabe 5:

(a) $c + 2 = b$, a beliebig

(b) $c = 0$, $b = 2$, a beliebig

Aufgabe 6:

(a) $x = 1$

(b) $x_{1/2} = \pm\sqrt{\ln\left(\frac{\sqrt{5}+1}{2}\right)}$

(c) $x_{1/2} = \pm\ln\left(\frac{5-\sqrt{21}}{2}\right)$

Aufgabe 7:
Es sind $a = 2$ und $b = e^2$.

J.6.2 Ergebnisse zu Kapitel XI.3.1

Aufgabe 1:
Der Überholvorgang dauert 15,3 Sekunden, Herr Schumix hat dabei etwa 595 Meter, Herr Schleicher ca. 340 Meter zurückgelegt.

Aufgabe 2:

(a) Das Becken ist 2 Meter hoch.

(b) Das Wasser steht nun etwa 90 Zentimeter hoch, die Formel lautet $h_F = \frac{-lb+\sqrt{(lb)^2+5bV_F}}{\frac{5}{2}b}$, da wir nur positive Werte zu erwarten haben.

(c) Das Becken ist zu 81% gefüllt.

(d) Sie muss nach 1790 Sekunden (also etwa einer halben Stunde) eingeschaltet werden.

J.6.3 Ergebnisse zu Kapitel XI.3.2

Aufgabe 1:

(a) Es sind $h_1(0) = 0{,}02$ Meter, $k = \frac{1}{6}\ln 25 \approx 0{,}5365$. Die Pflanze müsste 1,462 Meter hoch sein.

(b) $a \approx 1{,}321$ und $b \approx 20{,}4679$. Durch a ist die Maximalhöhe der Pflanze gegeben.

Aufgabe 2:
Es ist $f(t) = 30050 \cdot e^{-0,2028 \cdot t}$ (k auf vier Nachkommastellen gerundet). 15% von heute (30050) sind noch nach 9,35 Jahren ab heute gerechnet vorhanden. Die Abnahme von 1200 Individuen innerhalb eines Jahres findet zwischen 7,52 und 8,52 Jahren nach heute statt. Alle Abnahmen in Jahresabständen gerechnet, die später als 7,52 Jahre nach heute beobachtet werden, sind unterhalb von 1200 Individuen.

Aufgabe 3:

(a) B2: 5,17 Stunden, B1: 7,21 Stunden

(b) ca. 26840 cm^2

Aufgabe 4:

- $a = 100$ und $k = \ln(\frac{3}{2}) \approx 0,4055$

- Nach 5,68 Jahren sind es mehr als 1000 Tiere.

- Die Verdopplungszeit T_D beträgt ca. 1,71 Jahre.

J.6.4 Ergebnisse zu Kapitel XI.3.4

Aufgabe 1:
Einsetzen und Ableiten (Ableitungsregeln nicht vergessen!).

Aufgabe 2:
Einsetzen und Ableiten (Ableitungsregeln nicht vergessen!).

Aufgabe 3:

(a) $T(t) = u + a \cdot e^{kt}$

(b) $T(t) = 20°\text{C} + 65°\text{C} \cdot e^{-0,03125 \cdot t}$

(c) nach etwa 35 Minuten

(d) Wir hätten ihn nach $-0,54$ Minuten nach draußen stellen müssen, d.h. es ist gar nicht möglich, den Tee innerhalb einer halben Stunde auf diese Weise auf die gewünschte Temperatur abzukühlen!

Aufgabe 4:

(a) TABELLE A: Lineares Wachstum, TABELLE B: Exponentielles Wachstum, TA-BELLE C: Beschränktes Wachstum

(b) Lineares Wachstum: $f_1(x) = 197{,}875 + 21{,}125x$ und $f_2(x) = 203{,}7325 + 20{,}7275x$, Differenz > 30; Exponentielles Wachstum: $g_1(x) = 2499{,}758142 \cdot e^{0{,}0252770465x}$ und $g_2(x) = 2500{,}902288 \cdot e^{0{,}0251743485x}$, Differenz > 300; Beschränktes Wachstum: $h_1(x) = 6000 - 5850 \cdot e^{-0{,}3304226951x}$ und $h_2(x) = 6000 - 5979{,}766305 \cdot e^{-0{,}3308347613x}$, keine Differenz, da in beiden Fällen die Werte sehr nahe am Grenzwert liegen

(c) $m = 21{,}02175652$ (Steigung), $b = 197{,}9565565$ (y-Achsenabschnitt); wir haben eine Gerade so entlang der Punkte gelegt, dass die Summe der Abstände (Beträge) der Gerade zu den Punkten minimiert wurde.

Aufgabe 5:
Zwei Mal ableiten (Ableitungsregeln nicht vergessen!), dann gleich 0 setzen. Erhaltenen Wert mit der zweiten Ableitung diskutieren und in die Funktionsgleichung einsetzen.

J.6.5 Ergebnisse zu Kapitel XI.4

Aufgabe:
  (a) 0   (b) 1   (c) 0   (d) e (e) -1 (f) 1

J.7 Lösungswege zu Kapitel XI

J.7.1 Lösungswege zu Kapitel XI.2

Aufgabe 1 – Lösungsweg:

(a) Verwendung der Produktregel: $f(x) = \underbrace{\sin(x)}_{v} \cdot \underbrace{e^x}_{u}$

$$f'(x) = \underbrace{\sin(x)}_{v} \cdot \underbrace{e^x}_{u'} + \underbrace{\cos(x)}_{v'} \cdot \underbrace{e^x}_{u} = e^x \cdot (\sin(x) + \cos(x)).$$

(b) Verwendung der Kettenregel: $g(x) = e^{x^2+2x} + e^x$

$$g'(x) = \underbrace{(2x + 2)}_{\text{innen}} \cdot \underbrace{e^{x^2+2x}}_{\text{außen}} + e^x.$$

(c) Verwendung der Quotientenregel: $h(x) = \dfrac{\overbrace{e^{2x} + 1}^{u}}{\underbrace{e^x}_{v}}$

$$h'(x) = \frac{\overbrace{2e^{2x}}^{u'} \cdot \overbrace{e^x}^{v} - \overbrace{e^x}^{v'} \cdot \overbrace{\left(e^{2x} + 1\right)}^{u}}{\underbrace{\left(e^x\right)^2}_{v^2}} = \frac{2e^{3x} - e^{3x} - e^x}{e^{2x}} = \frac{e^{3x} - e^x}{e^x \cdot e^x} = \frac{e^{2x} - 1}{e^x}.$$

(d) Verwendung der Kettenregel: $i(x) = \sin\left(e^{x^2}\right)$

Hier ist die Anwendung der Kettenregel in zweifacher Weise notwendig. Wir leiten zuerst ganz innen ab ($(x^2)' = 2x$) und dann eine Stufe weiter außen ($e^{\cdots}$). Als letztes wird der Sinus abgeleitet. Insgesamt erhalten wir:

$$i'(x) = 2x \cdot e^{x^2} \cdot \cos\left(e^{x^2}\right).$$

(e) Verwendung der Produkt- und der Kettenregel: $j(x) = e^{3x} \cdot (x^2 + x)$

$$j'(x) = 3e^{3x} \cdot (x^2 + x) + (2x + 1) \cdot e^{3x} = e^{3x} \cdot \left(3x^2 + 3x + 2x + 1\right)$$
$$= e^{3x} \cdot \left(3x^2 + 5x + 1\right).$$

(f) Wir schreiben den Funktionsterm mit Hilfe der e-Funktion um, d.h.

$$x^x = e^{x \cdot \ln(x)}.$$

Damit können wir ableiten, wobei wir die Kettenregel verwenden:

$$k'(x) = \underbrace{(x \cdot \ln(x))'}_{\text{Produktregel}} \cdot e^{x \cdot \ln(x)} = \left(x \cdot \frac{1}{x} + 1 \cdot \ln(x)\right) \cdot x^x = (\ln(x) + 1) \cdot x^x$$

Aufgabe 2 – Lösungsweg:
Wir rechnen $e^{kx} = e^{-kx} \Rightarrow kx = -kx \Rightarrow x = -x \Rightarrow x = 0$. Setzen wir diesen Wert ein, so ergibt sich $e^{k \cdot 0} = e^{-k \cdot 0} = e^0 = 1$. Also haben alle Paare einen Punkt gemeinsam und zwar immer den Punkt $P(0/1)$.

Aufgabe 3 – Lösungsweg:
Ein Wendepunkt bei x_W bedeutet, dass $f''(x_W) = 0$. Es ist $f(x) = ax^2 - e^{ax}$, also

$$f'(x) = 2ax - ae^{ax} \text{ und}$$
$$f''(x) = 2a - a^2 e^{ax}.$$

Damit folgt

$$f''(\ln 2) = 2a - a^2 \left(e^{\ln 2}\right)^a = 0 \Rightarrow 2a - a^2 2^a = 0 \Rightarrow \frac{2}{a} = 2^a \underset{\text{geraten!}}{\Rightarrow} a = 1.$$

Da in der vorletzten Gleichung der linke Teil streng monoton fällt und der rechte streng monoton wächst für $a > 0$ (beide Seiten als Funktionen von a aufgefasst), ist dies die einzige Lösung!

Aufgabe 4 – Lösungsweg:
Wir berechnen die Lösungen der Gleichungen:

(a) Es sei $e^{4x+2} \cdot (4e^x - 4e^2) = 0$. Da $e^{4x+2} > 0$ für alle $x \in \mathbb{R}$ können wir den Faktor abdividieren und erhalten

$$4e^x - 4e^2 = 0 \Rightarrow e^x = e^2 \Rightarrow x = 2.$$

(b) $e^{2x} - 5e^{4x} = 0 \Rightarrow e^{2x} \cdot (1 - 5e^{2x}) = 0 \Rightarrow 1 - 5e^{2x} = 0 \Rightarrow e^{2x} = \frac{1}{5} \Rightarrow x = \frac{1}{2} \cdot \ln \frac{1}{5} = -\ln\sqrt{5}$.

(c) $\frac{e^x + e^{-x}}{e^x} = 2 \Rightarrow e^x + e^{-x} = 2e^x \Rightarrow e^x = e^{-x} \Rightarrow x = -x \Rightarrow x = 0$.

(d) $\sqrt{32} = 2^x \Rightarrow \sqrt{2^5} = 2^x \Rightarrow (2^5)^{\frac{1}{2}} = 2^x \Rightarrow 2^{\frac{5}{2}} = 2^x \Rightarrow x = \frac{5}{2}$.

(e) $3e^{2x-5} = 3e^3 \Rightarrow e^{2x-5} = e^3 \Rightarrow 2x - 5 = 3 \Rightarrow x = 4$.

(f) $e^{\ln x} = 2 \Rightarrow \ln x = \ln 2 \Rightarrow x = 2$.

(g) $\frac{1}{\sqrt[4]{e^3}} = e^{2x} \Rightarrow \frac{1}{e^{\frac{3}{4}}} = e^{2x} \Rightarrow e^{-\frac{3}{4}} = e^{2x} \Rightarrow -\frac{3}{4} = 2x \Rightarrow x = -\frac{3}{8}$.

(h) $5 - e^{4x} = 1 \Rightarrow e^{4x} = 4 \Rightarrow 4x = \ln 4 \Rightarrow x = \frac{1}{4} \cdot \ln 4 = \ln 4^{\frac{1}{4}} = \ln \underbrace{\left(4^{\frac{1}{4}}\right)^{\frac{1}{2}}}_{=\sqrt{4}} = \ln 2^{\frac{1}{2}} = \ln\sqrt{2}$.

(i) $4x^2 e^{3x} = 8xe^{3x} - 4e^{3x} \Rightarrow 4x^2 = 8x - 4 \Rightarrow x^2 - 2x + 1 = 0 \underset{\text{2. Binom. Formel}}{\Rightarrow} (x-1)^2 = 0 \Rightarrow x = 1$.

(j) $e^{2x} - e^{3x+1} = 0 \underset{:e^{2x}}{\Rightarrow} 1 - e^{x+1} = 0 \Rightarrow e^{x+1} = 1 \Rightarrow x + 1 = \underbrace{\ln 1}_{=0} \Rightarrow x = -1$.

Aufgabe 5 – Lösungsweg:

(a) *Stetigkeit:*
Es ist $f(0) = \lim\limits_{\substack{x \to 0 \\ x > 0}} f(x)$, also $c \cdot e^0 + 2 = a \cdot 0^2 + b \Leftrightarrow c + 2 = b$. Das ist die gesuchte Beziehung. Der Parameter a kann beliebig gewählt werden.

(b) *Differenzierbarkeit:*
Es ist

$$f'(x) = \begin{cases} c \cdot e^x & x \le 0, \\ 2ax & x > 0. \end{cases}$$

Wir fordern also zusätzlich zu (a) $\lim\limits_{\substack{x \to 0 \\ x > 0}} f'(x) = \lim\limits_{\substack{x \to 0 \\ x < 0}} f'(x)$, also $c \cdot e^0 = 2 \cdot a \cdot 0 \Leftrightarrow c = 0$.

Damit ist $b = 2$, aber a kann nach wie vor beliebig gewählt werden.

Aufgabe 6 – Lösungsweg:

(a) Da $e^{f(x)} > 0$ ist für alle x, können wir ohne Einschränkungen mit den e-Termen multiplizieren. Es ist

$$e^{x-1} + 1 = 2e^{1-x} \Leftrightarrow e^{x-1} + 1 = 2e^{-(x-1)} \Leftrightarrow e^{x-1} + 1 = \frac{2}{e^{x-1}}.$$

Wir multiplizieren mit e^{x-1} durch und stellen die Gleichung noch etwas um und erhalten dadurch

$$\underbrace{e^{2x-2}}_{=e^{x-1} \cdot e^{x-1}} + e^{x-1} - 2 = 0.$$

Wir substituieren $u := e^{x-1}$ und es folgt hiermit

$$u^2 + u - 2 = 0.$$

Mit der Mitternachtsformel (MNF) ergibt sich

$$u_{1/2} = \frac{-1 \pm \sqrt{1^2 - 4 \cdot 1 \cdot (-2)}}{2 \cdot 1} = \frac{-1 \pm \sqrt{9}}{2} = \frac{-1 \pm 3}{2}.$$

Die Lösungen sind also $u_1 = -2$ und $u_2 = 1$. Die Rücksubstitution lautet $\ln(u) + 1 = x$. Da der Numerus (hier: u) positiv und nicht 0 sein muss, erhalten wir lediglich die Lösung $x_1 = \ln 1 + 1 = 0 + 1 = 1$.

(b) Es ist $e^{(2x^2)} = \left(e^{(x^2)}\right)^2$. Also substituieren wir $u := e^{(x^2)}$. Damit haben wir

$$u - u^2 = -1 \Leftrightarrow u^2 - u - 1 = 0$$

zu lösen. Die MNF ergibt:

$$u_{1/2} = \frac{1 \pm \sqrt{1+4}}{2} = \frac{1 \pm \sqrt{5}}{2}.$$

Die Rücksubstitution verläuft in zwei Schritten:

- *Schritt 1:* Logarithmus anwenden
- *Schritt 2:* Wurzel ziehen

Wegen Schritt 1 kann nur $u = \frac{1+\sqrt{5}}{2}$ Lösung sein und wir erhalten daher mit dem Wurzelziehen

$$x_{1/2} = \pm\sqrt{\ln\left(\frac{1+\sqrt{5}}{2}\right)}$$

als Lösung der gegebenen Gleichung.

(c) Wir formen um:

$$
\begin{aligned}
e^x + e^{-x} &= 5 && |\cdot e^x, \text{ weil } e^x \neq 0 \\
(e^x)^2 + 1 &= 5 \cdot e^x && |-5e^x \\
(e^x)^2 - 5e^x + 1 &= 0 && |\text{Substitution: } u := e^x \\
u^2 - 5u + 1 &= 0
\end{aligned}
$$

Die MNF liefert uns:

$$u_{1/2} = \frac{5 \pm \sqrt{25-4}}{2} = \frac{5 \pm \sqrt{21}}{2}$$

Die Rücksubstitution macht daraus

$$x_{1/2} = \ln\left(\frac{5 \pm \sqrt{21}}{2}\right).$$

Das ist eigentlich schon das Ergebnis. Möchte man aber das $\pm$ außerhalb des Numerus habe, kann man ausnutzen, dass

$$\left(\frac{5+\sqrt{21}}{2}\right)^{-1} = \frac{2}{5+\sqrt{21}} \cdot \underbrace{\frac{5-\sqrt{21}}{5-\sqrt{21}}}_{\text{ergänzt}} = \frac{2 \cdot (5-\sqrt{21})}{25-21}$$

$$= \frac{2 \cdot (5-\sqrt{21})}{4} = \frac{5-\sqrt{21}}{2}.$$

Dieser Zusammenhang lässt auch zu, dass wir die Lösungen als

$$x_{1/2} = \pm\ln\left(\frac{5+\sqrt{21}}{2}\right) = \mp\ln\left(\frac{5-\sqrt{21}}{2}\right)$$

schreiben, wie bei den Ergebnissen weiter vorne im Buch geschehen.

Aufgabe 7 – Lösungsweg:

Setzen wir zuerst $x = 0$ und $y = e^2$ für den y-Achsenabschnitt ein, so erhalten wir

$$f(0) = a \cdot 0 \cdot e^0 + b = e^2, \text{ also } b = e^2.$$

Nutzen wir nun den Punkt $P(2/5e^2)$ aus, so erhalten wir mit dem bereits berechneten b

$$f(2) = a \cdot 2 \cdot e^2 + e^2 = 2ae^2 + e^2 = (2a + 1) \cdot e^2 \stackrel{!}{=} 5e^2.$$

Also muss

$$2a + 1 = 5 \Leftrightarrow a = 2$$

gelten und wir erhalten

$$f(x) = 2xe^x + e^2.$$

J.7.2 Lösungswege zu Kapitel XI.3.1

Aufgabe 1 – Lösungsweg:

Zur erfolgreichen Durchführung des Überholvorganges muss Herr Schumix vier verschiedene Strecken zurücklegen:

- Die 100 Meter, die das Auto von Herrn Schleicher anfänglich Vorsprung hat.

- Die Länge des Wagens von Herrn Schleicher (5 Meter).

- Die 150 Meter, die er als Vorsprung herausfahren will.

- Die Strecke, die Herr Schleicher während des ganzen Überholvorgangs zurücklegt.

Es sei d_1 der Vorsprung von Herrn Schleicher, mit d_2 bezeichnen wir den späteren Vorsprung von Herrn Schumix, l sei die Länge des Wagens von Herr Schleicher und die Geschwindigkeiten der Herren Schumix und Schleicher seien mit v_S und v_{Sch} bezeichnet. Der Überholvorgang daure nun die Zeit t_A. Dann gilt, wenn wir obige Auflistung in eine mathematische Gleichung ummünzen:

$$v_S \cdot t_A = v_{Sch} \cdot t_A + d_1 + d_2 + l \Rightarrow t_A = \frac{d_1 + d_2 + l}{v_S - v_{Sch}}.$$

Setzen wir die Größen ein, wobei wir die Geschwindigkeiten in Meter pro Sekunde angeben müssen (= Zahlenwert bei Kilometer pro Stunde durch 3,6 teilen), erhalten wir für die Dauer des Überholvorgangs $t_A = 15{,}3$ Sekunden.

In dieser Zeit haben die Herren folgende Strecken zurückgelegt:

- Herr Schumix: $15{,}3\text{s} \cdot \frac{140}{3{,}6} \frac{\text{m}}{\text{s}} = 595\text{m}$

- Herr Schleicher: $15{,}3\text{s} \cdot \frac{80}{3{,}6} \frac{\text{m}}{\text{s}} = 340\text{m}$

Aufgabe 2 – Lösungsweg:

(a) *Bestimmung der Höhe h*

Wir zerlegen den Beckenkörper in Körper, deren Volumina wir leicht mit Hilfe von bereits bekannten Formeln (Formelsammlung etc.) berechnen können. Das Volumen des gesamten Beckens setzt sich z.B. aus dem Volumen eines Quaders und dem Volumen eines Prismas zusammen. Alle Größen bis auf die gesuchte Höhe sind bekannt.

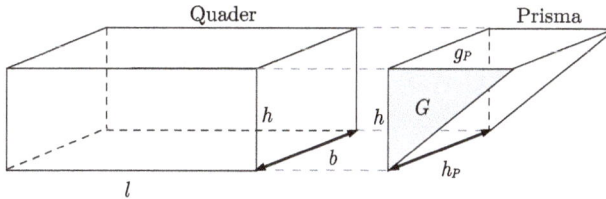

Abbildung J.7.1: Quader-Prisma-Zerlegung des Schwimmbeckens.

Die Volumina der Einzelteile berechnen sich mittels

- **Quader:** $V_Q = l \cdot b \cdot h$

- **Prisma:** $V_P = G \cdot h_P$

Die Formel für das Prisma lässt sich durch Anwendung der folgenden Zusammenhänge berechnen:

- Es ist $h_P = b = 10$ Meter.

- Die Grundfläche G ist ein Dreieck und somit gilt $G = \frac{1}{2} \cdot g_P \cdot h$.

Damit erhalten wir

$$V = V_Q + V_P = l \cdot b \cdot h + \tfrac{1}{2} \cdot g_P \cdot h \cdot b.$$

Diese Gleichung löst man nach der Höhe h auf und setzt die gegebenen Werte (mit korrekten Einheiten!) ein:

$$h = \frac{V}{b \cdot \left(l + \frac{g_P}{2}\right)} \underset{\substack{b=10\mathrm{m} \\ l=10\mathrm{m} \\ g_P=5\mathrm{m} \\ V=250000\mathrm{l}=250\mathrm{m}^3}}{=} 2 \text{ Meter.}$$

(b) Bestimmung der Füllhöhe h_F bei vorgegebener Füllmenge V_F

Die Berechnung des Volumens des Quaderteils stellt kein Problem dar, wir können sofort

$$V_{Q-F} = l \cdot b \cdot h_F$$

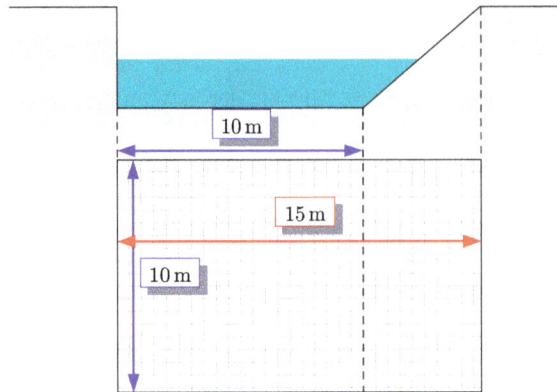

Abbildung J.7.2: Skizze zur beliebigen Füllmenge des Beckens.

schreiben, wobei Länge und Breite des Beckens ja bekannt sind.
Für die Berechnung des Prisma-Teils benötigen wir die Strahlensätze. Wir betrachten Abbildung J.7.3.

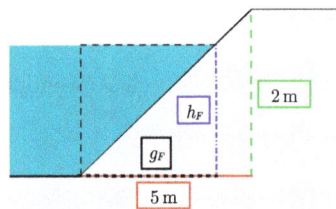

Abbildung J.7.3: Skizze zum Strahlensatz.

Wir erkennen (vielleicht?), dass

$$\frac{g_F}{h_F} = \frac{5}{2} \Rightarrow g_F = \frac{5}{2}h_F.$$

Hiermit können wir das Volumen des Prisma-Teils notieren, wobei wir nur noch eine Variable verwenden (nur h_F anstatt h_F und g_F):

$$V_{P-F} = \tfrac{1}{2}h_F \cdot \tfrac{5}{2}h_F \cdot b.$$

Das Gesamtvolumen berechnen wir damit zu

$$V_F = V_{Q-F} + V_{P-F} = lbh_F + \tfrac{5}{4}b\left(g_F\right)^2.$$

In dieser quadratischen Gleichung kennen wir alles, bis auf die gesuchte Höhe. Wir formen um

$$\frac{5}{4}b\left(g_F\right)^2 + lbh_F - V_F = 0$$

und lösen die resultierende Gleichung mit Hilfe der Mitternachtsformel. Es ergibt sich

$$g_{F_{1/2}} = \frac{-lb \pm \sqrt{\left(lb\right)^2 + 5bV_F}}{\frac{5}{2}b}.$$

Da wir eine Länge berechnet haben, für welche nur ein positiver Wert eine sinnvolle Lösung darstellt, finden wir (unter Verwendung der richtigen Einheiten!)

$$g_F = \frac{-lb + \sqrt{\left(lb\right)^2 + 5bV_F}}{\frac{5}{2}b} \underset{\substack{l=10\,\mathrm{m} \\ b=10\,\mathrm{m} \\ V_F=100000\,\mathrm{l}=100\,\mathrm{m}^3}}{=} 0{,}8989794 \text{ Meter.}$$

Das Rechnen mit Variablen hat sich ausgezahlt, wir haben hier nun auch gleich den zweiten Teil der Aufgabe erfüllt und eine Formel mit den geforderten Eigenschaften gefunden.

Die Werte von V_F liegen sinnvollerweise zwischen 0 und 250 (Einheit Kubikmeter), was durch die Anwendung begründet ist. Die gefundene Formel ist durchaus auch für andere Werte von V_F gültig, welche wir hier aber nicht näher untersuchen wollen.

(c) Der Durchsatz von Leitung Z_1 ist gegeben mit $f_1 = 15\,\frac{\text{Liter}}{\text{Sekunde}}$. Der von Leitung Z_2 ist um 75% höher, d.h.

$$f_2 = f_1 + 0{,}75f_1 = 1{,}75f_1 = 26{,}25\frac{\text{Liter}}{\text{Sekunde}}.$$

Z_1 läuft die vollen zwei Stunden, Z_2 nur die Hälfte der Zeit. Da die Durchsätze in Liter pro Sekunde angegeben werden, rechnen wir

$$V_{2\,\text{Stunden}} = 7200 \cdot f_1 + 3600 \cdot f_2 = 202500 \text{ Liter.}$$

Mit der Formel zur Berechnung des Prozentsatzes zu einem gegebenen Prozentwert (oder einfach mit dem Dreisatz) erhalten wir, dass die Füllung

$$\frac{202500l}{250000l} \cdot 100 = 81\%$$

des Gesamtbeckenvolumens entspricht.

(d) Die erste Leitung laufe über den Zeitraum t_0 alleine. Da sie aber auf jeden Fall zwei Stunden läuft, trägt sie

$$V_{Z_1} = 7200 \cdot f_1 = 108000 \text{ Liter}$$

zur Füllung des Beckens bei. Das bedeutet, dass Z_2 noch

$$V_{Z_2} = 250000l - 108000l = 142000 \text{ Liter}$$

beisteuern muss. Dafür benötigt diese Leitung

$$t_{Z_2} = \frac{142000l}{f_2} = \frac{142000l}{26{,}25\frac{1}{s}} = 5410 \text{ Sekunden.}$$

Somit muss sie nach

$$t_0 = 7200s - 5410s = 1790s \approx \frac{1}{2} \text{ Stunde}$$

eingeschaltet werden.

J.7.3 Lösungswege zu Kapitel XI.3.2

Aufgabe 1 – Lösungsweg:

(a) Die Pflanze misst zu Beginn der Beobachtung $h_1(0) = 0{,}02 \cdot e^0 = 0{,}02$ Meter. Aus dem Text erfahren wir, dass

$$h_1(6) = 0{,}02 \cdot e^{6k} = 0{,}02 + 0{,}48 = 0{,}50 \text{ Meter}$$

ist. Daraus errechnen wir $k = \frac{\ln\left(\frac{0{,}5}{0{,}02}\right)}{6} = \frac{1}{6} \cdot \ln(25) \approx 0{,}5365$. Demnach müsste die Pflanze nach 8 Wochen

$$h_1(8) = 0{,}02 \cdot e^{\frac{1}{6}\ln(25)\cdot 8} \approx 1{,}462 \text{ Meter}$$

hoch sein.

(b) Wir haben nun $h_2(6) = h_1(6) = 0{,}50$ Meter und $h_2(8) = 1{,}04$ Meter. Damit ergibt sich das folgende Lineare Gleichungssystem (linear, weil keine der Variablen mit Potenzen, Wurzel etc. versehen ist):

$$h_2(6) = a - b \cdot e^{-0{,}536\cdot 6} = 0{,}5$$
$$h_2(8) = a - b \cdot e^{-0{,}536\cdot 8} = 1{,}04$$

Wir ziehen die erste von der zweiten Gleichung ab und erhalten

$$\left(e^{-0{,}536\cdot 6} - e^{-0{,}536\cdot 8}\right) \cdot b = 0{,}54 \Rightarrow b = \frac{0{,}54}{e^{-0{,}536\cdot 6} - e^{-0{,}536\cdot 8}} \approx 20{,}4679.$$

Setzen wir dies ein, so erhalten wir

$$a = \frac{0{,}54}{e^{-0{,}536\cdot 6} - e^{-0{,}536\cdot 8}} \cdot e^{-0{,}536\cdot 6} + 0{,}5 \approx 1{,}321 \text{ Meter.}$$

Somit lautet die Formel

$$h_2(t) = 1{,}321 - 20{,}4679 \cdot e^{-0{,}536 \cdot t}.$$

Wir betrachten abschließend den geforderten Limes:

$$\lim_{t \to \infty} h_2(t) = \lim_{t \to \infty} \left(1{,}321 - 20{,}4679 \cdot e^{-0{,}536 \cdot t} \right)$$

$$= \lim_{t \to \infty} 1{,}321 - \underbrace{\lim_{t \to \infty} \left(20{,}4679 \cdot e^{-0{,}536 \cdot t} \right)}_{=0} = 1{,}321 \text{ Meter}.$$

Bedeutung: Dies ist die maximale Höhe der Pflanze, größer kann sie nicht werden.

Aufgabe 2 – Lösungsweg:
Es liegt ein exponentielles Wachstum vor, d.h. es berechnet sich mittels der Formel

$$f(t) = a \cdot e^{kt}.$$

Wir kennen zwei Funktionswerte mit dazugehörigem t:

- $f(0) = 45080 \Rightarrow a = 45080$

- $f(2) = 30050$

Mit dem berechneten a und der zweiten Angabe ermitteln wir k:

$$f(2) = 45080 \cdot e^{2k} = 30050, \text{ also } k = \frac{\ln\left(\frac{30050}{45080}\right)}{2} \approx -0{,}2028$$

Damit haben wir die Funktionsgleichung gefunden:

$$f(t) = 45080 \cdot e^{-0{,}2028t}$$

Der heutige Bestand sind nach Aufgabetext 30050 Individuen. Davon sind $0{,}15 \cdot 30050 = 4507{,}5$ (exakt gerechnet, sonst kann man auch 4508 oder 4507 nehmen) die geforderten 15%. Wir lösen dann nach t auf:

$$f(t) = 45080 \cdot e^{-0{,}2028t} = 4507{,}5, \text{ also } t = \frac{\ln\left(\frac{4507{,}5}{45080}\right)}{-0{,}2028} \approx 11{,}35 \text{ Jahre}$$

Dieser Zahlenwert ist von heute an gerechnet ($t = 2$) in $11{,}35 - 2 = 9{,}35$ Jahren erreicht. Jetzt sind wir an einer Abnahme von 1200 Individuen innerhalb eines Jahres interessiert, womit unsere Gleichung

$$f(t) - f(t+1) = 1200$$

lautet. Wir wollen diese nach t auflösen:

$$45080 \cdot e^{-0,2028 \cdot t} - 45080 \cdot e^{-0,2028 \cdot (t+1)} = 1200 \qquad |:45080$$

$$e^{-0,2028t} - \underbrace{e^{-0,2028t} \cdot e^{-0,2028}}_{\text{1. Potenzgesetz}} = \frac{1200}{45080}$$

$$e^{-0,2028t} \cdot \left(1 - e^{-0,2028}\right) = \frac{1200}{45080} \qquad |:(1 - e^{-0,2028})$$

$$e^{-0,2028t} = \frac{1200}{45080 \cdot (1 - e^{-0,2028})} \qquad |\ln$$

$$t = \frac{\ln\left(\frac{1200}{45080 \cdot (1-e^{-0,2028})}\right)}{-0,2028} \approx 9{,}52 \text{ Jahre}$$

Damit wir von heute an rechnen, ziehen wir wieder zwei Jahre ab und erhalten wegen des Zeitraums von t bis $t+1$ für die geforderte Abnahme die Zahlenwerte 7,52 und 8,52. Das bedeutet, dass die Abnahme zwischen dem Jahr 7,52 und 8,52 1200 Individuen beträgt, in jedem einjährigen Zeitraum mit späterem Startpunkt sind es weniger, weil die Abnahme absolut kontinuierlich weniger wird.

Anmerkung: Wir könnten die Formel für f auch von Anfang an mit dem Wert $a = 30050$ versehen, dann ersparen wir uns das Abziehen der zwei Jahre in den Aufgabenteilen. Es ist dann

$$f(t) = 30050 \cdot e^{-0,2028t}.$$

Aufgabe 3 – Lösungsweg:

(a) Aus den Angaben im Aufgabentext können wir sofort die Wachstums- bzw. Zerfalls-konstante bestimmen:

- Kultur B1: $k_1 = \ln\left(1 + \frac{25}{100}\right) = \ln(1{,}25)$.

- Kultur B2: $k_2 = \ln\left(1 - \frac{11}{100}\right) = \ln(0{,}89)$.

Wir müssen nun nur darauf aufpassen, dass Kultur B1 in der Zeiteinheit Stunden und Kultur B2 in der Zeiteinheit halbe Stunden zu berechnen ist, wenn wir die vorliegenden Wachstumskonstanten verwenden.
Sei nun A_1 die von B1 zu Beginn bedeckte Fläche und A_2 die von B2 anfänglich eingenommene Fläche. Unsere Fragen sind:

- Wann gilt für B1, dass sie $5 \cdot A_1$ einnehmen?

- Wann gilt für B2, dass sie nur noch $0{,}3 \cdot A_2$ bevölkern?

Diese Fragen wollen wir sogleich beantworten, denn alle Informationen sind schon vorhanden:

- Kultur B1:
  Die Wachstumsfunktion ist hier f_1 mit $f_1(t) = A_1 \cdot 1{,}25^t$ (e-Funktion durch ln gleich herausgeschmissen, wird hier auch nicht benötigt, da keine Ableitungen vorkommen). Wir setzen den geforderten Funktionswert ein:

$$5 \cdot A_1 = A_1 \cdot 1{,}25^t \qquad\qquad | : A_1$$
$$5 = 1{,}25^t \qquad\qquad | \ln$$
$$t = \frac{\ln(5)}{\ln(1{,}25)} \approx 7{,}21 \text{ Stunden}$$

Also bedeckt B1 nach etwas mehr als sieben Stunden die fünffache Ausgangsfläche.

- Kultur B2:
  Die Wachstumsfunktion ist hier f_2 mit $f_2(t) = A_2 \cdot 0{,}89^t$ (auch hier: e-Funktion durch ln gleich herausgeschmissen, wird auch nicht benötigt, da keine Ableitungen vorkommen). Wir setzen den geforderten Funktionswert ein:

$$0{,}3 \cdot A_2 = A_2 \cdot 0{,}89^t \qquad\qquad | : A_2$$
$$0{,}3 = 0{,}89^t \qquad\qquad | \ln$$
$$t = \frac{\ln(0{,}3)}{\ln(0{,}89)} \approx 10{,}33 \text{ \textbf{halbe} Stunden}$$

Also bedeckt B2 nach etwas mehr als fünf (5,165 Stunden, Wert halbiert!) Stunden nur noch 30% der Ausgangsfläche.

(b) Wir haben wieder exponentielles Wachstum vorliegen und verwenden deshalb f_3 mit

$$f_3(t) = A_3 \cdot e^{k_3 t}.$$

Wir wissen, dass

- $f_3(8) = 625$ und

- $f_3(14) = 4096$

sind (Zeit in Stunden, Funktionswerte in Quadratzentimetern). Aus den gegebenen Werten können wir A_3 und k_3 berechnen. Es sind

- $A_3 \cdot e^{8k} = 625$ und

- $A_3 \cdot e^{14k} = 4096$.

Wir teilen die linken Seiten durcheinander und die rechten. Es ergibt sich daraus:

$$\frac{A_3 \cdot e^{8k}}{A_3 \cdot e^{14k}} = \frac{625}{4096} \qquad\qquad |\text{kürzen}$$

$$e^{-6k} = \frac{625}{4096} \qquad\qquad |\ln$$

$$k = \frac{\ln\left(\frac{625}{4096}\right)}{-6} \approx 0{,}3133$$

Damit können wir auch den Startwert ermitteln. Es ist

$$A_3 = \frac{625}{e^{8 \cdot (0{,}3133)}} \approx 50{,}976$$

Wir haben also

$$f_3(t) = 50{,}976 \cdot e^{0{,}3133t}$$

gefunden und erhalten mit $t = 20$ den gesuchten Wert:

$$f_3(20) = 50{,}976 \cdot e^{0{,}3133 \cdot 20} \approx 26832 \text{cm}^2$$

Je nach Rundung kann der Wert auch etwas größer oder kleiner sein.

Aufgabe 4 – Lösungsweg:

- Aus der Angabe, dass zu Beginn 100 Hasen auf der Insel waren, stellen wir die Bedingung auf, dass $h(0) = 100$ gilt und somit $a = 100$. Nach einem Jahr sind es bereits 150 Hasen, d.h. $h(1) = 150$. Daraus ermitteln wir k:

$$100 \cdot e^{k \cdot 1} = 150 \qquad\qquad |: 150, \text{ anschließend } \ln$$

$$k = \ln\left(\frac{3}{2}\right) \approx 0{,}4055$$

Damit haben wir die Parameter der Wachstumsfunktion h bestimmt:

$$h(t) = 100 \cdot e^{\ln\left(\frac{3}{2}\right) \cdot t}.$$

- Wir suchen t für $h(t) = 1000$:

$$100 \cdot e^{\ln\left(\frac{3}{2}\right) \cdot t} = 1000 \qquad\qquad |: 100, \text{ anschließend } \ln$$

$$\ln\left(\frac{3}{2}\right) \cdot t = \ln(10) \qquad\qquad |: \ln\left(\frac{3}{2}\right)$$

$$t = \frac{\ln(10)}{\ln\left(\frac{3}{2}\right)} \approx 5{,}68 \text{ Jahre}$$

- Wir können hier auch fragen, wann es 200 Hasen sind, d.h. $h(t) = 200$. Die Rechnung funktioniert wie im vorangegangenen Punkt (alternativ kann man auch sofort a löschen und die e-Funktion gleich 2 setzen):

$$100 \cdot e^{\ln\left(\frac{3}{2}\right) \cdot t} = 200 \qquad\qquad\qquad | : 100, \text{ anschließend } \ln$$

$$\ln\left(\frac{3}{2}\right) \cdot t = \ln(2) \qquad\qquad\qquad\qquad | : \ln\left(\frac{3}{2}\right)$$

$$t = \frac{\ln(2)}{\ln\left(\frac{3}{2}\right)} \approx 1{,}71 \text{ Jahre } = T_D$$

Alle 1,71 Jahre verdoppelt sich also die Anzahl der Hasen.

J.7.4 Lösungswege zu Kapitel XI.3.4

Aufgabe 1 – Lösungsweg:
Wir leiten

$$f(t) = \frac{a \cdot S}{a + (S - a) \cdot e^{-kSt}}$$

ab. Dafür brauchen wir die Quotientenregel mit

- $u = aS$, also $u' = 0$ und

- $v = a + (S - a) \cdot e^{-kSt}$, also $v' = (S - a) \cdot (-kS) \cdot e^{-kSt}$.

Das bauen wir zusammen:

$$f'(t) = \frac{u'v - v'u}{v^2} = \frac{0 \cdot \left(a + (S-a) \cdot e^{-kSt}\right) - aS(S-a) \cdot (-kS) \cdot e^{-kSt}}{(a + (S-a) \cdot e^{-kSt})^2}$$

$$= \frac{akS^2 \cdot (S-a) \cdot e^{-kSt}}{(a + (S-a) \cdot e^{-kSt})^2} \frac{(akS^3 - ka^2S^2) \cdot e^{-kSt}}{(a + (S-a) \cdot e^{-kSt})^2}$$

Jetzt setzen wir $f(t)$ in die Differentialgleichung ein und überprüfen, ob wir den gleichen Term finden können:

$$f'(t) = k \cdot \frac{a \cdot S}{a + (S-a) \cdot e^{-kSt}} \cdot \left(S - \frac{a \cdot S}{a + (S-a) \cdot e^{-kSt}}\right)$$

$$= \frac{akS^2}{a + (S-a) \cdot e^{-kSt}} - k \cdot \left(\frac{a \cdot S}{a + (S-a) \cdot e^{-kSt}}\right)^2$$

$$= \frac{akS^2}{a + (S-a) \cdot e^{-kSt}} \cdot \underbrace{\frac{a + (S-a) \cdot e^{-kSt}}{a + (S-a) \cdot e^{-kSt}}}_{\text{ergänzt}} - k \cdot \left(\frac{a \cdot S}{a + (S-a) \cdot e^{-kSt}}\right)^2$$

$$= \frac{ka^2S^2 + akS^3 \cdot e^{-kSt} - ka^2S^2 \cdot e^{-kSt} - ka^2S^2}{(a + (S-a) \cdot e^{-kSt})^2} = \frac{(akS^3 - ka^2S^2) \cdot e^{-kSt}}{(a + (S-a) \cdot e^{-kSt})^2}$$

Da wir in beiden Fällen auf identische Terme kommen, wird durch die gegebene Funktion tatsächlich die vorgegebene Differentialgleichung gelöst.

Aufgabe 2 – Lösungsweg:

Es ist $f(t) = S - a \cdot e^{-kt}$. Wir leiten einmal nach t ab und fassen zusammen:

$$f'(t) = -a \cdot (-k) \cdot e^{-kt} = \underbrace{kS - kS}_{0 \text{ ergänzt}} + a \cdot k \cdot e^{-kt} = kS - k \cdot \underbrace{\left(S - a \cdot e^{-kt}\right)}_{=f(t)}$$

$$= kS - kf(t) = k \cdot (S - f(t))$$

Damit haben wir nachgewiesen, dass die Differentialgleichung durch die gegebene Funktion gelöst wird.

Aufgabe 3 – Lösungsweg:

(a) Wir haben den folgenden Ausdruck gegeben:

$$T'(t) = k \cdot (T(t) - u).$$

Diese Differentialgleichung sieht fast wie die des beschränkten Wachstums aus, nur dass die Schranke eine untere ist, die nicht unterschritten werden kann. Darum setzen wir mit

$$T(t) = u + a \cdot e^{-kt}$$

an (nicht mit Minus). Dass dieser Ansatz richtig ist, sehen wir, wenn wir die Ableitung bilden und mit der rechten Seite aus der Differentialgleichung vergleichen. Alternativ können wir die Differentialgleichung auch so lösen:
Wir setzen $T_b(t) := T(t) - u$. Da u konstant ist, folgt $T_b'(t) = T'(t)$. Damit haben wir

$$T_b'(t) = k \cdot T_b(t),$$

was die Differentialgleichung für natürliches Wachstum ist. Also ist

$$T_b(t) = a \cdot e^{kt}.$$

Setzen wir nun hier $T_b(t) = T(t) - u$ ein und holen das u nach rechts, so erhalten wir

$$T(t) = u + a \cdot e^{-kt},$$

wobei das Minus nur aus kosmetischen Gründen in der Hochzahl gesetzt wurde, sich aber durch die Abnahme begründen lässt, da k dann an sich in der weiteren Rechnung positiv sein kann.

(b) Da die Funktion abnimmt, muss k negativ sein, was wir mit dem Minus in Teil (a) bereits zum Ausdruck gebracht haben. Damit berechnen wir

$$\lim_{t\to\infty} T(t) = \lim_{t\to\infty}\left(u + \underbrace{a\cdot e^{-kt}}_{\to 0}\right) = u = 20°\text{C}.$$

Die 20°C sind die Umgebungstemperatur und das Stehenlassen über Nacht kann als unendliche Zeitpanne gedeutet werden. Wir wissen nun noch, dass

$$T(0) = 85°\text{C} \Rightarrow u + a\cdot e^{-k\cdot 0} = u + a = 85°\text{C} \Rightarrow a = 85°\text{C} - u$$
$$= 85°\text{C} - 20°\text{C} = 65°\text{C}.$$

Damit steht a für die Differenz zwischen der Tee-Temperatur und der Umgebungstemperatur. Mit der letzten Angabe berechnen wir

$$T(1) = 83°\text{C} \Rightarrow 20°\text{C} + 65°\text{C}\cdot e^{-k\cdot 1} = 83°\text{C} \Rightarrow k = -\ln\left(\frac{83°\text{C} - 20°\text{C}}{65°\text{C}}\right) \approx 0{,}03125.$$

Letztendlich haben wir also die Funktion

$$T(t) = 20°\text{C} + 65°\text{C}\cdot e^{-0{,}03125\cdot t}$$

aufgestellt.

(c) Wir haben hier zwei Phasen zu berechnen:

1. drinnen

2. draußen

Wir haben nach 20 Minuten im Haus den Funktionswert

$$T(20) = 20°\text{C} + 65°\text{C}\cdot e^{-0{,}03125\cdot 20} \approx 54{,}8°\text{C}.$$

Da das Abkühlungsgesetz draußen das gleiche wie im Inneren des Hauses ist, abgesehen von den Zahlenwerten, können wir diese, da wir sie in Teil b) schon interpretiert haben, einfach in der alten Formel durch die neuen Werte ersetzen.

$$\tilde{T}(t) = \underbrace{3°\text{C}}_{\text{Umgebungstemperatur}} + \underbrace{(54{,}8°\text{C} - 3°\text{C})}_{\text{Differenz}}\cdot e^{-0{,}03125t}.$$

Damit berechnen wir

$$\tilde{T}(t) = 3°\text{C} + 51{,}8°\text{C}\cdot e^{-0{,}03125t} = 35°\text{C} \Rightarrow t = \frac{\ln\left(\frac{35°\text{C} - 3°\text{C}}{51{,}8°\text{C}}\right)}{-0{,}03125} \approx 15{,}4 \text{ Minuten}.$$

Insgesamt braucht der Tee also etwa eine starke halbe Stunde ($20 + 15{,}4 = 35$ Minuten und 24 Sekunden (für die, die das umrechnen wollen!)), um auf die gewünschte Temperatur abzukühlen.

(d) Wir wissen hier, dass $t_1 + t_2 = 30$ Minuten sein sollen. Die erste Zeit ist für die erste Phase, die zweite für die entsprechende zweite Phase. Damit ist $t_2 = 30 - t_1$. Wir berechnen zuerst die Temperatur im Haus soweit es eben geht:

$$T(t_1) = 20°\text{C} + 65°\text{C} \cdot e^{-0{,}03125 \cdot t_1}.$$

Dies ist nun die Starttemperatur für die Abkühlung draußen. Wir erhalten damit (die dämlichen Einheiten lassen wir jetzt weg!):

$$\tilde{T}(30 - t_1) = 3 + \left(20 + 65 \cdot e^{-0{,}03125 \cdot t_1} - 3\right) \cdot e^{-0{,}03125 \cdot (30 - t_1)} = 35.$$

Diese Gleichung lösen wir nach t_1 auf und erhalten

$$35 = 3 + \left(17 + 65 \cdot e^{-0{,}03125 t_1}\right) \cdot e^{-0{,}03125 \cdot (30 - t_1)} \qquad |-3$$

$$32 = \left(17 + 65 \cdot e^{-0{,}03125 t_1}\right) \cdot e^{-0{,}03125 \cdot (30 - t_1)}$$

$$32 = 17 \cdot e^{-0{,}03125 \cdot (30 - t_1)} + 65 \cdot e^{-0{,}03125 t_1} \cdot e^{-0{,}03125 \cdot (30 - t_1)}$$

$$32 = 17 \cdot e^{-0{,}03125 \cdot (30 - t_1)} + 65 \cdot e^{-0{,}03125 t_1} \cdot e^{-0{,}03125 \cdot 30 + 0{,}03125 t_1}$$

$$32 = 17 \cdot e^{-0{,}03125 \cdot (30 - t_1)} + 65 \cdot e^{-0{,}03125 t_1} \cdot e^{-0{,}03125 \cdot 30} \cdot e^{0{,}03125 t_1}$$

$$32 = 17 \cdot e^{-0{,}03125 \cdot (30 - t_1)} + 65 \cdot e^{-0{,}03125 \cdot 30} \qquad |-65 \cdot e^{-0{,}03125 \cdot 30}$$

$$32 - 65 \cdot e^{-0{,}03125 \cdot 30} = 17 \cdot e^{-0{,}03125 \cdot (30 - t_1)} \qquad |:17$$

$$\frac{32 - 65 \cdot e^{-0{,}03125 \cdot 30}}{17} = e^{-0{,}03125 \cdot (30 - t_1)} \qquad |\ln$$

$$\ln\left(\frac{32 - 65 \cdot e^{-0{,}03125 \cdot 30}}{17}\right) = -0{,}03125 \cdot (30 - t_1) \qquad |:(-0{,}03125)$$

$$\frac{\ln\left(\frac{32 - 65 \cdot e^{-0{,}03125 \cdot 30}}{17}\right)}{-0{,}03125} = 30 - t_1$$

$$\Rightarrow t_1 = 30 - \frac{\ln\left(\frac{32 - 65 \cdot e^{-0{,}03125 \cdot 30}}{17}\right)}{-0{,}03125} \approx -0{,}54 \text{ Minuten.}$$

Interpretation: Es ist nicht möglich, den Tee auf diese Weise innerhalb einer halben Stunde abzukühlen!

Aufgabe 4 – Lösungsweg:

(a) Die Arten von Wachstum:

- TABELLE A: Lineares Wachstum, absolute Abstände annähernd konstant ($\approx$ 21,0).
- TABELLE B: Exponentielles Wachstum, Faktoren von Jahr zu Jahr annähernd konstant ($\approx 1{,}0255$).
- TABELLE C: Beschränktes Wachstum, Grenzwert bei $S \approx 6000$. Nicht logistisches Wachstum, Anstieg am Anfang zu schnell.

(b) **Lineares Wachstum:** Die Formel ist

$$f(x) = f(0) + m \cdot x.$$

Erstes Wertepaar:
Es ist $f_1(1) = 219{,}00$ und $f_1(5) = 303{,}5$. Durch Einsetzen erhält man

$$f_1(x) = 197{,}875 + 21{,}125x.$$

Zweites Wertepaar:
Es ist $f_2(17) = 556{,}1$ und $f_2(21) = 639{,}01$. Hier erhält man

$$f_2(x) = 203{,}7325 + 20{,}7275x.$$

Damit ist $f_1(100) = 2310{,}375$ und $f_2(100) = 2276{,}4825$. Sie unterscheiden sich um einen Betrag von mehr als 30.

Exponentielles Wachstum: Die Formel ist

$$g(x) = g(0) \cdot e^{kx}.$$

Erstes Wertepaar:
Es ist $g_1(1) = 2563{,}75$ und $g_2(2) = 2629{,}38$. Hiermit erhält man

$$g_1(x) = 2499{,}758142 \cdot e^{0{,}0252770465x}.$$

Zweites Wertepaar:
Es ist $g_2(16) = 3741{,}33$ und $g_2(32) = 5597{,}00$. Hier ist

$$g_2(x) = 2500{,}902299 \cdot e^{0{,}0251743485x}.$$

Damit ist $g_1(100) = 31308{,}78$ und $g_2(100) = 31003{,}08$. Der absolute Unterschied beträgt hier schon mehr als 300. Dies liegt an dem exponentiellen Auseinanderlaufen der beiden Funktionen. Am Anfang sind sie sehr ähnlich, dann unterscheiden sie sich immer mehr, weil mit anderen Faktoren multipliziert wird.

Beschränktes Wachstum: Wir raten die Schranke $S = 6000$. Die Formel ist

$$h(x) = S - a \cdot e^{-kx}.$$

Erstes Wertepaar:
Es ist $h_1(0) = 150$ und $h_2(5) = 4878{,}88$. Hiermit erhält man

$$h_1(x) = 6000 - 5850 \cdot e^{-0{,}3304226951x}.$$

Zweites Wertepaar:
Es ist $h_2(20) = 5992{,}00$ und $h_2(25) = 5998{,}47$. Hier ist dann

$$h_2(x) = 6000 - 5979{,}766305 \cdot e^{-0{,}3308347613x}.$$

Damit ist $h_1(100) = 6000$ und $h_2(100) = 6000$. Sie scheinen identisch, das geschieht aber nur aufgrund numerischer Ungenauigkeiten des Taschenrechners. Der Unterschied kann hier nur gegen 0 gehen, da die Funktionen gegen die gleiche Schranke streben. Dass doch große Unterschiede vorhanden sind, sieht man an den Werten für a.

Der Unterschied beim beschränkten Wachstum ist also am geringsten bei $x = 100$. Dies liegt aber, wie erläutert, in der Natur der Funktion. Alle aufgestellten Funktionenpaare unterscheiden sich doch deutlich.

(c) Wir stellen die besagte Funktion auf:

$$\begin{aligned}
d(m,b) =\,&(219{,}00 - 1m - b)^2 + (303{,}5 - 5m - b)^2 + (344{,}5 - 7m - b)^2 \\
&+ (450 - 12m - b)^2 + (556{,}1 - 17m - b)^2 + (639{,}01 - 21m - b)^2.
\end{aligned}$$

Es sei nun b die Laufvariable und wir leiten ab:

$$\begin{aligned}
d'(b) =\,&- 2(219{,}00 - 1m - b) - 2(303{,}5 - 5m - b) - 2(344{,}5 - 7m - b) \\
&- 2(450 - 12m - b) - 2(556{,}1 - 17m - b) - 2(639{,}01 - 21m - b) = 0.
\end{aligned}$$

Es sei nun m die Laufvariable und wir leiten ab:

$$\begin{aligned}
d'(m) =\,&- 2(219{,}00 - 1m - b) - 10(303{,}5 - 5m - b) - 14(344{,}5 - 7m - b) \\
&- 24(450 - 12m - b) - 34(556{,}1 - 17m - b) - 42(639{,}01 - 21m - b) = 0.
\end{aligned}$$

Nun haben wir zwei verschiedene Gleichungen mit zwei Unbekannten. Zusammengefasst lauten diese:

$$\begin{aligned}
12b \;+\; 126m \;&=\; 5024{,}22 \\
126b \;+\; 1898m \;&=\; 64841{,}82
\end{aligned}$$

Lösen wir dieses LGS, so erhalten wir

$$m = 21{,}02175652 \text{ und } b = 197{,}9565565.$$

Die resultierende Gerade ist die Ausgleichsgerade, ermittelt mit der Methode der kleinsten Quadrate. Hierbei wird die Gerade so gelegt, dass die Abstände der Punkte zu ihr im Kollektiv minimiert werden (Minimierung der Summe der Abstände). Man arbeitet mit Quadraten, um die lästigen und etwas sperrigen Beträge, welche bei der Abstandsberechnung notwendig sind, zu vermeiden. Letztendlich haben wir ein zweidimensionales Minimierungsproblem durchgeführt (Stichwort: Partielle Ableitungen), indem wir insgesamt nach zwei Variablen abgeleitet haben.

Aufgabe 5 – Lösungsweg:
Wir leiten die Funktion für das logistische Wachstum ab.

- *Erste Ableitung:*
  Wir leiten

$$f(t) = \frac{a \cdot S}{a + (S - a) \cdot e^{-kSt}}$$

ab. Dafür brauchen wir die Quotientenregel mit

  - $u = aS$, also $u' = 0$ und

  - $v = a + (S - a) \cdot e^{-kSt}$, also $v' = (S - a) \cdot (-kS) \cdot e^{-kSt}$.

Das bauen wir zusammen:

$$f'(t) = \frac{u'v - v'u}{v^2} = \frac{0 \cdot \left(a + (S - a) \cdot e^{-kSt}\right) - aS(S - a) \cdot (-kS) \cdot e^{-kSt}}{(a + (S - a) \cdot e^{-kSt})^2}$$

$$= \frac{akS^2 \cdot (S - a) \cdot e^{-kSt}}{(a + (S - a) \cdot e^{-kSt})^2} = \frac{(akS^3 - ka^2S^2) \cdot e^{-kSt}}{(a + (S - a) \cdot e^{-kSt})^2}$$

Nun folgt die zweite Ableitung.

- *Zweite Ableitung:*
  Diese können wir mehr oder weniger intelligent bilden. Etwas klüger ist es nämlich, die Differentialgleichung zu benutzen und damit die zweite Ableitung zu bilden. Aus

$$f'(t) = k \cdot f(t) \cdot (S - f(t))$$

erhalten wir (mit der Produktregel)

$$f''(t) = k \cdot f'(t) \cdot (S - f(t)) + k \cdot f(t) \cdot (-f'(t))$$
$$= k \cdot f'(t) \cdot (S - 2f(t)).$$

Wir haben nun also die Nullstellen von $f'(t)$ und $S - 2f(t)$ zu bestimmen:

  - $f'(t) = 0$ hat keine Lösung, da hierfür der Zähler verantwortlich ist, dieser aber nur aus dem Produkt einer Konstanten $(akS^3 - ka^2S^2)$ mit einer e-Funktion besteht und daher keine Nullstelle haben kann.

  - $S - 2f(t) = 0$. Damit diese Gleichung erfüllt wird, muss $f(t)$ im Nenner den Wert $2a$ annehmen, denn dann ist

$$\frac{aS}{2a} = \frac{S}{2} \Rightarrow 2 \cdot \frac{S}{2} = S,$$

womit $S - 2f(t) = S - S = 0$ wird. Wir betrachten also nur den Nenner:

$$a + (S - a) \cdot e^{-kSt} = 2a \qquad\qquad | - a$$
$$(S - a) \cdot e^{-kSt} = a \qquad\qquad | : (S - a)$$
$$e^{-kSt} = \frac{a}{S - a} \qquad\qquad | \ln$$
$$-kSt = \ln\left(\frac{a}{S - a}\right) \qquad\qquad | : (-kS)$$
$$t = -\frac{\ln\left(\frac{a}{S-a}\right)}{kS}$$

Es gibt also nur eine Lösung und die existiert sicher, da der Numerus positiv ist (wegen $S > a$). Den Nachweis, dass es tatsächlich eine Wendestelle ist, kann man auch mit der aus der Differentialgleichung erhaltenen Produktform für f'' erbringen. Nur der eben betrachtete Faktor wechselt das Vorzeichen, da f smw ist. Alle anderen behalten ihr Vorzeichen, womit es an der gefundenen Stelle einen Vorzeichenwechsel durch den Faktor $(S - 2f(t))$ gibt, was die hinreichende Bedingung für einen Wendepunkt ist.

Nun muss das gefundene t nur noch in den Funktionsterm eingesetzt und der Funktionswert berechnet werden.

$$f\left(-\frac{\ln\left(\frac{a}{S-a}\right)}{kS}\right) = \frac{a \cdot S}{a + (S - a) \cdot e^{-kS \cdot \left(-\frac{\ln\left(\frac{a}{S-a}\right)}{kS}\right)}} = \frac{a \cdot S}{a + (S - a) \cdot e^{\ln\left(\frac{a}{S-a}\right)}}$$

$$= \frac{a \cdot S}{a + (S - a) \cdot \frac{a}{S-a}} = \frac{a \cdot S}{a + a} = \frac{aS}{2a} = \frac{S}{2}$$

Das war zu zeigen. Es gibt also immer genau einen Wendestelle t_W mit $f(t_W) = \frac{S}{2}$.

J.7.5 Lösungswege zu Kapitel XI.4

Aufgabe – Lösungsweg:

(a) Hier funktioniert L'Hospital (Fall: $\frac{\infty}{\infty}$). Es ist

$$\lim_{x \to \infty} \frac{\ln(x^2)}{x} = \lim_{x \to \infty} \frac{\frac{1}{x^2} \cdot 2x}{1} = \lim_{x \to \infty} \frac{2}{x} = 0.$$

'

(b) Hier funktioniert L'Hospital (Fall: $\frac{0}{0}$) zwei Mal. Es ist

$$\lim_{x \to \infty} \frac{\sin^2(x)}{x^2} = \lim_{x \to \infty} \frac{2\sin(x) \cdot \cos(x)}{2x} = \lim_{x \to \infty} \frac{\cos(x) \cdot \cos(x) - \sin(x) \cdot \sin(x)}{1} = 1.$$

(c) Für $x \to 0$ geht $x \cdot \ln x$ auch gegen 0, damit haben wir hier den Fall $\frac{0}{0}$ vorliegen. Es ist

$$\lim_{x \to \infty} \frac{\tan(x)}{x \cdot \ln(x)} = \lim_{x \to \infty} \frac{\frac{1}{\cos^2(x)}}{\ln(x) + 1} = \lim_{x \to \infty} \frac{1}{\cos^2(x) \cdot (\ln(x) + 1)} = \text{„}\frac{1}{-\infty}\text{"} = 0.$$

(d) Hier formen wir etwas um, dann ergibt sich der Grenzwert ganz von alleine. Wir verwenden die Tatsache, dass

$$a^x = \left(e^{\ln(a)}\right)^x = e^{x \cdot \ln(a)}.$$

Damit rechnen wir weiter:

$$\lim_{x \to \infty} \left(x^2\right)^{\frac{1}{\ln(x^2)}} = \lim_{x \to \infty} \left(e^{2 \cdot \ln(x)}\right)^{\frac{1}{2 \cdot \ln(x)}} = \lim_{x \to \infty} e = e.$$

(e) Hier verwenden wir die dritte Binomische Formel.

$$\lim_{x \to \infty} \left(\sqrt{x^2 - x} - \sqrt{x^2 + x}\right) = \lim_{x \to \infty} \left(\sqrt{x^2 - x} - \sqrt{x^2 + x}\right) \cdot \frac{\left(\sqrt{x^2 - x} + \sqrt{x^2 + x}\right)}{\left(\sqrt{x^2 - x} + \sqrt{x^2 + x}\right)}$$

$$= \lim_{x \to \infty} \left(\frac{x^2 - x - (x^2 + x)}{\sqrt{x^2 - x} + \sqrt{x^2 + x}}\right) = \lim_{x \to \infty} \left(\frac{-2x}{x \cdot \sqrt{1 - \frac{1}{x}} + x \cdot \sqrt{1 + \frac{1}{x}}}\right)$$

$$= \lim_{x \to \infty} \left(\frac{-2}{\sqrt{1 - \frac{1}{x}} + \sqrt{1 + \frac{1}{x}}}\right) = \frac{-2}{\lim_{x \to \infty} \sqrt{1 - \frac{1}{x}} + \lim_{x \to \infty} \sqrt{1 + \frac{1}{x}}}$$

$$= \frac{-2}{1 + 1} = -\frac{2}{2} = -1.$$

(f) Hier funktioniert auch die Argumentation, dass der ln langsamer wächst als alle anderen Funktionen. Daher ist $\lim_{x \to \infty} \frac{\ln(x)}{x} = 0$. Daraus ergibt sich sofort $e^0 = 1$ als der gesuchte Grenzwert.

K Zu Kapitel XII: Die Ableitung der Umkehrfunktion

K.1 Aufgaben zu Kapitel XII.1

Aufgabe:
Gegeben ist die reelle Funktion f mit $f(x) = |2x - 3| + m^2 x - b$. Das in Abbildung K.1.1 dargestellte Schaubild gehört zu bestimmten Werten $m, b \in \mathbb{R}$.

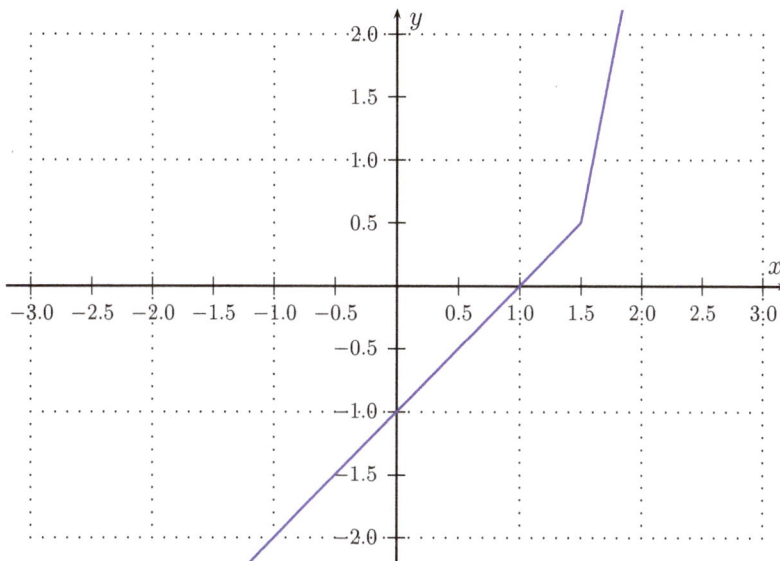

Abbildung K.1.1: Das Schaubild einer der Betragsfunktionen der Funktionsschar.

(a) Bestimmen Sie aus dem Schaubild die Werte für m und b.

(b) Zeichnen Sie die Umkehrrelation f^{-1} der in Abbildung K.1.1 gezeigten Funktion.

(c) Für welche m und b ist die Umkehrrelation f^{-1} ebenfalls eine Funktion? Geben Sie die Umkehrfunktionen in Abhängigkeit von m und b an.

(d) Kann die Funktion f für irgendein $m > 0$ differenzierbar sein? Begründen Sie Ihre Antwort.

K.2 Aufgaben zu Kapitel XII.2.1

Aufgabe:
Bestimmen Sie die Gleichung der Ableitungsfunktion y' aus $\sqrt{x^2 + y^2} = r$ mit $r \in \mathbb{R}^+$.
Tun Sie dies auf zweierlei Arten:

1. Indem Sie implizit differenzieren.

2. Indem Sie explizit $y(x)$ aufstellen und ableiten.

K.3 Aufgaben zu Kapitel XII.2.2

Aufgabe 1:
Berechnen Sie die Ableitungen von $\arccos(x)$ und $\arctan(x)$ wie in den gezeigten Beispielen.

Aufgabe 2:
Bestimmen Sie die Gleichungen der Ableitungsfunktionen.

(a) $f(x) = \arccos(ax + b)$

(b) $g(x) = \arctan(x^2)$

(c) $h(x) = \arcsin(\ln(x))$

(d) $i(x) = \ln(e^x + x^2)$

(e) $j(x) = \arcsin(\sqrt{x} - x)$

(f) $k(x) = \arctan(tx + t)$

(g) $l(x) = \arccos(\frac{1}{x})$

! **Elektronische Verwirrungen**

Auf den meisten Taschenrechnern werden die Arkusfunktionen mit hoch -1 notiert, d.h. z.B. $\arcsin = \sin^{-1}$. Die negative Hochzahl ist hier also nicht in dem Sinne gemeint, dass man den Kehrwert des Sinus nimmt. Kehrwert und Umkehrfunktion müssen strikt getrennt werden, auch wenn die Taschenrechnerbeschriftung das nicht so macht.

K.4 Ergebnisse zu Kapitel XII

K.4.1 Ergebnisse zu Kapitel XII.1

Aufgabe:

(a) $m = \pm\sqrt{3}$, $b = 4$

(b) Siehe Abbildung K.4.1

(c) b kann beliebig sein, für $-\sqrt{2} \leq m \leq \sqrt{2}$ ist f^{-1} keine Funktion, ansonsten gilt:

$$f^{-1}(x) = \begin{cases} \frac{x+b-3}{m^2-2} & \text{für } x < 1{,}5m^2 - b \\ \frac{x+b+3}{m^2+2} & \text{für } x \geq 1{,}5m^2 - b \end{cases}$$

wobei $|m| > \sqrt{2}$ und b beliebig.

(d) f kann nicht differenzierbar sein, da $m^2 + 2 = m^2 - 2$ nie erfüllt werden kann.

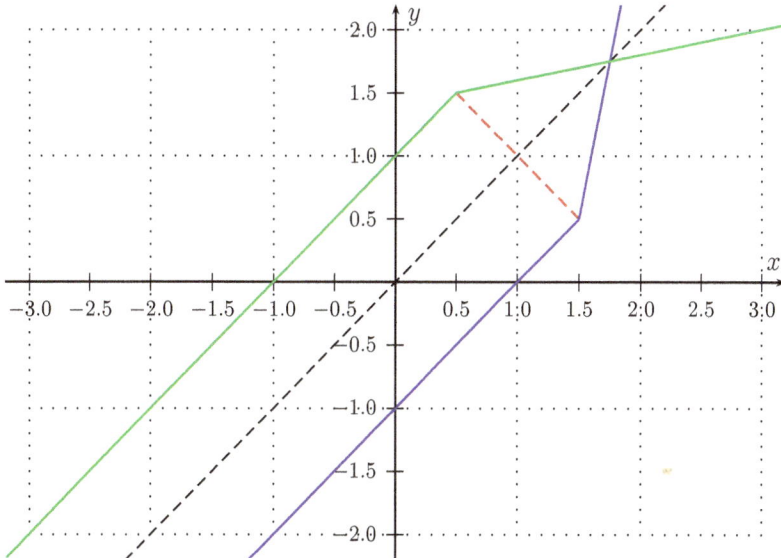

Abbildung K.4.1: Skizze zur Aufgabenteil (b) inklusive der ersten Winkelhalbierenden und der angedeuteten Spiegelung eines Punktes (rot).

K.4.2 Ergebnisse zu Kapitel XII.2.1

Aufgabe:
In beiden Fällen ist $y' = -\frac{x}{\sqrt{r^2-x^2}}$.

K.4.3 Ergebnisse zu Kapitel XII.2.2

Aufgabe 1:

$\arccos'(x) = -\frac{1}{\sqrt{1-x^2}}$ und $\arctan'(x) = \frac{1}{1+x^2}$.

Aufgabe 2:

(a) $f'(x) = -\dfrac{a}{\sqrt{1-(ax+b)^2}}$

(b) $g'(x) = \dfrac{2x}{x^4+1}$

(c) $h'(x) = \dfrac{1}{x \cdot \sqrt{1-(\ln x)^2}}$

(d) $i'(x) = \dfrac{2x+e^x}{x^2+e^x}$

(e) $j'(x) = \dfrac{-2\sqrt{x}+1}{2 \cdot \sqrt{x}\sqrt{-x^2+2 \cdot x^{\frac{3}{2}}-x+1}}$

(f) $k'(x) = \dfrac{t}{1+(tx+t)^2}$

(g) $l'(x) = \dfrac{\left|\frac{1}{x}\right|}{\sqrt{x^2-1}}$

K.5 Lösungswege zu Kapitel XII

K.5.1 Lösungswege zu Kapitel XII.1

Aufgabe – Lösungsweg:

(a) Setzen wir in die Funktionsgleichung den Schnittpunkt mit der y-Achse $S_y(0/-1)$ ein, so erhalten wir den Wert für b:

$$|2 \cdot 0 - 3| + m \cdot 0^2 - b = -1 \qquad |\text{ausrechnen}$$
$$|-3| - b = -1 \qquad |-3, \text{ da } |-3| = 3$$
$$-b = -4, \text{ also } b = 4$$

Für die Steigung setzen wir z.B. den Punkt $S_x(1/0)$ ein. Es ist:

$$|2 \cdot 1 - 3| + m^2 \cdot 1 - 4 = 0$$
$$|-1| + m^2 - 4 = 0$$
$$1 + m^2 - 4 = 0 \qquad |+3, \text{ denn } -4+1=-3$$
$$m^2 = 3, \text{ also } m = \pm\sqrt{3}$$

Damit haben wir die vollständige Funktionsgleichung aus dem Schaubild ermittelt:

$$f(x) = |2x - 3| + 3x - 4.$$

(b) Wir spiegeln das Schaubild an der ersten Winkelhalbierenden und erhalten dadurch das Schaubild der Umkehrfunktion (Abbildung K.5.1).

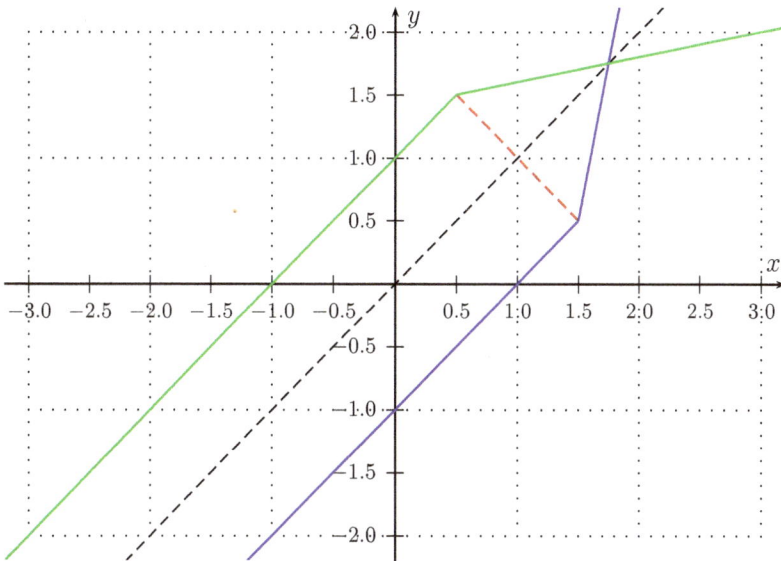

Abbildung K.5.1: Skizze zur Aufgabenteil (b) inklusive der ersten Winkelhalbierenden und der angedeuteten Spiegelung eines Punktes (rot).

(c) b verschiebt das Schaubild nur in y-Richtung, wodurch f aber immer eine Funktion bleibt, wenn sie bereits eine Funktion ist bzw. keine Funktion bleibt, wenn sie bereits keine Funktion ist.

Die Funktion muss ansonsten streng monoton wachsend sein, nämlich dann ist sie injektiv (sogar bijektiv) und daher invertierbar. Die Steigungen bei unserer Funktion sind, abhängig vom betrachteten Intervall (d.h. $x < 1{,}5$ oder $x \geq 1{,}5$)

$$m_1 = m^2 - 2 > 0 \text{ und } m_2 = m^2 + 2 > 0.$$

Dass das Ganze größer als 0 ist fordern wir deswegen, weil in beiden Bereichen das gleiche Vorzeichen für die Steigung stehen muss. $m_2 = m^2 + 2$ kann aber nur positiv sein, deswegen muss es auch $m_1 = m^2 - 2$ sein. Und da haben wir auch schon unsere Kandidaten:

Ist m_1 negativ, dann kann es keine Umkehrfunktion geben, weil die vorliegende Funktion nicht injektiv oder sogar bijektiv ist. Folgerichtig gilt:

$$f^{-1} \text{ ist keine Funktion für } -\sqrt{2} < m < \sqrt{2}.$$

Um die Umkehrfunktion anzugeben, schreiben wir f als abschnittsweise definierte Funktion. Dabei haben wir schon passend zusammengefasst:

$$f(x) = \begin{cases} (m^2 - 2) \cdot x - b + 3 & \text{für } x < 1{,}5 \\ (m^2 + 2) \cdot x - b - 3 & \text{für } x \geq 1{,}5 \end{cases}$$

Die dazugehörigen Wertebereiche sind $W_1 = (-\infty; 1{,}5m^2 - b)$ und $W_2 = [1{,}5m^2 - b; \infty)$, wobei wir die kritische Stelle $x = 1{,}5$ dem rechten Bereich zugeordnet haben (0 mit positivem Vorzeichen). Nun können wir beide Teile nach y auflösen:

- Linkes Intervall:

$$\begin{aligned} y &= (m^2 - 2) \cdot x - b + 3 & &| -3 + b \\ y - 3 + b &= (m^2 - 2) \cdot x & &| : (m^2 - 2) \\ \frac{y - 3 + b}{m^2 - 2} &= x & & \end{aligned}$$

- Rechtes Intervall:

$$\begin{aligned} y &= (m^2 + 2) \cdot x - b - 3 & &| +3 + b \\ y + 3 + b &= (m^2 + 2) \cdot x & &| : (m^2 + 2) \\ \frac{y + 3 + b}{m^2 + 2} &= x & & \end{aligned}$$

Benennen wir x in y um und umgekehrt, so ergibt sich:

$$f^{-1}(x) = \begin{cases} \frac{x+b-3}{m^2-2} & \text{für } x < 1{,}5m^2 - b \\ \frac{x+b+3}{m^2+2} & \text{für } x \geq 1{,}5m^2 - b \end{cases}$$

Hierbei muss $|m| > \sqrt{2}$ sein und b ist beliebig wählbar (wie berechnet bzw. argumentiert).

(d) Damit eine differenzierbare Funktion vorliegt, müssen die Steigungen in der kritischen Stelle übereinstimmen. Bereits in Teil (c) haben wir $m_1 = m^2 - 2$ und $m_2 = m^2 + 2$ identifiziert. Wir fordern also, dass $m_1 = m_2$ sein muss. Damit erhalten wir:

$$m_1 = m_2, \text{ also } m^2 - 2 = m^2 + 2 \text{ und daher } -2 = 2.$$

Also gibt es kein m, sodass m_1 und m_2 gleich sind, und keine der Funktionen ist daher differenzierbar.

K.5.2 Lösungswege zu Kapitel XII.2.1

Aufgabe – Lösungsweg:

1. Wir leiten beide Seiten nach x ab. Da r eine Konstante ist, verschwindet sie bei dieser Aktion:

$$\frac{1}{2\sqrt{x^2 + y^2}} \cdot (2x + 2y \cdot y') = 0 \Rightarrow x + yy' = 0, \text{ also } y = -\frac{x}{y} = -\frac{x}{\sqrt{r^2 - x^2}}$$

Im letzten Schritt wurde der nach y freigestellte Ausdruck eingesetzt.

2. Es ist $y = \sqrt{r^2 - x^2}$. Mit der Kettenregel folgt

$$y' = \frac{1}{2\sqrt{r^2 - x^2}} \cdot (-2x) = -\frac{x}{\sqrt{r^2 - x^2}}.$$

K.5.3 Lösungswege zu Kapitel XII.2.2

Aufgabe 1 – Lösungsweg:
Die Vorgehensweise ist die gleiche wie in *MiS*, Kapitel XII.2.2.

- Ableitung von $\arccos(x)$:

$$\arccos'(x) = \frac{1}{\cos'(\arccos(x))} = \frac{1}{-\sin(\arccos(x))}$$

Wir verwenden $\sin^2 x + \cos^2 x = 1$, also $\sin x = \sqrt{1 - \cos^2 x}$.

$$\arccos'(x) = \frac{1}{-\sin(\arccos(x))} = \frac{1}{-\sqrt{1 - \cos^2(\arccos(x))}} = -\frac{1}{\sqrt{1 - x^2}}$$

- Ableitung von $\arctan(x)$:
  Wir nutzen hier aus, dass $\tan' x = \frac{1}{\cos^2 x} = \tan^2 x + 1$ ist.

$$\arctan'(x) = \frac{1}{\tan'(\arctan(x))} = \frac{1}{1 + \tan^2(\arctan(x))} = \frac{1}{1 + x^2}$$

Aufgabe 2 – Lösungsweg:
Wir wenden hier alle bereits bekannten Ableitungen an plus die bekannten Ableitungsregeln, wobei sich hier eigentlich alles nur um die Kettenregel dreht.

(a) Mit der Kettenregel erhalten wir:

$$f'(x) = -\frac{1}{\sqrt{1 - (ax + b)^2}} \cdot a = -\frac{a}{\sqrt{1 - (ax + b)^2}}$$

(b) Wieder kommt die Kettenregel zum Einsatz:

$$g'(x) = \frac{1}{1 + (x^2)^2} \cdot 2x = \frac{2x}{x^4 + 1}$$

(c) Wer hätte es gedacht, aber wieder hilft uns die Kettenregel:

$$h'(x) = \frac{1}{\sqrt{1 - (\ln(x))^2}} \cdot \frac{1}{x} = \frac{1}{x \cdot \sqrt{1 - (\ln(x))^2}}$$

(d) Wir rechnen:

$$i'(x) = \frac{1}{e^x + x^2} \cdot (e^x + 2x) = \frac{2x + e^x}{x^2 + e^x}$$

(e) Es ergibt sich:

$$j'(x) = \frac{1}{\sqrt{1 - (\sqrt{x} - x)^2}} \cdot \left(\frac{1}{2\sqrt{x}} - 1 \right)$$

$$= \frac{1}{2\sqrt{x} \cdot \sqrt{1 - x^2 + 2x^{\frac{3}{2}} - x}} - \frac{\overbrace{2\sqrt{x}}^{\text{ergänzt}}}{\underbrace{2\sqrt{x}}_{\text{ergänzt}} \cdot \sqrt{1 - x^2 + 2x^{\frac{3}{2}} - x}}$$

$$= \frac{-2\sqrt{x} + 1}{2\sqrt{x} \cdot \sqrt{-x^2 + 2 \cdot x^{\frac{3}{2}} - x + 1}}$$

Anmerkung: Es ist $2x \cdot \sqrt{x} = 2x^1 \cdot x^{\frac{1}{2}} = 2x^{\frac{3}{2}}$.

(f) Als Ableitungsfunktion erhalten wir:

$$k'(x) = \frac{1}{1 + (tx + t)^2} \cdot t = \frac{t}{1 + (tx + t)^2}$$

(g) Wir erhalten:

$$l'(x) = -\frac{1}{\sqrt{1 - \left(\frac{1}{x}\right)^2}} \cdot \left(-\frac{1}{x^2} \right) = \frac{1}{\sqrt{\frac{1}{x^2} \cdot (x^2 - 1)}} \cdot \frac{1}{x^2}$$

$$= \frac{1}{\left| \frac{1}{x} \right| \cdot \sqrt{x^2 - 1}} \cdot \frac{1}{x^2} = \frac{\left| \frac{1}{x} \right|}{\sqrt{x^2 - 1}}$$

L Zu Kapitel XIII: Integralrechnung

L.1 Aufgaben zu Kapitel XIII.1

Aufgabe:
Führen Sie die gleichen Arbeitsanweisungen durch wie in der Beispielaufgabe in Kapitel XIII.1.1 in *MiS*, und zwar für die Funktion f mit

$$f(x) = x^2 + x.$$

Die Fläche ist von $x = 0$ bis $x = 5$ zu berechnen und die Zerlegung soll in jeweils $n = 10$ Rechtecke erfolgen. Die für die Grenzwertbildung benötigten Formeln der entstehenden Reihen finden Sie in Kapitel VI von *MiS*.

L.2 Aufgaben zu Kapitel XIII.3.1

Aufgabe:
Testen sie ihre Fertigkeiten im Umgang mit der linearen Substitution, indem Sie die Stammfunktionen für die Sinus-, Kosinus- und die e-Funktion hiermit berechnen.

L.3 Aufgaben zu Kapitel XIII.3.3

Aufgabe 1:
Mit dem Wissen aus Abschnitt XIII.3.3 von *MiS* können wir die bereits bekannten Formeln für das natürliche Wachstum, das beschränkte und das logistische Wachstum herleiten. Es ist:

- **Natürliches Wachstum:** $f'(t) = k \cdot f(t)$, also $\frac{f'(t)}{f(t)} = k$. Die rechte Seite integriert, ergibt $kt + c$ mit $c \in \mathbb{R}$.

- **Beschränktes Wachstum:** $f'(t) = k \cdot (S - f(t))$, also $\frac{f'(t)}{S-f(t)} = -\frac{-f'(t)}{S-f(t))} = k$. Die rechte Seite integriert, ergibt $kt + c$ mit $c \in \mathbb{R}$.

- **Logistisches Wachstum:** $f'(t) = k \cdot f(t) \cdot (S - f(t))$, also $\frac{f'(t)}{f(t) \cdot (S-f(t))} = k$. Das lässt sich in $\frac{f'(t)}{S \cdot (S-f(t))} + \frac{f'(t)}{S \cdot f(t)} = k$ zerlegen. Hier kann nun die eben gelernte Technik angewendet werden. Berechnen wir am Ende $a := f(0)$ und bauen diesen Wert als Konstante in die Formel ein, dann erhalten wir den aus Unterkapitel XI.3.4 in *MiS* bekannten Ausdruck. Die rechte Seite integriert, ergibt $kt + c$ mit $c \in \mathbb{R}$.

In den ersten beiden Fällen ist $a := e^c$ zu setzen. Leiten Sie nun die Formeln her.

Aufgabe 2:
Ermitteln Sie die Stammfunktionen zu den jeweils gegebenen Funktionen. Die Laufvariable ist immer x, die Konstanten seien passend gewählt.

(a) $a(x) = b \cdot e^{ax}$

(b) $b(x) = \frac{3x^2}{x^3+1}$

(c) $c(x) = \sqrt{x}$

(d) $d(x) = e^{2x} + x^2 + 1$

(e) $e(x) = \sin(3x) + \cos 2x + x$

(f) $f(x) = \tan(x)$

(g) $g(x) = mx^n + nx^m - c$ mit $m, n \in \mathbb{N}_{>0}$

(h) $h(x) = a \cdot \sin(mx + c) - \cos(2x)$

(i) $i(x) = \frac{1}{x} - k$

(j) $j(x) = \frac{2x-1}{x^2-x+7}$

(k) $k(x) = ae^{2x+3} - x^2$

(l) $l(x) = (mx + 3)^5$

(m) $m(x) = \sin(x) \cdot x^2$

(n) $n(x) = e^x \cdot \sin(x)$

(o) $o(x) = \sin^2(x) + \cos^2(x)$

(p) $p(x) = \frac{1}{\sqrt{x}} + x$

Aufgabe 3:
Berechnen Sie den Inhalt der Fläche, die das Schaubild der Funktion f mit $f(x) = x \cdot e^x$ mit der x-Achse in den Grenzen von $x = 0$ bis $x = \ln(5)$ einschließt (*Tipp:* Produktintegration).

L.4 Aufgaben zu Kapitel XIII.4

Aufgabe 1:
Herr Bluff besitzt ein größeres Grundstück am Meer. Es wird von steilen Felswänden begrenzt und hat aus der Luft gesehen die in Abbildung L.4.1 gezeigte Form.

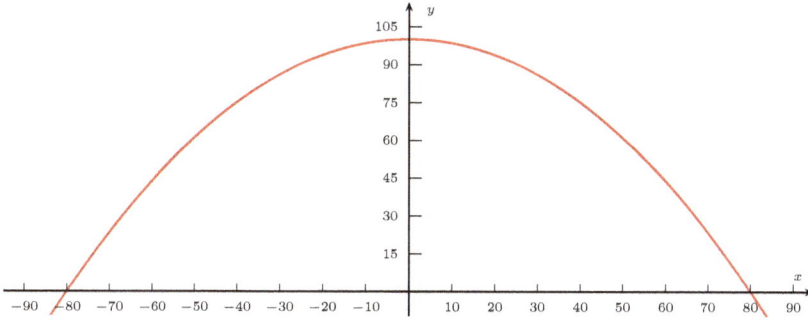

Abbildung L.4.1: Grundstücksform aus der Luft.

Die Grundstücksform lässt sich aus dieser Perspektive näherungsweise durch eine Parabel beschreiben. Die Breite beträgt maximal 160 Meter und die Länge 100 Meter (siehe Abbildung L.4.1).

(a) Wie groß ist die Grundstücksfläche in Quadratmetern?

Nun möchte Herr Bluff sein Grundstück einzäunen. Dazu wählt er fünf Eckpunkte aus (siehe Abbildung L.4.2).

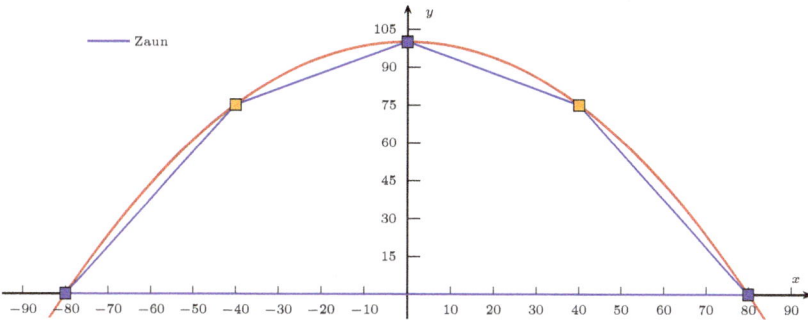

Abbildung L.4.2: Grundstück mit Zaun.

Für die drei dunklen Pfeiler hat er dabei schon feste Standpunkte gewählt, die der Abbildung zu entnehmen sind bzw. sich aus den obigen Angaben ergeben. Die beiden hellen Pfeiler will er nun so setzen, dass eine möglichst große Fläche seines Grundstücks eingezäunt ist.

(b) Wie viele Meter Zaun benötigt er hierbei zur Einzäunung seines Grundstücks (einmal rundherum)?

(c) Wie viel Prozent der Grundfläche seines Grundstücks verschenkt er bei der gewählten Einzäunungsmethode?

Aufgabe 2:

Der Graph einer Funktion f dritten Grades hat im Ursprung die Steigung 8 und berührt die x-Achse an der Stelle $x = 2$. Eine Ursprungsgerade mit der Steigung $m > 0$ schneide den Funktionsgraphen an insgesamt drei Stellen x_1, x_2, x_3 mit $x_1 < x_2 \leq x_3$. Dabei begrenzen die beiden Graphen miteinander zwei Flächen (siehe Abbildung L.4.3).

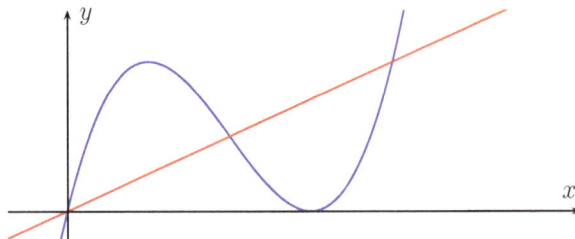

Abbildung L.4.3: Skizze der beteiligten Graphen.

Wie ist m zu wählen, wenn die beiden durch die Funktionsgraphen eingeschlossenen Flächen den gleichen Flächeninhalt haben sollen? Zeigen Sie, dass dann $f''(x_2) = 0$ gilt (*Anmerkung:* Die Gerade verläuft damit durch den Wendepunkt des Graphen von f).

> ### ! Orientierter Flächeninhalt praktisch angewandt
>
> Ist der orientierte Flächeninhalt gleich 0 und gibt es eine Fläche über und eine unter der x-Achse, so sind diese betragsmäßig gleich groß. Generell gilt, dass wenn der orientierte Flächeninhalt 0 ist, dass dann die Flächen unter der x-Achse zusammen betragsmäßig so groß sind wie alle zusammen oberhalb der x-Achse.

Aufgabe 3:

Die Wachstumsgeschwindigkeit einer speziellen Gummibaumart im Gewächshaus wird beschrieben durch die Funktion

$$w_{\text{sG}}(t) = a \cdot t \cdot e^{2-t}, \text{ mit } a \in \mathbb{R}^+ \text{ und } t \in \mathbb{R}_0^+ \text{ in Monaten.}$$

Die Höhe des ausgewachsenen Bäumchens werde mit H bezeichnet und wird in Metern gemessen.

(a) Wann ist die Wachstumsgeschwindigkeit extremal? Wann ändert sich die Wachstumsgeschwindigkeit am schnellsten?

(b) Stellen Sie eine Formel für den Zusammenhang zwischen a und der maximalen Höhe H auf. Wie groß ist a, wenn der Baum ausgewachsen 3,70 Meter misst? Runden Sie sinnvoll! Der Baum habe zu Beginn die Höhe 0 Meter.

Wir verwenden nun $a = 0,50$ in obiger Formel.

(c) Der Baum gilt als ausgewachsen, wenn sich seine Größe im Verlauf eines Monats um weniger als 0,1 Zentimeter ändert. Wann ist dieser Zeitpunkt erreicht und wie groß ist der Baum dann?

Eine genauere Untersuchung zeigt, dass bei Bäumen dieser (fiktiven) Art, welche im Januar eines Jahres im Gewächshaus gepflanzt werden, die Formel

$$w_{sG2}(t) = 0{,}5 \cdot t \cdot e^{2-t} - 0{,}05 \cos\left(\frac{\pi}{6}t\right), \text{ mit } a \in \mathbb{R}^+ \text{ und } t \in \mathbb{R}_0^+ \text{ in Monaten,}$$

bessere Ergebnisse liefert.

(d) Ein Baum ist nun nach genau drei Jahren ausgewachsen. Wie groß ist er dann? Wie groß ist ein Baum, der durch die erste Formel mit $a = 0{,}5$ beschrieben wird? Wie erklären Sie sich das Vergleichsergebnis und wie lässt sich der Zusatzterm in der zweiten Formel interpretieren? Wie könnte diese Formel aussehen, wenn ein Baum Anfang Juli gepflanzt wird und sonst gleichen Voraussetzungen unterliegt?

Aufgabe 4:
Sie sehen in Abbildung L.4.4 das Geschwindigkeitsprofil des 100m-Sprinters Hans Paulsen.

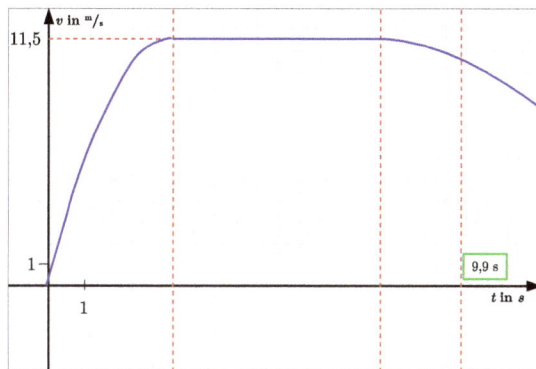

Abbildung L.4.4: Geschwindigkeitsprofil des Sprinters Paulsen.

Dieses lässt sich näherungsweise durch eine Funktion beschreiben, die abschnittsweise definiert ist:

- In den ersten drei Sekunden gleicht das Geschwindigkeitsprofil einer Parabel 2. Ordnung, welche ihren Scheitel bei $S_1(3/11{,}5)$ hat und durch den Ursprung geht.

- Danach kann er seine Geschwindigkeit 5 Sekunden lang annähernd konstant halten.

- Im letzten Abschnitt gleicht sein Geschwindigkeitsprofil wieder einer Parabel 2. Ordnung, welche im Anschlusspunkt an den vorherigen Abschnitt ihren Scheitel hat und

so gestreckt ist, dass Paulsen die Strecke von 100 Metern nach 9,9 Sekunden zurückgelegt hat.

(a) Stellen Sie die Funktion auf, runden Sie sinnvoll (*Anmerkung:* Integrieren Sie eine
    Geschwindigkeitsfunktion, dann erhalten Sie die zurückgelegte Strecke.).

Ist die Geschwindigkeitsfunktion durch $v_P(t)$ gegeben, dann beschreibt deren Ableitung
die Änderung der Geschwindigkeit.

(b) Wie nennt man die dazugehörige Größe, welche Einheit hat sie? Skizzieren Sie das
    dazugehörige Profil.

Das Geschwindigkeitsprofil des Sprinters Gerd Rasmussen wird beschrieben durch die
Funktion

$$v_R(t) = 0{,}25t + 10 \cdot (1 - e^{-t}) \text{ mit } t \in \mathbb{R}.$$

(c) Ist er damit schneller im Ziel als Paulsen?

Noch besser macht es Viggo Titelson. Sein Geschwindigkeitsprofil wird beschrieben durch

$$v_T(t) = 12 \cdot (1 - e^{-t}) + m \cdot t^2, \text{ mit } t \in \mathbb{R}.$$

Er kommt in der Superzeit von 9,69 Sekunden im Ziel an.

(d) Bestimmen Sie damit den Wert von m.

Aufgabe 5:
Gegeben sei eine Parabel mit der Gleichung

$$f(x) = -cx^2 + b,$$

wobei $b, c \in \mathbb{R}^+$. Es sei a der Abstand ihrer Nullstellen und A der Flächeninhalt, den die
Parabel mit der x-Achse einschließt. Zeigen Sie, dass

$$A = \frac{2}{3}ab.$$

L.5 Aufgaben zu Kapitel XIII.5

Aufgabe 1:

Eine Firma stellt verschiedene Vasen her. Ein Modell wird im Profil durch die Funktion f mit

$$f_t(x) = \frac{t}{x} - \frac{x}{t}$$

mit $\frac{t}{3} \leq x \leq \frac{2t}{3}$ und $15 \leq t \leq 75$ beschrieben, wobei t in Zentimetern angegeben wird. Das Modell gibt es in verschiedenen Größen, abhängig davon, welches t eben bei der Herstellung gewählt wird. Die Vase entsteht, wenn die angegebene Funktion um die x-Achse rotiert.

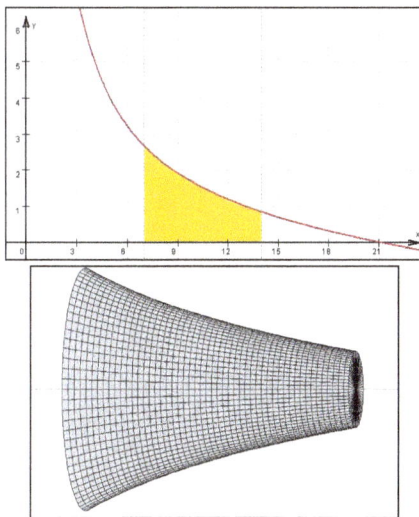

Abbildung L.5.5: Der Graph einer der Funktionen samt Rotationskörper (Vase).

Bestimmen Sie das Volumen in Abhängigkeit von dem Parameter t. Wie entwickeln sich die Volumina mit zunehmendem t, und gibt es eine Vase mit maximalem Volumen?

Aufgabe 2:

Gegeben sei eine Gerade, welche durch die Punkte $P_1(a/r_1)$ und $P_2(b/r_2)$ geht, mit $b > a \geq 0$ und $0 < r_1 \leq r_2$. Wir setzen $b - a = h$ (siehe Abbildung L.5.6).

Zeigen Sie mit Hilfe der Geraden, dass das Volumen eines Kegelstumpfs gegeben ist durch

$$V_{KS} = \frac{\pi h}{3} \cdot \left(r_1^2 + r_2^2 + r_1 r_2 \right)$$

mit den Radien r_1, r_2 (oben und unten) sowie der Höhe h.

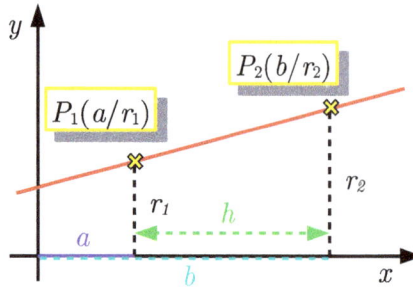

Abbildung L.5.6: Skizze der Geraden durch die angegebenen Punkte.

L.6 Ergebnisse zu Kapitel XIII

L.6.1 Ergebnisse zu Kapitel XIII.1

Aufgabe:
Die exakte Fläche ist $\frac{325}{6} = 54\frac{1}{6}$ FE. Als Untersummenwert erhalten wir $U = 46{,}875$ FE, als Obersummenwert $O = 61{,}875$ FE und der Mittelwert ist $A_M = 54{,}375$ FE.

L.6.2 Ergebnisse zu Kapitel XIII.3.1

Aufgabe:
Die Stammfunktionen können Sie Kapitel XIII.3 in *MiS* entnehmen.

L.6.3 Ergebnisse zu Kapitel XIII.3.3

Aufgabe 1:
Die Wachstumsformeln sind Kapitel XI.3 in *MiS* zu entnehmen.

Aufgabe 2:

(a) $A(x) = \frac{b}{a}e^{ax} + C$

(b) $B(x) = \ln|x^3 + 1| + C$

(c) $C(x) = \frac{2}{3}\sqrt{x^3} + C$

(d) $D(x) = \frac{1}{2}e^{2x} + \frac{1}{3}x^3 + x + C$

(e) $E(x) = -\frac{1}{3}\cos(3x) + \frac{1}{2}\sin(2x) + \frac{1}{2}x^2 + C$

(f) $F(x) = -\ln|\cos(x)| + C$

(g) $G(x) = \frac{m}{n+1}x^{n+1} + \frac{n}{m+1}x^{m+1} - cx + C$

(h) $H(x) = -\frac{a}{m} \cdot \cos(mx + c) - \frac{1}{2}\sin(2x) + C$

(i) $I(x) = \ln|x| - kx + C$

(j) $J(x) = \ln|x^2 - x + 7| + C$

(k) $K(x) = \frac{a}{2}e^{2x+3} - \frac{1}{3}x^3 + C$

(l) $L(x) = \frac{1}{6m} \cdot (mx + 3)^6 + C$

(m) $M(x) = -x^2 \cdot \cos(x) + 2x \cdot \sin(x) + 2 \cdot \cos(x) + C$

(n) $N(x) = \frac{e^x}{2} \cdot (\sin(x) - \cos(x)) + C$

(o) $O(x) = x + C$

(p) $P(x) = 2 \cdot \sqrt{x} + \frac{1}{2}x^2 + C$

Aufgabe 3:
Es ist $\int_0^{\ln 5} x \cdot e^x dx = 5 \cdot \ln 5 - 4 \approx 4{,}047$ FE.

L.6.4 Ergebnisse zu Kapitel XIII.4

Aufgabe 1:

(a) Grundstücksfläche: $10666\frac{2}{3}$ m^2

(b) Zaunlänge: 424,34 m

(c) Er verschenkt 6,25%.

Aufgabe 2:
Die Steigung ist $m = \frac{8}{9}$.

Aufgabe 3:

(a) maximales Wachstum für $t = 1$, schnellste Änderung bei $t = 0$

(b) $H = e^2 a$ und $a = 0{,}50$

(c) $t \approx 10{,}11$ Monate, nach dieser Zeit ist der Baum $W_{sG}(10{,}11) \approx 2{,}693$ Meter hoch

(d) Der Baum ist 3,6945 Meter hoch (bei beiden Funktionen); Zusatzterm beschreibt jahreszeitliche Schwankungen; Anfang Juli gepflanzt: $w_{sG3}(t) = 0{,}5 \cdot t \cdot e^{2-t} + 0{,}05 \cdot \cos\left(\frac{\pi}{6}t\right)$

Aufgabe 4:

(a) Die Funktion lautet:

$$f(t) = \begin{cases} f_1(t) = -1\frac{5}{18} \cdot (t-3)^2 + 11{,}5 & \text{für } 0 \leq t \leq 3, \\ f_2(t) = 11{,}5 & \text{für } 3 < t \leq 8 \\ f_3(t) = -1{,}0278 \cdot (t-8)^2 + 11{,}5 & \text{für } 8 < t \leq 9{,}9 \end{cases}$$

(b) Beschleunigung, Einheit $\frac{m}{s^2}$; Profil in Abbildung L.6.1

(c) $t_{\text{Laufzeit}} = 9{,}80$ Sekunden

(d) $m = -0{,}0141$

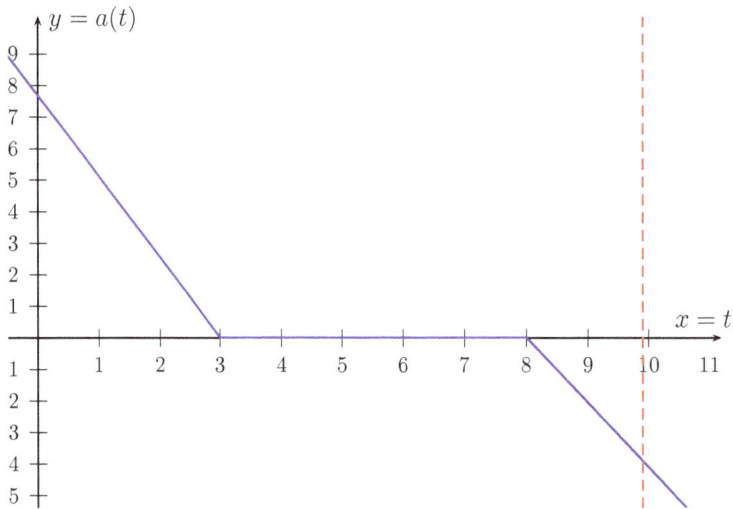

Abbildung L.6.1: Skizze zu Aufgabenteil (b) in Aufgabe 4.

Aufgabe 5:
Nullstellen ermitteln, Integral mit Nullstellen als Grenzen berechnen.

L.6.5 Ergebnisse zu Kapitel XIII.5

Aufgabe 1:
Es ist $V(t) = \frac{149}{162}\pi \cdot t$, maximale Vasengröße für $t = 75$.

Aufgabe 2:
Integral aufstellen und Variablen passend umformen.

L.7 Lösungswege zu Kapitel XIII

L.7.1 Lösungswege zu Kapitel XIII.1

Aufgabe – Lösungsweg:
Wir arbeiten folgendes Programm ab:

  (a) Ober- und Untersumme sowie den Mittelwert berechnen.

  (b) Formulierung der Summen für beliebige n.

  (c) Grenzwertbildung mit nachgeschlagenen Formeln.

Die bereits in *MiS* erfolgten Nachweise der Formeln mittels vollständiger Induktion ersparen wir uns. Formulieren wir die hier vorliegende Aufgabe wie die analoge in Kapitel XIII:

Wir wollen näherungsweise die Fläche berechnen, welche die Funktion f mit

$$f(x) = x^2 + x$$

mit der positiven x-Achse und der Geraden mit der Gleichung $x = 5$ einschließt. Die gesuchte Fläche ist in Abbildung L.7.1 gezeigt.

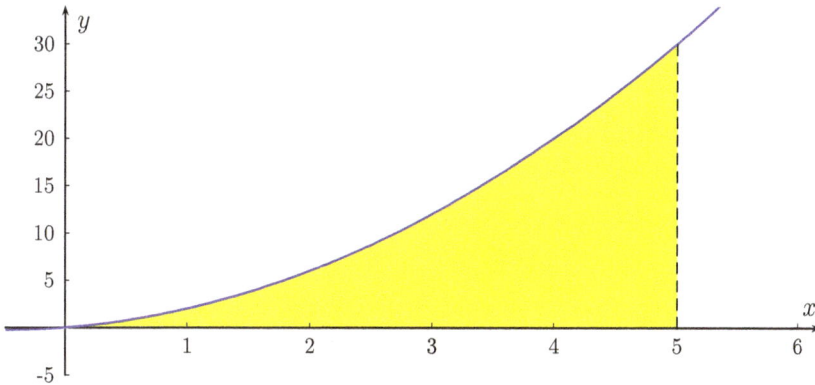

Abbildung L.7.1: Gesuchte Fläche.

Wir wollen diese Fläche im Folgenden zwei Mal durch zehn gleich breite Rechtecke annähern, und zwar auf die in L.7.2 gezeigten Weisen.

  (a) **Ihre Aufgabe lautet:** Berechnen Sie aufgrund der Skizzen in Abbildung L.7.2 die drei oben genannten Näherungswerte für den Flächeninhalt. Wie stark weichen diese in Prozent vom exakten Wert ($54\frac{1}{6}$ Flächeneinheiten (FE)) ab?

Nun unterteilen wir nicht mehr in zehn gleich breite Rechtecke, sondern in n Stück.

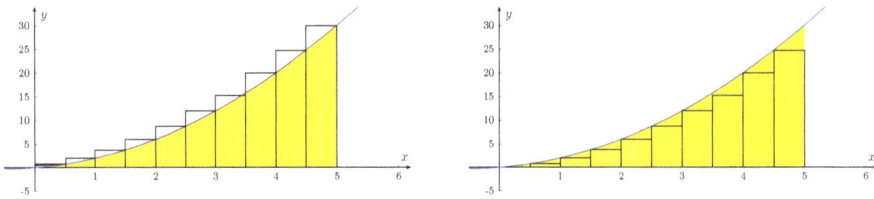

Abbildung L.7.2: Skizzen zu Obersumme (links) und Untersumme (rechts).

(b) Stellen Sie sowohl für die Ober- als auch für die Untersumme eine von n abhängige Formel für die gegebene Funktion auf. Verwenden Sie hierfür das Summenzeichen $\sum$.

(c) Um die Grenzwerte für n gegen ∞ berechnen zu können, benötigen wir die folgenden beiden Formel, welche wir z.B. in Kapitel VI von *MiS* nachschlagen können:

- **Reihe 1:** $1 + 2 + \ldots + k = \frac{k \cdot (k+1)}{2}$ und

- **Reihe 2:** $1^2 + 2^2 + \ldots + k^2 = \frac{k \cdot (k+0,5) \cdot (k+1)}{3}$.

Verwenden Sie den Aufgabenteil (b) und die genannten Formeln in Kombination und bilden Sie die Grenzwerte von Ober- und Untersumme für $n \to \infty$. Vergleichen Sie dieses mit dem Ergebnis der exakten Rechnung ($54\frac{1}{6}$ Flächeneinheiten (FE)).

Machen wir uns an die Bearbeitung der gestellten Aufgabenteile.

(a) Der exakte Wert ist vorgegeben. Wir berechnen zuerst die in Abbildung L.7.2 auf der linken Seite gezeigte Obersumme. Es ist

$$O = [f(0,5) + f(1) + \ldots + f(4,5) + f(5)] \cdot \frac{5}{10}$$
$$= \left[0,5^2 + 0,5 + 1^2 + 1 + \ldots + 4,5^2 + 4,5 + 5^2 + 5\right] = 61,875 \text{ FE}.$$

Analog dazu erhalten wir die Untersumme:

$$U = [f(0) + f(0,5) + \ldots + f(4) + f(4,5)] \cdot \frac{5}{10}$$
$$= \left[0^2 + 0 + 0,5^2 + 0,5 + \ldots + 4^2 + 4 + 4,5^2 + 4,5\right] = 46,875 \text{ FE}.$$

Beide Näherungen sind, wie schon durch Abbildung L.7.2 zu erwarten war, nicht wirklich gut. Ziemlich passend scheint aber das arithmetische Mittel der beiden Werte zu sein. Es ist

$$A_M = \frac{O + U}{2} = \frac{61,875 + 46,875}{2} = 54,375 \text{ FE}.$$

Allerdings ist dieser Wert immer noch leicht daneben. Die Abweichungen vom exakten Wert in Prozent sind:

- **Obersumme:** $\frac{61{,}875 - 54\frac{1}{6}}{54\frac{1}{6}} \cdot 100\% = 14{,}23\%$ zu viel

- **Untersumme:** $\frac{54\frac{1}{6} - 46{,}875}{54\frac{1}{6}} \cdot 100\% = 13{,}46\%$ zu wenig

- **Arithmetisches Mittel:** $\frac{54{,}375 - 54\frac{1}{6}}{54\frac{1}{6}} \cdot 100\% = 0{,}38\%$ zu viel

(b) Zur Formulierung der gesuchten Formeln bietet sich das Summenzeichen $\sum$ für eine kompakte Schreibweise an. Mit der analogen Vorgehensweise wie in Aufgabenteil (a) können wir dann das Folgende notieren:

$$
\begin{aligned}
O(n) &= f\left(\frac{5}{n}\right) \cdot \frac{5}{n} + f\left(2 \cdot \frac{5}{n}\right) \cdot \frac{5}{n} + \ldots + f\left(n \cdot \frac{5}{n}\right) \cdot \frac{5}{n} \\
&= \frac{5}{n} \cdot \left[f\left(\frac{5}{n}\right) + f\left(2 \cdot \frac{5}{n}\right) + \ldots + f\left(n \cdot \frac{5}{n}\right) \right] \\
&= \frac{5}{n} \cdot \left[\left(\frac{5}{n}\right)^2 + \left(\frac{5}{n}\right) + \left(2 \cdot \frac{5}{n}\right)^2 + \left(2 \cdot \frac{5}{n}\right) + \ldots + \left(n \cdot \frac{5}{n}\right)^2 + \left(n \cdot \frac{5}{n}\right) \right] \\
&= \left(\frac{5}{n}\right)^3 \cdot \left[1^2 + 2^2 + \ldots + n^2 \right] + \left(\frac{5}{n}\right)^2 \cdot \left[1 + 2 + \ldots + n \right] \\
&= \left(\frac{5}{n}\right)^3 \cdot \sum_{k=1}^{n} k^2 + \left(\frac{5}{n}\right)^2 \cdot \sum_{k=1}^{n} k.
\end{aligned}
$$

Auf die gleiche Weise ergibt sich

$$
\begin{aligned}
U(n) &= f(0) \cdot \frac{5}{n} + f\left(\frac{5}{n}\right) \cdot \frac{5}{n} + \ldots + f\left((n-1) \cdot \frac{5}{n}\right) \cdot \frac{5}{n} \\
&= \ldots \\
&= \left(\frac{5}{n}\right)^3 \cdot \sum_{k=0}^{n-1} k^2 + \left(\frac{5}{n}\right)^2 \cdot \sum_{k=0}^{n-1} k.
\end{aligned}
$$

(c) Wir kombinieren (b) und die gegebenen Formeln:

$$
\begin{aligned}
O(n) &= \left(\frac{5}{n}\right)^3 \cdot \sum_{k=1}^{n} k^2 + \left(\frac{5}{n}\right)^2 \cdot \sum_{k=1}^{n} k \\
&\underset{\text{Formeln}}{=} \left(\frac{5}{n}\right)^3 \cdot \frac{n(n+0{,}5)(n+1)}{3} + \left(\frac{5}{n}\right)^2 \cdot \frac{n(n+1)}{2}
\end{aligned}
$$

$$
\begin{aligned}
U(n) &= \left(\frac{5}{n}\right)^3 \cdot \sum_{k=0}^{n-1} k^2 + \left(\frac{5}{n}\right)^2 \cdot \sum_{k=0}^{n-1} k \\
&\underset{\text{Formeln}}{=} \left(\frac{5}{n}\right)^3 \cdot \frac{(n-1)(n-0{,}5)n}{3} \\
&\quad + \left(\frac{5}{n}\right)^2 \cdot \frac{(n-1)n}{2}
\end{aligned}
$$

Für die Grenzwertbildung sind nur die Leitkoeffizienten interessant, denn für $n \to \infty$ verschwinden alle Summanden, deren Grad kleiner als 3 (linker Summand) bzw. 2 (rechter Summand) ist, da $\frac{1}{n^i} \to 0$ ($i = 1, 2$ bzw. $i = 1$) für $n \to \infty$. Damit müssen wir nicht die ganzen Klammern ausrechnen und erhalten direkt

$$\lim_{n \to \infty} O(n) = \lim_{n \to \infty} \left(\frac{n^3}{3} \cdot \left(\frac{5}{n} \right)^3 \right) + \underbrace{\lim_{n \to \infty} (\text{Rest I})}_{\to 0}$$

$$+ \lim_{n \to \infty} \left(\frac{n^2}{2} \cdot \left(\frac{5}{n} \right)^2 \right) + \underbrace{\lim_{n \to \infty} (\text{Rest II})}_{\to 0} = 54\tfrac{1}{6} \text{ FE}$$

und

$$\lim_{n \to \infty} U(n) = \lim_{n \to \infty} \left(\frac{n^3}{3} \cdot \left(\frac{5}{n} \right)^3 \right) + \underbrace{\lim_{n \to \infty} (\text{Rest I})}_{\to 0}$$

$$+ \lim_{n \to \infty} \left(\frac{n^2}{2} \cdot \left(\frac{5}{n} \right)^2 \right) + \underbrace{\lim_{n \to \infty} (\text{Rest II})}_{\to 0} = 54\tfrac{1}{6} \text{ FE}$$

Die Grenzwertbildung liefert also in beiden Fällen den exakten Flächeninhalt. Gleiches gilt somit auch für das arithmetische Mittel der Grenzwerte.

L.7.2 Lösungswege zu Kapitel XIII.3.1

Aufgabe – Lösungsweg:
Wir haben in allen drei Fällen das gleiche Schema durchzuführen.

- *Sinus-Funktion:*
  Betrachten wir f mit $f(x) = a \cdot \sin(mx + b)$ mit $m \neq 0$. Wir haben dann

$$\int f(x)\mathrm{d}x = a \cdot \int \sin(mx + b)\mathrm{d}x$$

zu berechnen. Wir setzen jetzt $u(x) := mx + b$ und bilden die Ableitung:

$$u'(x) = \frac{\mathrm{d}u}{\mathrm{d}x} = m \Leftrightarrow \mathrm{d}x = \frac{\mathrm{d}u}{m}$$

Damit können wir auch beim Integral substituieren:

$$\int f(x)\mathrm{d}x = a \cdot \int \sin(mx + b)\mathrm{d}x = \int f(u)\frac{\mathrm{d}u}{m} = \frac{a}{m} \int \sin(u)\mathrm{d}u.$$

Hier wie weiter oben haben wir ausgenutzt, dass multiplikative Konstanten vor das Integral gezogen werden dürfen. Es ist dann

$$\frac{a}{m} \int \sin(u)\mathrm{d}u = -\frac{a}{m} \cdot \cos(u) + \text{const.} = -\frac{a}{m} \cdot \cos(mx + b) + \text{const.}$$

- *Kosinus-Funktion:*
Betrachten wir f mit $f(x) = a \cdot \cos(mx + b)$ mit $m \neq 0$. Wir haben dann

$$\int f(x)\mathrm{d}x = a \cdot \int \cos(mx + b)\mathrm{d}x$$

zu berechnen. Wir setzen jetzt $u(x) := mx + b$ und bilden die Ableitung:

$$u'(x) = \frac{\mathrm{d}u}{\mathrm{d}x} = m \Leftrightarrow \mathrm{d}x = \frac{\mathrm{d}u}{m}$$

Damit können wir auch beim Integral substituieren:

$$\int f(x)\mathrm{d}x = a \cdot \int \cos(mx + b)\mathrm{d}x = \int f(u)\frac{\mathrm{d}u}{m} = \frac{a}{m} \int \cos(u)\mathrm{d}u.$$

Hier wie weiter oben haben wir ausgenutzt, dass multiplikative Konstanten vor das Integral gezogen werden dürfen. Es ist dann

$$\frac{a}{m} \int \cos(u)\mathrm{d}u = \frac{a}{m} \cdot \sin(u) + \text{const.} = \frac{a}{m} \cdot \sin(mx + b) + \text{const.}$$

- *e-Funktion:*
Betrachten wir f mit $f(x) = a \cdot e^{bx+c}$ mit $m \neq 0$. Wir haben dann

$$\int f(x)\mathrm{d}x = a \cdot \int e^{bx+c}\mathrm{d}x$$

zu berechnen. Wir setzen jetzt $u(x) := bx + c$ und bilden die Ableitung:

$$u'(x) = \frac{\mathrm{d}u}{\mathrm{d}x} = b \Leftrightarrow \mathrm{d}x = \frac{\mathrm{d}u}{b}$$

Damit können wir auch beim Integral substituieren:

$$\int f(x)\mathrm{d}x = a \cdot \int e^{bx+c}\mathrm{d}x = \int f(u)\frac{\mathrm{d}u}{b} = \frac{a}{b} \int e^u\mathrm{d}u.$$

Hier wie weiter oben haben wir ausgenutzt, dass multiplikative Konstanten vor das Integral gezogen werden dürfen. Es ist dann

$$\frac{a}{b} \int e^u\mathrm{d}u = \frac{a}{b} \cdot e^u + \text{const.} = \frac{a}{b} \cdot e^{bx+c} + \text{const.}$$

L.7.3 Lösungswege zu Kapitel XIII.3.3

Aufgabe 1 – Lösungsweg:

- *Natürliches Wachstum:*
  Nehmen wir die Umformungen der Aufgabenstellung und wenden die logarithmische Integration an, so erhalten wir:

$$\int \frac{f'(t)}{f(t)}\mathrm{d}t = \int k\mathrm{d}t$$

$$\ln\left(|f(t)|\right) = kt + c \qquad\qquad \text{entlogarithmieren, d.h. } e^{\ln x} = x$$

$$|f(t)| = e^{kt+c} = e^c \cdot e^{kt}$$

Die Betragsstriche können wir wegen der stets positiven e-Funktion weglassen und $e^c = a$ taufen, wobei a dann alle reellen Werte annehmen darf. Wir erhalten:

$$f(t) = a \cdot e^{kt}.$$

- *Beschränktes Wachstum:*
  Wieder verwenden wir die Umformungen aus der Aufgabenstellung. Durch diese ist auch hier die logarithmische Integration durchführbar. Das eine Minuszeichen ziehen wir gleich vor das Integral bzw. schaffen es auf die andere Seite:

$$\int \frac{-f'(t)}{S - f(t))}\mathrm{d}t = \int (-k)\mathrm{d}t$$

$$\ln\left(|S - f(t)|\right) = -kt + c \qquad\qquad |\text{entlogarithmieren}$$

$$|S - f(t)| = e^{-kt+c}$$

Wieder setzen wir $a = e^c$ und vernachlässigen das Betragszeichen zugunsten der Vorzeichen der entsprechenden Parameter. Es ist dann, wenn man S nach rechts bringt

$$f(t) = S - a \cdot e^{-kt}.$$

- *Logistisches Wachstum:*
  Ziehen wir die multiplikativen Konstanten der gegebenen Umformung vor das Integral, funktioniert wieder die logarithmische Integration. Die Betragszeichen lassen wir gleich weg. Das ist zwar mathematisch etwas unsauber, aber durch eine nach-

folgende Diskussion ließe sich das Vorgehen rechtfertigen (Die Diskussion lassen wir aber weg, weil es sowieso keiner liest und das Buch auch so schon dick genug ist).

$$\int \left(\frac{f'(t)}{S \cdot (S - f(t))} + \frac{f'(t)}{S \cdot f(t)} \right) dt = \int k \, dt$$

$$-\frac{1}{S} \int \frac{-f'(t)}{(S - f(t))} dt + \frac{1}{S} \int \frac{f'(t)}{f(t)} dt = \int k \, dt \qquad | \cdot (-S) \text{ und integrieren}$$

$$\ln(S - f(t)) - \ln(f(t)) = -kSt + c \qquad |\text{Logarithmengesetze}$$

$$\ln \left(\frac{S - f(t)}{f(t)} \right) = -kSt + c \qquad |\text{entlogarithmieren}$$

$$\frac{S - f(t)}{f(t)} = e^{-kSt+c} \qquad | \cdot f(t) \text{ und } + f(t)$$

$$S = f(t) \cdot e^{-kSt+c} + f(t) \qquad |\text{ausklammern}$$

$$S = f(t) \cdot \left(1 + e^{-kSt+c}\right) \qquad | : \left(1 + e^{-kSt+c}\right)$$

$$f(t) = \frac{S}{1 + e^{-kSt+c}}$$

Eigentlich sind wir jetzt schon fertig, wir wollen das Ergebnis nur noch mit dem Anfangswert verknüpfen. Dieser ist $f(0) = \frac{S}{1+e^c} =: a$ mit der gefundenen Formel. Das wollen wir nun einbauen und lösen dazu nach dem noch störenden e^c auf:

$$a = \frac{S}{1 + e^c} \qquad |\text{Kehrwert}$$

$$\frac{1}{a} = \frac{1 + e^c}{S} \qquad | \cdot S, \text{ dann } - 1$$

$$\frac{S}{a} - 1 = e^c \qquad |\text{alles auf einen Nenner bringen}$$

$$\frac{S - a}{a} = e^c$$

Den gefundenen Term setzen wir in unsere Wachstumsformel ein, nachdem wir diese mit Hilfe des 1. Potenzgesetzes umgeformt haben ($e^{-kSt+c} = e^{-kSt} \cdot e^c$):

$$f(t) = \frac{S}{1 + e^{-kSt} \cdot \underbrace{\frac{S - a}{a}}_{=e^c}}$$

$$= \frac{S}{\frac{1}{a} \cdot (a + (S - a) \cdot e^{-kSt})} = \frac{a \cdot S}{a + (S - a) \cdot e^{-kSt}}.$$

Damit haben wir unsere bekannte Wachstumsfunktion für das logistische Wachstum gefunden:

$$f(t) = \frac{a \cdot S}{a + (S - a) \cdot e^{-kSt}}.$$

Aufgabe 2 – Lösungsweg:

(a) Es ist $a(x) = b \cdot e^{ax}$ und damit

$$A(x) = \frac{b}{a} e^{ax} + \text{const.}$$

(b) Es ist $b(x) = \frac{3x^2}{x^3+1}$, also steht oben die Ableitung von unten und damit können wir wie folgt rechnen:

$$B(x) = \ln\left|x^3 + 1\right| + \text{const.}$$

(c) Wir schreiben $c(x) = \sqrt{x} = x^{\frac{1}{2}}$. Also

$$C(x) = \frac{1}{\frac{3}{2}} \cdot x^{\frac{3}{2}} + \text{const.} = \frac{2}{3}\sqrt{x^3} + \text{const.}$$

(d) Wir kombinieren ein paar der Regeln und berechnen für $d(x) = e^{2x} + x^2 + 1$ die Funktion

$$D(x) = \frac{1}{2} e^{2x} + \frac{1}{3} x^3 + x + \text{const.}$$

(e) Mit den Regeln für die trigonometrischen Funktionen folgt:

$$E(x) = -\frac{1}{3}\cos(3x) + \frac{1}{2}\sin(2x) + \frac{1}{2}x^2 + \text{const.}$$

(f) Wir verwenden $\tan x = \frac{\sin x}{\cos x}$ und erhalten mit der Regel für „Bruchfunktionen"

$$F(x) = \int \tan(x)\mathrm{d}x = \int \frac{\sin(x)}{\cos(x)}\mathrm{d}x = -\int \frac{-\sin(x)}{\cos(x)}\mathrm{d}x = -\int \frac{f'(x)}{f(x)}\mathrm{d}x$$
$$= -\ln\left|\cos(x)\right| + \text{const.}$$

Die folgenden Stammfunktionen basieren alle recht offensichtlich auf den behandelten und in *MiS* angegebenen Stammfunktionen, sodass wir die Lösungen kurz halten. Wo es schwieriger ist, haben wir die verwendeten Techniken näher erläutert.

(g) $g(x) = mx^n + nx^m - c \rightarrow G(x) = \frac{m}{n+1}x^{n+1} + \frac{n}{m+1}x^{m+1} - cx + \text{const.}$

(h) $h(x) = a \cdot \sin(mx + c) - \cos(2x) \rightarrow H(x) = -\frac{a}{m}\cos(mx + c) - \frac{1}{2}\sin(2x) + \text{const.}$

(i) $i(x) = \frac{1}{x} - k \rightarrow I(x) = \ln|x| - kx + \text{const.}$

(j) $j(x) = \frac{2x-1}{x^2-x+7} \rightarrow J(x) = \ln|x^2 - x + 7| + \text{const.}$ mit logarithmischer Integration.

(k) $k(x) = ae^{2x+3} - x^2 \rightarrow K(x) = \frac{a}{2}e^{2x+3} - \frac{1}{3}x^3 + \text{const.}$ mit linearer Substitution.

(1) $l(x) = (mx + 3)^5 \rightarrow L(x) = \frac{1}{6m} \cdot (mx + 3)^6 +$ const. mit linearer Substitution.

(m) $m(x) = \sin(x) \cdot x^2$.

Die doppelte Produktintegration liefert

$$\int \left(\sin(x) \cdot x^2 \right) dx = \left[-x^2 \cos(x) \right] + 2 \int \left(x \cos(x) \right) dx$$
$$= \left[-x^2 \cos(x) \right] + [2x \sin(x)] - 2 \cdot \int \sin(x) dx$$
$$= -x^2 \cos(x) + 2x \sin(x) + 2 \cos(x) + \text{const.} = M(x)$$

(n) $n(x) = e^x \cdot \sin(x)$.

Mit Hilfe der doppelten Produktintegration erhalten wir

$$\int \left(e^x \sin(x) \right) dx = [e^x \sin(x)] - \int \left(e^x \cos(x) \right) dx$$
$$= [e^x \sin(x)] - [e^x \cos(x)] - \int \left(e^x \sin(x) \right) dx$$
$$\Rightarrow 2 \cdot \int \left(e^x \sin(x) \right) dx = [e^x \sin(x)] - [e^x \cos(x)] + \text{const.}$$
$$\Rightarrow \int \left(e^x \sin(x) \right) dx = \frac{e^x}{2} \cdot (\sin(x) - \cos(x)) + \text{const.} = N(x)$$

(o) $o(x) = \sin^2(x) + \cos^2(x)$

Da $\sin^2(x) + \cos^2(x) = 1$ (Additionstheorem) ist

$$O(x) = \int 1 dx = x + \text{const.}$$

(p) $p(x) = \frac{1}{\sqrt{x}} + x$.

Wir schreiben $p(x) = \frac{1}{\sqrt{x}} + x = x^{-\frac{1}{2}} + x \rightarrow P(x) = 2 \cdot x^{\frac{1}{2}} + \frac{1}{2}x^2 +$ const. und das ist

$$P(x) = 2\sqrt{x} + \frac{1}{2}x^2 + \text{const.}$$

Aufgabe 3 – Lösungsweg:

$f(x) = x \cdot e^x$ soll integriert werden. Die Grenzen sind gegeben. Die Produktintegration
liefert:

$$\int_0^{\ln(5)} (xe^x) \, dx = [xe^x]_0^{\ln(5)} - \int_0^{\ln(5)} (1 \cdot e^x) \, dx = [(x-1)e^x]_0^{\ln(5)}$$
$$= (\ln(5) - 1) \cdot e^{\ln(5)} - (0-1) \cdot e^0$$
$$= 5 \cdot (\ln(5) - 1) + 1 = 5 \cdot \ln(5) - 4 \approx 4{,}047 \text{ FE.}$$

L.7.4 Lösungswege zu Kapitel XIII.4

Aufgabe 1 – Lösungsweg:

(a) Wir stellen zu Beginn die Gleichung der Parabel auf. Da wir in Abbildung L.4.1 sehen können, dass diese achsensymmetrisch ist und die Nullstellen bei $x_{1/2} = \pm 80$ liegen, setzen wir mit

$$p(x) = a \cdot (x - x_1) \cdot (x - x_2)$$

an. Der Schnittpunkt mit der y-Achse lautet $Y(0/100)$. Damit erhalten wir a. Es ist

$$100 = a \cdot (0 - 80) \cdot (0 + 80) = -6400a \Rightarrow a = -\frac{1}{64}.$$

Wir erhalten also als Funktionsgleichung

$$p(x) = -\frac{1}{64} \cdot (x - 80) \cdot (x + 80) = -\frac{1}{64}x^2 + 100.$$

Die Grundstücksfläche in Quadratmetern ist nun einfach gegeben durch die folgende Rechnung:

$$\int_{-80}^{80} \left(-\frac{1}{64}x^2 + 100\right) dx = 2 \cdot \int_0^{80} \left(-\frac{1}{64}x^2 + 100\right) dx$$

$$= 2 \cdot \left[-\frac{1}{192}x^3 + 100x\right]_0^{80} = 10666\tfrac{2}{3} \text{ m}^2$$

(b) Da das Grundstück achsensymmetrisch ist, genügt es, eine der beiden Seiten zu betrachten. Wir unterteilen das Grundstück (siehe Abbildung L.7.3).

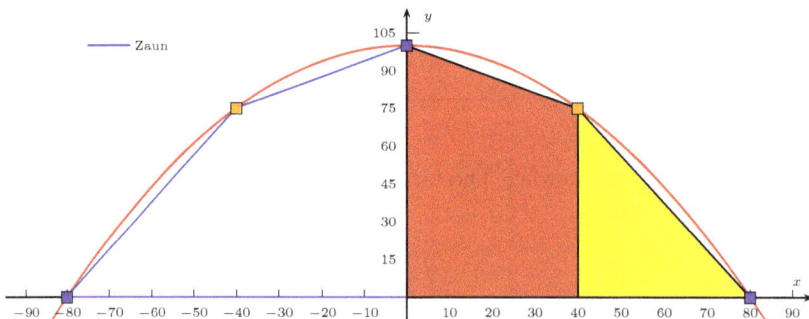

Abbildung L.7.3: Unterteilung des einzuzäunenden Grundstücks.

Der dunklere Teil ist ein Dreieck, der hellere ein Trapez. Da wir den hellgrauen Eckpunkt nicht kennen, setzen wir für ihn $E(u/p(u))$ mit $u \in [0;80]$. Wir erhalten damit den (halben) Flächeninhalt

$$A(u) = \underbrace{\frac{1}{2}(80-u) \cdot p(u)}_{\text{Dreieck}} + \underbrace{\frac{p(u)+100}{2} \cdot u}_{\text{Trapez}} = 40 \cdot p(u) - \frac{u}{2} \cdot p(u) + \frac{u}{2} \cdot p(u) + 50 \cdot u$$

$$= 40 \cdot p(u) + 50u.$$

Es ist $p(u) = -\frac{1}{64}u^2 + 100$. Wir suchen die Stelle des Maximums, also

$$A'(u) = 0 \Rightarrow 40p'(u) + 50 = 40 \cdot \left(-\frac{2}{64}u\right) + 50 = 0 \Rightarrow -\frac{5}{4}u = -50 \Rightarrow u = 40.$$

Der maximale Flächeninhalt ist also für $u = 40$ gegeben und lautet dann:

$$A_{\text{gesamt(max)}} = 2 \cdot A(40) = 2 \cdot 5000 = 10000 \text{ m}^2.$$

Für die Randwerte $u = 0$ bzw. $u = 80$ sind $2 \cdot A(0) = 8000 \text{ m}^2$ und $2 \cdot A(80) = 8000 \text{ m}^2$ kleiner als der gefundene Flächeninhalt, womit dieser das Maximum darstellt.
Die Länge des Zauns berechnet sich nun aus fünf Teilen, wobei wir uns wegen der Symmetrie die halbe Arbeit wieder sparen können. Mit Hilfe des Satzes von Pythagoras erhalten wir aus Abbildung L.7.3 und mit $u = 40$ den Umfang

$$U_{40} = 2 \cdot \left[\underbrace{80}_{\text{unten}} + \underbrace{\sqrt{40^2 + f(40)^2}}_{\text{Dreieck}} + \underbrace{\sqrt{40^2 + (100-f(40))^2}}_{\text{Trapez}}\right]$$

$$= 2 \cdot \left[80 + \sqrt{40^2 + 75^2} + \sqrt{40^2 + 25^2}\right]$$

$$= 160 + 170 + 10\sqrt{89} \approx 424{,}34 \text{ m}.$$

(c) Mit den Ergebnisse aus den Aufgabenteilen (a) und (b) erhalten wir einen prozentualen Flächenverlust von

$$p_{\text{Verlust}} = \frac{10666\frac{2}{3} - 10000}{10666\frac{2}{3}} \cdot 100 = 625\%.$$

Aufgabe 2 – Lösungsweg:
Wir stellen zu Beginn die Gleichung der Parabel dritter Ordnung auf. Der Ansatz lautet

$$f(x) = ax^3 + bx^2 + cx + d.$$

Als Informationen haben wir die folgenden Aussagen gegeben:

- Die Funktion geht durch den Ursprung, d.h. $f(0) = 0$.

- Die Funktion hat im Ursprung die Steigung 8, d.h. $f'(0) = 8$.

- Die Funktion berührt die x-Achse an der Stelle $x = 2$, d.h. $f(2) = 0$ und $f'(2) = 0$.

Die Ableitung ist gegeben durch $f'(x) = 3ax^2 + 2bx + c$. Mit dem Ansatz und den Informationen ergibt sich das folgende lineare Gleichungssystem:

$$
\begin{aligned}
d &= 0 \\
c &= 8 \\
8a + 4b + 2c + d &= 0 \\
12a + 4b + c &= 0
\end{aligned}
$$

Da wir c und d sofort ablesen können, erhalten wir aus den letzten beiden Gleichungen durch Einsetzen und Umformen

$$
\begin{aligned}
8a + 4b &= -16 \\
12a + 4b &= -8
\end{aligned}
$$

Ziehen wir die erste von der zweiten Gleichung ab, so folgt $4a = 8 \Rightarrow a = 2$ und hiermit erhalten wir durch Rückwärtseinsetzen $b = -8$. Die Funktion lautet dann

$$
f(x) = 2x^3 - 8x^2 + 8x = 2x \cdot \underbrace{\left(x^2 - 4x + 4\right)}_{\substack{2.\ \text{Binomische} \\ \text{Formel}}} = 2x\left(x - 2\right)^2.
$$

Eine kürzere Variante zur Lösung dieses Problems wäre gewesen, wenn wir den Ansatz

$$
f(x) = ax\left(x - 2\right)^2
$$

gewählt hätten, welcher sich als Produkt der drei angegebenen Nullstellen ergibt. Das a kann wieder mit Hilfe der ersten Ableitung (Forderung $f'(0) = 8$) zu $a = 2$ bestimmt werden.

Nun haben wir die Funktion gegeben. Wir wollen nun die Schnittpunkte mit der genannten Ursprungsgerade $g(x) = mx$ berechnen:

$$
f(x) = g(x) \Rightarrow 2x\left(x - 2\right)^2 = mx \Rightarrow 2x\left(x - 2\right)^2 - mx = 0 \Rightarrow x \cdot \left(2\left(x - 2\right)^2 - m\right) = 0.
$$

Mit dem Satz vom Nullprodukt erhalten wir sofort $x_1 = 0$ und $2\left(x - 2\right)^2 - m = 0$. Wir lösen

$$
2\left(x - 2\right)^2 - m = 2x^2 - 8x + 8 - m = 0
$$

mit der Mitternachtsformel:

$$
x_{2/3} = \frac{8 \pm \sqrt{64 - 64 + 8m}}{4} = \frac{8 \pm \sqrt{8m}}{4} = 2 \pm \frac{\sqrt{2m}}{2}.
$$

Wir sehen, dass $m > 0$ sein muss, da sonst der Radikand $2m$ negativ wird und wir kein Ergebnis, also keinen Schnitt der Funktionen erhalten. Dies wurde aber ja bereits in der Aufgabenstellung gefordert. Wir interessieren uns nun für die größere Schnittstelle

$x_3 = 2 + \frac{1}{2}\sqrt{2m}$. Betrachten wir Figur 1, so sehen wir, dass zwischen x_1 und x_2 die Funktion $f(x)$ größer als die Gerade $g(x)$ ist, und zwischen x_2 und x_3 ist es umgekehrt. Somit gilt, wenn wir die Forderung nach gleich großen Flächen verwenden, für den folgenden orientierten Flächeninhalt:

$$\int_{x_1}^{x_3} \left(f(x) - g(x) \right) \mathrm{d}x = 0$$

Es ist also

$$\int_0^{2+\frac{1}{2}\sqrt{2m}} \left(2x^3 - 8x^2 + 8x - mx \right) \mathrm{d}x = \left[\frac{2}{4}x^4 - \frac{8}{3}x^3 + \frac{8}{2}x^2 - \frac{m}{2}x^2 \right]_0^{2+\frac{1}{2}\sqrt{2m}}$$

$$= \left[\frac{1}{2}x^4 - \frac{8}{3}x^3 + \left(4 - \frac{m}{2} \right)x^2 \right]_0^{2+\frac{1}{2}\sqrt{2m}}$$

$$= \frac{1}{2}\left(2 + \frac{1}{2}\sqrt{2m} \right)^4 - \frac{8}{3}\left(2 + \frac{1}{2}\sqrt{2m} \right)^3 + \left(4 - \frac{m}{2} \right)\left(2 + \frac{1}{2}\sqrt{2m} \right)^2 = 0 \quad \Bigg| : \underbrace{\left(2 + \frac{1}{2}\sqrt{2m} \right)^2}_{(>0)}$$

$$\Rightarrow \frac{1}{2}\left(2 + \frac{1}{2}\sqrt{2m} \right)^2 - \frac{8}{3}\left(2 + \frac{1}{2}\sqrt{2m} \right) + 4 - \frac{m}{2} = 0$$

$$\Rightarrow \frac{1}{2} \cdot \left(2^2 + 2 \cdot 2 \cdot \frac{1}{2}\sqrt{2m} + \left(\frac{1}{2}\sqrt{2m} \right)^2 \right) - \frac{8}{3} \cdot 2 - \frac{8}{3} \cdot \frac{1}{2}\sqrt{2m} + 4 - \frac{m}{2} = 0$$

$$\Rightarrow 2 + \sqrt{2m} + \frac{m}{4} - \frac{16}{3} - \frac{4}{3}\sqrt{2m} + 4 - \frac{m}{2} = 0$$

$$\Rightarrow -\frac{m}{4} - \frac{1}{3}\sqrt{2m} + \frac{2}{3} = 0 \overset{\cdot 12}{\Rightarrow} -4\sqrt{2m} = 3m - 8 \quad | \text{ quadrieren}$$

$$\Rightarrow 32m = 9m^2 - 48m + 64 \Rightarrow 9m^2 - 80m + 64 = 0.$$

Mit der Mitternachtsformel erhalten wir

$$m_{1/2} = \frac{80 \pm \sqrt{6400 - 2304}}{18} = \frac{80 \pm 64}{18}$$

Wir haben $m = m_1 = \frac{80-64}{18} = \frac{8}{9}$ zu wählen. Für $m_2 = \frac{80+64}{18} = 8$ gilt $x_1 = x_2$ und diesen Fall hatte die Aufgabenstellung bereits ausgeschlossen, denn hierfür hat die Gleichung $-4\sqrt{2m} = 3m - 8$, welche wir quadrierten, keine Lösung (Wurzel ist positiv definiert, es ergibt sich somit $-16 = 16$!).

Die Geradengleichung lautet also

$$g(x) = \frac{8}{9}x.$$

Wir bilden nun noch die zweite Ableitung von $f(x) = 2x^3 - 8x^2 + 8x$:

$$f'(x) = 6x^2 - 16x + 8, \text{ und damit } f''(x) = 12x - 16.$$

Es ist $x_2 = 2 - \frac{1}{2}\sqrt{2 \cdot \frac{8}{9}} = 2 - \frac{1}{2} \cdot \sqrt{\frac{16}{9}} = 2 - \frac{2}{3} = \frac{4}{3}$, also $f''\left(\frac{4}{3} \right) = 12 \cdot \frac{4}{3} - 16 = 16 - 16 = 0.$

Aufgabe 3 – Lösungsweg:

(a) Das Schaubild der Wachstumsfunktion des Gummibaumes sehen wir in Abbildung L.7.4 (Zeichnung für mehrere Werte von a):

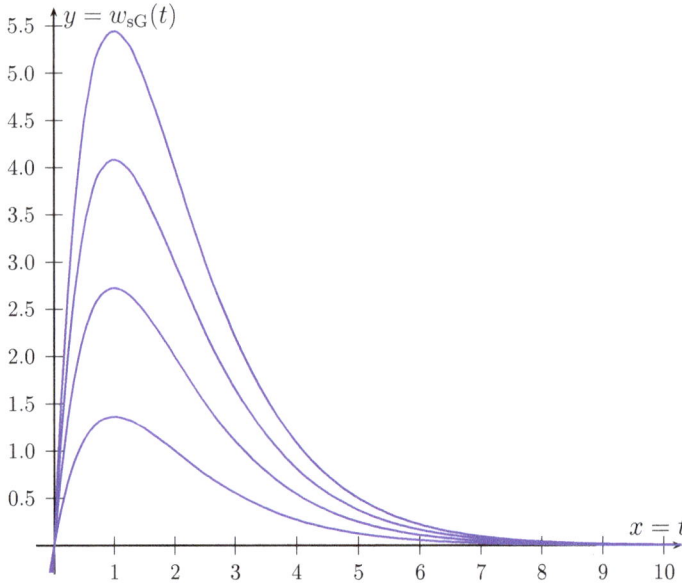

Abbildung L.7.4: Graph der Funktion der Wachstumsgeschwindigkeit.

Die Wachstumsgeschwindigkeit ist extremal, wenn

$$w'_{sG}(t) = 0 \text{ und } w''_{sG}(t) \neq 0$$

gilt. Wir bilden also die Ableitungen:

$$w'_{sG}(t) = a \cdot e^{2-t} - a \cdot t \cdot e^{2-t} = a \cdot (1-t) \cdot e^{2-t},$$

wobei wir die Produktregel verwendet haben und es ist

$$w''_{sG}(t) = -a \cdot e^{2-t} - a \cdot (1-t) \cdot e^{2-t} = a \cdot (t-2) \cdot e^{2-t},$$

ebenfalls mit der Produktregel berechnet. Hiermit erhalten wir nun

$$w'_{sG}(t) = a \cdot (1-t) \cdot e^{2-t} = 0.$$

Da a als Konstante nicht 0 werden kann und der e-Teil ebenso wenig, ergibt sich $t = 1$ als Nullstelle. Da

$$w''_{sG}(1) = a \cdot (1-2) \cdot e^{2-1} = -ae < 0$$

ist, liegt sogar immer ein Maximum vor. Dies ist so, da a laut Voraussetzung nur positive Werte annehmen soll. In diesem Fall beträgt die Wachstumsgeschwindigkeit

$$w_{sG}(1) = a \cdot 1 \cdot e^{2-1} = a \cdot e,$$

wobei die Einheit Meter pro Monat beträgt. Für die schnellste Änderung der Wachstumsgeschwindigkeit arbeiten wir mit der zweiten Ableitung:

$$w''_{sG}(t) = a \cdot (t-2) \cdot e^{2-t},$$

die gleiche Argumentation wie bei der ersten Ableitung liefert $t = 2$. Die Überprüfung mit der dritten Ableitung (welche wir hier nicht zeigen) ergibt, dass wirklich ein Wendepunkt vorliegt. Einsetzen in die Ableitung der ursprüngliche Funktion ergibt

$$w'_{sG}(2) = a \cdot (1-2) \cdot e^{2-2} = -a.$$

Betrachtet man die Randwerte, so erhält man

$$w'_{sG}(0) = a \cdot (1-0) \, e^{2-0} = a \cdot e^2$$

und

$$\lim_{t\to\infty} w'_{sG}(t) = \lim_{t\to\infty} \frac{ae^2 \cdot (1-t)}{e^t} = 0.$$

Bei der Grenzwertbildung wurde die Funktion einfach mit Hilfe der Potenzgesetze umgestellt und unter Berücksichtigung, dass eine e-Funktion schneller als alles andere wächst, berechnet.

Da $|a \cdot e| > |a|$ nach den Voraussetzungen in der Aufgabe, ändert sich die Geschwindigkeit zum Zeitpunkt $t = 0$ am schnellsten.

(b) Die maximale Höhe ergibt sich, wenn der Baum ausgewachsen ist, d.h. bei unserer Modellfunktion nach unendlicher Zeit. Des Weiteren liegt uns nur die Funktion für die Wachstumsgeschwindigkeit vor. Wir müssen also integrieren. Nach dem Gesagten ist

$$\int_0^\infty w_{sG}(t)\mathrm{d}t = H,$$

da der Baum zu Beginn ja die Höhe 0 Meter hat. Wir rechnen

$$\int_0^x w_{sG}(t)\mathrm{d}t = \int_0^x \left(a \cdot t \cdot e^{2-t}\right)\mathrm{d}t,$$

wobei wir die Produktintegration verwenden. Zur Erinnerung: Die Funktion lautet $f(x) = u(x) \cdot v'(x)$. Für die Integration gilt dann:

$$\int_a^b \left(u(x) \cdot v'(x)\right)\mathrm{d}x = [u(x) \cdot v(x)]_a^b - \int_a^b \left(u'(x) \cdot v(x)\right)\mathrm{d}x$$

In unserem Fall erhalten wir mit $u(t) = a \cdot t$ und $v'(t) = e^{2-t}$

$$\int_0^x w_{\mathrm{sG}}(t)\mathrm{d}t = \int_0^x \left(\underbrace{a \cdot t}_{u(t)} \cdot \underbrace{e^{2-t}}_{v'(t)} \right) \mathrm{d}t$$

$$= \left[-a \cdot t \cdot e^{2-t} \right]_0^x + \int_0^x a \cdot e^{2-t}\mathrm{d}t = \left[-a \cdot t \cdot e^{2-t} \right]_0^x + \left[-a \cdot e^{2-t} \right]_0^x$$

$$= \left[-a \cdot (t+1) \cdot e^{2-t} \right]_0^x = -a \cdot (x+1) \cdot e^{2-x} + a \cdot (0+1) \cdot e^{2-0}$$

$$= -\frac{a \cdot e^2 \cdot (x+1)}{e^x} + a \cdot e^2 = W_{\mathrm{sG}}(x).$$

Durch Grenzwertbildung erhalten wir

$$\lim_{x\to\infty} \left(-\frac{a \cdot e^2 \cdot (x+1)}{e^x} + a \cdot e^2 \right) = a \cdot e^2 = H.$$

Damit haben wir die gesuchte Formel gefunden, sie lautet

$$H = e^2 \cdot a.$$

Der Zusammenhang ist also linear, da e^2 eine Zahl ist, keine Variable. Damit ergibt sich bei einer Höhe von 3,70 Metern der Wert $a = 0{,}50$.

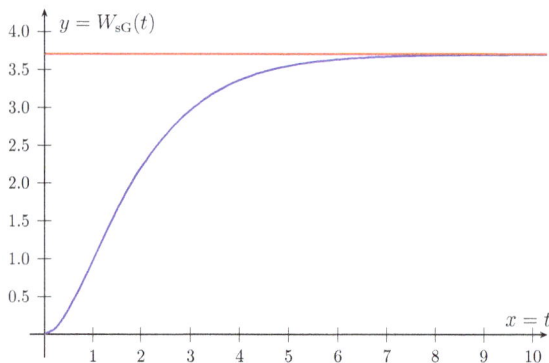

Abbildung L.7.5: Baumgröße

(c) Wir wollen wissen, wann der Baum ausgewachsen ist. Dazu verwenden wir nun die Integration aus Teilaufgabe (b). Dort erhielten wir

$$W_{\mathrm{sG}}(x) = -\frac{a \cdot e^2 \cdot (x+1)}{e^x} + a \cdot e^2,$$

als Funktion für die Baumgröße in Metern. Die Größe soll sich im Verlauf eines Monats um weniger als 0,1 cm (also 0,001 Meter) ändern. In Formeln

$$W_{\mathrm{sG}}(x+1) - W_{\mathrm{sG}}(x) \leq 0{,}001.$$

Wir rechnen

$$- \frac{a \cdot e^2 \cdot (x+2)}{e^{x+1}} + a \cdot e^2 + \frac{a \cdot e^2 \cdot (x+1)}{e^x} - a \cdot e^2$$

$$= \frac{-a \cdot e \cdot x - 2a \cdot e + a \cdot e^2 \cdot x + a \cdot e^2}{e^x} = \frac{x \cdot (ae^2 - ae) + (ae^2 - 2ae)}{e^x} \leq 0{,}001.$$

Für den vorgegebenen Wert $a = 0{,}50$ erhalten wir (numerisch) $x \approx 10{,}11$ Monate. Nach dieser Zeit ist der Baum

$$W_{sG}(10{,}11) \approx 3{,}693 \text{ Meter}$$

hoch.

(d) Wir berechnen wieder das entsprechende Integral, wobei ein Jahr ja zwölf Monate hat.

$$\int_0^{3 \cdot 12} \left(0{,}5 \cdot t \cdot e^{2-t} - 0{,}05 \cdot \cos\left(\frac{\pi}{6}t\right) \right) dt = \int_0^{36} w_{sG}(t)dt - 0{,}05 \cdot \int_0^{36} \cos\left(\frac{\pi}{6}t\right) dt$$

$$= W_{sG}(36) - \underbrace{\left[0{,}05 \cdot \frac{6}{\pi} \cdot \sin\left(\frac{\pi}{6}t\right) \right]_0^{36}}_{\sin(0)=0=\sin(6\pi)} = W_{sG}(36) - 0 \approx 3{,}6945 \text{ Meter}.$$

Wir sehen aus dieser Rechnung, dass der oszillierende Term sich weg hebt und beide Funktionen den gleichen Funktionswert liefern. Integriert man bei den vorliegenden Arten der Sinus- oder Kosinusfunktionen über eine volle Periode oder deren Vielfache (hier: Periode $p = 2\pi/\frac{\pi}{6} = 12$), so ist der orientierte Flächeninhalt gleich 0. Der Zusatzterm lässt sich als durch die jahreszeitlich bedingte Schwankung der Größe interpretieren, da seine Periode genau ein Jahr umfasst. Im Falle eines um sechs Monate später gepflanzten Bäumchens könnte z.B. der oszillierende Term addiert statt subtrahiert werden, sodass

$$w_{sG3}(t) = 0{,}5 \cdot t \cdot e^{2-t} - 0{,}05 \cdot \cos\left(\frac{\pi}{6}t\right), \text{ mit } a \in \mathbb{R}^+ \text{ und } t \in \mathbb{R}^+ \text{ in Monaten}$$

verwendet werden kann.

Aufgabe 4 – Lösungsweg:

(a) Aufstellen der Funktion:

- *1. Abschnitt:*
  Wir verwenden die Scheitelform für Parabeln. Diese lautet

$$f(t) = a(t-d)^2 + e, \text{ Scheitel ist } S(d/e).$$

  Für unseren Fall erhalten wir dann

$$f_1(t) = a(t-3)^2 + 11{,}5,$$

  mit dem Punkt $O(0/0)$ erhalten wir $a = -1\frac{5}{18} \approx -1{,}278$. Es ist also

$$f_1(t) = -1\tfrac{5}{18}(t-3)^2 + 11{,}5.$$

- *2. Abschnitt:*
  Hier ist es eine konstante Funktion:

$$f_2(t) = 11{,}5.$$

- *3. Abschnitt:*
  Der Scheitel hier ist $\tilde{S}(3+5 = 8/11{,}5)$. Damit haben wir

$$f_3(t) = a(t-8)^2 + 11{,}5.$$

Um a zu bestimmen, müssen wir integrieren. Wir haben das Geschwindigkeitsprofil gegeben, das Integral darüber ergibt die gelaufene Strecke und die beträgt 100 Meter insgesamt. Es ist also

$$\int_0^{9,9} f(t)\mathrm{d}t = \int_0^3 f_1(t)\mathrm{d}t + \int_3^8 f_2(t)\mathrm{d}t + \int_8^{9,9} f_3(t)\mathrm{d}t = 100.$$

Wir berechnen die einzelnen Integrale:

1. Integral: $\int_0^3 \left(-1\frac{5}{18}(t-3)^2 + 11{,}5\right)\mathrm{d}t = \left[-1\frac{5}{18}\cdot\frac{1}{3}(t-3)^3 + 11{,}5t\right]_0^3$

$$= 34{,}5 - 11{,}5 = 23.$$

2. Integral: $\int_3^8 11{,}5\mathrm{d}t = 11{,}5\cdot(8-3) = 57{,}5.$

3. Integral: $\int_8^{9,9} \left(a(t-8)^2 + 11{,}5\right)\mathrm{d}t = 100 - 57{,}5 - 23 = 19{,}5.$

Damit erhalten wir

$$\left[\frac{a}{3}(t-8)^3 + 11{,}5t\right]_8^{9,9} = \left(2\frac{859}{3000}a + 113{,}85\right) - 92 = 19{,}5 \Rightarrow a \approx -1{,}0278.$$

Es ist also

$$f_3(t) = -1{,}0278(t-8)^2 + 11{,}5.$$

Und insgesamt:

$$f(t) = \begin{cases} f_1(t) = -1\frac{5}{18}(t-3)^2 + 11{,}5 & 0 \le t \le 3, \\ f_2(t) = 11{,}5 & 3 < t \le 8, \\ f_3(t) = -1{,}0278(t-8)^2 + 11{,}5 & 8 < t \le 9{,}9. \end{cases}$$

(b) Die Ableitung der Geschwindigkeit ist die Beschleunigung. Diese ist gegeben durch

$$v_P'(t) = f'(t) = \begin{cases} f_1'(t) = -2\frac{5}{9}(t-3) & 0 \le t \le 3, \\ f_2'(t) = 0 & 3 < t \le 8, \\ f_3'(t) = -2{,}0556(t-8) & 8 < t \le 9{,}9, \end{cases}$$

und hat die Einheit $^m/_{s^2}$. Die Skizze (Abbildung L.7.6) besteht aus drei Geraden, wobei die eine auf der x-Achse liegt.

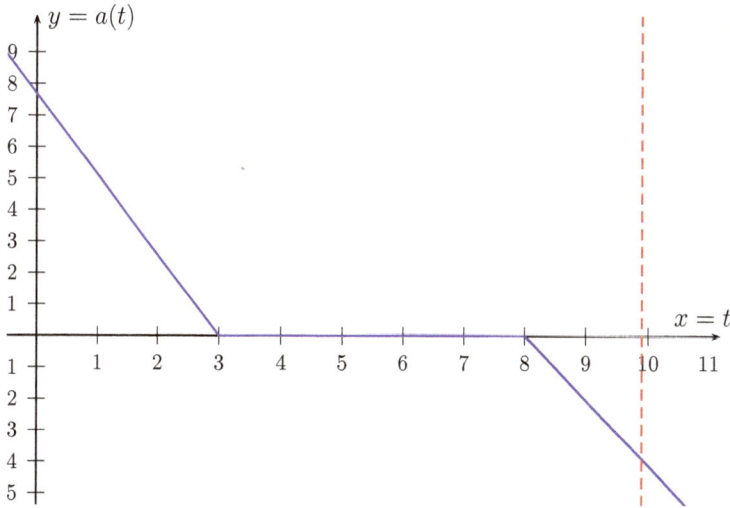

Abbildung L.7.6: Skizze zu Aufgabenteil (b) in Aufgabe 4.

(c) Wir müssen hier herausbekommen, wie lange er zu laufen hat. Was wir wissen, ist die Länge der Laufstrecke. Es ist

$$\int_0^x v_R(t)\mathrm{d}t = 100.$$

Damit rechnen wir

$$\int_0^x \left(0{,}25t + 10 - 10e^{-t}\right)\mathrm{d}t = \left[0{,}125t^2 + 10t + 10e^{-t}\right]_0^x$$
$$= 0{,}125x^2 + 10x + 10e^{-x} - 10 = 100$$
$$\Rightarrow 10e^{-x} + 10x + 0{,}125x^2 - 110 = 0.$$

Das x ist numerisch zu bestimmen. Man erhält $x = t_{\text{Laufzeit}} = 9{,}80$ Sekunden.

(d) Nun wissen wir, wann der Sprinter Titelson ankommt, und die Strecke kennen wir auch, damit können wir den fehlenden Koeffizienten berechnen. Es ist

$$\int_0^{9,69} v_T(t)\mathrm{d}t = 100.$$

Damit rechnen wir

$$\int_0^{9,69} \left(12 \cdot \left(1 - e^{-t}\right) + mt^2\right)\mathrm{d}t = \left[12t + 12e^{-t} + \frac{m}{3}t^3\right]_0^{9,69}$$
$$= 104{,}2807 + 303{,}2844m = 100 \Rightarrow m = -0{,}0141$$

Aufgabe 5 – Lösungsweg:

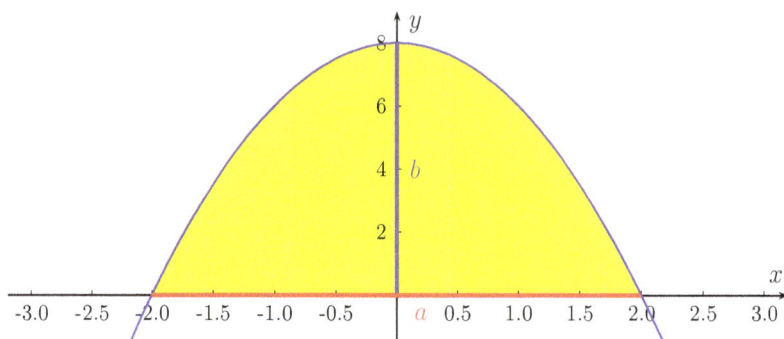

Abbildung L.7.7: Beispielskizze für die Berechnung des gesuchten Flächeninhaltes.

Allgemeine Form dieses Parabeltyps:

$$f(x) = -cx^2 + b, \text{ wobei } c > 0 \text{ und } b > 0.$$

Berechnung der Nullstellen:

$$f(x) = 0 \Rightarrow -cx^2 + b = 0 \Rightarrow x^2 = \frac{b}{c} \Rightarrow x_1 = -\sqrt{\frac{b}{c}} \quad x_2 = +\sqrt{\frac{b}{c}}$$

Der Zusammenhang mit a gestaltet sich folgendermaßen:

$$\sqrt{\frac{b}{c}} - \left(-\sqrt{\frac{b}{c}}\right) = 2 \cdot \sqrt{\frac{b}{c}} = a$$

Aufstellen und Ausrechnen des Integrals:

$$A = \int_{-\sqrt{\frac{b}{c}}}^{+\sqrt{\frac{b}{c}}} \left(-cx^2 + b\right) \, \mathrm{d}x$$

$$= \left[-\frac{c}{3}x^2 + bx\right]_{-\sqrt{\frac{b}{c}}}^{\sqrt{\frac{b}{c}}} = \left[-\frac{c}{3}\left(\sqrt{\frac{b}{c}}\right)^3 + b \cdot \left(\sqrt{\frac{b}{c}}\right)\right] - \left[-\frac{c}{3}\left(-\sqrt{\frac{b}{c}}\right)^3 + b \cdot \left(-\sqrt{\frac{b}{c}}\right)\right]$$

$$= -\frac{c}{3} \cdot \left(\sqrt{\frac{b}{c}}\right)^3 + b \cdot \sqrt{\frac{b}{c}} - \frac{c}{3} \cdot \left(\sqrt{\frac{b}{c}}\right)^3 + b \cdot \sqrt{\frac{b}{c}} \underset{\left(\sqrt{\frac{b}{c}}\right)^3 = \frac{b}{c} \cdot \sqrt{\frac{b}{c}}}{=} -\frac{2c}{3} \cdot \frac{b}{c} \cdot \sqrt{\frac{b}{c}} + 2 \cdot b \cdot \sqrt{\frac{b}{c}}$$

$$\underset{2 \cdot \sqrt{\frac{b}{c}} = a}{=} -\frac{c}{3} \cdot \frac{b}{c} \cdot a + ba = ab - \frac{ab}{3} = \frac{2}{3}ab$$

L.7.5 Lösungswege zu Kapitel XIII.5

Aufgabe 1 – Lösungsweg:
Das Volumen eines Rotationskörpers, welcher durch Rotation des Schaubilds einer Funktion f um die x-Achse entsteht, berechnet sich mittels

$$V = \pi \cdot \int_a^b [f(x)]^2 \, \mathrm{d}x.$$

Wir setzen somit für die gegebene Funktion wie folgt an:

$$V(t) = \pi \int_{\frac{t}{3}}^{\frac{2t}{3}} \left[\frac{t}{x} - \frac{x}{t} \right]^2 \mathrm{d}x = \pi \int_{\frac{t}{3}}^{\frac{2t}{3}} \left(\left(\frac{t}{x}\right)^2 - 2 \cdot \frac{t}{x} \cdot \frac{x}{t} + \left(\frac{x}{t}\right)^2 \right) \mathrm{d}x$$

$$= \pi \int_{\frac{t}{3}}^{\frac{2t}{3}} \left(t^2 x^{-2} + \tfrac{1}{t^2} x^2 - 2 \right) \mathrm{d}x = \pi \cdot \left[-t^2 x^{-1} + \tfrac{1}{3t^2} x^3 - 2x \right]_{\frac{t}{3}}^{\frac{2t}{3}}$$

$$= \pi \cdot \left(\frac{-t^2}{\frac{2t}{3}} + \tfrac{1}{3t^2} \cdot \left(\tfrac{2t}{3}\right)^3 - 2 \cdot \tfrac{2t}{3} + \frac{t^2}{\frac{t}{3}} - \tfrac{1}{3t^2} \cdot \left(\tfrac{t}{3}\right)^3 + 2 \cdot \tfrac{t}{3} \right)$$

$$= \pi \cdot \left(-\tfrac{3}{2}t + \tfrac{8}{81}t - \tfrac{4}{3}t + 3t - \tfrac{1}{81}t + \tfrac{2}{3}t \right) = \tfrac{149}{162}t\pi.$$

Die Volumina entwickeln sich proportional zum Parameter t. Damit ergibt die Kurve, welche entsteht, wenn man die Volumina über den Parameterwerten aufträgt, die erhaltene Gerade. Da die Gerade mit steigendem t ebenfalls steigt, ist das maximale Volumen bei $t = 75$ Zentimetern gegeben.

Aufgabe 2 – Lösungsweg:
Berechnen wir

$$\pi \cdot \int_a^b [g(x)]^2 \, \mathrm{d}x,$$

wobei mit g die Gerade durch P_1 und P_2 gemeint ist, so erhalten wir einen Kegelstumpf als Rotationsvolumen. Dieser Kegelstumpf hat die Radien r_1, r_2 und die Höhe h. Wir stellen nun zuerst die gesuchte Gerade auf. Es ist

$$m_g = \frac{r_2 - r_1}{b - a} = \frac{r_2 - r_1}{h}$$

die Steigung der Geraden. Wir wählen nun oBdA $b = h$ und $a = 0$. Damit wir der y-Achsenabschnitt der Geraden zu $c = r_1$ und wir erhalten

$$g(x) = \frac{r_2 - r_1}{h} \cdot x + r_1$$

als Geradengleichung. Mit dieser führen wir nun die Integration durch. Es ist

$$V = \pi \cdot \int_0^h \left[\frac{r_2 - r_1}{h} x + r_1\right]^2 \mathrm{d}x = \pi \cdot \int_0^h \left(\frac{(r_2 - r_1)^2}{h^2} x^2 + 2 \cdot \frac{r_2 - r_1}{h} r_1 x + r_1^2\right) \mathrm{d}x$$

$$= \pi \cdot \left[\frac{(r_2 - r_1)^2}{3h^2} x^3 + \frac{r_2 - r_1}{h} r_1 x^2 + r_1^2 x\right]_0^h = \pi \cdot \left[\frac{(r_2 - r_1)^2}{3} h + (r_2 - r_1) r_1 h + r_1^2 h\right]$$

$$= \frac{\pi h}{3} \cdot \left[r_2^2 - 2 r_1 r_2 + r_1^2 + 3 r_1 r_2 - 3 r_1^2 + 3 r_1^2\right] = \frac{\pi h}{3} \cdot \left(r_1^2 + r_2^2 + r_1 r_2\right) = V_{KS}.$$

Dies war zu zeigen.

M Zu Kapitel XIV: Beweise mit Vektoren führen

M.1 Aufgaben zu Kapitel XIV.5

Aufgabe 1:

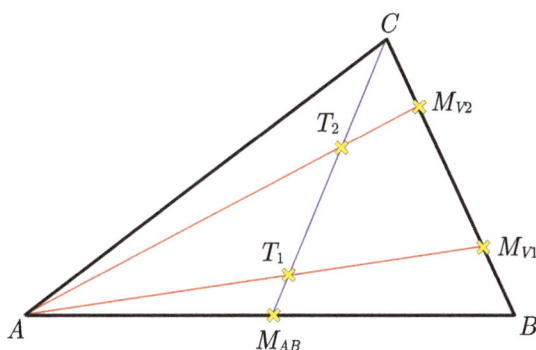

Abbildung M.1.1: Im Text beschriebenes Dreieck.

Gegeben sei das Dreieck ABC. Der Punkt M_{V2} teilt die Strecke $\overline{CB}$ im Verhältnis $1:3$ und der Punkt M_{V1} teilt selbige im Verhältnis $3:1$. Der Punkt M_{AB} ist die Mitte von $\overline{AB}$.

(a) Berechnen Sie, in welchem Verhältnis der Punkt T_2 die Strecken $\overline{CM_{AB}}$ und $\overline{AM_{V2}}$ teilt.

(b) Berechnen Sie, in welchem Verhältnis der Punkt T_1 die Strecken $\overline{CM_{AB}}$ und $\overline{AM_{V1}}$ teilt.

(c) Wie verhalten sich die Strecken $\overline{CT_2}$, $\overline{T_2T_1}$ und $\overline{T_1M_{AB}}$ zueinander?

Aufgabe 2:
Beweisen Sie den Satz des Pythagoras mit Hilfe der Vektorgeometrie (Skalarprodukt!) und unter Verwendung von Abbildung M.1.2. Formulieren Sie zuerst die Behauptung in der Sprache der Vektorgeometrie und beweisen Sie diese dann. Listen Sie zuvor aber die gegebenen Tatsachen auf, die Ihnen bei dem Beweis von Nutzen sein können.

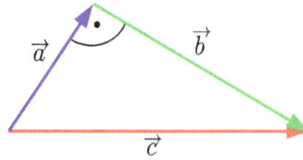

Abbildung M.1.2: Skizze zum Beweis des Satzes von Pythagoras.

M.2 Ergebnisse zu Kapitel XIV

M.2.1 Ergebnisse zu Kapitel XIV.5

Aufgabe 1:

(a) T_2 teilt $\overline{CM_{AB}}$ im Verhältnis $2:3$, T_2 teilt $\overline{AM_{V2}}$ im Verhältnis $4:1$.

(b) T_1 teilt $\overline{CM_{AB}}$ im Verhältnis $6:1$ und $\overline{AM_{V1}}$ im Verhältnis $4:3$.

(c) $\overline{CT_2} : \overline{T_2T_1} : \overline{T_1M_{AB}} = 14:16:5$

Aufgabe 2:
Mit $\vec{a} \bullet \vec{b} = 0$ und $\vec{a} + \vec{b} = \vec{c}$ lässt sich der Nachweis erbringen.

M.3 Lösungswege zu Kapitel XIV

M.3.1 Lösungswege zu Kapitel XIV.5

Aufgabe 1 – Lösungsweg:

(a) Wir wählen

$$\vec{a} = \overrightarrow{AB} \text{ und } \vec{b} = \overrightarrow{AC}$$

als linear unabhängige Vektoren. Als Vektorzug nehmen wir

$$\overrightarrow{AC} + \overrightarrow{CT}_2 + \overrightarrow{T_2A} = \vec{o}$$

Nun drücken wir die am Zug beteiligten Vektoren durch $\vec{a}$ und $\vec{b}$ aus:

$$\overrightarrow{AC} = \vec{b}$$
$$\overrightarrow{CT}_2 = s \cdot \left(-\vec{b} + \tfrac{1}{2}\vec{a} \right)$$
$$\overrightarrow{T_2A} = t \cdot \left(-\tfrac{3}{4}\vec{b} - \tfrac{1}{4}\vec{a} \right)$$

Eingesetzt in die Gleichung mit dem Nullvektor und umgeformt, erhalten wir

$$\left(\tfrac{1}{2}s - \tfrac{1}{4}t\right)\vec{a} + \left(1 - s - \tfrac{3}{4}t\right)\vec{b} = \vec{o}.$$

Durch die lineare Unabhängigkeit der beiden Vektoren $\vec{a}$ und $\vec{b}$ müssen die Koeffizienten 0 sein. Wir erhalten das folgende LGS:

$$\tfrac{1}{2}s - \tfrac{1}{4}t = 0$$
$$1 - s - \tfrac{3}{4}t = 0$$

Lösen wir dieses, so erhalten wir $s = \tfrac{2}{5}$ und $t = \tfrac{4}{5}$. Das Ergebnis lautet hiermit:

- T_2 teilt $\overline{CM}_{AB}$ im Verhältnis 2 : 3.

- T_2 teilt $\overline{AM}_{V2}$ im Verhältnis 4 : 1.

(b) Analoge Vorgehensweise wie in Aufgabenteil (a):

Wir wählen z.B. den Vektorzug

$$\overrightarrow{AM}_{AB} + \overrightarrow{M_{AB}T_1} + \overrightarrow{T_1A} = \vec{o}.$$

Wir wählen die gleichen Basisvektoren wie in Aufgabeteil (a) und drücken den Vektorzug mit ihrer Hilfe aus.

$$\overrightarrow{AM}_{AB} = \tfrac{1}{2}\vec{a}$$
$$\overrightarrow{M_{AB}T_1} = s \cdot \left(b - \tfrac{1}{2}\vec{a}\right)$$
$$\overrightarrow{T_1A} = t \cdot \left(-\tfrac{1}{4}\vec{b} - \tfrac{3}{4}\vec{a}\right)$$

Damit ergibt sich

$$\tfrac{1}{2}\vec{a} + s \cdot \left(\vec{b} - \tfrac{1}{2}\vec{a}\right) + t \cdot \left(-\tfrac{1}{4}\vec{b} - \tfrac{3}{4}\vec{a}\right) = \underbrace{\left(\tfrac{1}{2} - \tfrac{1}{2}s - \tfrac{3}{4}t\right)}_{=0}\vec{a} + \underbrace{\left(s - \tfrac{1}{4}t\right)}_{=0}\vec{b} = \vec{o}.$$

Wir erhalten das folgende LGS:

$$s - \tfrac{1}{4}t = 0$$
$$\tfrac{1}{2} - \tfrac{1}{2}s - \tfrac{3}{4}t = 0$$

Lösen wir dieses, so erhalten wir $s = \tfrac{1}{7}$ und $t = \tfrac{4}{7}$. Das Ergebnis lautet hiermit:

- T_1 teilt $\overline{CM}_{AB}$ im Verhältnis 6 : 1.

- T_1 teilt $\overline{AM}_{V1}$ im Verhältnis 4 : 3.

(c) Mit den Ergebnissen der beiden vorausgegangenen Teilaufgaben erhalten wir

$$\overline{CT_2} : \overline{T_2T_1} : \overline{T_1M_{AB}} = 14 : 16 : 5.$$

Wir rechnen dazu mit $\frac{2}{5}, \underbrace{1 - \frac{2}{5} - \frac{1}{7}}_{\substack{\text{Anteil} \\ \overline{T_1T_2}}}, \frac{1}{7}$, was sich aus den berechneten Parametern

ergibt.

Aufgabe 2 – Lösungsweg:
Wir betrachten das vorgegebene rechtwinklige Dreieck (Abbildung M.1.2). Wir haben zu zeigen, dass

$$a^2 + b^2 = c^2 \text{ bzw. } |\vec{a}|^2 + |\vec{b}|^2 = |\vec{c}|^2 \text{ bzw. } \vec{a}^2 + \vec{b}^2 = \vec{c}^2$$

Voraussetzungen:

- Rechtwinkliges Dreieck: $\vec{a} \perp \vec{b}$ *(Voraussetzung 1)*
- $\vec{a} + \vec{b} = \vec{c}$ *(Voraussetzung 2)*

Beweis:
Aus Voraussetzung 1 folgt, dass

$$\vec{a} \bullet \vec{b} = 0. \tag{M-1}$$

Nun formen wir Voraussetzung 2 auf zwei Arten um:

1. Es ist

$$\vec{a} = \vec{c} - \vec{b}. \tag{M-2}$$

2. Es ist

$$\vec{b} = \vec{c} - \vec{a}. \tag{M-3}$$

Wir formen Gleichung (M-1) zuerst mit (M-2) und dann mit (M-3) um:

- Mit Gleichung M-2: $\vec{a} \bullet \vec{b} = \left(\vec{c} - \vec{b}\right) \bullet \vec{b} = \vec{c} \bullet \vec{b} - \vec{b} \bullet \vec{b} = \vec{c} \bullet \vec{b} - \vec{b}^2$, also $\vec{c} \bullet \vec{b} = \vec{b}^2$ (I)
- Mit Gleichung M-3: $\vec{a} \bullet \vec{b} = \vec{a} \bullet (\vec{c} - \vec{a}) = \vec{a} \bullet \vec{c} - \vec{a} \bullet \vec{a} = \vec{c} \bullet \vec{a} - \vec{a}^2$, also $\vec{c} \bullet \vec{a} = \vec{a}^2$ (II)

Nun addieren wir die Gleichungen (I) und (II) und erhalten folgende Gleichung:

$$\vec{c} \bullet \vec{b} + \vec{c} \bullet \vec{a} = \vec{b}^{\,2} + \vec{a}^{\,2} \text{ (III)}$$

Diese formen wir nun noch etwas um und verwenden dabei Voraussetzung 2:

- *Linke Seite:*

$$\vec{c} \bullet \vec{b} + \vec{c} \bullet \vec{a} = \vec{c} \bullet \underbrace{\left(\vec{a} + \vec{b} \right)}_{= \vec{c}} = \vec{c}^{\,2} = c^2$$

- *Rechte Seite:*

$$\vec{b}^{\,2} + \vec{a}^{\,2} = a^2 + b^2$$

Damit erhalten wir die Gleichung (III) in folgender Form:

$$a^2 + b^2 = c^2$$

Der letzte Rechenausdruck ist der Satz des Pythagoras. Also ist der Beweis gelungen.

N Zu Kapitel XV: Analytische Geometrie

N.1 Aufgaben zu Kapitel XV.8

Aufgabe 1 (Gerade aufstellen):
Stellen Sie die Parameterform der Geraden auf, welche senkrecht zur Ebene $E : x_1 + x_2 = 3$ steht und durch den Punkt $P(1/1/1)$ geht.

Aufgabe 2 (Ebene aufstellen):
Stellen Sie die Koordinatenform der Ebene auf, welche durch die Punkte $A(1/0/4)$, $B(2/0/1)$ und $C(-1/0/-5)$ geht.

Aufgabe 3 (Spurpunkte ermitteln):
Geben Sie die Spurpunkte der Ebene $E : 4x_1 + 7x_2 - 16x_3 = 28$ an.

Aufgabe 4 (Ebene aufstellen):
Stellen Sie die Normalenform der Ebene auf, welche die Spurpunkte $S_1(3/0/0)$, $S_2(0/6/0)$ und $S_3(0/0/12)$ besitzt.

Aufgabe 5 (Ebene umwandeln):
Geben Sie eine Darstellung in Parameterform der Ebene $E : 4x_2 + x_3 = 9$ an.

Aufgabe 6 (Ebene umwandeln):
Wandeln Sie die Parameterdarstellung

$$\vec{x} = \begin{pmatrix} 1 \\ 0 \\ 7 \end{pmatrix} + s \cdot \begin{pmatrix} 1 \\ 8 \\ 0 \end{pmatrix} + t \cdot \begin{pmatrix} 0 \\ 2 \\ 4 \end{pmatrix}$$

mit $r, s \in \mathbb{R}$ der Ebene E in die Koordinatenform um.

Aufgabe 7 (Ebene umwandeln):
Geben Sie eine Darstellung der Ebene $E : -x_1 + x_2 + 7x_3 = 22$ in der Normalenform an.

Aufgabe 8 (Ebene umwandeln):
Bestimmen Sie eine Parameterdarstellung der Ebene

$$E : \left[\vec{x} - \begin{pmatrix} 2 \\ 0 \\ 1 \end{pmatrix} \right] \bullet \begin{pmatrix} -1 \\ 3 \\ -9 \end{pmatrix} = 0.$$

Aufgabe 9 (Abstandsbestimmung Punkt-Ebene):
Bestimmen Sie den Abstand des Punktes $P(7/-4/3)$ von der Ebene $E : 4x_1 - 8x_2 + x_3 = 54$ mit Hilfe der Hesseschen Normalenform.

Aufgabe 10 (Abstandsbestimmung Punkt-Ebene):
Für welche $t \in \mathbb{R}$ hat die Ebene $E_t : tx_1 + 3tx_2 - x_3 = -16$ den Abstand 1 vom Punkt $P(0/0/1)$?

Aufgabe 11 (Abstandsbestimmung Punkt-Punkt):
Welche Punkte der Punkteschar $P_t(t/8t + 1/4t + 3)$ haben vom Punkt $Q(0/1/3)$ den Abstand 27?

Aufgabe 12 (Abstandsbestimmung Punkt-Punkt):
Zeigen Sie, dass die Punkte $A(-2/3/1)$, $B(2/-1/5)$ und $C(0/0/3)$ ein rechtwinkliges Dreieck bilden, indem Sie den Satz des Pythagoras verwenden. Wo liegt der rechte Winkel?

Aufgabe 13 (Abstandsbestimmung Punkt-Gerade):
Bestimmen Sie den Abstand des Punktes $P(0/2/8)$ von der Geraden

$$g : \vec{x} = \begin{pmatrix} 2t \\ 0 \\ -4t \end{pmatrix}.$$

Aufgabe 14 (Abstandsbestimmung Punkt-Gerade):
Geben Sie eine Parameterdarstellung der Geraden an, von welcher die Punkte $A(2/0/0)$, $B(0/2/0)$ und $(0/0/2)$ den gleichen Abstand haben.

Aufgabe 15 (Kreuz- und Skalarprodukt):

Es seien $\vec{a} = \begin{pmatrix} 1 \\ 2 \\ 0 \end{pmatrix}$ und $\vec{b} = \begin{pmatrix} -1 \\ 0 \\ 1 \end{pmatrix}$. Berechnen Sie:

(a) den Summenvektor $\vec{a} + \vec{b}$,

(b) das Skalarprodukt $\vec{a} \bullet \vec{b}$ und das Kreuzprodukt $\vec{a} \times \vec{b}$,

(c) den Ausdruck $(\vec{a} - 2\vec{b}) \bullet (3\vec{a} + 4\vec{b})$.

Aufgabe 16 (Hessesche Normalenform):

(a) Gegeben sei die Ebene $E : 2x_1 + 3x_2 + dx_3 = 8$. Bestimmen Sie alle Werte von $d \in \mathbb{R}$, sodass der Punkt $M(4/5/\sqrt{3})$ den Abstand 3 von der jeweiligen Ebene hat.

(b) Der Abstand des Punktes $P(5/15/9)$ von der Ebene E durch die Punkte $A(2/2/0)$, $B(-2/2/6)$ und $C(3/2/5)$ ist gesucht.

Bestimmen Sie diesen Abstand mit und ohne Verwendung der Hesseschen Normalenform.

Aufgabe 17:

Gegeben sind die zwei Punkte $A(6/0/3)$ und $B(-1/2/8)$. Sie liegen in der Ebene

$$E : x_1 + x_2 + x_3 = 9.$$

Nun soll ein dritter Punkt C bestimmt werden und zwar derart, dass

- C in der Ebene E liegt und

- das entstehende Dreieck $\triangle ABC$ rechtwinklig bei A und gleichschenklig ist.

(a) Geben Sie den Punkt C an.

Nun soll ein weiterer Punkt D so bestimmt werden, dass

- der Vektor $\overrightarrow{AD}$ senkrecht auf $\overrightarrow{AB}$ und $\overrightarrow{AC}$ steht und

- das Dreieck $\triangle ABD$ gleichschenklig ist.

(b) Berechnen Sie den Punkt D.

Aufgabe 18:
Gegeben sind die Punkte $A(1/0/3)$, $B(4/4/7)$ und $C(0/8/4)$.

(a) Stellen Sie eine Parameterdarstellung der Ebene E_0 auf, welche die drei Punkte enthält. Wandeln Sie diese dann in die Koordinatenform um und bestimmen Sie die Spurpunkte und die Spurgeraden der Ebene.

(b) Zeigen Sie, dass das Dreieck, welches die Spurpunkte der Ebene E_0 als Eckpunkte hat, gleichschenklig ist.

Die Punkte A, B, C sind die Eckpunkte eines Dreiecks.

(c) Berechnen Sie dessen Flächeninhalt auf zwei Arten:

  a) Mit dem Kreuzprodukt.

  b) Durch explizite Berechnung einer Dreieckshöhe.

Der Punkt $D(8{,}5/8{,}5/8{,}5)$ werde an der Ebene E_0 gespiegelt.

(d) Berechnen Sie die Koordinaten des Spiegelpunktes D'.

Wir betrachten die Punkteschar $F_t(t/8 + t/4 + t)$.

(e) Auf welcher Geraden liegen alle diese Punkte? Stellen Sie die Koordinatenform der Ebenenschar E_t, welche die Punkte A, B, F_t enthält, auf. Existiert für alle $t \in \mathbb{R}$ eine eindeutige Ebene? Gibt es Ebenen der Ebenenschar, die senkrecht aufeinander stehen? Für welches t gibt es keine senkrechte Partnerebene?

(f) Für welche(s) t hat der Punkt D den geringsten Abstand von E_t?

Aufgabe 19:
Gegeben seien die drei Punkte $A(10/0/10)$, $B(10/10/8)$ und $C(9/5/10)$.

(a) Stellen Sie die Koordinatenform der Ebene E auf, die die drei Punkte enthält.

Die Ebene E wird nun an der Ebene $S : x_1 = 10$ gespiegelt.

(b) Bestimmen Sie die Koordinatenform der gespiegelten Ebene E'.

Die beiden Ebenen bilden nun zusammen eine Rinne.

(c) Geben Sie aus den bisherigen Angaben ohne weitere Rechnung die Schnittgerade von E und E' an.

Im Punkt $M(10/0/12)$ befindet sich der Mittelpunkt einer Kugel, welche in der Rinne liegt und die beiden Seitenflächen, welche in den Ebenen E bzw. E' liegen, berührt (siehe Abbildung N.1.1).

(d) Bestimmen Sie den Radius der Kugel.

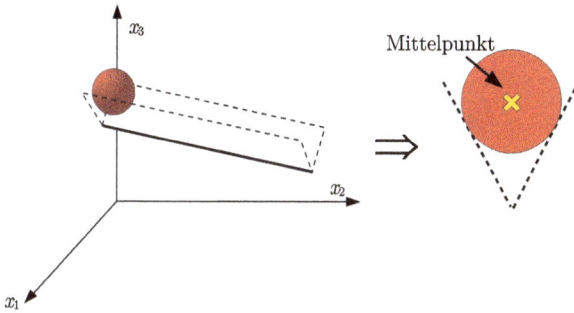

Abbildung N.1.1: Kugel in Rinne (Skizze).

Nun rollt die Kugel entlang der Rinne in Richtung des Gefälles. Die Rinne läuft rechts gegen eine Wand, welche in der Ebene $W : 2x_2 - x_3 = 40$ liegt.

(e) Stellen Sie die Gerade auf, welche die Bewegung des Mittelpunktes der Kugel beschreibt. Geben Sie die Koordinaten des Mittelpunktes an, wenn die Kugel an der Wand zur Ruhe kommt.

Die Kugel war zu Beginn in Ruhe. Es gilt, dass die Summe der kinetischen Energie (Index „kin") und der Lageenergie (Index „pot") konstant ist (Energieerhaltung, keine Reibung oder sonstige Effekte). Es ist $E_{\text{kin}} = \frac{1}{2}mv^2$ und $E_{\text{pot}} = mgh$, wobei m die Masse der Kugel ist, h die relative Lagehöhe, v die Geschwindigkeit und $g = 10\frac{\text{m}}{\text{s}^2}$ die Erdbeschleunigung. Alle Längeneinheiten im bisher betrachteten Koordinatensystem seien nun in Meter gegeben und die Kugel habe die Dichte $\rho = 0{,}7\frac{\text{kg}}{\text{m}^3}$.

(f) Welche Masse hat die Kugel? Wie schnell ist die Kugel, wenn sie gegen die Wand prallt?

Aufgabe 20:
Im Folgenden sind alle Zahlenwerte in der Einheit Meter zu verstehen. Eine kleine Brücke überquert einen Fluss. Eine größere Brücke, welche für die Autobahn gebaut wurde, überquert zusätzlich die kleine Brücke (Brücken kreuzen sich, wenn man von oben drauf schaut).

Das Koordinatensystem kann nun so gelegt werden, dass die kleine Brücke in Richtung der x_2-Achse befahren wird und dabei auf einer Länge (links nach rechts, Länge aus der Vogelperspektive gemessen) von 126 Metern um 32 Meter gleichmäßig steigt (siehe Abbildung N.1.3) und die Autobahnbrücke in Richtung zur x_1-Achse befahren wird, ohne zusätzliche Steigung. Die Längen der Brücken an sich müssen für unsere Betrachtung nicht herangezogen werden. Ein Auto fährt auf der kleinen Brücke links vom Punkt $A(40/0/30)$ mit der Geschwindigkeit $v_1 = 54\frac{\text{km}}{\text{h}}$ los. Gleichzeitig startet im Punkt $B(400/0/100)$ ein Auto auf der Autobahnbrücke mit einer Geschwindigkeit von $40\frac{\text{m}}{\text{s}}$.

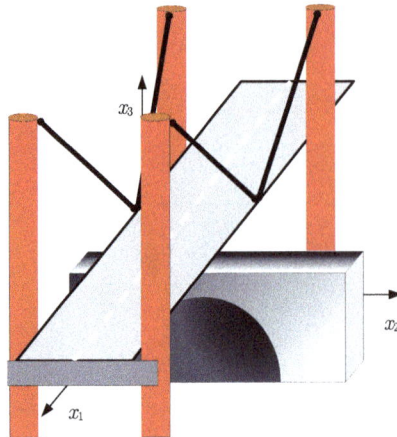

Abbildung N.1.2: Die beiden Brücken.

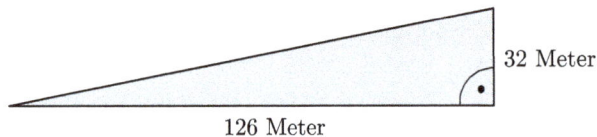

32 Meter

126 Meter

Abbildung N.1.3: Seitenansicht der kleinen Brücke.

(a) Wann haben die Autos bei ihrer beschriebenen Fahrt den kürzesten Abstand voneinander?

(b) Wie nahe könnten sie sich im besten Fall kommen?

Aufgabe 21:
An einem Hang soll ein Haus mit rechteckigem Grundriss gebaut werden (N.1.4).

Der Punkt $A(30/15/5)$ liegt auf dem Hang (Maße in Metern gegeben). Das Haus soll 20 Meter lang und 10 Meter breit werden in der Draufsicht. Entlang der Breite des Hauses steigt der Hang um 4 Meter gleichmäßig über die ganze Länge. Das Haus soll allerdings parallel zum Boden ohne Hang seine Grundfläche haben.

(a) Wo liegen die Ecken des Hauses? Wie groß ist die Steigung/das Gefälle des Hangs in Grad? Wie viel Erde muss abgetragen werden, damit das Haus parallel zum Boden ohne Hang stehen kann?

In der Draufsicht scheint es so, dass das Haus mit einer Gesamthöhe von 12 Metern durch die Form des 3 Meter hohen Daches in drei kongruente Rechtecke zerlegt wird (alle gleich lang und gleich breit, siehe Abbildung N.1.4).

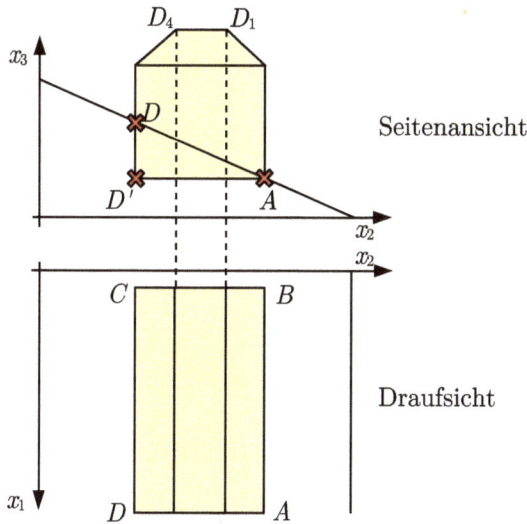

Abbildung N.1.4: Seitenansicht und Draufsicht auf das Haus am Hang.

(b) Bestimmen sie die Koordinaten der Dachpunkte D_i mit $i = 1, 2, 3, 4$ und die Oberfläche des Daches.

Über das Grundstück verläuft eine Hochspannungsleitung. Die beiden Strommasten stehen bei den Punkten $S_1(5/-5/13)$ bzw. $S_2(30/30/0)$ und sind jeweils 50 Meter hoch. Die Stromleitung verläuft geradlinig von einer Mastspitze zur anderen. Aus Sicherheitsgründen soll die Entfernung zwischen Dach und Leitung mindestens 35 Meter betragen.

(c) Ist diese Bedingung immer erfüllt?

Aufgabe 22:
Die Cheopspyramide in Gizeh besitzt heute eine Höhe von etwa 139 Metern und eine Seitenlänge von ca. 225 Metern, wobei die Grundfläche quadratisch ist. Sie wurde während der 4. Dynastie im Alten Reich errichtet und etwa um das Jahr 2580 v. Chr. fertig gestellt.

(a) Wählen Sie ein geeignetes Koordinatensystem und stellen Sie die Koordinatenformen der Ebenen auf, in denen die Seitenflächen der Pyramide liegen. Berechnen Sie den Neigungswinkel der Seitenflächen gegenüber der Grundfläche der Pyramide.

Ein Forscherteam untersucht die Königskammer. Diese befindet sich etwa im Zentrum der Pyramide, in einer Höhe von ungefähr 50 Metern über dem Erdboden. Ein Teil des Teams befindet sich in der Kammer, der andere (Außenteam) läuft den in Abbildung N.1.5 angegebenen Weg zur Spitze der Pyramide.

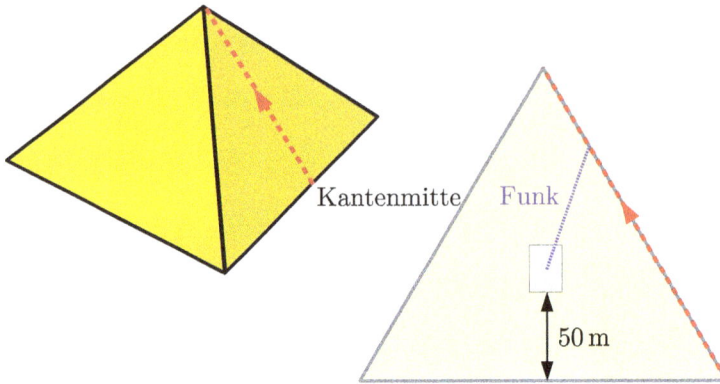

Abbildung N.1.5: Skizze zu den Aufgabenteilen (b) und (c).

Die Funkverbindung miteinander funktioniert aufgrund der dicken Mauern und technischer Probleme nur über eine Distanz von 65 Metern.

(b) Stellen Sie eine Abstandsfunktion der beiden Teams auf. Haben sie während des ganzen Aufstiegs Funkkontakt miteinander? Wenn nicht, ab welcher Höhe und bis zu welcher Höhe funktioniert die Verbindung?

(c) Die Funkverbindung ist besonders gut, wenn sich möglichst wenig Gestein zwischen den Teams befindet. Wo ist das der Fall? Beantworten Sie die Frage mit der von Ihnen aufgestellten Abstandsfunktion. Wie würde es ohne eine solche gehen? Erläutern Sie dies kurz!

Aufgabe 23:

Gegeben sei ein Würfel mit der Kantenlänge a. Diesem beschreibt man eine Kugel ein, die alle sechs Seitenflächen des Würfels in genau einem Punkt berührt (siehe Abbildung N.1.6).

Abbildung N.1.6: Einbeschriebene Kugel.

(a) Wie groß ist das Volumen dieser „Inkugel"?

(b) Wie hoch ist ein Zylinder, der den gleichen Radius und das gleiche Volumen wie die Kugel hat?

(c) Um wie viel Prozent vergrößert sich das Volumen der eben berechneten Kugel, wenn man den Radius verdoppelt?

Nun umschreiben wir diesem Würfel eine „Umkugel" (siehe Abbildung N.1.7).

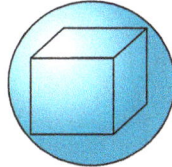

Abbildung N.1.7: Umkugel.

(d) Welches Volumen hat diese Umkugel? In welchem Verhältnis steht die Oberfläche der Umkugel zu der des Würfels und der der Inkugel?

Der Mittelpunkt von Umkugel und Inkugel sei der Koordinatenursprung $O(0/0/0)$, die Kanten des Würfels seien parallel zu den entsprechenden Koordinatenachsen.

(e) Stellen sie die Gleichungen der Ebenen auf, in denen die Seitenflächen des Würfels liegen. Berechnen Sie dann die Schnittkreisradien und Schnittkreismittelpunkte dieser Ebenen mit der Umkugel. Nutzen Sie dabei die Symmetrien aus!

Aufgabe 24:
Überlegen Sie sich mit Hilfe des Spatproduktes, wie das Volumen einer Pyramide mit einem Parallelogramm als Grundfläche berechnet werden kann. Wie sieht die Formel aus, wenn die Grundfläche ein Dreieck ist?

N.2 Ergebnisse zu Kapitel XV

N.2.1 Ergebnisse zu Kapitel XV.8

Aufgabe 1 (Gerade aufstellen):
Es ist $g : \vec{x} = \begin{pmatrix} 1 \\ 1 \\ 1 \end{pmatrix} + t \cdot \begin{pmatrix} 1 \\ 1 \\ 0 \end{pmatrix}$ mit $t \in \mathbb{R}$.

Aufgabe 2 (Ebene aufstellen):
Die Koordinatenform lautet $E : x_2 = 0$.

Aufgabe 3 (Spurpunkte ermitteln):

$S_1(7/0/0)$, $S_2(0/4/0)$, $S_3(0/0/-\frac{7}{4})$

Aufgabe 4 (Ebene aufstellen):

Normalenform: $E : \left[\vec{x} - \begin{pmatrix} 3 \\ 0 \\ 0 \end{pmatrix}\right] \bullet \begin{pmatrix} 4 \\ 2 \\ 1 \end{pmatrix} = 0$

Aufgabe 5 (Ebene umwandeln):

Parameterform: $E : \vec{x} = \begin{pmatrix} 0 \\ 0 \\ 9 \end{pmatrix} + s \cdot \begin{pmatrix} 1 \\ 0 \\ 0 \end{pmatrix} + t \cdot \begin{pmatrix} 0 \\ 1 \\ -4 \end{pmatrix}$ mit $s, t \in \mathbb{R}$

Aufgabe 6 (Ebene umwandeln):

Koordinatenform: $E : 16x_1 - 2x_2 + x_3 = 23$

Aufgabe 7 (Ebene umwandeln):

Normalenform: $E : \left[\vec{x} - \begin{pmatrix} 0 \\ 8 \\ 2 \end{pmatrix}\right] \bullet \begin{pmatrix} -1 \\ 1 \\ 7 \end{pmatrix} = 0$

Aufgabe 8 (Ebene umwandeln):

Parameterform: $E : \vec{x} = \begin{pmatrix} 11 \\ 0 \\ 0 \end{pmatrix} + s \cdot \begin{pmatrix} 3 \\ 1 \\ 0 \end{pmatrix} + t \cdot \begin{pmatrix} -9 \\ 0 \\ 1 \end{pmatrix}$ mit $s, t \in \mathbb{R}$

Aufgabe 9 (Abstandsbestimmung Punkt-Ebene):

Abstand $d(E, P) = 1$.

Aufgabe 10 (Abstandsbestimmung Punkt-Ebene):

Die gesuchten Parameterwerte sind $t_{1/2} = \pm\sqrt{\frac{112}{5}}$.

Aufgabe 11 (Abstandsbestimmung Punkt-Punkt):

Die gesuchten Punkte sind $P_{-3}(-3/-23/-9)$ und $P_{+3}(3/25/15)$.

Aufgabe 12 (Abstandsbestimmung Punkt-Punkt):

Ist rechtwinklig, der rechte Winkel liegt bei A.

Aufgabe 13 (Abstandsbestimmung Punkt-Gerade):

Abstand $d(g, P) = \sqrt{\frac{84}{5}} \approx 4{,}099$.

Aufgabe 14 (Abstandsbestimmung Punkt-Gerade):

Parameterform der Geraden: $g : \overrightarrow{x} = \begin{pmatrix} 0 \\ 0 \\ 0 \end{pmatrix} + t \cdot \begin{pmatrix} 1 \\ 1 \\ 1 \end{pmatrix}$ mit $t \in \mathbb{R}$

Aufgabe 15 (Kreuz- und Skalarprodukt):

(a) Der Summenvektor ist $\begin{pmatrix} 0 \\ 2 \\ 1 \end{pmatrix}$.

(b) Skalarprodukt: -1; Kreuzprodukt: $\begin{pmatrix} 2 \\ -1 \\ 2 \end{pmatrix}$

(c) Der Ausdruck hat den Wert 1.

Aufgabe 16 (Hessesche Normalenform):

(a) $d_1 = 6\sqrt{3}$ und $d_2 = -\sqrt{3}$

(b) Abstand: 13

Aufgabe 17:

(a) $C_{1/2}(6 \pm \sqrt{3}/ \mp 4\sqrt{3}/3 \pm 3\sqrt{3})$

(b) $D_{1/2}(6 \pm \sqrt{26}/ \pm \sqrt{26}/3 \pm \sqrt{26})$

Aufgabe 18:

(a) Parameterform: $E_0 : \overrightarrow{x} = \begin{pmatrix} 1 \\ 0 \\ 3 \end{pmatrix} + s \cdot \begin{pmatrix} 3 \\ 4 \\ 4 \end{pmatrix} + t \cdot \begin{pmatrix} -1 \\ 8 \\ 1 \end{pmatrix}$ mit $s, t \in \mathbb{R}$; Koordinatenform:

$E_0 : 4x_1 + x_2 - 4x_3 = -8$; Spurpunkte: $S_1(-2/0/0)$, $S_2(0/-8/0)$ und $S_3(0/0/2)$;

Spurgeraden: $g_1 : \overrightarrow{x} = \begin{pmatrix} -2 \\ 0 \\ 0 \end{pmatrix} + t \cdot \begin{pmatrix} 2 \\ -8 \\ 0 \end{pmatrix}$ mit $t \in \mathbb{R}$, $g_2 : \overrightarrow{x} = \begin{pmatrix} 0 \\ -8 \\ 0 \end{pmatrix} + t \cdot \begin{pmatrix} 0 \\ 8 \\ 2 \end{pmatrix}$ mit

$t \in \mathbb{R}$, $g_3 : \overrightarrow{x} = \begin{pmatrix} 0 \\ 0 \\ 2 \end{pmatrix} + t \cdot \begin{pmatrix} -2 \\ 0 \\ -2 \end{pmatrix}$ mit $t \in \mathbb{R}$

(b) $\overline{S_1 S_2} = \overline{S_3 S_1} = \sqrt{70}$

(c) Berechnung mit Höhenbestimmung über den Lotfußpunkt einer Ecke bezüglich der gegenüberliegenden Spurgerade oder über das Kreuzprodukt. Beide Verfahren liefern $A = \frac{7\sqrt{33}}{2}$ FE.

(d) $D'(4{,}5/7{,}5/12{,}5)$

(e) Gerade: $k : \vec{x} = \begin{pmatrix} 0 \\ 8 \\ 4 \end{pmatrix} + t \cdot \begin{pmatrix} 1 \\ 1 \\ 1 \end{pmatrix}$ mit $t \in \mathbb{R}$; $E_t : -28x_1 + (t-7) \cdot x_2 + (28-t) \cdot x_3 = 56 - 3t$ für jedes t; jedes t besitzt eine senkrechte Partnerebene, ausgenommen die für $t = 17{,}5$

(f) $t = 38{,}5$

Aufgabe 19:

(a) $E : 5x_1 + x_2 + 5x_3 = 100$

(b) $E' : -5x_1 + x_2 + 5x_3 = 0$

(c) $g : \vec{x} = \begin{pmatrix} 10 \\ 0 \\ 10 \end{pmatrix} + t \cdot \begin{pmatrix} 0 \\ 10 \\ -2 \end{pmatrix}$ mit $t \in \mathbb{R}$

(d) $r \approx 1{,}400$ LE

(e) $h : \vec{x} = \begin{pmatrix} 10 \\ 0 \\ 12 \end{pmatrix} + t \cdot \begin{pmatrix} 0 \\ 10 \\ -2 \end{pmatrix}$ mit $t \in \mathbb{R}$; $M'(10/22{,}21/7{,}558)$

(f) $m = 80{,}51$ Kilogramm, Geschwindigkeit $v = 9{,}43\frac{\text{m}}{\text{s}}$

Aufgabe 20:

(a) $t_{\text{MINIMUM}} = 8{,}669$ Sekunden

(b) etwa $48{,}15$ Meter

Aufgabe 21:

(a) $B(10/15/5)$, $C(10/5/9)$, $C'(10/5/5)$, $D(30/5/9)$, $D'(30/5/5)$, Gefälle $21{,}8°$, $V_{\text{Erde}} = 400$ m^3

(b) $D_1(30/11\frac{2}{3}/17)$, $D_2(10/11\frac{2}{3}/17)$, $D_3(10/8\frac{1}{3}/17)$, $D_4(30/8\frac{1}{3}/17)$, $O_{\text{Dach}} \approx 246{,}05$ m^2

(c) Ja

Aufgabe 22:

(a) Koordinatensystem symmetrisch mit x_3-Achse durch die Spitze legen; zu A, B, S: $E_1 : 278x_2 + 225x_3 = 31275$; zu B, C, S: $E_2 : -278x_1 + 225x_3 = 31275$; zu C,

D, S: E_3 : $-278x_2 + 225x_3 = 31275$; zu D, A, S: E_1 : $278x_1 + 225x_3 = 31275$; Neigungswinkel $51°1'$

(b) $d(t) = \sqrt{31977{,}25t^2 - 39212{,}5t + 15156{,}25}$; Verbindung von 59,5 Metern bis zu einer Höhe von etwa 111 Metern

(c) 85 Meter, Abstandsbestimmung auch mit Kreuzprodukt oder Hilfsebene möglich

Aufgabe 23:

(a) $V_{\text{IN}} = \frac{1}{6}\pi a^3$

(b) $h = \frac{2}{3}a$

(c) Zunahme von 700%

(d) $V_{\text{UM}} = \frac{\sqrt{3}}{2}\pi a^3$; $\frac{O_W}{O_{\text{UM}}} = \frac{2}{\pi}$; $\frac{O_{\text{IN}}}{O_{\text{UM}}} = \frac{1}{3}$

(e) $x_i = \pm\frac{a}{2}$, $i \in \{1,2,3\}$; $M_{\text{SK}}(\pm\frac{a}{2}/0/0)$, wobei der Wert ungleich 0 auf allen drei Plätzen liegen kann

Aufgabe 24:

- Grundfläche Parallelogramm: $V_P = \frac{1}{3} \cdot \left(\vec{a} \times \vec{b}\right) \bullet \vec{c}$

- Grundfläche Dreieck: $V_T = \frac{1}{6} \cdot \left(\vec{a} \times \vec{b}\right) \bullet \vec{c}$

N.3 Lösungswege zu Kapitel XV

N.3.1 Lösungswege zu Kapitel XV.8

Aufgabe 1 – Lösungsweg:
Da die Gerade senkrecht zur Ebene $E : x_1 + x_2 = 3$ mit dem Normalenvektor

$$\vec{n}_E = \begin{pmatrix} 1 \\ 1 \\ 0 \end{pmatrix},$$

welcher sich sofort direkt aus den Koeffizienten der Ebenengleichung ergibt, steht, ist ihr Richtungsvektor parallel zu eben diesem Normalenvektor. Die Geradengleichung ergibt sich dann mit dem angegebenen Punkt zu

$$g : \vec{x} = \begin{pmatrix} 1 \\ 1 \\ 1 \end{pmatrix} + t \cdot \begin{pmatrix} 1 \\ 1 \\ 0 \end{pmatrix} \text{ mit } t \in \mathbb{R}.$$

Aufgabe 2 – Lösungsweg:
Die Koordinatenform erhalten wir durch das Lösen des LGS, welches sich durch Einsetzen der Punkte in die allgemeine Koordinatenform $ax_1 + bx_2 + cx_3 = e$ mit $a, b, c, e \in \mathbb{R}$ ergibt. Einfacher ist es jedoch in diesem Fall zu beachten, dass bei allen Punkten $x_2 = 0$ steht. Dies ist dann bereits die gesuchte Koordinatenform!

Aufgabe 3 – Lösungsweg:
Wir dividieren durch 28 und erhalten

$$E : \frac{1}{7}x_1 + \frac{1}{4}x_2 - \frac{4}{7}x_3 = 1.$$

Aus den Kehrwerten der Koeffizienten erhalten wir dann sofort die Spurpunkte:

$$S_1(7/0/0),\, S_2(0/4/0) \text{ und } S_3(0/0/-\tfrac{7}{4})$$

Aufgabe 4 – Lösungsweg:
Da die Spurpunkte gegeben sind, können wir die Koordinatenform schnell bestimmen (**Kehrwertbildung**). Es ist

$$E : \frac{1}{3}x_1 + \frac{1}{6}x_2 + \frac{1}{12}x_3 = 1 \Rightarrow 4x_1 + 2x_2 + x_3 = 12 \Rightarrow \overrightarrow{n}_E = \begin{pmatrix} 4 \\ 2 \\ 1 \end{pmatrix}.$$

Die/Eine Normalenform ergibt sich damit einfach unter Verwendung einer der drei gegebenen Punkte:

$$E : \left[\overrightarrow{x} - \begin{pmatrix} 3 \\ 0 \\ 0 \end{pmatrix} \right] \bullet \begin{pmatrix} 4 \\ 2 \\ 1 \end{pmatrix} = 0.$$

Aufgabe 5 – Lösungsweg:
Wir schreiben wie folgt um:

$$\begin{aligned} x_1 &= & x_1 & \\ x_2 &= & & x_2 \\ x_3 &= 9 & & - 4x_2 \end{aligned}$$

Anders geschrieben:

$$E : \overrightarrow{x} = \begin{pmatrix} 0 \\ 0 \\ 9 \end{pmatrix} + s \cdot \begin{pmatrix} 1 \\ 0 \\ 0 \end{pmatrix} + t \cdot \begin{pmatrix} 0 \\ 1 \\ -4 \end{pmatrix} \text{ mit } s, t \in \mathbb{R}$$

Dies ist eine Darstellung in der Parameterform und wir sind fertig.

Aufgabe 6 – Lösungsweg:
Wir berechnen das Kreuzprodukt der beiden Richtungsvektoren und erhalten dadurch den Normalenvektor der gesuchten Ebene. Es ist

$$\begin{pmatrix} 1 \\ 8 \\ 0 \end{pmatrix} \times \begin{pmatrix} 0 \\ 2 \\ 4 \end{pmatrix} = \begin{pmatrix} 8 \cdot 4 - 0 \cdot 2 \\ 0 \cdot 0 - 1 \cdot 4 \\ 1 \cdot 2 - 8 \cdot 0 \end{pmatrix} = \begin{pmatrix} 32 \\ -4 \\ 2 \end{pmatrix}.$$

Die Koordinatenform ist dann $E : 32x_1 - 4x_2 + 2x_3 = e$. Wir setzen hier den Stützpunkt der Parameterdarstellung ein und erhalten

$$e = 32 \cdot 1 - 4 \cdot 0 + 2 \cdot 7 = 46.$$

Es ist dann, nachdem man durch 2 geteilt hat, der Schönheit wegen,

$$E : 16x_1 - 2x_2 + x_3 = 23.$$

Aufgabe 7 – Lösungsweg:
Aus der Koordinatenform lesen wir sofort den Normalenvektor ab. Dieser ist hier

$$\vec{n}_E = \begin{pmatrix} -1 \\ 1 \\ 7 \end{pmatrix}.$$

Nun wählen wir noch einen Punkt, z.B. $P(0/8/2)$, welcher die gegebene Koordinatenglei-chung erfüllt. Es ist nämlich $-0 + 8 + 2 \cdot 7 = 22$. Damit können wir eine Normalenform-darstellung angeben:

$$E : \left[\vec{x} - \begin{pmatrix} 0 \\ 8 \\ 2 \end{pmatrix} \right] \bullet \begin{pmatrix} -1 \\ 1 \\ 7 \end{pmatrix} = 0.$$

Aufgabe 8 – Lösungsweg:
Wir geben zuerst die Koordinatenform an. Diese ist

$$-x_1 + 3x_2 - 9x_3 = e.$$

Durch Einsetzen des Punktes erhalten wir $e = -1 \cdot 2 + 3 \cdot 0 - 9 \cdot 1 = -11$. Damit haben wir dann, nach der Multiplikation mit -1, die Koordinatenform

$$E : x_1 - 3x_2 + 9x_3 = 11.$$

Nun schreiben wir wie folgt:

$$\begin{aligned} x_1 &= 11 + 3x_2 - 9x_3 \\ x_2 &= x_2 \\ x_3 &= x_3 \end{aligned}$$

Anders geschrieben:

$$E : \vec{x} = \begin{pmatrix} 11 \\ 0 \\ 0 \end{pmatrix} + s \cdot \begin{pmatrix} 3 \\ 1 \\ 0 \end{pmatrix} + t \cdot \begin{pmatrix} -9 \\ 0 \\ 1 \end{pmatrix} \text{ mit } s, t \in \mathbb{R}.$$

Damit haben wir eine Parameterdarstellung gefunden.

Aufgabe 9 – Lösungsweg:
Die Hessesche Normalenform der gegebenen Ebene lautet

$$\text{HNF:} \quad \frac{4x_1 - 8x_2 + x_3 - 54}{\sqrt{4^2 + 8^2 + 1^2}} = 0.$$

Setzen wir den gegebenen Punkt ein, so erhalten wir den gesuchten Abstand:

$$d(E, P) = \frac{|4 \cdot 7 + 8 \cdot 4 + 3 - 54|}{9} = \frac{9}{9} = 1.$$

Aufgabe 10 – Lösungsweg:
Die Hessesche Normalenform lautet hier:

$$\text{HNF:} \quad \frac{tx_1 + 3tx_2 - x_3 + 16}{\sqrt{t^2 + 9t^2 + 1}} = 0.$$

Wir setzen den gegebenen Punkt ein und fordern, dass der Abstand gleich 1 ist:

$$d(E_t, P) = \frac{|-1 + 16|}{\sqrt{10t^2 + 1}} = 1 \Rightarrow \sqrt{10t^2 + 1} = 15 \Rightarrow 10t^2 + 1 = 225 \Rightarrow t_{1/2} = \pm\sqrt{\frac{112}{5}}.$$

Aufgabe 11 – Lösungsweg:
Wir berechnen den Abstand der beiden Punkte mit Hilfe der Punkt-Punkt-Abstandsformel, wobei wir bei dieser fordern, dass der Abstand der beiden eingesetzten Punkte 27 beträgt. Es ist

$$\left|\overrightarrow{P_t Q}\right| = \sqrt{(t - 0)^2 + (8t + 1 - 1)^2 + (4t + 3 - 3)^2} = \sqrt{81t^2} = \pm 9t = 27 \Rightarrow t_{1/2} = \pm 3.$$

Die dazugehörigen Punkte sind daher $P_{-3}(-3/-23/-9)$ und $P_{+3}(3/25/15)$.

Aufgabe 12 – Lösungsweg:
Wir berechnen die Dreiecksseiten:

- $\left|\overrightarrow{AB}\right| = \sqrt{(2 - 2)^2 + (-1 + 1)^2 + (5 - 3)^2} = 2$

- $\left|\overrightarrow{BC}\right| = \sqrt{(0-2)^2 + (0+1)^2 + (3-5)^2} = 3$

- $\left|\overrightarrow{CA}\right| = \sqrt{(2-0)^2 + (-1-0)^2 + (3-3)^2} = \sqrt{5}$

Da $\sqrt{\left|\overrightarrow{CA}\right|^2 + \left|\overrightarrow{AB}\right|^2} = \sqrt{\left(\sqrt{5}\right)^2 + 2^2} = \sqrt{9} = 3 = \left|\overrightarrow{BC}\right|$ ist, ist das Dreieck nach Pythagoras ein rechtwinkliges und der rechte Winkel befindet sich im Punkt A.

Aufgabe 13 – Lösungsweg:
Folgendes Programm können wir zur Lösung des Problems absolvieren:

> ### Der Abstand eines Punktes P von einer Geraden g
>
> 1. Hilfsebene H in Koordinatenform aufstellen (Normalenvektor der Ebene $H = $ Richtungsvektor der Geraden g).
> 2. Punkt P in die Ebene H einsetzen, um deren e (rechte Seite) zu bestimmen.
> 3. Durchstoßpunkt D der Geraden g durch die Ebene H bestimmen (zeilenweises Auslesen von g und einsetzen in H, Parameter ausrechnen und wieder in die Gerade einsetzen).
> 4. Abstand von D zu P bestimmen (Abstand Punkt-Punkt).

Wir stellen eine Hilfsebene senkrecht zu der gegebenen Geraden auf:

$$H : 2x_1 - 4x_3 = e$$

Nun setzen wir den Punkt P ein und erhalten $e = 2 \cdot 0 - 4 \cdot 8 = -32$. Damit ist die Hilfsebene (nach der Division durch 2) gegeben durch

$$H : x_1 - 2x_3 = -16.$$

Hier setzen wir nun die Gerade ein und erhalten dadurch eine Gleichung für t:

$$2t + 8t = -16 \Rightarrow t = -\frac{16}{10} = -\frac{8}{5}$$

Damit ergibt sich durch die Geradengleichung der Punkt $D\left(-\frac{16}{5}/0/\frac{32}{5}\right)$. Der gesuchte Abstand ist daher

$$\left|\overrightarrow{PD}\right| = \sqrt{\left(\frac{16}{5} - 0\right)^2 + (0-2)^2 + \left(\frac{32}{5} - 8\right)^2} = \sqrt{\frac{84}{5}} \approx 4{,}099.$$

Aufgabe 14 – Lösungsweg:
Zuerst einmal können wir hier ausnutzen, dass ein gleichseitiges Dreieck vorliegt, was man eventuell schon an der Lage der Punkte feststellen kann. Die Kantenlänge des Dreiecks ist (Abstand Punkt-Punkt) $2\sqrt{2}$. Nun haben wir mehrere Alternativen zum weiteren Fortschreiten, wobei wir zwei hier erwähnen wollen und uns dann für eine entscheiden:

1. Durch die Mittelpunkte der Kanten und die jeweils gegenüberliegenden Eckpunkte können wir Geraden legen, deren Schnittpunkt einer der gesuchten Punkte ist. Dies funktioniert, weil ein gleichseitiges Dreieck vorliegt.

2. Zur Berechnung des Schwerpunktes gibt es eine nette Formel. Sind $\vec{a}$, $\vec{b}$ und $\vec{c}$ die Ortsvektoren der drei Eckpunkte A, B und C eines Dreiecks, so berechnet sich der Ortsvektor $\vec{s}$ des Schwerpunktes S mit Hilfe von

$$\vec{s} = \frac{1}{3} \cdot \left(\vec{a} + \vec{b} + \vec{c} \right).$$

Da bei einem gleichseitige Dreieck der Schwerpunkt, der Schnittpunkt der Mittelsenkrechten und der Schnittpunkt der Winkelhalbierenden identisch sind, haben wir einen der Punkte gefunden.

Die Methode 1 kann jeder für sich einmal ausprobieren, wir nehmen jetzt aber die Formel und erhalten dadurch den Schwerpunkt S über

$$\vec{s} = \frac{1}{3} \cdot \left(\begin{pmatrix} 2 \\ 0 \\ 0 \end{pmatrix} + \begin{pmatrix} 0 \\ 2 \\ 0 \end{pmatrix} + \begin{pmatrix} 0 \\ 0 \\ 2 \end{pmatrix} \right) = \begin{pmatrix} 2/3 \\ 2/3 \\ 2/3 \end{pmatrix}.$$

Der Punkt $S(\frac{2}{3}/\frac{2}{3}/\frac{2}{3})$ ist von den drei Eckpunkten gleich weit entfernt.

Was jetzt noch nicht verarbeitet wurde, ist die Tatsache, dass die drei Punkte in einer Ebene liegen. Da sie durch ihre spezielle Form (zwei Nullen jeweils) die Spurpunkte der Ebene, in der sie liegen, sind, können wir diese ganz leicht aufstellen. Es ist

$$E : \frac{1}{2}x_1 + \frac{1}{2}x_2 + \frac{1}{2}x_3 = 1.$$

Somit haben wir (nachdem wir mit 2 multipliziert haben) die Ebene

$$E : x_1 + x_2 + x_3 = 2.$$

Deren Normalenvektor ergibt sich aus der Koordinatenform durch einfaches Ablesen zu

$$\vec{n}_E = \begin{pmatrix} 1 \\ 1 \\ 1 \end{pmatrix}.$$

Damit können wir eine Gerade durch den Punkt S aufstellen:

$$g : \vec{x} = \begin{pmatrix} \frac{2}{3} \\ \frac{2}{3} \\ \frac{2}{3} \end{pmatrix} + t \cdot \begin{pmatrix} 1 \\ 1 \\ 1 \end{pmatrix} \quad \text{mit } t \in \mathbb{R}.$$

Jeder Punkt dieser Geraden ist von den drei Eckpunkten gleich weit entfernt, da der Richtungsvektor senkrecht auf der durch A, B und C festgelegten Ebene steht und der Stützpunkt schon die Forderung nach dem gleichen Abstand erfüllt.

Wir können leicht überprüfen, dass auch der Ursprung auf der gesuchten Geraden liegt, womit wir die Gerade auch wie folgt darstellen können:

$$g : \vec{x} = \begin{pmatrix} 0 \\ 0 \\ 0 \end{pmatrix} + t^* \cdot \begin{pmatrix} 1 \\ 1 \\ 1 \end{pmatrix} \text{ mit } t^* \in \mathbb{R}$$

Anmerkung

Anstelle des Schwerpunktes hätte man natürlich auch gleich den Ursprung nehmen können, da dieser ja offensichtlich von allen drei Punkten den gleichen Abstand hat (nämlich 2).

Aufgabe 15 – Lösungsweg:
Wir beziehen uns auf die aus den Kapiteln XIV und XV von *MiS* bekannten Definitionen und führen hiermit die Rechnungen durch.

(a) $\begin{pmatrix} 1 \\ 2 \\ 0 \end{pmatrix} + \begin{pmatrix} -1 \\ 0 \\ 1 \end{pmatrix} = \begin{pmatrix} 1 + (-1) \\ 2 + 0 \\ 0 + 1 \end{pmatrix} = \begin{pmatrix} 0 \\ 2 \\ 1 \end{pmatrix}$

(b) Skalarprodukt: $\begin{pmatrix} 1 \\ 2 \\ 0 \end{pmatrix} \bullet \begin{pmatrix} -1 \\ 0 \\ 1 \end{pmatrix} = 1 \cdot (-1) + 2 \cdot 0 + 0 \cdot 1 = -1$

Kreuzprodukt: $\begin{pmatrix} 1 \\ 2 \\ 0 \end{pmatrix} \times \begin{pmatrix} -1 \\ 0 \\ 1 \end{pmatrix} = \begin{pmatrix} 2 \cdot 1 - 0 \cdot 0 \\ 0 \cdot (-1) - 1 \cdot 1 \\ 1 \cdot 0 - 2 \cdot (-1) \end{pmatrix} = \begin{pmatrix} 2 \\ -1 \\ 2 \end{pmatrix}$

(c) $\left(\begin{pmatrix} 1 \\ 2 \\ 0 \end{pmatrix} - 2 \cdot \begin{pmatrix} -1 \\ 0 \\ 1 \end{pmatrix} \right) \bullet \left(3 \cdot \begin{pmatrix} 1 \\ 2 \\ 0 \end{pmatrix} + 4 \cdot \begin{pmatrix} -1 \\ 0 \\ 1 \end{pmatrix} \right) = \begin{pmatrix} 1 + 2 \\ 2 - 0 \\ 0 - 2 \end{pmatrix} \bullet \begin{pmatrix} 3 - 4 \\ 6 + 0 \\ 0 + 4 \end{pmatrix} = \begin{pmatrix} 3 \\ 2 \\ -2 \end{pmatrix} \bullet$

$\begin{pmatrix} -1 \\ 6 \\ 4 \end{pmatrix} = 3 \cdot (-1) + 2 \cdot 6 + (-2) \cdot 4 = 1.$

Aufgabe 16 – Lösungsweg:

(a) In der Hesseschen Normalenform lautet die Ebene:

$$\text{HNF:} = \frac{2x_1 + 3x_2 + dx_3 - 8}{\sqrt{2^2 + 3^2 + d^2}} = 0.$$

Es ergibt sich, indem wir den Punkt $M(4/5/\sqrt{3})$ und den Abstand 3 einarbeiten[1]:

$$\frac{2 \cdot 4 + 3 \cdot 5 + d \cdot \sqrt{3} - 8}{\sqrt{2^2 + 3^2 + d^2}} = 3$$

$$15 + d\sqrt{3} = 3\sqrt{2^2 + 3^2 + d^2}$$

$$5 + \frac{d}{\sqrt{3}} = \sqrt{13 + d^2}$$

- Binomisch (Gleichung quadriert): $25 + 10\frac{d}{\sqrt{3}} + \frac{d^2}{3} = 13 + d^2$

- Umgeformt: $\frac{2}{3}d^2 - \frac{10}{\sqrt{3}}d - 12 = 0$

- Mitternachtsformel: $x_{1/2} = \dfrac{-b \pm \sqrt{b^2 - 4ac}}{2a}$

Die Mitternachtsformel liefert

$$d_{1/2} = \frac{\frac{10}{\sqrt{3}} \pm \sqrt{\frac{100}{3} + \frac{96}{3}}}{\frac{4}{3}} \quad \Rightarrow \quad \left\{ \begin{array}{l} d_1 = 6\sqrt{3} \\ d_2 = -\sqrt{3} \end{array} \right.$$

(b) *Aufstellen der Ebene*
Gegeben sind die drei Punkte

$$A(2/2/0), B(-2/2/6) \text{ und } C(3/2/5),$$

durch die die gesuchte Ebene E geht. Wir betrachten nun zwei Möglichkeiten, die Ebene aufzustellen.

- *1. Möglichkeit*
Aufstellen einer Parameterform der Ebene E und Berechnung der Koordinatenform aus dieser. Wir nehmen A als Stützpunkt und erhalten dann die Parameterform

$$E : \vec{x} = \overrightarrow{OA} + r \cdot \overrightarrow{AB} + s \cdot \overrightarrow{AC},$$

wobei mit O der Ursprung $O(0/0/0)$ des Koordinatensystems gemeint ist. Setzen wir nun die Punkte ein, so erhalten wir

$$E : \vec{x} = \begin{pmatrix} 2 \\ 2 \\ 0 \end{pmatrix} + r \cdot \begin{pmatrix} -2-2 \\ 2-2 \\ 6-0 \end{pmatrix} + s \cdot \begin{pmatrix} 3-2 \\ 2-2 \\ 5-0 \end{pmatrix} = \begin{pmatrix} 2 \\ 2 \\ 0 \end{pmatrix} + r \cdot \begin{pmatrix} -4 \\ 0 \\ 6 \end{pmatrix} + s \cdot \begin{pmatrix} 1 \\ 0 \\ 5 \end{pmatrix}.$$

---

[1]**Anmerkung:** Wenn wir hier -3 wegen der eigentlich vorhandenen Beträge setzen, bekommen wir durch das spätere Quadrieren die gleichen Werte für d heraus.

Diese Parameterform wandeln wir in eine Koordinatenform um. Dazu schreiben wir die Ebene wie folgt:

$$x_1 = 2 + (-4)r + 1s$$
$$x_2 = 2 + 0r + 0s$$
$$x_3 = 0 + 6r + 5s$$

Aus der zweiten Gleichung erkennen wir sofort, dass $x_2 = 2$ ist. Dies ist schon die Koordinatengleichung der Ebene E:

$$E : x_2 = 2$$

- *2. Möglichkeit*
  Wir verwenden die allgemeine Form der Koordinatengleichung:

$$ax_1 + bx_2 + cx_3 = e$$

In diese setzen wir nun nacheinander die Punkte A, B und C aus der Aufgabe ein.

  – Der Punkt $A(2/2/0)$ ergibt: $2a + 2b = e$ (I)

  – Der Punkt $B(-2/2/6)$ ergibt: $-2a + 2b + 6c = e$ (II)

  – Der Punkt $C(3/2/5)$ ergibt: $3a + 2b + 5c = e$ (III)

Nun lösen wir das so entstandene, unterbestimmte (mehr Variable als Gleichungen) Lineare Gleichungssystem (LGS). Wir schmeißen zuerst das b heraus:

$$(\text{I}) - (\text{II}) \quad 4a + 0b - 6c = 0$$
$$(\text{I}) - (\text{III}) \quad -1a + 0b - 5c = 0$$

Damit haben wir zwei neue Gleichungen erhalten:

$$4a - 6c = 0 \ (\text{IV})$$
$$-1a - 5c = 0 \ (\text{V})$$

Nun schmeißen wir das a heraus:

$$(\text{IV}) + 4(\text{V}) \quad 0a - 26c = 0$$

Also haben wir $-26c = 0$ und daraus folgt $c = 0$. Jetzt setzen wir $c = 0$ in Gleichung (IV) oder (V) ein und erhalten:

$$c = 0 \text{ in } (\text{IV}): 4a - 0 = 0$$

Daraus folgt $a = 0$. Abschließend setzen wir $a = 0$ und $c = 0$ in Gleichung (I), (II) oder (III) ein:

$$a = c = 0 \text{ in } (\text{I}): 0 + 2b = e$$

Daraus folgt $b = \frac{e}{2}$.
Zum Abschluss wählen wir nur noch ein e, sodass die anderen Werte möglichst einfach (meint: ohne Brüche) werden:

$$e = 2 \Rightarrow b = 1$$
$$a = c = 0,\ b = 1 \text{ und daher } e = 2.$$

Damit ergibt sich (wie in der 1. Möglichkeit) die Ebene $E : x_2 = 2$. Dass diese Berechnungen stimmen, ersehen wir aus den drei Punkten A, B und C:

$$A(\ 2/\boxed{2}/0)$$
$$B(-2/\boxed{2}/6)$$
$$C(\ 3/\boxed{2}/5)$$
$$x_2$$

Abbildung N.3.1: Erläuterung zur Ebenengleichung.

Abstandsberechnung mit Hesse

Jetzt berechnen wir den Abstand des Punktes $P(5/15/9)$ von der Ebene E unter Verwendung der Hesseschen Normalenform. Wir haben die Ebene E mit

$$E : x_2 = 2$$

gegeben. Daraus bilden wir ihre Hessesche Normalenform. Allgemein lautet sie wie folgt:

$$\text{HNF:}\ \frac{ax_1 + bx_2 + cx_3 - e}{\sqrt{a^2 + b^2 + c^2}} = 0$$

Im vorliegenden Fall erhalten wir:

$$\text{HNF:}\ \frac{x_2 - 2}{1} = 0$$

Setzen wir in die HNF den Punkt P ein, so erhalten wir seinen Abstand von der Ebene E.

$$P(5/15/9) \text{ in } E:\ d(P, E) = \frac{|15 - 2|}{1} = 13$$

!

Anmerkung

Ist die Zahl zwischen den Betragszeichen negativ, so liegen der Punkt P und der Ursprung $O(0/0/0)$ auf der gleichen Seite der Ebene E. Ist die Zahl zwischen den Betragszeichen dagegen positiv, so liegen O und P auf verschiedenen Seiten von E.

Der Abstand des Punktes P von der Ebene E beträgt somit 13 Längeneinheiten (LE).

Abstandsberechnung ohne Hesse

Wir schauen uns zur Lösung dieses Problems zuerst eine kleine Skizze an, die sowohl den Punkt P als auch die Ebene E enthält.

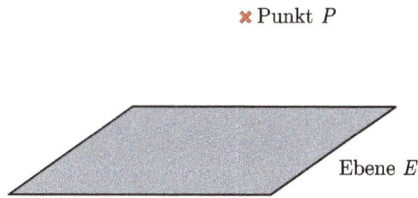

Abbildung N.3.2: Ebene und Punkt.

Zeichnen wir hier den Normalenvektor der Ebene ein, so sieht das folgendermaßen aus:

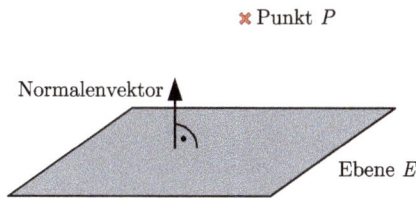

Abbildung N.3.3: Ebene, Punkt und Normalenvektor-

Wählen wir P als Stützvektor und den Normalenvektor als Richtungsvektor, so erhalten wir eine Gerade g, deren Durchstoßpunkt D durch die Ebene E wir berechnen können. Haben wir den Durchstoßpunkt D, so können wir den Abstand von D und P berechnen, was gleich dem Abstand von P zu E ist.

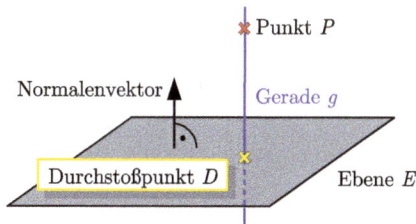

Abbildung N.3.4: Ebene und Hilfsgerade.

Jetzt stellen wir die Gerade g auf: Der Stützpunkt ist $P(5/15/9)$ und der Richtungsvektor ist der Normalenvektor der Ebene E.

Aus $E : x_2 = 2$ erhalten wir $\vec{n}_E = \begin{pmatrix} 0 \\ 1 \\ 0 \end{pmatrix}$. Damit ergibt sich die Gerade g zu

$$g : \vec{x} = \begin{pmatrix} 5 \\ 15 \\ 9 \end{pmatrix} + t \cdot \begin{pmatrix} 0 \\ 1 \\ 0 \end{pmatrix}.$$

Setzen wir g in E ein (zeilenweises Auslesen der Geraden g), so erhalten wir:

$$\begin{aligned} x_1 &= 5 \\ x_2 &= 15 + t \\ x_3 &= 9 \end{aligned}$$

Einsetzen in $E : x_2 = 2$ ergibt $15 + t = 2$, also $t = -13$. Setzen wir t in die Gerade g ein, so erhalten wir den Durchstoßpunkt D. Es ist

$$\overrightarrow{OD} = \begin{pmatrix} 5 \\ 15 \\ 9 \end{pmatrix} + (-13) \cdot \begin{pmatrix} 0 \\ 1 \\ 0 \end{pmatrix} = \begin{pmatrix} 5 - 0 \\ 15 - 13 \\ 9 - 0 \end{pmatrix} = \begin{pmatrix} 5 \\ 2 \\ 9 \end{pmatrix}.$$

Nun gilt es nur noch, den Abstand der beiden Punkte zueinander zu berechnen.

! Anmerkung

Sind zwei Punkte P und Q gegeben, so berechnet sich ihr Abstand folgendermaßen.

Wir schreiben die Punkte P und Q als $\vec{p} = \begin{pmatrix} p_1 \\ p_2 \\ p_3 \end{pmatrix}$ und $\vec{q} = \begin{pmatrix} q_1 \\ q_2 \\ q_3 \end{pmatrix}$. Der Abstand ist dann

$$d(P, Q) = \sqrt{(p_1 - q_1)^2 + (p_2 - q_2)^2 + (p_3 - q_3)^2}.$$

Das Vertauschen von P und Q führt durch das Quadrieren zu dem gleichen Ergebnis.

In unserem Fall ergibt sich

$$d = \sqrt{(5 - 5)^2 + (15 - 2)^2 + (9 - 9)^2} = \sqrt{13^2} = 13.$$

Also erhalten wir wieder den Abstand 13.

Anmerkung

!

Liest man den letzten Abschnitt nochmal durch, kann einem auffallen, dass der Wert von t hier bis auf das Vorzeichen mit dem Abstand des Punktes P von der Ebene E übereinstimmt. Dies ist immer dann der Fall, wenn der Normalenvektor beim Aufstellen der Geraden g normiert wurde, d.h. er wurde durch seinen Betrag geteilt. Er hat somit die Länge 1, und t stimmt dann (vom Betrag her) mit dem Abstand des Punktes zur Ebene überein, wodurch sich die Berechnung des Durchstoßpunktes D erübrigt.

Aufgabe 17 – Lösungsweg:

(a) Damit C die geforderten Bedingungen erfüllt, muss Folgendes gelten:

- Rechter Winkel bei A, d.h. $\overrightarrow{AC} \bullet \overrightarrow{AB} = 0$,

- in der Ebene E liegend, d.h. $\overrightarrow{AC} \bullet \overrightarrow{n}_E = 0$ und

- Gleichschenkligkeit: $\left|\overrightarrow{AB}\right| = \left|\overrightarrow{AC}\right|$

Es ist $\overrightarrow{n}_E = \begin{pmatrix} 1 \\ 1 \\ 1 \end{pmatrix}$ der Normalenvektor der Ebene E. Mit $\overrightarrow{AB} = \begin{pmatrix} -1-6 \\ 2 \\ 8-3 \end{pmatrix} = \begin{pmatrix} -7 \\ 2 \\ 5 \end{pmatrix}$

und ebenso $\overrightarrow{AC} = \begin{pmatrix} c_1 - 6 \\ c_2 \\ c_3 - 3 \end{pmatrix}$ erhalten wir aus der ersten Bedingung

$$\overrightarrow{AC} \bullet \overrightarrow{AB} = -7 \cdot (c_1 - 6) + 2 \cdot c_2 + 5 \cdot (c_3 - 3) = 0 \Rightarrow -7c_1 + 2c_2 + 5c_3 = -27.$$

Aus der zweiten Bedingung folgt, dass

$$\overrightarrow{AC} \bullet \overrightarrow{n}_E = c_1 - 6 + c_2 + c_3 - 3 = 0 \Rightarrow c_1 + c_2 + c_3 = 9.$$

Verrechnen wir nun diese beiden Gleichungen, so erhalten wir, wenn wir z.B. c_3 eliminieren, den Ausdruck

$$-12c_1 - 3c_2 = -72 \Rightarrow 4c_1 + c_2 = 24.$$

Damit erhalten wir $c_2 = 24 - 4c_1$ und hiermit, zusammen mit der Gleichung $c_1 + c_2 + c_3 = 9$, den Ausdruck $c_3 = 3c_1 - 15$. Also gilt für den Punkt C bzw. für dessen Ortsvektor $\overrightarrow{c}$:

$$\overrightarrow{c} = \overrightarrow{OC} = \begin{pmatrix} c_1 \\ -4c_1 + 24 \\ 3c_1 - 15 \end{pmatrix}$$

Nun nutzen wir die dritte und letzte Bedingung aus, welche die Länge des Vektors $\overrightarrow{AC}$ festlegt. Es ist

$$\overrightarrow{AC} = \begin{pmatrix} c_1 - 6 \\ -4c_1 + 24 \\ 3c_1 - 15 - 3 \end{pmatrix} = \begin{pmatrix} c_1 - 6 \\ -4c_1 + 24 \\ 3c_1 - 18 \end{pmatrix}.$$

Mit $\left|\overrightarrow{AB}\right| = \sqrt{(-7)^2 + 2^2 + 5^2} = \sqrt{78}$ folgt

$$\left|\overrightarrow{AC}\right|^2 = (c_1 - 6)^2 + (24 - 4c_1)^2 + (3c_1 - 18)^2 = 78$$
$$\Rightarrow c_1^2 - 12c_1 + 36 + 576 - 192c_1 + 16c_1^2 + 9c_1^2 - 108c_1 + 324 = 78$$
$$\Rightarrow 26c_1^2 - 312c_1 + 858 = 0 \Rightarrow c_1^2 - 12c_1 + 33 = 0.$$

Wir lösen mit der Mitternachtsformel und erhalten

$$c_{1_{1/2}} = \frac{12 \pm \sqrt{12^2 - 4 \cdot 33}}{2} = \frac{12 \pm \sqrt{12}}{2} = \frac{12 \pm 2\sqrt{3}}{2} = 6 \pm \sqrt{3}.$$

Mit den oben errechneten Gleichungen für c_2 und c_3 folgt dann (nach ein wenig Rechnen)

$$C_{1/2}(6 \pm \sqrt{3}/ \mp 4\sqrt{3}/3 \cdot (1 \pm \sqrt{3})).$$

Somit gibt es zwei Punkte, die die Bedingungen erfüllen und ein rechtwinkliges Dreieck erzeugen.

(b) Dieser Fall ist leichter zu rechnen. Damit der Vektor $\overrightarrow{AD}$ senkrecht auf $\overrightarrow{AB}$ und $\overrightarrow{AC}$ steht, muss er einfach senkrecht zur Ebene E im Punkt A stehen. Damit wissen wir, dass

$$\vec{d} = \overrightarrow{OD} = \vec{a} \pm t \cdot \begin{pmatrix} 1 \\ 1 \\ 1 \end{pmatrix} \text{ mit } t \in \mathbb{R}_0^+$$

sein muss (Plus und Minus wegen der beiden möglichen Seiten der Ebene, analog Aufgabenteil (a)). Des Weiteren muss er die Länge $\sqrt{78}$ haben (siehe wiederum Aufgabenteil (a)). Wir berechnen die Länge des gewählten Normalenvektors und erhalten

$$\left|\vec{n}_E\right| = \sqrt{1^2 + 1^2 + 1^2} = \sqrt{3}.$$

Damit können wir t bestimmen: $t = \frac{\sqrt{78}}{\sqrt{3}} = \sqrt{\frac{78}{3}} = \sqrt{26}$. Also sind nun die beiden gesuchten Punkte gegeben durch

$$D_{1/2}(6 \pm \sqrt{26}/ \pm \sqrt{26}/3 \pm \sqrt{26}).$$

Aufgabe 18 – Lösungsweg:

(a) Eine Parameterdarstellung der Ebene E_0, welche die Punkte $A(1/0/3)$, $B(4/4/7)$ und $C(0/8/4)$ enthält, kann wie folgt lauten:

$$E_0 : \vec{x} = \overrightarrow{OA} + r \cdot \overrightarrow{AB} + s \cdot \overrightarrow{AC} = \begin{pmatrix} 1 \\ 0 \\ 3 \end{pmatrix} + r \cdot \begin{pmatrix} 4-1 \\ 4-0 \\ 7-3 \end{pmatrix} + s \cdot \begin{pmatrix} 0-1 \\ 8-0 \\ 4-3 \end{pmatrix}$$

$$= \begin{pmatrix} 1 \\ 0 \\ 3 \end{pmatrix} + r \cdot \begin{pmatrix} 3 \\ 4 \\ 4 \end{pmatrix} + s \cdot \begin{pmatrix} -1 \\ 8 \\ 1 \end{pmatrix}.$$

Diese wollen wir nun in die Koordinatenform umwandeln. Dafür lesen wir die Ebenengleichung zeilenweise aus und erhalten:

$$\begin{aligned} x_1 &= 1 + 3r - 1s \\ x_2 &= 0 + 4r + 8s \\ x_3 &= 3 + 4r + 1s \end{aligned}$$

Wir addieren die erste Gleichung zur dritten und das Achtfache der ersten Gleichung zur zweiten. Dann haben wir

$$x_1 = 1 + 3r - 1s$$
$$8x_1 + x_2 = 8 + 28r$$
$$x_1 + x_3 = 4 + 7r$$

Jetzt addieren wir die neue zweite Gleichung zum (-4)-fachen der neuen dritten Gleichung.

$$x_1 = 1 + 3r - 1s$$
$$8x_1 + x_2 = 8 + 28r$$
$$4x_1 + x_2 - 4x_3 = -8$$

Damit haben wir nun die gesuchte Ebenengleichung in Koordinatenform erhalten. Sie lautet

$$E_0 : 4x_1 + x_2 - 4x_3 = -8.$$

Hiermit können wir nun leicht die Spurpunkte und die Spurgeraden bestimmen. Dazu dividieren wir durch (-8) und erhalten

$$-\frac{1}{2}x_1 - \frac{1}{8}x_2 + \frac{1}{2}x_3 = 1.$$

Nehmen wir nun immer einen der Kehrwerte der Koeffizienten und setzen die anderen beiden Koordinaten gleich 0, so ergeben sich unmittelbar die gesuchten Punkte:

$S_1(-2/0/0)$, $S_2(0/-8/0)$ und $S_3(0/0/2)$.

Die Spurgeraden sind damit (z.B.)

$$g_1 : \vec{x} = \overrightarrow{OS_1} + t \cdot \overrightarrow{S_1S_2} = \begin{pmatrix} -2 \\ 0 \\ 0 \end{pmatrix} + t \cdot \begin{pmatrix} 2 \\ -8 \\ 0 \end{pmatrix}$$

$$g_2 : \vec{x} = \overrightarrow{OS_1} + t \cdot \overrightarrow{S_1S_3} = \begin{pmatrix} -2 \\ 0 \\ 0 \end{pmatrix} + t \cdot \begin{pmatrix} 2 \\ 0 \\ 2 \end{pmatrix}$$

$$g_3 : \vec{x} = \overrightarrow{OS_2} + t \cdot \overrightarrow{S_2S_3} = \begin{pmatrix} 0 \\ -8 \\ 0 \end{pmatrix} + t \cdot \begin{pmatrix} 0 \\ 8 \\ 2 \end{pmatrix}$$

(b) Wir berechnen die Längen der Dreiecksseiten:

$$\left| \overrightarrow{S_1S_2} \right| = \sqrt{2^2 + (-8)^2} = \sqrt{68} = 2\sqrt{17}$$

$$\left| \overrightarrow{S_1S_3} \right| = \sqrt{2^2 + 2^2} = \sqrt{8} = 2\sqrt{2}$$

$$\left| \overrightarrow{S_2S_3} \right| = \sqrt{8^2 + 2^2} = \sqrt{68} = 2\sqrt{17}$$

Da lediglich $\left| \overrightarrow{S_1S_2} \right| = \left| \overrightarrow{S_2S_3} \right|$ gilt, ist das vorliegende Dreieck ein gleichschenkliges.

(c) Wir berechnen den Flächeninhalt auf die geforderten zwei Arten.

Mit dem Kreuzprodukt

Mit dem Kreuzprodukt $\overrightarrow{AB} \times \overrightarrow{AC}$ berechnen wir einen Vektor, der senkrecht auf $\overrightarrow{AB}$ und $\overrightarrow{AC}$ steht und dessen Betragszahl der Flächeninhaltszahl des durch die Vektoren aufgespannten Parallelogramms identisch ist. Somit ist

$$A_{\triangle ABC} = \frac{\left| \overrightarrow{AB} \times \overrightarrow{AC} \right|}{2} = \frac{1}{2} \cdot \left| \begin{pmatrix} 3 \\ 4 \\ 4 \end{pmatrix} \times \begin{pmatrix} -1 \\ 8 \\ 1 \end{pmatrix} \right| = \frac{1}{2} \cdot \left| \begin{pmatrix} -28 \\ -7 \\ 28 \end{pmatrix} \right|$$

$$= \frac{1}{2} \cdot \sqrt{(-28)^2 + (-7)^2 + 28^2} = \frac{7 \cdot \sqrt{33}}{2} \text{ FE.}$$

Mit der Höhenberechnung

Wir legen eine Gerade durch die Punkte A und B. Diese hat die Gleichung

$$h : \vec{x} = \begin{pmatrix} 1 \\ 0 \\ 3 \end{pmatrix} + r \cdot \begin{pmatrix} 3 \\ 4 \\ 4 \end{pmatrix}.$$

Eine zu dieser Geraden senkrechte Ebene H hat die Gleichung

$$H : 3x_1 + 4x_2 + 4x_3 = e \text{ mit } e \in \mathbb{R}.$$

Den offenen Parameter bestimmen wir, indem wir einen Punkt einsetzen, der in der Ebene liegen soll. In diesem Fall ist das der Punkt C. Damit folgt

$$3 \cdot 0 + 4 \cdot 8 + 4 \cdot 4 = 48 = e \Rightarrow H : 3x_1 + 4x_2 + 4x_3 = 48.$$

Nun lesen wir die Gerade h zeilenweise aus und setzen die Terme in die Ebene H ein:

$$3 \cdot \overbrace{(1 + 3r)}^{x_1} + 4 \cdot \overbrace{(4r)}^{x_2} + 4 \cdot \overbrace{(3 + 4r)}^{x_3} = 48 \Rightarrow 41r = 33 \Rightarrow r = \frac{33}{41}.$$

Setzen wir den Wert von r in die Gerade h ein, so erhalten wir den Durchstoßpunkt eben jener Geraden durch die Ebene H. Dieser ist gleichzeitig der Höhenfußpunkt P. Es ist

$$\vec{p} = \overrightarrow{OP} = \begin{pmatrix} 1 \\ 0 \\ 3 \end{pmatrix} + \frac{33}{41} \cdot \begin{pmatrix} 3 \\ 4 \\ 4 \end{pmatrix} = \begin{pmatrix} 3\frac{17}{41} \\ 3\frac{9}{41} \\ 6\frac{9}{41} \end{pmatrix}.$$

Der Flächeninhalt des Dreiecks ist schließlich gegeben durch

$$A_{\triangle ABC} = \frac{1}{2} \cdot \underbrace{\overbrace{|\overrightarrow{AB}|}^{\text{Grundseite}} \cdot |\overrightarrow{CP}|}_{\text{Höhe}} = \ldots = \frac{1}{2} \cdot \sqrt{1617} = \frac{7 \cdot \sqrt{33}}{2} \text{ FE.}$$

(d) Der Normalenvektor der Ebene E_0 lautet nach den Ergebnissen in Aufgabenteil (a)

$$\vec{n}_E = \begin{pmatrix} 4 \\ 1 \\ -4 \end{pmatrix}.$$

Hiermit stellen wir die Hilfsgerade

$$j : \vec{x} = \overrightarrow{OD} + t \cdot \vec{n}_E = \begin{pmatrix} 8{,}5 \\ 8{,}5 \\ 8{,}5 \end{pmatrix} + t \cdot \begin{pmatrix} 4 \\ 1 \\ -4 \end{pmatrix}$$

auf. Nun berechnen wir den Wert von t, wenn die Gerade j die Ebene E_0 durchstößt. Dazu lesen wir die Gerade zeilenweise aus und setzen in die Ebene ein:

$$4 \cdot (8{,}5 + 4t) + 1 \cdot (8{,}5 + t) - 4 \cdot (8{,}5 - 4t) = -8 \Rightarrow 33t = -16{,}5 \Rightarrow t = -\frac{1}{2}$$

Verdoppeln wir jetzt den Wert von t und setzen diese Zahl dann in die Gerade j ein, dann erhalten wir direkt den Spiegelpunkt D':

$$\vec{d'} = \overrightarrow{OD'} = \begin{pmatrix} 8{,}5 \\ 8{,}5 \\ 8{,}5 \end{pmatrix} - 1 \cdot \begin{pmatrix} 4 \\ 1 \\ -4 \end{pmatrix} = \begin{pmatrix} 4{,}5 \\ 7{,}5 \\ 12{,}5 \end{pmatrix} \Rightarrow D'(4{,}5/7{,}5/12{,}5)$$

(e) Schreiben wir den Punkt $F_t(t/8 + t/4 + t)$ um, so erhalten wir sofort die Geraden-gleichung

$$k : \vec{x} = \vec{f}_t = \begin{pmatrix} 0+t \\ 8+t \\ 4+t \end{pmatrix} = \begin{pmatrix} 0 \\ 8 \\ 4 \end{pmatrix} + t \cdot \begin{pmatrix} 1 \\ 1 \\ 1 \end{pmatrix}.$$

Die gesuchte Ebenenschar berechnen wir mit Hilfe des Kreuzproduktes. Der Normalenvektor einer jeden Ebene der Schar ist gegeben durch

$$\vec{n}_{E_t} = \overrightarrow{AB} \times \overrightarrow{AF_t} = \begin{pmatrix} 3 \\ 4 \\ 4 \end{pmatrix} \times \begin{pmatrix} -1+t \\ 8+t \\ 1+t \end{pmatrix} = \begin{pmatrix} -28 \\ -7+t \\ 28-t \end{pmatrix}.$$

Wir haben dann also

$$E_t : -28x_1 + (t-7)x_2 + (28-t)x_3 = e.$$

Hier setzen wir nun einen Punkt ein, der auf der jeweiligen Ebene liegt, z.B. den Punkt $A(1/0/3)$, da dieser auf allen Ebenen der Schar liegt.

$$-28 \cdot 1 + 3 \cdot (28-t) = 56 - 3t = e \Rightarrow E_t : -28x_1 + (t-7)x_2 + (28-t)x_3 = 56 - 3t.$$

Somit haben wir die gesuchte Koordinatengleichung der Ebenenschar erhalten. Es liegt hier keine eindeutig bestimmte Ebene vor, falls die drei Punkte kolinear sind, d.h. auf einer Geraden liegen. Dies wäre der Fall, wenn für die bereits aufgestellten Geraden k und h gilt, dass $k = h$. Wir rechnen also

$$\begin{pmatrix} 0 \\ 8 \\ 4 \end{pmatrix} + t \cdot \begin{pmatrix} 1 \\ 1 \\ 1 \end{pmatrix} = \begin{pmatrix} 1 \\ 0 \\ 3 \end{pmatrix} + r \cdot \begin{pmatrix} 3 \\ 4 \\ 4 \end{pmatrix} \Rightarrow \begin{matrix} 1t & - & 3r & = & 1 \\ 1t & - & 4r & = & -8 \\ 1t & - & 4r & = & -1 \end{matrix}$$

Das resultierende, überbestimmte LGS (Lineare Gleichungssystem) ist sicher unlösbar, da $1t - 4r$ sicher nie gleichzeitig -8 **und** -1 sein kann. Somit schneiden sich die Geraden nicht (sie sind windschief, da ihre Richtungsvektoren linear unabhängig sind) und die drei Punkte sind nie kollinear, womit immer eine eindeutige Ebene aufgestellt werden kann.

Ebenen stehen senkrecht aufeinander, wenn dies auch ihre Normalenvektoren tun. Hierbei ist deren Skalarprodukt gleich 0. Wir wählen nun t_1, t_2 mit $t_1 \neq t_2$. Dann lauten die Normalenvektoren nach der aufgestellten Koordinatenform

$$\vec{n}_1 = \begin{pmatrix} -28 \\ -7+t_1 \\ 28-t_1 \end{pmatrix} \text{ und } \vec{n}_2 = \begin{pmatrix} -28 \\ -7+t_2 \\ 28-t_2 \end{pmatrix}.$$

Wir bilden das Skalarprodukt:

$$\vec{n}_1 \bullet \vec{n}_2 = 28^2 + (t_1 - 7) \cdot (t_2 - 7) + (28 - t_1) \cdot (28 - t_2) = 0$$

Rechnen wir dies aus, so erhalten wir als Zwischenergebnis

$$2t_1t_2 - 35 \cdot (t_1 + t_2) = -1617.$$

Nach t_1 aufgelöst folgt

$$t_1 = \frac{35t_2 - 1617}{2t_2 - 35}.$$

Somit gibt es zu jedem t eine senkrechte Partnerebene, ausgenommen $t = 17{,}5$. Hierfür wird der Nenner 0 und die Division ist nicht möglich.

(f) Wir bestimmen den Abstand mit der Hesseschen Normalform. Es ist

$$\text{HNF:} \ \frac{-28x_1 + (t-7)x_2 + (28-t)x_3 - 56 + 3t}{\sqrt{(-28)^2 + (t-7)^2 + (28-t)^2}} = 0.$$

Hier setzen wir $D(8{,}5/8{,}5/8{,}5)$ ein:

$$d(D, E_t) = \frac{|-28 \cdot 8{,}5 + (t-7) \cdot 8{,}5 + (28-t) \cdot 8{,}5 - 56 + 3t|}{\sqrt{(-28)^2 + (t-7)^2 + (28-t)^2}}$$

$$= \frac{|8{,}5t - 59{,}5 - 8{,}5t - 56 + 3t|}{\sqrt{(-28)^2 + (t-7)^2 + (28-t)^2}} = \frac{|3t - 115{,}5|}{\sqrt{(-28)^2 + (t-7)^2 + (28-t)^2}}$$

Wir erkennen, dass der Abstand für $t = \frac{115{,}5}{3}$ identisch 0 wird, womit wir keine Extremwertuntersuchung des Abstandes durchführen müssen, sondern hierin sofort sehen, dass $d = 0$ für $t = 38{,}5$ der minimale Abstand sein muss, da Abstände immer positiv sind und mit $d = 0$ somit der kleinstmögliche Abstand vorliegt.

Aufgabe 19 – Lösungsweg:

(a) Wir stellen die Ebene durch die drei Punkte $A(10/0/10)$, $B(10/10/8)$ und $C(9/5/10)$ auf. Wir führen dies mit einer Umwandlung der einfach aufzustellen Parameterform der Ebene durch. Die Parameterform (nicht eindeutig) lautet z.B.

$$E: \vec{x} = \overrightarrow{OA} + s \cdot \overrightarrow{AB} + t \cdot \overrightarrow{AC} = \begin{pmatrix} 10 \\ 0 \\ 10 \end{pmatrix} + s \cdot \begin{pmatrix} 0 \\ 10 \\ -2 \end{pmatrix} + t \cdot \begin{pmatrix} -1 \\ 5 \\ 0 \end{pmatrix}.$$

Aus dieser erhalten wir durch zeilenweises Auslesen das LGS

$$\begin{array}{rcrcrcr} x_1 & = & 10 & + & 0s & - & 1t \\ x_2 & = & 0 & + & 10s & + & 5t \\ x_3 & = & 10 & - & 2s & + & 0t \end{array}$$

Unser Ziel ist es nun, so lange Umzuformen, bis rechts eine Linearkombination aus x_1, x_2 und x_3 steht und links weder s noch t vorkommen, sondern nur ein eindeutig bestimmter Zahlenwert. Sobald ein solcher Ausdruck auftaucht, haben wir die Koordinatenform der Ebene gefunden. Addieren wir zuerst das Fünffache der ersten Gleichung zur zweiten, erhalten wir

$$10 + 0s - 1t = x_1$$
$$50 + 10s = 5x_1 + x_2$$
$$10 - 2s + 0t = x_3$$

Das Fünffache der dritten addiert zur neuen zweiten Gleichung liefert

$$10 + 0s - 1t = x_1$$
$$50 + 10s = 5x_1 + x_2$$
$$100 = 5x_1 + x_2 + 5x_3$$

Damit haben wir mit der dritten Zeile unsere Koordinatenform gefunden. Es ist

$$E : 5x_1 + x_2 + 5x_3 = 100.$$

(b) Wir spiegeln nun an der Ebene S. Um die Ebene E zu spiegeln, spiegeln wir einfach drei ihrer Punkte an S und erhalten mit den Spiegelpunkten letztendlich auch die gespiegelte Ebene E'. Durch ihre spezielle Lage parallel zur x_2x_3-Ebene müssen wir bei den zu spiegelnden Punkten nur die x_1-Koordinate verändern und zwar nach folgendem Schema:

$$P(a/b/c) \overset{\text{spiegeln}}{\longmapsto} P'(a - 2 \cdot (a - 10)/b/c)$$

Für die Punkte A und B ändert sich dadurch nichts, sie liegen in der Spiegelebene S. Für den Punkt C folgt der Spiegelpunkt C' aus

$$C(9/5/10) \overset{\text{spiegeln}}{\longmapsto} C'(11/5/10).$$

Damit haben wir die Punkte $A(10/0/10)$, $B(10/10/8)$ und $C'(11/5/10)$, durch welche die Ebene E' geht. Diese stellen wir dieses Mal mit dem Kreuzprodukt auf. Der Normalenvektor der gesuchten Ebene ist

$$\vec{n}_E = \overrightarrow{AB} \times \overrightarrow{AC'} = \begin{pmatrix} 0 \\ 10 \\ -2 \end{pmatrix} \times \begin{pmatrix} 1 \\ 5 \\ 0 \end{pmatrix} = \begin{pmatrix} 10 \\ -2 \\ -10 \end{pmatrix}.$$

Damit ist die Koordinatenform der Ebene E' schon fast bestimmt. Wir legen e (rechte Seite) durch das Einsetzen eines Punktes fest, der in E' liegt, z.B. A:

$$10 \cdot 10 - 2 \cdot 0 - 10 \cdot 10 = 0 = e$$

Setzen wir diesen Wert ein und kürzen noch mit (-2), so folgt

$$E' : -5x_1 + x_2 + 5x_3 = 0.$$

(c) Die Schnittgerade von E und E' verläuft durch $A(10/0/10)$ und $B(10/10/8)$. Ihre Parameterform lautet (zum Beispiel)

$$g : \vec{x} = \overrightarrow{OA} + t \cdot \overrightarrow{AB} = \begin{pmatrix} 10 \\ 0 \\ 10 \end{pmatrix} + t \cdot \begin{pmatrix} 0 \\ 10 \\ -2 \end{pmatrix}.$$

(d) Der Abstand des Punktes $M(10/0/12)$ zu der Ebene E bzw. E' (sollte aus Symmetriegründen den gleichen Wert liefern) ist identisch mit dem Radius der Kugel. Dies können wir uns anhand von der gegebenen Abbildung N.1.1 klar machen. Wir stellen die Hessesche Normalenform für beide Ebenen auf:

- Für E:

$$\text{HNF:} \quad \frac{5x_1 + x_2 + 5x_3 - 100}{\sqrt{5^2 + 1^2 + 5^2}} = 0$$

- Für E':

$$\text{HNF:} \quad \frac{-5x_1 + x_2 + 5x_3}{\sqrt{5^2 + 1^2 + 5^2}} = 0$$

Setzen wir nun hier die Koordinaten von M ein und nehmen den Betrag, da wir nur am Abstand interessiert sind, so erhalten wir

$$d\,(M, E \text{ oder } E') = \frac{|5 \cdot 10 + 5 \cdot 12 - 100|}{\sqrt{51}} = \frac{10}{\sqrt{51}} \approx 1{,}400 \text{ LE } (= \text{Längeneinheiten})$$

Also ist $r = 1{,}400$ LE der Radius der Kugel.

(e) Die Gerade h durch den Mittelpunkt verläuft parallel zur Schnittgerade der Ebenen E und E' (parallele/gleiche Richtungsvektoren). Damit erhalten wir dann sofort mit den Ergebnissen aus Aufgabenteil (c) die gesuchte Gerade:

$$h : \vec{x} = \begin{pmatrix} 10 \\ 0 \\ 12 \end{pmatrix} + t \cdot \begin{pmatrix} 0 \\ 10 \\ -2 \end{pmatrix}$$

Wir betrachten zum weiteren Verständnis die Abbildung N.3.5.

Wir sehen, dass wir denjenigen Punkt auf der Geraden bestimmen müssen, welcher genau den Radius der Kugel als Abstand zur Wand hat. Die Ebene W, in der die Wand liegt, hat die Gleichung

$$W : 2x_2 - x_3 = 40.$$

Damit ist die Hessesche Normalenform gegeben durch

$$\text{HNF:} \quad \frac{2x_2 - x_3 - 40}{\sqrt{2^2 + 1^2}} = 0.$$

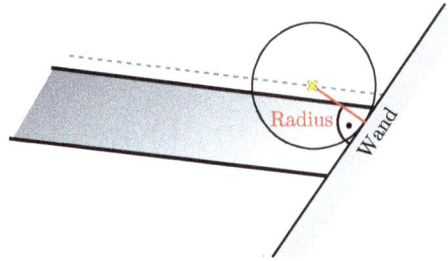

Abbildung N.3.5: Kugel stößt an die Wand.

Wir lesen die Gerade zeilenweise aus und erhalten dadurch

$$x_1 = 10, x_2 = 10t \text{ und } x_3 = 12 - 12t.$$

Wir setzen diese in die Hessesche Normalenform von W ein und fordern, dass der Abstand gleich dem Radius ist (anstatt von Beträgen setzen wir beim Radius/Abstand sowohl Pluszeichen als auch Minuszeichen):

$$\frac{2 \cdot 10t - (12 - 2t) - 40}{\sqrt{5}} = \pm \frac{10}{\sqrt{51}}.$$

Damit können wir t berechnen:

$$\frac{22t - 52}{\sqrt{5}} = \pm \frac{10}{\sqrt{51}} \Rightarrow t = \frac{\pm \frac{10}{\sqrt{51}} + 52}{22} \Rightarrow \begin{cases} t_1 & \approx 2{,}221 \\ t_2 & \approx 2{,}506 \end{cases}$$

Da die Gerade h von links nach rechts fällt und wir M als Stützpunkt gewählt haben, müssen wir den kleineren t-Wert nehmen, da wir mit diesem zuerst die Wand erreichen. Der andere Wert würde bedeuten, dass die Kugel durch die Wand gekracht ist. Setzen wir t_1 in die Gerade h ein, so erhalten wir den Punkt

$$M'(10/22{,}21/7{,}558).$$

In diesem stoppt dann der Mittelpunkt der Kugel seine Bewegung.

(f) Unsere Kugel hat den Radius $r = \frac{10}{\sqrt{51}}$, wie wir aus den vorherigen Aufgabenteilen wissen. Damit können wir das Volumen und ihre Masse berechnen. Es ist

$$m = V \cdot \rho = \frac{4}{3} \pi r^3 \cdot \rho \approx 80{,}51 \text{ kg}.$$

Am Anfang ruht die Kugel, sie hat also nur Lageenergie. Als Nullniveau wählen wir praktischerweise die Höhe, welche sie am Ende ihrer Bewegung erreicht hat. Dort hat die Kugel, bedingt durch die Wahl der Lage des Nullniveaus, nur noch kinetische Energie, sodass die ganze Lageenergie in diese umgewandelt werden muss, da wir die Reibung und sonstige Effekte vernachlässigen. Es ist also

$$E_{\text{kin-}M'} = E_{\text{pot-}M} \Rightarrow mgh = \frac{1}{2}mv^2 \Rightarrow v = \sqrt{2gh} = \sqrt{2 \cdot 10 \cdot (12 - 7{,}558)} \approx 9{,}43 \ \frac{\text{m}}{\text{s}}.$$

Aufgabe 20 – Lösungsweg:

(a) Wir stellen die beiden Geraden auf, entlang derer sich die Autos bewegen. Dabei müssen wir beachten, dass wir für die Richtungsvektoren, welche den Geschwindigkeitsvektoren der Autos entsprechen, die richtigen Größen und den gleichen Parameter, welcher die Zeit ist, verwenden.

Autobahn:
Wir beginnen mit dem Auto auf der Autobahn. Es ist

$$g_{\text{Autobahn}} : \vec{x} = \begin{pmatrix} 400 \\ 80 \\ 100 \end{pmatrix} + t \cdot \begin{pmatrix} -40 \\ 0 \\ 0 \end{pmatrix}.$$

Der Richtungsvektor ergibt sich aus der Richtung der Bewegung und der Geschwindigkeit des Autos. In jeder Sekunde legt dieses 40 Meter zurück.

Kleine Brücke:
Für das Auto auf der kleinen Brücke betrachten wir zunächst den Richtungsvektor. Es fährt in x_2-Richtung und dabei etwas nach oben in x_3-Richtung, bedingt durch die Steigung der Fahrbahn. Es ist nach Abbildung N.1.3 und dem Gesagten

$$\vec{v}_{\text{kleine Brücke}} = \begin{pmatrix} 0 \\ 126 \\ 32 \end{pmatrix}.$$

Nun müssen wir die Geschwindigkeit noch mit einbauen, sodass wir die Zeit als Parameter verwenden können. Dazu normieren wir den erhaltenen Richtungsvektor zuerst, sodass wir einen Vektor der Länge 1 haben. Diesen können wir dann mit dem Geschwindigkeitsbetrag, welcher in der Aufgabe mit $54\,\frac{\text{m}}{\text{s}}$ angegeben ist, multiplizieren und erhalten den gewünschten Richtungsvektor, der jede Sekunde einen Beitrag von 15 Metern zur Fahrtstrecke verteilt auf die x_2- und x_3-Koordinaten liefert. Es ist

$$\vec{v} = 15 \cdot \frac{1}{\sqrt{126^2 + 32^2}} \cdot \begin{pmatrix} 0 \\ 126 \\ 32 \end{pmatrix} = \frac{15}{65} \cdot \begin{pmatrix} 0 \\ 63 \\ 16 \end{pmatrix} = \frac{3}{13} \cdot \begin{pmatrix} 0 \\ 63 \\ 16 \end{pmatrix}$$

der gesuchte Richtungsvektor. Somit erhalten wir

$$g_{\text{kleine Brücke}} : \vec{x} = \begin{pmatrix} 40 \\ 0 \\ 30 \end{pmatrix} + t \cdot \frac{3}{13} \cdot \begin{pmatrix} 0 \\ 63 \\ 16 \end{pmatrix}.$$

Abstand:

Der Abstand d der beiden Autos ist nun gegeben durch den Abstand der Punkte zum Zeitpunkt t. Wir erhalten mit dem Satz des Pythagoras

$$d(t) = \sqrt{(400 - 40t - 40)^2 + \left(80 - \frac{3t}{13} \cdot 63\right)^2 + \left(100 - 30 - \frac{3t}{13} \cdot 16\right)^2}$$

$$= \ldots = \sqrt{140900 - 31643\frac{1}{13}t + 1825t^2}.$$

Wir interessieren uns für das Minimum und zufällig steht unter der Wurzel eine nach oben geöffnete Parabel. Bestimmen wir deren Scheitel, wissen wir, zu welchem Zeitpunkt das Minimum eintritt. Die erste Ableitung der Funktion unter der Wurzel liefert

$$3650t - 31643\frac{1}{13} = 0 \Rightarrow t_{\text{MINIMUM}} \approx 8{,}669 \text{ Sekunden.}$$

Hierfür ist der Abstand $d(8{,}669) \approx 61{,}14$ Meter.

(b) Sie könnten sich theoretisch so nahe kommen, wie sich ihre beiden Fahrbahnen nahe kommen. Dabei spielt die Zeit natürlich keine Rolle und die Brücken werden als starre, statische Gebilde betrachtet. Dann haben wir den Abstand zweier windschiefer Geraden zu betrachten. Wir haben nun Folgendes zu tun:

1. Den Verbindungsvektor zwischen den Stützpunkten der Geraden bilden.

2. Einen Vektor berechnen, der zu beiden Richtungsvektoren senkrecht steht.

3. Diesen Vektor normieren.

4. Skalarprodukt des normierten Vektors aus Punkt 3 und des Verbindungsvektors aus Punkt 1 bilden.

5. Wenn das Ergebnis negativ ist, dann den Betrag nehmen.

Bearbeiten wir die einzelnen Punkte (4. und 5. werden zusammen bearbeitet):

1. Der gesuchte Vektor ist $\vec{p} = \begin{pmatrix} 400 - 40 \\ 80 - 0 \\ 100 - 30 \end{pmatrix} = \begin{pmatrix} 360 \\ 80 \\ 70 \end{pmatrix}$.

2. Einen senkrechten Vektor erhält man z.B. mit dem Kreuzprodukt (die Vektoren müssen nun nicht notwendigerweise gleich lang sein wie die in Aufgabenteil (a), weil wir ja ohnehin noch normieren, darum lassen wir störende Vorfaktoren weg):

$$\vec{n} = \begin{pmatrix} -40 \\ 0 \\ 0 \end{pmatrix} \times \begin{pmatrix} 0 \\ 126 \\ 32 \end{pmatrix} = \begin{pmatrix} 0 \\ 1280 \\ -5040 \end{pmatrix}.$$

3. Normieren:

$$\vec{n}_0 = \frac{1}{\sqrt{(-5040)^2 + 1280^2}} \cdot \begin{pmatrix} 0 \\ 1280 \\ -5040 \end{pmatrix} = \frac{1}{5200} \cdot \begin{pmatrix} 0 \\ 1280 \\ -5040 \end{pmatrix} = \begin{pmatrix} 0 \\ \frac{16}{65} \\ -\frac{63}{65} \end{pmatrix}$$

4. Skalarprodukt liefert $|\vec{n}_0 \bullet \vec{p}| = 48\frac{2}{13} \approx 48{,}15$ Meter.

Somit wären etwa 48,15 Meter der kleinste aller möglichen Abstände der beiden Autos voneinander.

Aufgabe 21 – Lösungsweg:

(a) Die Ecke $A(30/15/5)$ ist gegeben. Das Haus soll 20 Meter lang und 10 Meter breit sein. Die Länge wird in x_1-Richtung gemessen, die Breite in x_2-Richtung. Damit erhalten wir gemäß der Skizzen

- Punkt $B(30 - 20/15/5) = B(10/15/5)$,

- Punkt $C(10/15 - 10/5 + 4) = C(10/5/9)$,

- Punkt $C'(10/5/9 - 4) = C'(10/5/5)$,

- Punkt $D(10 + 20/5/9) = D(30/5/9)$,

- Punkt $D'(30/5/9 - 4) = D'(30/5/5)$.

Das Gefälle bzw. die Steigung des Hangs lässt sich hier einfach aus den Angaben berechnen ohne die analytische Geometrie bemühen zu müssen. Auf 10 Meter steigt der Hang 4 Meter und das gleichmäßig und über die ganze Länge des Hauses. Somit ist

$$\tan(\alpha) = \frac{4}{10} \Rightarrow \alpha \approx 21{,}8°$$

der Steigungswinkel.

Das Volumen der abzutragenden Erde lässt sich durch ein Prisma mit dreieckiger Grundfläche berechnen. Diesen Sachverhalt können wir den Skizzen entnehmen. Es ist

$$V_{\text{Erde}} = \underbrace{\frac{1}{2} \cdot 4 \cdot 10}_{\text{Grundfläche}} \cdot \overbrace{20}^{\text{Höhe} = \text{Hauslänge}} = 400 \text{ m}^3.$$

(b) Die Dachpunkte bzw. ihre Verbindungskanten unterteilen die Draufsicht gleichmäßig. Somit müssen die Dachpunkte wie folgt liegen, wenn wir die Skizzen betrachten und die Größenangaben aus Aufgabenteil (a) verwenden.

- Punkt $D_1(30/15 - \frac{10}{3}/5 + 12) = D_1(30/11\frac{2}{3}/17)$

- Punkt $D_2(30 - 20/11\frac{2}{3}/17) = D_2(10/11\frac{2}{3}/17)$

- Punkt $D_3(10/11\frac{2}{3} - \frac{10}{3}/17) = D_3(10/8\frac{1}{3}/17)$

- Punkt $D_4(10 + 20/8\frac{1}{3}/17) = D_4(30/8\frac{1}{3}/17)$

Betrachten wir die Seitenansicht und die Draufsicht, so erkennen wir, dass alle drei Dachflächen Rechtecke der Länge 20 Meter sein müssen. Die Breite des mittleren Rechtecks ist sofort durch die Punkte gegeben und beträgt $\frac{10}{3}$ Meter. Für die Breite der anderen beiden betrachten wir Abbildung N.3.6.

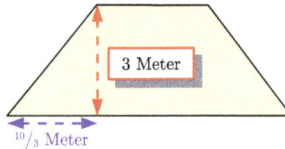

Abbildung N.3.6: Für die Oberflächenberechnung des Daches.

Es ist die Breite gegeben durch $\sqrt{3^2 + \left(\frac{10}{3}\right)^2} \approx 4{,}485$ Meter. Damit erhalten wir eine Oberfläche von

$$O_{\text{Dach}} = 20 \cdot \left(\frac{10}{3} + 2 \cdot 4{,}485\right) \approx 246{,}05 \text{ m}^2.$$

(c) Wir stellen zuerst die Geraden durch die Spitzen der beiden Masten sowie durch die Dachpunkte gemäß Abbildung N.1.4 auf. Das Problem kann durch die Betrachtung des Abstandes dieser windschiefen Geraden gelöst werden. Eine Skizze lohnt sich vielleicht, um die zu betrachtenden Geraden zu erkennen.

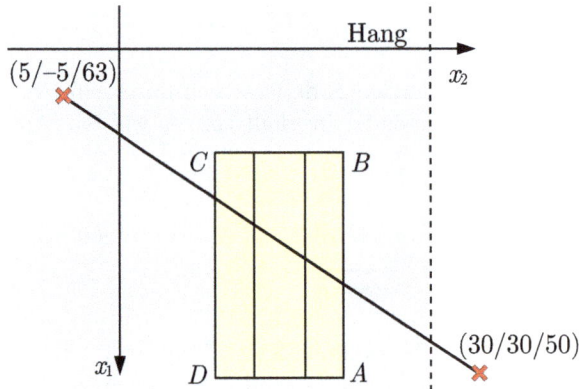

Abbildung N.3.7: Skizze zum Verlauf der Hochspannungsleitung.

Die Spitzen der Strommasten liegen bei $S_{1S}(5/-5/13+50) = S_{1S}(5/-5/63)$ bzw. $S_{2S}(30/30/0+50) = S_{2S}(30/30/50)$.

- Strommastengerade: $g_S : \vec{x} = \begin{pmatrix} 30 \\ 30 \\ 50 \end{pmatrix} + t \cdot \begin{pmatrix} -25 \\ -25 \\ 13 \end{pmatrix}$.

- Gerade durch D_1 und D_2: $g_1 : \vec{x} = \begin{pmatrix} 30 \\ 11\frac{2}{3} \\ 17 \end{pmatrix} + s \cdot \begin{pmatrix} -20 \\ 0 \\ 0 \end{pmatrix}$.

- Gerade durch D_3 und D_4: $g_2 : \vec{x} = \begin{pmatrix} 30 \\ 8\frac{1}{3} \\ 17 \end{pmatrix} + r \cdot \begin{pmatrix} -20 \\ 0 \\ 0 \end{pmatrix}$.

Wir bestimmen nun wie folgt den Abstand der beiden Dachgeraden zur Strommastgeraden:

a) Die Differenz zwischen den Stützpunkten der Geraden bilden.

b) Einen Vektor berechnen, der zu beiden Richtungsvektoren senkrecht ist.

c) Diesen Vektor normieren.

d) Skalarprodukt des normierten Vektors aus Punkt c) und der Differenz aus Punkt a) bilden.

e) Wenn Ergebnis negativ, dann den Betrag nehmen.

Für die Geraden g_1 und g_S:

a) Es ist $\begin{pmatrix} 30 - 30 \\ 30 - 11\frac{2}{3} \\ 50 - 17 \end{pmatrix} = \begin{pmatrix} 0 \\ 18\frac{1}{3} \\ 33 \end{pmatrix} = \vec{q}$.

b) Wir berechnen einen zu beiden Richtungsvektoren senkrechten Vektor mit dem Kreuzprodukt:

$$\vec{n} = \begin{pmatrix} -25 \\ -35 \\ 13 \end{pmatrix} \times \begin{pmatrix} -20 \\ 0 \\ 0 \end{pmatrix} = \begin{pmatrix} 0 \\ -260 \\ -700 \end{pmatrix}.$$

c) Normiert: $\vec{n}_0 = \frac{1}{\sqrt{13^2 + 35^2}} \cdot \begin{pmatrix} 0 \\ 13 \\ 35 \end{pmatrix} = \frac{1}{\sqrt{1394}} \cdot \begin{pmatrix} 0 \\ 13 \\ 35 \end{pmatrix}$.

d) Es ist dann $\vec{n}_0 \bullet \vec{q} \approx 37{,}32$ Meter.

Für die Geraden g_2 und g_S:
Die analoge Vorgehensweise (sogar gleiches Kreuzprodukt liegt vor, also Arbeit gespart) liefert einen Abstand von 38,48 Metern.

Da beide Abstände größer als die geforderten 35 Meter sind, ist die Bedingung immer erfüllt.

Aufgabe 22 – Lösungsweg:

(a) Wir wählen das Koordinatensystem so, dass die Höhe der Pyramide mit der x_3-Achse zusammenfällt und die Kanten der Grundfläche jeweils parallel zu einer der anderen beiden Koordinatenachsen sind. Dies ist in N.3.8 verdeutlicht.

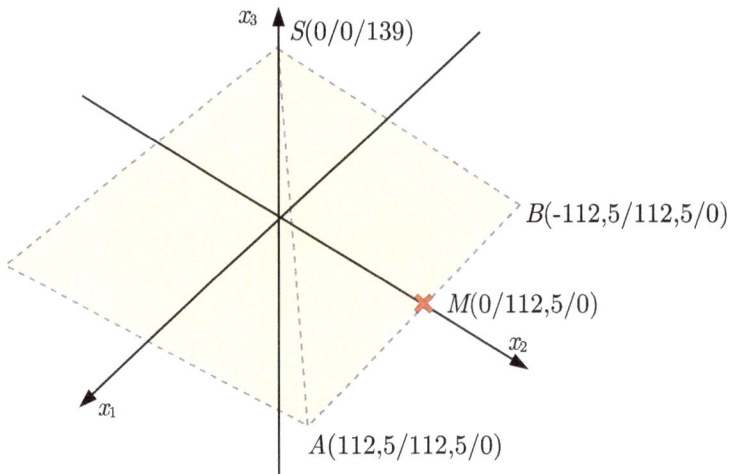

Abbildung N.3.8: Skizze zur Wahl des Koordinatensystems.

Die Ebene, in der die Grundfläche liegt, und der dazugehörige Normalenvektor sind hier leicht in Koordinatenform anzugeben. Es ist

$$G : x_3 = 0 \Rightarrow \vec{n}_G = \begin{pmatrix} 0 \\ 0 \\ 1 \end{pmatrix}.$$

Wir stellen den Normalenvektor der Ebene, in der die Punkte A, B und S liegen, mit Hilfe des Kreuzproduktes auf. Es gilt

$$\overrightarrow{AS} \times \overrightarrow{BS} = \vec{n}_{E_1},$$

wobei $\overrightarrow{AS} = \begin{pmatrix} -112{,}5 \\ -112{,}5 \\ 139 \end{pmatrix}$ und $\overrightarrow{BS} = \begin{pmatrix} 112{,}5 \\ -112{,}5 \\ 139 \end{pmatrix}$. Damit ist

$$\vec{n}_{E_1} = 112{,}5 \cdot \begin{pmatrix} 0 \\ 278 \\ 225 \end{pmatrix}.$$

Da wir nicht am Betrag interessiert sind, können wir den Vorfaktor weg lassen. Aus dem Normalenvektor lesen wir dann sofort

$$E_1 : 278x_2 + 225x_3 = d$$

ab. Den Wert für d erhalten wir durch das Einsetzen eines Punktes, der in der Ebene liegt, z.B. $S(0/0/139)$. Daher ist

$$E_1 : 278x_2 + 225x_3 = 31275.$$

Aus Symmetrieüberlegungen ergeben sich die anderen drei Ebenen (Punkte C und D sind aus Gründen der Übersicht nicht in Abbildung N.3.8 eingezeichnet). Der Normalenvektor muss hier einfach nur um jeweils 90° um die x_3-Achse gedreht werden. Dabei wechseln sich in diesem Fall die x_1- und die x_2-Komponenten ab und variieren das Vorzeichen dabei:

- Zu den Punkten B, C, S: $E_2 : -278x_1 + 225x_3 = 31275$

- Zu den Punkten C, D, S: $E_3 : -278x_2 + 225x_3 = 31275$

- Zu den Punkten D, A, S: $E_4 : +278x_1 + 225x_3 = 31275$

Den Neigungswinkel φ können wir dann aus den Normalenvektoren der Grund- und Seitenflächen berechnen. Dabei genügt es, dies für eine Seitenfläche durchzuführen. Die anderen Winkel sind aus Gründen der Symmetrie gleich.

$$\varphi = \arccos\left(\frac{\vec{n}_{E_1} \bullet \vec{n}_G}{|\vec{n}_{E_1}| \cdot |\vec{n}_G|} \right) = \arccos\left(\frac{225}{\sqrt{278^2 + 225^2}} \right) \approx 51{,}01° \approx 51°1'.$$

($'$ sind Bogenminuten mit $1' = \frac{1}{60}°$)

Anmerkung: Der reale Wert beträgt $51°50'$.

(b) Das Außenteam bewegt sich z.B. vom Punkt $M(0/112{,}5/0)$ auf einer Geraden zum Punkt $S(0/0/139)$. Die Gerade ist damit

$$g_A : \vec{x} = \begin{pmatrix} 0 \\ 112{,}5 \\ 0 \end{pmatrix} + t \cdot \begin{pmatrix} 0 \\ -112{,}5 \\ 139 \end{pmatrix}.$$

Damit eine sinnvolle Beschreibung des Weges vorliegt, muss $t \in [0;1]$ gelten. Die Kammer liegt nach den Angaben bei $K(0/0/50)$. Der Abstand ist dann gegeben durch den Satz des Pythagoras:

$$d_{K,g_A}(t) = d(t) = \sqrt{(112{,}5 - 112{,}5t)^2 + (139t - 50)^2}$$
$$= \sqrt{31977{,}25t^2 - 39212{,}5t + 15156{,}25}.$$

Es muss gelten, dass

$$d(t) \leq 65 \Rightarrow \sqrt{31977{,}25t^2 - 39212{,}5t + 15156{,}25} \leq 65.$$

Unter der Wurzel steht eine nach oben geöffnete Parabel (positiver Leitkoeffizient bei t^2). Damit liegen die gesuchten Werte zwischen den beiden Nullstellen, wenn es sie denn gibt (!). Die zu lösende Gleichung lautet nach einer kurzen Umformung (Quadrieren und alles auf eine Seite bringen)

$$31977{,}25t^2 - 39212{,}5t + 10931{,}25 = 0.$$

Diese lösen wir mit Hilfe der Mitternachtsformel (MNF) und erhalten

$$t_{1/2} = \frac{39212{,}5 \pm \sqrt{39212{,}5^2 - 4 \cdot 10931{,}25 \cdot 31977{,}25}}{2 \cdot 31977{,}25} = \begin{cases} t_1 \approx 0{,}4285 \\ t_2 \approx 0{,}7978 \end{cases}$$

Damit haben sie nicht über den ganzen Aufstieg Funkkontakt miteinander. Dieser ist möglich ab einer Höhe von $0{,}4285 \cdot 139 \approx 59{,}5$ Metern und hält an bis zu einer Höhe von etwa $0{,}7978 \cdot 139 \approx 111$ Metern.

(c) Der Funkkontakt ist besonders gut, wenn die Abstandsfunktion minimal wird. Dies ist beim Scheitel der Parabel

$$p'(t) = 63954{,}5t - 39212{,}5 = 0 \Rightarrow t_{\text{Scheitel}} = 0{,}6131.$$

Da wir wissen, dass es sich um eine Parabel handelt, welche nach oben geöffnet ist, brauchen wir keine weiteren Untersuchungen durchführen. Setzen wir das Ergebnis nun in die Abstandsfunktion ein, erhalten wir

$$d_{\text{MIN}} \approx 56 \text{ Meter.}$$

Das ist in einer Höhe von $0{,}6131 \cdot 139 \approx 85$ Metern der Fall.

Ohne die Abstandsfunktion könnte man eine Hilfsebene aufstellen, welche senkrecht auf der Geraden g_A steht und durch K geht. Dann berechnet man den Durchstoßpunkt der Geraden durch diese Hilfsebene und bestimmt den Abstand von K zu diesem Durchstoßpunkt. Dies ist dann der kürzeste Abstand zwischen Außen- und Innenteam.

Alternativ ist es natürlich auch möglich, mit dem Kreuzprodukt zu arbeiten, so wie es in *MiS* gezeigt wird.

Aufgabe 23 – Lösungsweg:

(a) Das Volumen einer Kugel berechnet sich mit $V_K = \frac{4}{3}\pi r^3$. Da hier $r = \frac{a}{2}$ vorliegt, erhalten wir

$$V_{\text{IN}} = \frac{4}{3}\pi \left(\frac{a}{2}\right)^3 = \frac{1}{6}\pi a^3$$

für das Volumen der Inkugel.

(b) Die Formel für den Zylinder lautet $V_Z = \pi r^2 h$. Da dieser hier den gleichen Radius und das gleiche Volumen wie die Kugel haben soll, ergibt sich

$$V_Z = V_{\text{IN}} \Rightarrow \pi \left(\frac{a}{2}\right)^2 h = \frac{1}{6}\pi a^3 \Rightarrow h = \frac{2}{3}a.$$

(c) Da der Radius mit der dritten Potenz in die Volumenformel eingeht, wird auch die Verdopplung in die dritte Potenz genommen. Dadurch erhalten wir das achtfache Volumen, was einer Zunahme von 700 % entspricht.

(d) Die Umkugel besitzt als Radius die halbe Raumdiagonale $d_R = \sqrt{3}a$ des Würfels. Damit ist das Volumen der Umkugel gegeben durch $V_{\text{UM}} = \frac{4}{3}\pi \left(\frac{\sqrt{3}}{2}\right)^3 = \frac{\sqrt{3}}{2}\pi a^3$. Die Oberflächen sind

- Würfel: $O_W = 6a^2$

- Inkugel: $O_{\text{IN}} = 4\pi r_{\text{IN}}^2 = 4\pi \left(\frac{a}{2}\right)^2 = \pi a^2$

- Umkugel: $O_{\text{UM}} = 4\pi r_{\text{UM}}^2 = 4\pi \left(\frac{\sqrt{3}a}{2}\right)^2 = 3\pi a^2$

Damit sind $\frac{O_W}{O_{\text{UM}}} = \frac{6}{3\pi}$ und $\frac{O_{\text{IN}}}{O_{\text{UM}}} = \frac{1}{3}$.

(e) Aufgrund der Symmetrie können wir die sechs Ebenen alle in einem Rutsch darstellen. Sie sind alle parallele Ebenen zu irgendeiner der Koordinatenebenen und daher erhalten wir mit der halben Seitenlänge die Ausdrücke

$$x_i = \pm\frac{a}{2} \text{ mit } i \in \{1, 2, 3\}.$$

Es reicht nun, für eine Ebene den Schnittkreisradius und den Schnittkreismittelpunkt zu berechnen, alle anderen haben den gleichen Schnittkreisradius und der Mittelpunkt entsteht lediglich durch Vertauschen (Permutation) der Komponenten. In die Schnittkreisformel gehen der Abstand des Mittelpunktes von der Ebene und der Radius der betroffenen Kugel ein (siehe Abbildung N.3.9).

Übertragen auf unser Problem erhalten wir

$$r_{\text{SK}} = \sqrt{r_{\text{UM}}^2 - d^2} = \sqrt{\left(\frac{\sqrt{3}a}{2}\right)^2 - \left(\frac{a}{2}\right)^2} = \sqrt{\frac{a^2}{2}} = \frac{\sqrt{2}}{2}a$$

für den Schnittkreis und die Schnittkreismittelpunkte haben die Gestalt $M_{\text{SK}}(\pm\frac{a}{2}/0/0)$, wobei der Wert ungleich 0 auf allen Plätzen liegen kann.

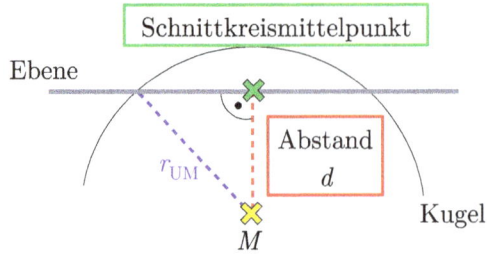

Abbildung N.3.9: Skizze zum Schnittkreis.

Aufgabe 24 – Lösungsweg:

Bekanntermaßen ist das Volumen einer Pyramide gegeben durch $V_P = \frac{1}{3}Gh$, wobei wir mit G die Grundfläche vorliegend haben und mit h die Höhe. Betrachten wir nur $V = Gh$, dann liegt ein Prisma vor, dessen Volumen somit zu einem Drittel von der Pyramide ausgefüllt wird. Dieses Volumen eines Prismas können wir bei den vorliegenden Bedingungen mit der Formel für einen Parallelepiped (Spatprodukt) berechnen, den Korrekturfaktor $\frac{1}{3}$ fügen wir einfach hinzu. Es ist daher

$$V_P = \frac{1}{3} \cdot \left(\vec{a} \times \vec{b} \right) \bullet \vec{c},$$

wobei $\vec{a}$ und $\vec{b}$ die Kantenvektoren der Grundfläche sind (hier ein Parallelogramm, nicht nur ein Rechteck) und $\vec{c}$ von einem Eckpunkt zur Spitze der Pyramide zeigt.

Die Argumentation für den Fall mit der dreieckigen Grundfläche verläuft analog. Es kommt ein weitere Korrekturfaktor hinzu, da im Spatprodukt ein Parallelogramm als Grundfläche eingebaut ist. Ein Dreieck ist flächenmäßig aber genau die Hälfte, deswegen haben wir bei dem hier zu berechnenden Volumen eines Tetraeders die Formel

$$V_T = \frac{1}{2} \cdot V_P = \frac{1}{6} \cdot \left(\vec{a} \times \vec{b} \right) \bullet \vec{c}$$

anzuwenden. Die Kantenvektoren sind die gleichen wie im vorangegangenen Fall.

O Zu Kapitel XVI: Ein wenig Numerik

O.1 Aufgaben zu Kapitel XVI.3

Aufgabe 1:
Weisen Sie allgemein nach, dass die Keplersche Fassregel für die Berechnung des Integrals eines Polynoms 3. Grades den exakten Wert liefert.

Aufgabe 2:
Berechnen Sie das Integral

$$\int_1^9 \ln(x)\mathrm{d}x$$

- mit der Simpsonregel und der Schrittweite 1,
- mit der Keplerschen Fassregel,
- exakt.

Vergleichen Sie die Näherungswerte mit dem exakten Ergebnis.

O.2 Ergebnisse zu Kapitel XVI

O.2.1 Ergebnisse zu Kapitel XVI.3

Aufgabe 1:
$p(x) = ax^3 + bx^2 + cx + d$ sowohl in Kepler einsetzen als auch exakt integrieren, das liefert den gleichen Term.

Aufgabe 2:
- 11,7692385
- 11,51330164
- $9\ln 9 - 8 \approx 11,7750212$

O.3 Lösungswege zu Kapitel XVI

O.3.1 Lösungswege zu Kapitel XVI.3

Aufgabe 1 – Lösungsweg:
Ein Polynom p dritten Grades ist allgemein gegeben durch $p(x) = ax^3 + bx^2 + cx + d$.
Durch Integration finden wir auf einem Intervall $I = [v; u]$ den Flächeninhalt:

$$\int_v^u p(x)\,\mathrm{d}x = \left[\tfrac{1}{4}ax^4 + \tfrac{1}{3}bx^3 + \tfrac{1}{2}cx^2 + dx\right]_u^v$$

$$= \tfrac{1}{4}a\left(u^4 - v^4\right) + \tfrac{1}{3}b\left(u^3 - v^3\right) + \tfrac{1}{2}c\left(u^2 - v^2\right) + d\left(u - v\right).$$

Nun wenden wir die Keplersche Fassregel an. Nach dieser gilt:
$\int_v^u f(x)\,\mathrm{d}x \approx \frac{u-v}{6} \cdot \left[f(u) + 4 \cdot f\left(\frac{u+v}{2}\right) + f(v)\right] \Rightarrow \int_v^u p(x)\,\mathrm{d}x \approx \frac{u-v}{6} \cdot \left[au^3 + bu^2 + \right.$
$cu + d + 4 \cdot \left(a\left(\frac{u+v}{2}\right)^3 + b\left(\frac{u+v}{2}\right)^2 + c\left(\frac{u+v}{2}\right) + d\right) + av^3 + bv^2 + cv + d\right] = \frac{u-v}{6} \cdot \left[a \cdot \right.$
$\left(u^3 + \frac{4}{8} \cdot (u+v)^3 + v^3\right) + b \cdot \left(u^2 + \frac{4}{4} \cdot (u+v)^2 + v^2\right) + c \cdot \left(u + \frac{4}{2} \cdot (u+v) + v\right) + 6d\right] =$
$\frac{u-v}{6} \cdot \left[a \cdot \left(u^3 + \frac{1}{2}u^3 + \frac{3}{2}u^2v + \frac{3}{2}uv^2 + \frac{1}{2}v^3 + v^3\right) + b \cdot (u^2 + u^2 + 2uv + v^2 + v^2) + c \cdot (3u + 3v) + \right.$
$6d\right] = \frac{a}{6} \cdot \left(u^4 + \frac{1}{2}u^4 + \frac{3}{2}u^3v + \frac{3}{2}u^2v^2 + \frac{1}{2}uv^3 + uv^3 - u^3v - \frac{1}{2}u^3v - \frac{3}{2}u^2v^2 - \frac{3}{2}uv^3 - \frac{1}{2}v^4 + v^4\right) + \frac{b}{6} \cdot$
$(u^3 + u^3 + 2u^2v + uv^2 + uv^2 - u^2v - u^2v - 2uv^2 - v^3 - v^3) + \frac{c}{6} \cdot (3u^2 + 3uv - 3uv - 3v^2) +$
$\frac{6}{6}d \cdot (u-v) = \frac{a}{6} \cdot \left(\frac{3}{2} \cdot (u^4 - v^4)\right) + \frac{b}{6} \cdot (2 \cdot (u^3 - v^3)) + \frac{c}{6} \cdot (3 \cdot (u^2 - v^2)) + d \cdot (u-v) =$
$\frac{1}{4}a(u^4 - v^4) + \frac{1}{3}b(u^3 - v^3) + \frac{1}{2}c(u^2 - v^2) + d \cdot (u-v) = \int_v^u p(x)\,\mathrm{d}x$

Damit haben wir nachgewiesen, dass durch die Keplersche Fassregel Polynome vom Grad
3 exakt integriert werden (das Gleiche gilt auch für die Simpsonregel).

Aufgabe 2 – Lösungsweg:

- *Die Simpson-Regel:*
  Die Formel lautet

$$\int_a^b f(x)\mathrm{d}x \approx \frac{b-a}{3n} \cdot [f(a) + 4 \cdot (f_1 + f_3 + \ldots + f_{n-1})$$
$$+ 2 \cdot (f_2 + f_4 + \ldots f_{n-2}) + f(b)].$$

Nun sei $n = 8$, denn die Schrittweite sei 1, d.h. wir haben hier acht Teilintervalle.
Wir rechnen somit

$$\int_1^9 \ln(x)\,\mathrm{d}x \approx \frac{9-1}{3 \cdot 8} \cdot \left[\ln 1 + 4 \cdot (\ln 2 + \ln 4 + \ln 6 + \ln 8)\right.$$
$$+ 2 \cdot (\ln 3 + \ln 5 + \ln 7) + \ln 9\right] \approx 11{,}7692385.$$

- *Die Keplersche Fassregel:*
  Die Keplersche Fassregel lautet

$$\int_a^b f(x)\,dx \approx \frac{b-a}{6}\cdot\left(f(a)+4f(\tfrac{a+b}{2})+f(b)\right).$$

Damit errechnen wir

$$\int_1^9 \ln(x)\,dx \approx \frac{9-1}{6}\cdot(\ln 1 + 4\cdot\ln 5 + \ln 9) \approx 11{,}51330164.$$

- *Exakt:*
  Wir berechnen das Integral:

$$\int_1^9 \ln(x)\,dx = \int_1^9 1\cdot\ln(x)\,dx \underset{pI}{=} [x\cdot\ln(x)]_1^9 - \int_1^9 x\cdot\frac{1}{x}dx$$
$$= [x\cdot\ln(x)-x]_1^9 = 9\cdot\ln 9 - 9 - 1\cdot\ln 1 + 1$$
$$= 9\cdot\ln 9 - 8 \approx 11{,}7750212$$

Wir sehen, dass Simpson den Wert des Integrals besser als Kepler annähert.

P Zu Kapitel XVII: Komplexe Zahlen

P.1 Aufgaben zu Kapitel XVII.3

Aufgabe 1:
Stellen Sie die folgenden komplexen Zahlen in der algebraischen/kartesischen Form $z = a + b\mathrm{i}$ mit $a, b \in \mathbb{R}$ dar.

(a) $(2 + 3\mathrm{i}) \cdot (1 + 4\mathrm{i})$

(b) $(4 - 3\mathrm{i}) \cdot \left(\sqrt{2} + \mathrm{i}\right)$

(c) $\left(9 - \sqrt{5}\mathrm{i}\right) \cdot \left(9 + \sqrt{5}\mathrm{i}\right) - (2 + 9\mathrm{i})^2$

(d) $\frac{2+\mathrm{i}}{1-\mathrm{i}}$

(e) $9 + \mathrm{i} - (2 + \mathrm{i})^2 - \frac{1-\mathrm{i}}{1+\mathrm{i}}$

(f) $\left(\frac{1-\mathrm{i}}{\mathrm{i}}\right)^2 - \frac{1+\mathrm{i}}{(1-\mathrm{i})^2}$

(g) $(2 - 2\mathrm{i})^2 + (2 + 2\mathrm{i})^3 - \mathrm{i}^4$

(h) $\sum_{k=1}^{5} \left(k \cdot \mathrm{i}^k\right)$

(i) $\sum_{k=0}^{n} (k \cdot \mathrm{i})$

Aufgabe 2:
Beweisen Sie unter Verwendung der algebraischen/kartesischen Form die folgenden Beziehungen. Es sind dabei $w, x, y, z \in \mathbb{C}$.

(a) $\overline{x + y} = \overline{x} + \overline{y}$

(b) $\overline{x \cdot y} = \overline{x} \cdot \overline{y}$

(c) $\mathrm{Re}\left(z^2 - \overline{z}^2\right) = 0$

(d) $\mathrm{Im}\left(z^2 + \overline{z}^2\right) = 0$

(e) $|z \cdot w| = |z| \cdot |w|$

Aufgabe 3:

Bringen Sie die folgende komplexe Zahl auf die kartesische/algebraische Form und berechnen Sie anschließend die kartesische Form von z^3:

$$z = (2 - 4i)^2 + \frac{\left|1 - \sqrt{3} \cdot i\right|}{i}.$$

P.2 Aufgaben zu Kapitel XVII.7

Die hier behandelten Aufgaben thematisieren natürlich auch die Themen der vorangegangenen Kapitel in *MiS*.

Aufgabe 1:

Weisen sie nach, dass die Exponentialform der konjugiert komplexen Zahl $\bar{z}$ von $z = |z| \cdot e^{i\varphi}$ gleich $\bar{z} = |z| \cdot e^{-i\varphi}$ lautet.

Aufgabe 2:

Man gebe die Exponentialform der komplexen Zahl

$$z = \frac{i+1}{i-1} - \frac{i-1}{i+1} + 2$$

an. Der Winkel ist dabei exakt zu bestimmen, ebenso der Betrag.

Aufgabe 3:

Gegeben sei eine komplexe Unbekannte z. Lösen Sie die Gleichung $z^6 = 1$. Zeichnen Sie die dadurch erhaltenen 6-ten Einheitswurzeln in eine Gaußsche Zahlenebene passender Größe (dass man halt etwas sieht!) ein. Begründen Sie, dass hierdurch ein regelmäßiges Sechseck entstanden ist. Wie lang sind seine Kanten?

Aufgabe 4:

In welchen Quadranten der komplexen Ebene besitzt die Gleichung $z^3 - 1 + i = 0$ keine Lösungen? (Begründung durch Rechnung verlangt!)

Aufgabe 5:

Gegeben seien die komplexen Zahlen z_1 und z_2 als

$$z_1 = 2 \cdot \left(\frac{2i - 1}{i + 1} - i\right) \text{ und } z_2 = z_1^5.$$

- Bestimmen Sie von z_1 den Realteil $\operatorname{Re}(z_1)$ und den Imaginärteil $\operatorname{Im}(z_1)$.

- Geben Sie z_1 in der Exponentialform $z_1 = |z_1| \cdot e^{i\varphi}$ mit exakten Werten für den Betrag $|z_1|$ und das Argument $\varphi \in [0; 2\pi)$ an.

- Geben Sie mit Hilfe der vorangegangenen Rechnungen z_2 in der kartesischen/algebraischen Form an.

P.3 Aufgaben zu Kapitel XVII.8

Aufgabe:
Weisen Sie mit den Zusammenhängen zwischen der e-Funktion und den trigonometrischen Funktionen im Komplexen die folgenden Additionstheoreme nach.

(a) $2 \cdot \cos\left(\dfrac{x+y}{2}\right) \cdot \cos\left(\dfrac{x-y}{2}\right) = \cos x + \cos y$

(b) $\cos^2 x - \sin^2 x = \cos(2x)$

P.4 Ergebnisse zu Kapitel XVII

P.4.1 Ergebnisse zu Kapitel XVII.3

Aufgabe 1:

(a) $-10 + 11i$

(b) $\left(4\sqrt{2} + 3\right) + \left(4 - 3\sqrt{2}\right)i$

(c) $163 - 36i$

(d) $\frac{1}{2} + \frac{3}{2}i$

(e) $6 - 2i$

(f) $\frac{1}{2} + \frac{3}{2}i$

(g) $-17 + 8i$

(h) $2 + 3i$

(i) $\frac{n(n+1)}{2}i$

Aufgabe 2:
Es funktionieren natürlich alle Beweisle, d.h. die linke Seite kann immer auf die rechte Seite gebracht werden bzw. beide Seiten können in den gleichen Ausdruck umgeformt werden.

Aufgabe 3:
$z = -12 - 18\mathrm{i}$ und damit $z^3 = 9936 - 1944\mathrm{i}$.

P.4.2 Ergebnisse zu Kapitel XVII.7

Aufgabe 1:
Die beiden Seiten können auf den gleichen Ausdruck gebracht werden. Die Umformungsschritte werden in den Lösungen gezeigt.

Aufgabe 2:
Die Zahl lautet $z = 2\sqrt{2} \cdot e^{\mathrm{i}\frac{7\pi}{4}}$.

Aufgabe 3:

$z_0 = 1$ $z_1 = \frac{1}{2} + \mathrm{i} \cdot \frac{\sqrt{3}}{2}$ $z_2 = -\frac{1}{2} + \mathrm{i} \cdot \frac{\sqrt{3}}{2}$

$z_3 = -1$ $z_4 = -\frac{1}{2} - \mathrm{i} \cdot \frac{\sqrt{3}}{2}$ $z_5 = \frac{1}{2} - \mathrm{i} \cdot \frac{\sqrt{3}}{2}$

- Kantenlänge des Sechsecks ist 1.

- Argumentation über gleichseitige Dreiecke führt zu dem Sechseck.

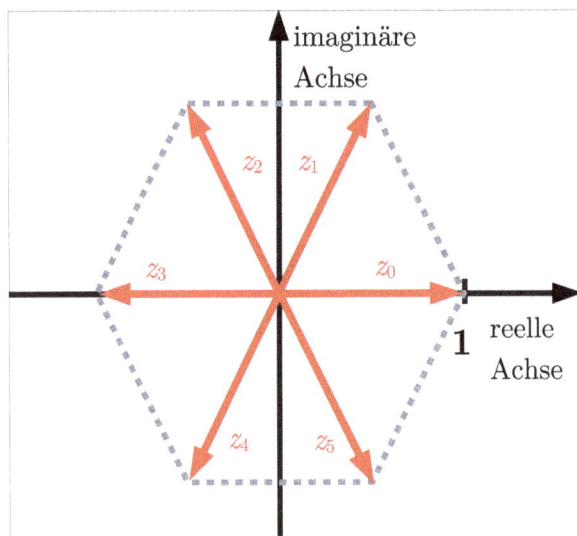

Abbildung P.4.1: Das durch die Spitzen der Zeiger gebildete Sechseck.

Aufgabe 4:

Es gibt keine Lösung, die im ersten Quadranten liegt.

Aufgabe 5:

- $\mathrm{Re}(z_1) = 1$ und $\mathrm{Im}(z_1) = 1$
- $z_1 = \sqrt{2} \cdot e^{\mathrm{i}\frac{\pi}{4}}$
- $z_2 = -4 - 4\mathrm{i}$

P.4.3 Ergebnisse zu Kapitel XVII.8

Aufgabe:

Hier ist keine sinnvolle Angabe möglich, ohne mehr als in den Lösungen zu verraten. Entsprechende Umformungen werden dort erwähnt, die beiden Gleichungen sind natürlich wahr.

P.5 Lösungswege zu Kapitel XVII

P.5.1 Lösungswege zu Kapitel XVII.3

Aufgabe 1 – Lösungsweg:

(a) $(2+3\mathrm{i}) \cdot (1+4\mathrm{i}) = 2 \cdot 1 + 2 \cdot 4\mathrm{i} + 3\mathrm{i} \cdot 1 + 3 \cdot 4 \cdot \mathrm{i}^2 = 2 + 8\mathrm{i} + 3\mathrm{i} - 12 = -10 + 11\mathrm{i}$

(b) $(4-3\mathrm{i}) \cdot \left(\sqrt{2}+\mathrm{i}\right) = 4\sqrt{2} + 4\mathrm{i} - 3\sqrt{2}\mathrm{i} - 3\mathrm{i}^2 = \left(4\sqrt{2}+3\right) + \left(4-3\sqrt{2}\right)\mathrm{i}$

(c) $\left(9-\sqrt{5}\mathrm{i}\right) \cdot \left(9+\sqrt{5}\mathrm{i}\right) - (2+9\mathrm{i})^2 = 9^2 - \left(\sqrt{5}\mathrm{i}\right)^2 - 2^2 - 2 \cdot 2 \cdot 9\mathrm{i} - (9\mathrm{i})^2 = 81 + 5 - 4 - 36\mathrm{i} + 81 = 163 - 36\mathrm{i}$

(d) $\dfrac{2+\mathrm{i}}{1-\mathrm{i}} = \dfrac{2+\mathrm{i}}{1-\mathrm{i}} \cdot \dfrac{1+\mathrm{i}}{1+\mathrm{i}} = \dfrac{2+\mathrm{i}+2\mathrm{i}+\mathrm{i}^2}{1+1} = \dfrac{2-1+3\mathrm{i}}{2} = \dfrac{1}{2} + \dfrac{3}{2}\mathrm{i}$

(e) $9+\mathrm{i}-(2+\mathrm{i})^2 - \dfrac{1-\mathrm{i}}{1+\mathrm{i}} = 9+\mathrm{i}-2^2-2\cdot2\mathrm{i}-\mathrm{i}^2 - \dfrac{1-\mathrm{i}}{1+\mathrm{i}} \cdot \dfrac{1-\mathrm{i}}{1-\mathrm{i}} = 5-3\mathrm{i}+1 - \dfrac{1-2\mathrm{i}\overbrace{\mathrm{i}^2}^{-1}}{1+1} =$
$6-3\mathrm{i}-\dfrac{-2\mathrm{i}}{2} = 6-2\mathrm{i}$

(f) $\left(\dfrac{1-\mathrm{i}}{\mathrm{i}}\right)^2 - \dfrac{1+\mathrm{i}}{(1-\mathrm{i})^2} = \dfrac{(1-\mathrm{i})^2}{\mathrm{i}^2} - \dfrac{1+\mathrm{i}}{1-2\mathrm{i}+\mathrm{i}^2} = \dfrac{1-2\mathrm{i}+\mathrm{i}^2}{-1} - \dfrac{1+\mathrm{i}}{-2\mathrm{i}} = \dfrac{-2\mathrm{i}}{-1} + \dfrac{1+\mathrm{i}}{2\mathrm{i}} \cdot \dfrac{\mathrm{i}}{\mathrm{i}} =$
$2\mathrm{i} + \dfrac{\mathrm{i}+\mathrm{i}^2}{2\mathrm{i}^2} = 2\mathrm{i} + \dfrac{\mathrm{i}-1}{-2} = 2\mathrm{i} - \dfrac{\mathrm{i}}{2} + \dfrac{1}{2} = \dfrac{1}{2} + \dfrac{3}{2}\mathrm{i}$

(g) $(2-2\mathrm{i})^2 + (2+2\mathrm{i})^3 - \mathrm{i}^4 = 2^2 - 2 \cdot 2 \cdot 2\mathrm{i} + (2\mathrm{i})^2 + 2^3 + 3 \cdot 2^2 \cdot 2\mathrm{i} + 3 \cdot 2 \cdot (2\mathrm{i})^2 + (2\mathrm{i})^3 - \overbrace{(-1) \cdot (-1)}^{\mathrm{i}^2 \cdot \mathrm{i}^2} = 4 - 8\mathrm{i} - 4 + 8 + 24\mathrm{i} - 24 - 8\mathrm{i} - 1 = -17 + 8\mathrm{i}$

(h) $\sum_{k=1}^{5}\left(k \cdot \mathrm{i}^k\right) = 1\mathrm{i} + 2\mathrm{i}^2 + 3\mathrm{i}^3 + 4\mathrm{i}^4 + 5\mathrm{i}^5 = \mathrm{i} - 2 - 3\mathrm{i} + 4 + 5\mathrm{i} = 2 + 3\mathrm{i}$

(i) $\sum_{k=0}^{n}(k \cdot \mathrm{i}) = \mathrm{i} \cdot \sum_{k=0}^{n} k \overset{\text{Summenformel}}{=} \dfrac{n(n+1)}{2}\mathrm{i}$

Aufgabe 2 – Lösungsweg:

(a) $\overline{x+y} = \overline{x} + \overline{y}$

Vorgabe: Es seien $x = a + b\mathrm{i}$ und $y = c + d\mathrm{i}$.

Linke Seite: Damit folgt $x + y = (a+c) + (b+d)\mathrm{i}$ und damit ist dann $\overline{x+y} = (a+c) - (b+d)\mathrm{i}$.

Rechte Seite: Weiterhin ist $\overline{x} + \overline{y} = a - b\mathrm{i} + c - d\mathrm{i} = (a+c) - (b+d)\mathrm{i} = \overline{x+y}$.

Das war zu zeigen.

(b) $\overline{x \cdot y} = \overline{x} \cdot \overline{y}$

Vorgabe: Es sei $x = a + bi$ und $y = c + di$.

Linke Seite: Damit ist dann

$$x \cdot y = (a + bi) \cdot (c + di) = ac + adi + bci - bd = (ac - bd) + (ad + bc)\,i$$

und damit folgt $\overline{x \cdot y} = (ac - bd) - (ad + bc)\,i$.

Rechte Seite: Wir rechnen nun

$$\overline{x} \cdot \overline{y} = (a - bi) \cdot (c - di) = ac - adi - bci - bd = (ac - bd) - (ad + bc)\,i = \overline{x \cdot y}.$$

Dies war zu zeigen.

(c) $\operatorname{Re}(z^2 - \overline{z}^2) = 0$

Vorgabe: $z = a + bi \Leftrightarrow \overline{z} = a - bi$

Wir formen um: Es ist

$$\operatorname{Re}(z^2 - \overline{z}^2) = \operatorname{Re}\left((a + bi)^2 - (a - bi)^2\right) = \operatorname{Re}(a^2 + 2abi - b^2 - a^2 + 2abi + b^2)$$
$$= \operatorname{Re}(4abi) = \operatorname{Re}(0 + 4abi) = 0.$$

(d) $\operatorname{Im}(z^2 + \overline{z}^2) = 0$

Vorgabe: $z = a + bi \Leftrightarrow \overline{z} = a - bi$

Wir formen um: Es ist

$$\operatorname{Im}(z^2 + \overline{z}^2) = \operatorname{Im}\left((a + bi)^2 + (a - bi)^2\right) = \operatorname{Im}(a^2 + 2abi - b^2 + a^2 - 2abi - b^2)$$
$$= \operatorname{Im}(2a^2 - 2b^2) = \operatorname{Im}((2a^2 - 2b^2) + 0i) = 0.$$

(e) $|z \cdot w| = |z| \cdot |w|$

Vorgabe: Es ist $z = a + bi \Rightarrow |z| = \sqrt{a^2 + b^2}$ und $w = c + di \Rightarrow |w| = \sqrt{c^2 + d^2}$

Linke Seite:

$$|z \cdot w| = |(a + bi) \cdot (c + di)| = |(ac - bd) + (ad + bc)\,i| = \sqrt{(ac - bd)^2 + (ad + bc)^2}$$
$$= \sqrt{a^2c^2 - 2abcd + b^2d^2 + a^2d^2 + 2abcd + b^2c^2} = \sqrt{a^2c^2 + b^2d^2 + a^2d^2 + b^2c^2}$$

Rechte Seite: $|z| \cdot |w| = \sqrt{a^2 + b^2} \cdot \sqrt{c^2 + d^2} = \sqrt{a^2c^2 + b^2d^2 + a^2d^2 + b^2c^2}$

Wir kommen auf die gleichen Ergebnisse, womit die Gleichheit nachgewiesen ist.

Aufgabe 3 – Lösungsweg:
Wir bestimmen über $|z| = \sqrt{a^2 + b^2}$ den Betrag und berechnen die binomische Formel.
Es ist

$$z = (2 - 4i)^2 + \frac{|1 - \sqrt{3}\cdot i|}{i} = 4 - 16i - 16 + \frac{\sqrt{1^2 + (-\sqrt{3})^2}}{i}$$
$$= -12 - 16i + \frac{2}{i} \cdot \frac{i}{i} = -12 - 16i - 2i = -12 - 18i.$$

Nun berechnen wir z^3 (hier lohnt sich die Exponentialform nicht):

$$(-12 - 18i)^3 = -6^3 \cdot (2 + 3i)^3 = -216 \cdot (4 + 12i - 9) \cdot (2 + 3i)$$
$$= -216 \cdot (-5 + 12i) \cdot (2 + 3i) = -216 \cdot (-10 - 15i + 24i - 36) = -216 \cdot (9i - 46)$$
$$= 9936 - 1944i.$$

P.5.2 Lösungswege zu Kapitel XVII.7

Aufgabe 1 – Lösungsweg:
Wir können hier die Lösung über die trigonometrische und dann die algebraische Form
finden. Es ist

$$\overline{z} = \overline{|z| \cdot e^{i\varphi}} = \overline{|z| \cdot (\cos\varphi + i\sin\varphi)} = \overline{|z| \cdot \cos\varphi + |z| \cdot i\sin\varphi} = \overline{a + ib}$$
$$= a - ib = |z| \cdot \cos\varphi - |z| \cdot i\sin\varphi = |z| \cdot (\cos\varphi - i\sin\varphi) = |z| \cdot (\cos\varphi + i\sin(-\varphi))$$
$$= |z| \cdot (\cos(-\varphi) + i\sin(-\varphi)) = |z| \cdot e^{-i\varphi}.$$

Hierbei haben wir ausgenutzt, dass *der Sinus eine punkt- und der Kosinus eine achsensymmetrische Funktion ist*, d.h. $-\sin(x) = \sin(-x)$ und $\cos(x) = \cos(-x)$.

Aufgabe 2 – Lösungsweg:
Wir machen die *Nenner reell* und fassen zusammen:

$$z = \frac{i + 1}{i - 1} \cdot \frac{i + 1}{i + 1} - \frac{i - 1}{i + 1} \cdot \frac{i - 1}{i - 1} + 2$$
$$= \frac{i^2 + 2i + 1}{-1 - 1} - \frac{i^2 - 2i + 1}{-1 - 1} + 2 = \frac{-1 + 2i + 1 - (-1) + 2i - 1}{-2} + 2$$
$$= \frac{4i}{-2} + 2 = 2 - 2i.$$

Es ist nun $|z| = \sqrt{2^2 + (-2)^2} = \sqrt{8} = \sqrt{4 \cdot 2} = \sqrt{4} \cdot \sqrt{2} = 2\sqrt{2}$ und $\varphi = \arctan\left(\frac{-2}{2}\right) + 2\pi = \frac{7\pi}{4}$, da die Zahl im IV. Quadranten liegt (*positiver Realteil, negativer Imaginärteil*). Es ist
also:

$$z = 2\sqrt{2} \cdot e^{i\frac{7\pi}{4}}.$$

Aufgabe 3 – Lösungsweg:

Gesucht sind die *sechs* 6-ten Wurzeln aus der Zahl 1. Wir schreiben

$$1 = e^{i\cdot 0} = |1| \cdot (\cos 0 + i \cdot \sin 0).$$

Damit können wir nun die Wurzeln ziehen, weil uns alle relevanten Variablen für die Berechnung vorliegen. Es sind:

- $z_0 = \sqrt[6]{|1|} \cdot \left(\cos\left(0 + \frac{0\cdot 2\pi}{6}\right) + i \cdot \sin\left(0 + \frac{0\cdot 2\pi}{6}\right)\right) = 1$

- $z_1 = \sqrt[6]{|1|} \cdot \left(\cos\left(0 + \frac{1\cdot 2\pi}{6}\right) + i \cdot \sin\left(0 + \frac{1\cdot 2\pi}{6}\right)\right) = \frac{1}{2} + i \cdot \frac{\sqrt{3}}{2}$

- $z_2 = \sqrt[6]{|1|} \cdot \left(\cos\left(0 + \frac{2\cdot 2\pi}{6}\right) + i \cdot \sin\left(0 + \frac{2\cdot 2\pi}{6}\right)\right) = -\frac{1}{2} + i \cdot \frac{\sqrt{3}}{2}$

- $z_3 = \sqrt[6]{|1|} \cdot \left(\cos\left(0 + \frac{3\cdot 2\pi}{6}\right) + i \cdot \sin\left(0 + \frac{3\cdot 2\pi}{6}\right)\right) = -1$

- $z_4 = \sqrt[6]{|1|} \cdot \left(\cos\left(0 + \frac{4\cdot 2\pi}{6}\right) + i \cdot \sin\left(0 + \frac{4\cdot 2\pi}{6}\right)\right) = -\frac{1}{2} - i \cdot \frac{\sqrt{3}}{2}$

- $z_5 = \sqrt[6]{|1|} \cdot \left(\cos\left(0 + \frac{5\cdot 2\pi}{6}\right) + i \cdot \sin\left(0 + \frac{5\cdot 2\pi}{6}\right)\right) = \frac{1}{2} - i \cdot \frac{\sqrt{3}}{2}$

In der Gaußschen Zahlenebene sieht das wie in Abbildung P.5.1 aus.

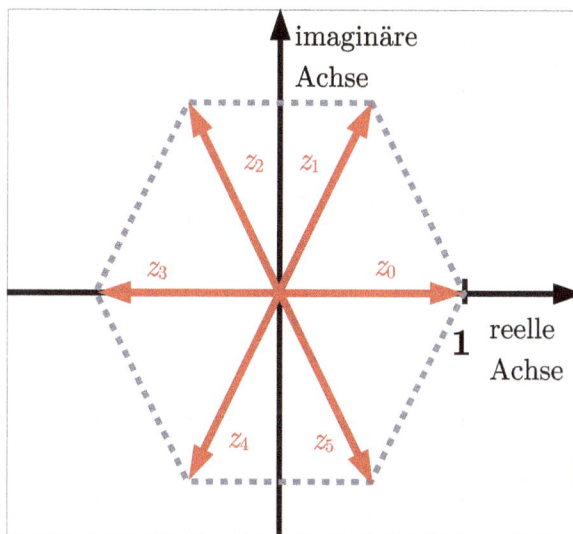

Abbildung P.5.1: Sechseck in der Gaußschen Zahlenebene.

Dass es sich um ein regelmäßiges Sechseck handelt, lässt sich dadurch begründen, dass *alle Zeiger gleich lang* sind (Länge 1) und jeweils *einen Winkel von 60° einschließen*, was sich aus der Wurzelberechnung ergibt. Damit hat dann auch das Sechseck die Kantenlänge 1, *da es sich aus sechs gleichseitigen Dreiecken zusammensetzt.*

Aufgabe 4 – Lösungsweg:
Wir haben die Gleichung $z^3 = 1 - \mathrm{i}$ zu lösen. Dabei können wir $w = 1 - \mathrm{i}$ in die *Exponentialform umwandeln*. Es ist $|w| = \sqrt{2}$ und der dazugehörige Winkel ist $\varphi = \arctan\left(-\frac{1}{1}\right) + 360° = 315° = \frac{7}{4}\pi$. Damit lautet unsere Gleichung (Exponentialform):

$$z^3 = \sqrt{2} \cdot e^{\mathrm{i} \cdot \frac{7}{4}\pi},$$

womit sich die Wurzeln

- $z_0 = \sqrt[6]{2} \cdot e^{\mathrm{i} \cdot \frac{7\pi}{12}}$,

- $z_1 = \sqrt[6]{2} \cdot e^{\mathrm{i} \cdot \left(\frac{7\pi}{12} + \frac{2\pi}{3}\right)}$

- und $z_2 = \sqrt[6]{2} \cdot e^{\mathrm{i} \cdot \left(\frac{7\pi}{12} + \frac{4\pi}{3}\right)}$

ergeben. Die dazugehörigen Zeiger schließen die Winkel 105°, 225° und 345° mit der positiven reellen Achse ein. Somit besitzt die Gleichung nur im ersten Quadranten keine Lösung, da dort ein Winkel zwischen 0° und 90° notwendig wäre.

Aufgabe 5 – Lösungsweg:
Wir bringen die komplexe Zahl in die Normaldarstellung. Es ist

$$2 \cdot \left(\frac{2\mathrm{i} - 1}{\mathrm{i} + 1} - \mathrm{i}\right) = 2 \cdot \left(\frac{2\mathrm{i} - 1}{\mathrm{i} + 1} \cdot \frac{\mathrm{i} - 1}{\mathrm{i} - 1} - \mathrm{i}\right)$$

$$= 2 \cdot \left(\frac{-2 - 2\mathrm{i} - \mathrm{i} + 1}{-1 - 1} - \mathrm{i}\right) = 2 \cdot \left(\frac{1 + 3\mathrm{i}}{2} - \mathrm{i}\right) = 2 \cdot \left(\frac{1 + \mathrm{i}}{2}\right) = 1 + \mathrm{i}.$$

Damit haben wir $\operatorname{Re}(z_1) = 1$ und $\operatorname{Im}(z_1) = 1$.

Als nächstes erstellen wir die Exponentialform. Es ist $\varphi = \arctan\left(\frac{1}{1}\right) = 45° = \frac{\pi}{4}$ und $|z_1| = \sqrt{1 + 1} = \sqrt{2}$. Damit ergibt sich

$$z_1 = \sqrt{2} \cdot e^{\mathrm{i}\frac{\pi}{4}}.$$

Abschließend bestimmen wir die fünfte Potenz und bringen diese nach der Exponentialform in die kartesische/algebraische Form.

$$z_2 = \left(\sqrt{2} \cdot e^{\mathrm{i}\frac{\pi}{4}}\right)^5 = 4\sqrt{2} \cdot e^{\mathrm{i}\frac{5\pi}{4}} = 4\sqrt{2} \cdot \left(\cos\frac{5\pi}{4} + \mathrm{i} \cdot \sin\frac{5\pi}{4}\right)$$

$$= 4\sqrt{2} \cdot \left(-\frac{1}{\sqrt{2}} - \frac{1}{\sqrt{2}}\mathrm{i}\right) = -4 - 4\mathrm{i}.$$

Damit wären wir fertig.

P.5.3 Lösungswege zu Kapitel XVII.8

Aufgabe – Lösungsweg:

(a) Wir schreiben die linke Seite mit den bekannten Zusammenhängen um. Es ist dann:

$$2 \cdot \cos\left(\frac{x+y}{2}\right) \cdot \cos\left(\frac{x-y}{2}\right) = 2 \cdot \frac{e^{i\frac{x+y}{2}} + e^{-i\frac{x+y}{2}}}{2} \cdot \frac{e^{i\frac{x-y}{2}} + e^{-i\frac{x-y}{2}}}{2}$$

$$= \frac{e^{i\frac{x+y}{2}} \cdot e^{i\frac{x-y}{2}} + e^{i\frac{x+y}{2}} \cdot e^{-i\frac{x-y}{2}} + e^{-i\frac{x+y}{2}} \cdot e^{i\frac{x-y}{2}} + e^{-i\frac{x+y}{2}} \cdot e^{-i\frac{x-y}{2}}}{2}$$

$$= \frac{e^{i\frac{2x}{2}} + e^{i\frac{2y}{2}} + e^{-i\frac{2y}{2}} + e^{-i\frac{2x}{2}}}{2} = \frac{e^{ix} + e^{-ix}}{2} + \frac{e^{iy} + e^{-iy}}{2} = \cos x + \cos y.$$

(b) Und ein letztes Mal gehen wir wie bereits gezeigt vor (Dieses Mal nutzen wir die beiden ersten Binomischen Formeln aus):

$$\cos^2 x - \sin^2 x = \left(\frac{e^{ix} + e^{-ix}}{2}\right)^2 - \left(\frac{e^{ix} - e^{-ix}}{2i}\right)^2$$

$$= \frac{e^{2ix} + 2 \cdot \overbrace{e^{ix} \cdot e^{-ix}}^{=1} + e^{-2ix}}{4} + \frac{e^{2ix} - 2 \cdot \overbrace{e^{ix} \cdot e^{-ix}}^{=1} + e^{-2ix}}{4}$$

$$= \frac{2e^{2ix} + 2e^{-2ix}}{4} = \frac{e^{i2x} + e^{-i2x}}{2} = \cos(2x).$$

Q Zu Anhang A: Die Strahlensätze

Q.1 Aufgaben zu Anhang A.4

Aufgabe 1:
Bestimmen Sie die unbekannten Strecken.

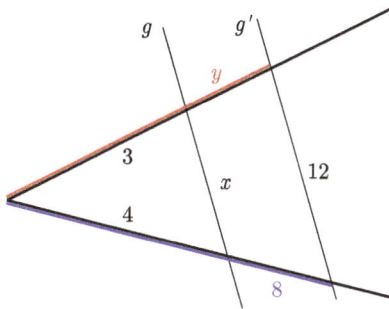

Abbildung Q.1.1: Skizze zu Aufgabe 1.

Aufgabe 2:
Bestimmen Sie die unbekannten Strecken.

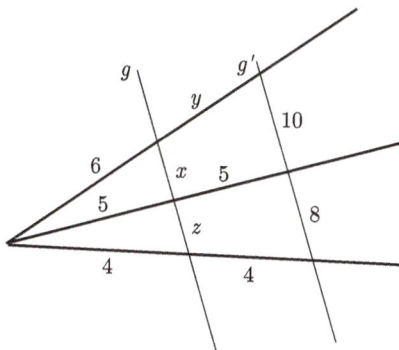

Abbildung Q.1.2: Skizze zu Aufgabe 2.

Aufgabe 3:

Eine Sanduhr ist aus zwei gleich großen Kegeln zusammengesetzt (Spitzen werden für die Rechnung nicht abgeschnitten, keine Kegelstümpfe!). Sie sind zusammen 40 cm hoch bei einem Durchmesser von jeweils 20 cm.

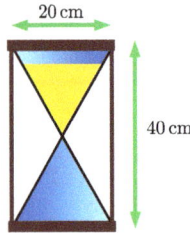

Abbildung Q.1.3: Kegelsanduhr.

Der ganze Sand befindet sich zu Beginn im oberen Glas. Dieses ist damit zu neun Zehnteln seines Volumens gefüllt.

(a) Wie hoch über dem Berührpunkt der beiden Gläser steht der Sand?

Der Sand rieselt im Folgenden langsam mit einer Geschwindigkeit von $30\frac{\text{cm}^3}{\text{min}}$ in das andere Glas.

(b) Berechnen Sie, in welchen Höhen die Markierungen über dem Boden für eine Viertelstunde, eine halbe Stunde, eine Dreiviertelstunde und eine ganze Stunde im unteren Glas angebracht werden müssen.

Jetzt ist der ganze Sand in das andere Glas hinüber gelaufen.

(c) Wie hoch steht der Sand nun im unteren Glas?

Aufgabe 4:

Gegeben sei das in Abbildung Q.1.4 gezeigte, gleichseitige Dreieck mit der Kantenlänge a.

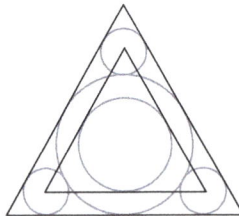

Abbildung Q.1.4: Dreieck mit allerlei Malerei.

Diesem Dreieck wird nun sein Inkreis einbeschrieben. An diesen werden tangential drei kleine Kreise gesetzt, sodass diese die angrenzenden Seiten des großen Dreiecks berühren. Die Mittelpunkte dieser drei Kreise bilden wieder ein gleichseitiges Dreieck. Mit diesem kann man in gleicher Weise fortfahren und ein noch kleineres gleichseitiges Dreieck konstruieren usw.

(a) Berechnen Sie den Radius der kleinen Kreise in Abbildung Q.1.4 in Abhängigkeit von a.

(b) Berechnen Sie den Radius des Inkreises des durch die Konstruktion entstandenen Dreiecks in Abhängigkeit von a.

(c) Geben Sie eine Formel an, welche den Inkreisradius aus Aufgabenteil (b) nach n Schritten in Abhängigkeit von a berechnet.

Q.2 Ergebnisse zu Anhang A

Q.2.1 Ergebnisse zu Anhang A.4

Aufgabe 1:
$x = 4$, $y = 6$

Aufgabe 2:
$x = 5$, $y = 6$, $z = 4$

Aufgabe 3:

(a) 19,3 cm

(b) Viertelstunde: 1,5 cm; Halbe Stunde: 3,4 cm; Dreiviertelstunde: 5,8 cm; Ganze Stunde: 9,6 cm

(c) 10,7 cm

Aufgabe 4:

(a) $r_k = \frac{\sqrt{3}}{18} \cdot a$

(b) $r_i = \frac{\sqrt{3}}{9} \cdot a$

(c) $a_n = \left(\frac{2}{3}\right)^n a$ und $r_n = \frac{\sqrt{3}}{9} \cdot \left(\frac{2}{3}\right)^{n-1} a$

Q.3 Lösungswege zu Anhang A

Q.3.1 Lösungswege zu Anhang A.4

Aufgabe 1 – Lösungsweg:
Die Kurzversion des 1. Strahlensatzes liefert

$$\frac{y}{3} = \frac{8}{4} \Rightarrow y = 3 \cdot 2 = 6.$$

Der 2. Strahlensatz dient zur Berechnung von x:

$$\frac{x}{4} = \frac{12}{8+4} \Rightarrow x = 4.$$

Aufgabe 2 – Lösungsweg:
Wir rechnen

$$\frac{z}{4} = \frac{8}{4+4} \Rightarrow z = 4.$$

Weiter ist

$$\frac{x}{5} = \frac{10}{5+5} \Rightarrow x = 5.$$

Schließlich haben wir noch

$$\frac{y}{6} = \frac{5}{5} \Rightarrow y = 6.$$

Aufgabe 3 – Lösungsweg:

(a) Da die Kegel gleich groß sind, besitzen sie auch die gleiche Höhe von $h_{\text{gesamt}} = 40 : 2 = 20$ cm. Der Kegel soll nun zu neun Zehnteln seines Gesamtvolumens gefüllt sein, d.h. die gesuchte Höhe berechnet sich wie folgt:

$$V_{\frac{9}{10}\,\text{gefüllt}} = \frac{9}{10}V_{\text{gesamt}} \Rightarrow \frac{1}{3}\pi r^2_{\frac{9}{10}}\, h_{\frac{9}{10}} = \frac{9}{10} \cdot \frac{1}{3}\pi r^2_{\text{gesamt}} \cdot h_{\text{gesamt}}.$$

Das Problem ist, dass wir gerade noch zwei Unbekannte haben, nämlich die neue Höhe und den neuen Radius. Nach den Strahlensätzen gilt aber, dass

$$\frac{r_{\frac{9}{10}}}{h_{\frac{9}{10}}} = \frac{r_{\text{gesamt}}}{h_{\text{gesamt}}} \Rightarrow r_{\frac{9}{10}} = \frac{r_{\text{gesamt}}}{h_{\text{gesamt}}} \cdot h_{\frac{9}{10}}.$$

Setzen wir das weiter oben ein, so erhalten wir

$$\frac{1}{3}\pi \left(\frac{r_{\text{gesamt}}}{h_{\text{gesamt}}} \cdot h_{\frac{9}{10}}\right)^2 h_{\frac{9}{10}} = \frac{9}{10} \cdot \frac{1}{3}\pi r_{\text{gesamt}}^2 \cdot h_{\text{gesamt}}$$

$$\Rightarrow h_{\frac{9}{10}}^3 = \frac{9}{10} \cdot h_{\text{gesamt}}^3$$

$$\Rightarrow h_{\frac{9}{10}} = \sqrt[3]{\frac{9}{10}} h_{\text{gesamt}}.$$

Mit den vorgegebenen Zahlen erhalten wir $h_{\frac{9}{10}} \approx 19{,}3\,\text{cm}$.

(b) Es sei nun $V_{\text{unten}} = 30t$ (gefülltes Volumen nach t Minuten) in den Einheiten von Kubikzentimetern im unteren Glas, wobei t die Zeit in Minuten angibt. Wieder werden uns die Strahlensätze helfen. Das Volumen berechnen wir, indem wir den noch leeren Kegel vom ganzen Kegel abziehen. Damit erhalten wir

$$V_{\text{unten}} = V_{\text{gesamt}} - V_{\text{leer}} = 30t \Rightarrow V_{\text{unten}} = \frac{1}{3}\pi r_{\text{gesamt}}^2 h_{\text{gesamt}} - \frac{1}{3}\pi r_{\text{leer}}^2 h_{\text{leer}}.$$

Wieder gilt der Strahlensatz:

$$\frac{r_{\text{leer}}}{h_{\text{leer}}} = \frac{r_{\text{gesamt}}}{h_{\text{gesamt}}} \Rightarrow r_{\text{leer}} = \frac{r_{\text{gesamt}}}{h_{\text{gesamt}}} \cdot h_{\text{leer}}$$

Eingesetzt ergibt dies

$$30t = \frac{1}{3}\pi r_{\text{gesamt}}^2 h_{\text{gesamt}} - \frac{1}{3}\pi \left(\frac{r_{\text{gesamt}}}{h_{\text{gesamt}}} \cdot h_{\text{leer}}\right)^2 h_{\text{leer}}$$

$$\Rightarrow \sqrt[3]{h_{\text{gesamt}}^3 - \frac{3 \cdot 30t h_{\text{gesamt}}^2}{\pi r_{\text{gesamt}}^2}} = h_{\text{leer}}.$$

Die gesuchte Füllhöhe ist dann, wobei wir noch relativ geschickt das Gesamtvolumen eines Kegels unterbringen können:

$$h_{\text{gesamt}} - h_{\text{gesamt}}\sqrt[3]{1 - \frac{3 \cdot 30t}{\pi r_{\text{gesamt}}^2 h_{\text{gesamt}}}} = h_{\text{gesamt}} \cdot \left(1 - \sqrt[3]{1 - \frac{30t}{V_{\text{gesamt}}}}\right) = h_{\text{unten}-t}.$$

Setzt man nun für t die Werte $15, 30, 45, 60$ ein sowie $r_{\text{gesamt}} = 10$ cm und $h_{\text{gesamt}} = 20$ cm, so erhalten wir (Anmerkung: Nur Runden auf Millimeter macht Sinn, wir wollen ja etwas erkennen und der Markierungs-Stift hat auch eine gewisse Breite!):

$$h_{\text{unten}-15} \approx 1{,}5 \text{ cm}$$
$$h_{\text{unten}-30} \approx 3{,}4 \text{ cm}$$
$$h_{\text{unten}-45} \approx 5{,}8 \text{ cm}$$
$$h_{\text{unten}-60} \approx 9{,}6 \text{ cm}$$

(c) Der gesamte Sand (neun Zehntel des Kegelvolumens) braucht $\frac{V_{\frac{9}{10}\text{gefüllt}}}{30} \approx 62{,}83$ Minuten zum Hinunterlaufen. Setzen wir das für t in die letzte Formel aus Aufgabenteil (b) ein, so erhalten wir

$$V_{\text{unten}-\text{gesamt}} = 10{,}7 \text{ cm}.$$

Erstaunlich wenig, oder?

Aufgabe 4 – Lösungsweg:

(a) Wir ergänzen die vorgegebene Abbildung ein wenig.

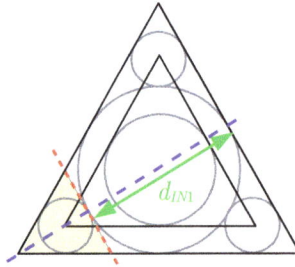

Abbildung Q.3.1: Ein paar Ergänzungen.

Die eingezeichnete rote Strecke ist parallel zu der rechten Dreiecksseite. Damit entsteht wieder ein gleichseitiges Dreieck, welches wir hellgrau unterlegt haben. Der Berührpunkt des großen Inkreises und des Inkreises dieses Dreiecks liegt auf der entsprechenden Seitenhalbierenden des großen Dreiecks. Da dieses gleichseitig ist, fallen Seitenhalbierende und Höhe zusammen und der Radius des Inkreises ist, weil sich die Seitenhalbierenden im Verhältnis $2:1$ teilen, gegeben durch

$$r_{IN1} = \frac{1}{3}h = \frac{1}{3} \cdot \frac{\sqrt{3}}{2}a = \frac{\sqrt{3}}{6}a,$$

wobei wir ausgenutzt haben, dass $h = \frac{\sqrt{3}}{2}a$ im gleichseitigen Dreieck gilt. Somit hat das kleine Dreieck die Höhe h_k, welche genau einem Drittel der großen Höhe h entspricht, denn $h_k = h - 2 \cdot r_{IN1} = h - \frac{2}{3}h = \frac{1}{3}h$. Den Inkreisradius berechnen wir analog wie eben gezeigt, weil wieder ein gleichseitiges Dreieck vorliegt und der Inkreisradius somit ein Drittel der Höhe eben jenes Dreiecks einnimmt. Darum erhalten wir

$$h_k = \frac{1}{3}h = \frac{1}{3} \cdot \frac{\sqrt{3}}{2}a \Rightarrow r_k = \frac{1}{3} \cdot \frac{1}{3} \cdot \frac{\sqrt{3}}{2}a = \frac{\sqrt{3}}{18}a.$$

Dies ist die gesuchte Größe für den Radius.

(b) Die Seitenlänge des neu entstehenden inneren, gleichseitigen Dreieckes können wir mit Hilfe der Strahlensätze errechnen. Wir betrachten hierzu Abbildung Q.3.2, in die schon die bekannten Größen und die relevanten Seiten eingetragen sind.

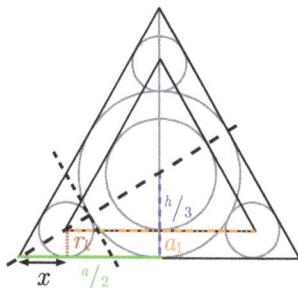

Abbildung Q.3.2: Zur Verwendung der Strahlensätze.

Abbildung Q.3.2 entnehmen wir, dass die neue Dreiecksseite gegeben ist durch $a_1 = a - 2x$. Mit Hilfe des 2. Strahlensatzes rechnen wir

$$\frac{x}{r_k} = \frac{\frac{1}{2}a}{\frac{1}{3}h} \Rightarrow x = \frac{3}{2} \cdot \frac{ar_k}{h}.$$

Da $h = \frac{\sqrt{3}}{2}a$ und $r_k = \frac{\sqrt{3}}{18}a$, erhalten wir

$$x = \frac{3}{2} \cdot \frac{a \cdot \frac{\sqrt{3}}{18}a}{\frac{\sqrt{3}}{2}a} = \frac{3}{2} \cdot \frac{2a}{18} = \frac{a}{6}.$$

Somit haben wir

$$a_1 = a - 2 \cdot \frac{a}{6} = \frac{2a}{3}.$$

Da wir am Inkreisradius dieses Dreiecks interessiert sind, dieses aber wieder gleichseitig ist, können wir sofort wie folgt ansetzen, analog zu den bisher gemachten Betrachtungen:

$$r_i = r_1 = \frac{1}{3}h_1 = \frac{1}{3} \cdot \frac{\sqrt{3}}{2}a_1 = \frac{1}{3} \cdot \frac{\sqrt{3}}{2} \cdot \frac{2a}{3} = \frac{\sqrt{3}}{9}a.$$

Damit haben wir den gesuchten Radius erhalten.

(c) Da wieder ein gleichseitiges Dreieck entstanden ist, können wir die gleichen Rechnungen ein weiteres Mal durchführen und erhalten

$$r_2 = \frac{\sqrt{3}}{9}a_1 = \frac{\sqrt{3}}{9} \cdot \frac{2a}{3} \quad \text{und} \quad a_2 = \frac{2a_1}{3} = \left(\frac{2}{3}\right)^2 a.$$

Führen wir wieder das gleiche Prozedere durch, so erhalten wir

$$r_3 = \frac{\sqrt{3}}{9}a_2 = \frac{\sqrt{3}}{9} \cdot \frac{2a_1}{3} = \frac{\sqrt{3}}{9} \cdot \left(\frac{2}{3}\right)^2 a \quad \text{und} \quad a_3 = \frac{2}{3}a_2 = \left(\frac{2}{3}\right)^2 a_1 = \left(\frac{2}{3}\right)^3 a.$$

Wir sehen, dass

$$r_n = \frac{\sqrt{3}}{9} \cdot \left(\frac{2}{3}\right)^{n-1} a \text{ und } a_n = \left(\frac{2}{3}\right)^n a$$

gelten müssen. Beide Formeln gelten für $n = 0, 1, 2, 3, \dots$ Der Beweis ist durch die Konstruktion gegeben.

www.ingramcontent.com/pod-product-compliance
Lightning Source LLC
Chambersburg PA
CBHW081047220326
41598CB00038B/7012